Georg Innerhofer

DAS GROSSE BUCH DER OBSTVERARBEITUNG

Liebe/r Leser/in,

wir freuen uns, dass wir dir mit unserem Buch neue Inspiration liefern dürfen und hoffen, es wird dir gefallen. Weitere Leseabenteuer mit verbriefter Fachinformation findest du auf www.cadmos.de

Wenn du mit uns in Verbindung treten oder deine Erfahrungen teilen möchtest, dann tue das bitte unter:
https://www.facebook.com/cadmosverlag
https://www.instagram.com/cadmosverlag
oder per Mail an info@cadmos.at

Wir freuen uns schon jetzt über dein Feedback!

Haftungsausschluss

Die Inhalte dieses Fachbuches wurden mit größter Sorgfalt und nach dem aktuellen Stand von Wissenschaft, Praxis und Rechtlage zusammengestellt. Dennoch kann keine Gewähr für die Vollständigkeit, Richtigkeit und Aktualität der Angaben übernommen werden.

Die Autoren und der Verlag übernehmen keine Haftung für Schäden oder Verluste, die aus einer unsachgemäßen oder gesetzeswidrigen Anwendung von Produkten oder Verfahren resultieren.

Weiterführende Literatur, andere Verzeichnisse, aktuelle Hinweise zu geänderten Rechtsvorschriften oder Innovationen im Bereich der Obstverarbeitung finden Sie auf der buchbegleitenden Website: **https://fachbuch.cadmos.de/obstverarbeitung**

avBUCH im CADMOS Verlag

1. Auflage 2025

Gestaltung und Satz: Hantsch PrePress Services OG, Wien
Lektorat: Ing. Barbara P. Meister MA, FachLektor.at, Wien
Druck: www.graspo.com

ISBN: 978-3-8404-8328-8

Printed in EU

Georg Innerhofer

DAS GROSSE BUCH DER OBST VERARBEITUNG

Von klassischen Techniken
bis zu innovativen Trends

Inhalt

VORWORT

Mit „Das große Buch der Obstverarbeitung“ wollte ich schon vor 20 Jahren eine Zusammenschau vieler Bereiche rund um die Obstverarbeitung in eine Buchform bringen. In dieser Neuauflage wird der aktuelle Wissensstand zur Obstverarbeitung und daran angrenzenden Themen präsentiert, wobei der Fokus auf der handwerklichen Verarbeitung im nichtindustriellen Maßstab liegt.

In der hier vorliegenden zweiten Auflage wurde der Aufbau der Themen weitestgehend beibehalten. Aktuelle Entwicklungen in der Technik oder der Gesetzgebung sind in die jeweiligen Kapitel eingeflossen. Besonderer Wert wird auf klassische Verarbeitungsmethoden gelegt. Es wird beschrieben, wie hochwertige Produkte ohne den Einsatz von künstlichen Farbstoffen, Aromen, Emulgatoren und Stabilisatoren oder Konzentraten hergestellt werden können, um den authentischen Geschmack der Früchte zu bewahren.

Obwohl es für jedes Kapitel dieses Buchs eigene Fachbücher gibt, bietet dieses Werk eine einzigartige Zusammenschau der wichtigsten Obstverarbeitungsmethoden in Österreich und den angrenzenden Ländern. Es vereint Theorie und Praxis und richtet sich sowohl an Anfänger als auch an erfahrene Verarbeiter.

Die Bandbreite an Produkten aus verschiedenen Obstarten, unterschiedliche Technologien, bauliche und technische Voraussetzungen, Grundlagen der Mikrobiologie, Haltbarmachung, Analytik und Sensorik und noch etliches mehr bieten ein weites Feld, das selbst auf 300 Seiten nur angerissen werden kann. Dennoch bleibt der Anspruch, einen umfassenden Überblick zu vermitteln. Das Ziel bleibt es, fundierte Informationen in leicht verständlicher Form zu präsentieren – sei es als Lehrbuch oder als Nachschlagewerk. In diesem Buch findet sich alles Wissenswerte für viele Bereiche der Obstverarbeitung.

Mein besonderer Dank gilt allen, die mit ihren Anregungen zum Gelingen der Aktualisierung dieses Buches beigetragen haben. Ihnen, geschätzte Leser, wünsche ich Freude beim Entdecken der Welt der Obstverarbeitung und eine erfolgreiche Umsetzung in die Praxis.

Ihr Georg Innerhofer

Entwicklung und Bedeutung

1.1 Entwicklung

Die Obstverarbeitung hat eine Geschichte, die bis in die Antike zurückreicht. Frühe Techniken wie Trocknen, Weinherstellung und Konservierung in Honig wurden von den alten Kulturen entwickelt. Im Mittelalter spielten die Klöster eine zentrale Rolle bei der Weiterentwicklung dieser Methoden, insbesondere zum Haltbarmachen durch Einkochen oder Fermentieren.

In Österreich erlebte die Obstverarbeitung im 18. und 19. Jahrhundert ihre erste Blütezeit. Große Teile der ländlichen Bevölkerung und eben Klöster nutzten traditionelle Methoden zur Haltbarmachung von Obst. Die einfache Herstellung und Verbreitung von Zucker revolutionierten damals die süße Küche um Marmeladen, Konfitüren & Co.

Die zweite wesentliche Veränderung brachte die Industrialisierung im 19. Jahrhundert mit sich. Technologische Innovationen ermöglichten eine effizientere Massenproduktion von Obstprodukten. Große Konservenfabriken entstanden, während viele traditionelle Methoden in den Hintergrund gerieten. Dennoch bewahrten viele bäuerliche Betriebe ihre handwerklichen Techniken.

Das Mostviertel mit seinen namensgebenden, prägenden blühenden Streuobstbäumen.

In den letzten Jahrzehnten ist das Interesse an regionalen und handwerklich hergestellten Produkten wieder gestiegen. Dies führte zu einer Renaissance der bäuerlichen Obstverarbeitung, mit einem Aufschwung von Bauernmärkten und Hofläden. Die Hersteller modernisieren ihre Produktion, verbessern die Produkte und entwickeln neue Produkte, um den aktuellen Marktanforderungen und Auflagen gerecht zu werden.

1.2 Bedeutung

Seit jeher stellt die Obstverarbeitung einen wichtigen Teil der österreichischen Landwirtschaft dar. Auf den Höfen wurden und werden Äpfel, Birnen, Zwetschken, Marillen und andere Früchte zu Säften, Marmeladen, Trockenobst, Edelbränden und anderen Produkten verarbeitet. Diese Tradition hat nicht nur wirtschaftliche Bedeutung, sondern prägt auch das ländliche Leben und die regionale Identität. Für viele Landwirte ist die Obstverarbeitung eine Möglichkeit, mehr aus ihrer Ernte zu machen. Statt Frischobst zu Niedrigpreisen zu verkaufen, können sie durch Veredelung höhere Preise erzielen. Das hilft, Ernteüberschüsse sinnvoll zu nutzen und das Einkommen zu stabilisieren. Gerade in strukturschwachen Regionen ist das ein wichtiger wirtschaftlicher Faktor.

Die Obstverarbeitung in kleinen Strukturen bewahrt altes Handwerk und regionale Spezialitäten. Rezepte und Techniken werden oft seit Generationen weitergegeben. Auf Märkten und Festen sind die selbst gemachten Produkte ein Stück gelebte Tradition. Auf den Wiesen bleiben Streuobstbestände und artenreiche Kulturlandschaften erhalten. Somit hat die lokale Verarbeitung auch für die Umwelt Vorteile.

Apfelbaumallee in Pöllau, Steiermark

Kurze Transportwege schonen das Klima. Viele Betriebe setzen auf ökologischen Anbau und schonende Verarbeitung.

Immer mehr Menschen wollen regionale und nachhaltige Produkte. Sie schätzen Qualität und Handarbeit. Trotzdem stehen die Betriebe vor Herausforderungen. Der Wettbewerb mit der Industrie ist hart, Hygiene- und Qualitätsvorschriften werden strenger. Investitionen sind nötig, um auf dem Markt zu bestehen. Gleichzeitig ändern sich die Vorlieben der Verbraucher. Mit neuen Ideen und moderner Technik ergeben sich auch Chancen und die Betriebe können diese Nachfrage bedienen.

Die nicht industrielle Obstverarbeitung ist mehr als nur Wirtschaftsfaktor. Sie ist Teil unserer Kultur und prägt die ländlichen Regionen. Mit Innovation und Tradition kann sie auch in Zukunft eine wichtige Rolle spielen.

© Georg Innerhofer

Klassische eingemauerte, direkt befeuerte Brennerei, typisches Brenngerät von früher.

© Tauchers Hofladen

Produkte aus Obst sind vielfältig und aus vielen Hofläden nicht mehr wegzudenken.

Grundlagen

Die Verarbeitung von Obst zu hochwertigen Produkten erfordert ein tief greifendes Verständnis verschiedener Schlüsselbereiche. Dieses Kapitel bietet einen umfassenden Überblick über die wesentlichen Aspekte der Obstverarbeitung und legt damit die Basis für ein vertieftes Verständnis der angewandten Verfahren.

Inhaltsstoffe von Früchten bestimmen nicht nur Geschmack und Textur, sondern dienen auch als Nährstoffe von Mikroorganismen, die bei sowohl gewünschten Fermentationsvorgängen, aber auch als Verderbniserreger in Erscheinung treten können. Behandlungsmittel, insbesondere die Schönungsmittel, werden zur Verbesserung der Qualität und Stabilität der Endprodukte eingesetzt. Mit verschiedenen Methoden zur Haltbarmachung sollen unerwünschte Mikroorganismen deaktiviert, Geruch und Geschmack geschont und wertvolle Inhaltsstoffe erhalten bleiben.

2.1 Inhaltsstoffe

Früchte enthalten eine Vielzahl von Stoffen, die als Inhaltsstoffe bezeichnet werden. Der jeweilige Anteil variiert je nach Obstart und Sorte, wobei auch Faktoren wie Reifestadium, Lagerbedingungen, Anbaubedingungen, Witterungsverlauf und Wasserversorgung großen Einfluss haben. Während einige Inhaltsstoffe relativ stark auf unterschiedliche Bedingungen reagieren, bleiben andere über Jahre hinweg in annähernd gleicher Konzentration bestehen. Die Kenntnis über Art und Ausmaß des Vorkommens dieser Inhaltsstoffe ist für die Verarbeitung von entscheidender Bedeutung, da sich viele verarbeitungstechnische und ernährungsphysiologische Eigenschaften der Früchte aus ihrer Zusammensetzung ableiten. Bei der Obstverarbeitung spielen Wasser und darin gelöste Bestandteile wie Kohlenhydrate, Säuren, Mineralstoffe, Gerbstoffe (Phenole), stickstoffhaltige Substanzen, Aromen und Fette die größte Rolle. Im Zuge der Gärung entsteht vorwiegend Ethanol, während andere Alkoholarten von geringerer Bedeutung sind. Andere lösliche Stoffe spielen für die Verarbeitung eine untergeordnete Rolle.
Wasserunlösliche Bestandteile der Früchte wie Kerne, Stiele, Kerngehäuse, Blätter und Ähnliches sind sowohl technologisch als auch sensorisch unerwünscht und werden daher bei den meisten Produkten im Zuge der Verarbeitung entfernt.

2.1.1 Wasser

Wasser ist der mengenmäßig bedeutendste Inhaltsstoff unserer Früchte, mit einem Anteil zwischen 65 und 90 Prozent. Es ist zum einen in den Zellen gebunden und sorgt dort für den Zelldruck, zum anderen dient es als Lösungsmittel für alle anderen Inhaltsstoffe.
Im Zuge der Verarbeitung wird beim Zerkleinern der Früchte der Zellverband zerstört. Dadurch treten Wasser und die darin gelösten Inhaltsstoffe aus den Zellen aus. Diese freigesetzten Substanzen stellen nun eine leicht zugängliche Nahrungsquelle für Mikroorganismen dar. Um ein unkontrolliertes Wachstum dieser Mikroorganismen zu verhindern, ist ab diesem Zeitpunkt eine gezielte und vor allem rasche Weiterverarbeitung der Früchte erforderlich.

Dies ist ein entscheidender Schritt in der Obstverarbeitung, der maßgeblich die Qualität und Haltbarkeit des Endprodukts beeinflusst.

2.1.2 Kohlenhydrate

Kohlenhydrate, zu denen alle Zuckerarten (Saccharide) sowie Kohlenstoffverbindungen wie Stärke oder Cellulose gehören, sind die mengenmäßig bedeutendsten organischen Stoffe auf der Erde. In Früchten bilden sie den größten Anteil der gelösten Inhaltsstoffe. Ihre zentrale Rolle im Stoffwechsel von Menschen und Tieren liegt in der Energiebereitstellung bzw. -speicherung.

Der Zuckergehalt in heimischen Früchten variiert zwischen etwa 5 % und 20 %. Allerdings ist nicht nur der Zuckergehalt allein ausschlaggebend für die Verarbeitungseignung der Früchte. Vielmehr ist das Verhältnis von Zucker zu Säure entscheidend für einen harmonischen Geschmack des Endprodukts.

Daher ist es bei der Obstverarbeitung wichtig, nicht nur auf den Zuckergehalt zu achten, sondern auch auf ein ausgewogenes Zucker-Säure-Verhältnis, um geschmacklich harmonische und gesundheitlich vertretbare Produkte zu erzeugen.

Trotz seiner Bedeutung wird Zucker in der modernen Ernährungswissenschaft zunehmend kritisch betrachtet. In Österreich lag der durchschnittliche Zuckerkonsum 2023 bei etwa 35 kg pro Person und Jahr. Ein übermäßiger Zuckerkonsum kann zu einer positiven Energiebilanz führen, was Übergewicht und Fettleibigkeit begünstigt. Diese wiederum sind

INHALTSSTOFFE HEIMISCHER FRÜCHTE

	Trockensubstanzgehalt	Zuckergehalt	Säuregehalt	Pektingehalt in %	ph-Wert
Apfel	15	11	5–10	0,9	3,3–3,7
Birne	16	10	3–6	0,5	3,4–4,1
Quitte	14	8	6 – 12	1,2	3,3–3,7
Kirsche	17	12	5–8	0,4	3,2–3,7
Marille	14	9	7–11	1,3	3,2–3,7
Pfirsich	12	8,5	3–6	0,4	3,4–3,6
Weichsel	15		8–16	1	3,0–3,3
Zwetschke	16	12	6–10	0,7	3,3–3,8
Brombeere	15	8	14–20	0,5	3,1–3,5
Erdbeere	10	6	8–12	0,8	3,1–3,4
Himbeere	11	6	14–20	0,4	3,2–3,6
Holunder	20	7	8–10	0,3	3,6–4,1
Ribisel rot	16	8	17–25	0,9	2,8–3,0
Ribisel schwarz	21	10	15–30	1,7	2,9–3,3
Stachelbeere	13	10	20–25	0,6	2,8–3,3
Traube	20	15	6–12	1	3,3–3,7
Vogelbeere	22	6	15–25	0,7	3,1–3,5

bedeutende Risikofaktoren für die Entwicklung von Insulinresistenz und Typ-2-Diabetes, was ernsthafte gesundheitliche Folgen haben kann.

Entscheidend für die Einteilung von Kohlenhydraten ist ihre Struktur. Ihre Unterteilung in Kategorien erfolgt dabei nach der Anzahl ihrer Zuckermoleküle in:

- Monosaccharide (Einfachzucker)
- Disaccharide (Zweifachzucker)
- Polysaccharide (Mehrfachzucker)

2.1.2.1 Monosaccharide

Einfachzucker, auch als Monosaccharide bekannt, bestehen aus einem einzelnen Zuckermolekül. In der Obstverarbeitung spielen vor allem Glucose und Fructose eine wichtige Rolle, während andere Monosaccharide weniger relevant sind. Diese Zucker sind nicht nur für die Süße der Früchte verantwortlich, sondern auch für die alkoholische Gärung unerlässlich, da Hefen ausschließlich Einfachzucker in Alkohol umwandeln können.

Glucose

Glucose, auch als Traubenzucker oder Dextrose bezeichnet, ist sowohl für Pflanzen als auch für Menschen von großer Bedeutung. Pflanzen erzeugen sie durch Fotosynthese und speichern sie in süßen Früchten oder als Stärke in Getreide. Bei der alkoholischen Gärung wird Glucose von Hefen bevorzugt, da sie leicht verstoffwechselt werden kann. Zudem ist sie ein wichtiger Bestandteil vieler Polysaccharide wie Cellulose und Stärke. Für Menschen dient Glucose als wichtiger Energielieferant, kann jedoch für Diabetiker problematisch sein, da sie den Blutzuckerspiegel erhöht.

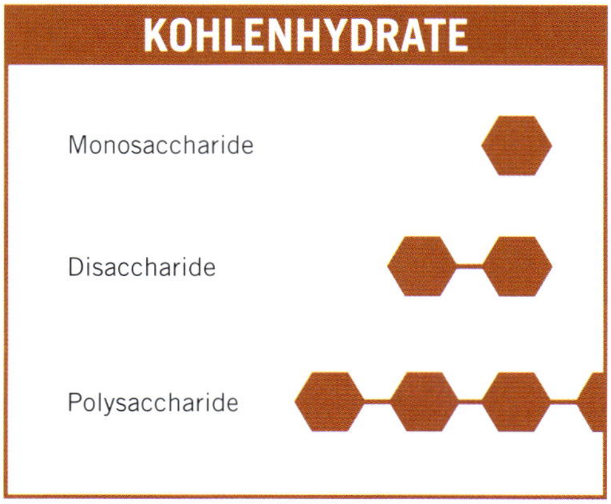

Die Einteilung der Zuckerarten erfolgt nach der Anzahl der Zuckermoleküle.

Fructose

Fructose, oder Fruchtzucker, ist in vielen Obstsorten enthalten und zeichnet sich durch einen süßeren Geschmack als Glucose aus. Sie wird oft als Zuckerersatz für Diabetiker verwendet, da sie bereits in der Leber verstoffwechselt wird. Aktuell wird Diabetikern empfohlen, den Blutzuckerspiegel vor und nach dem Genuss von Früchten zu testen. In der Lebensmittelindustrie findet Fructosesirup, häufig aus Mais gewonnen, als günstiger Ersatz für Saccharose Verwendung. Übermäßiger Konsum kann zu Fructoseintoleranz führen. Dabei gilt natürlicher Fruchtzucker aus Obst als weniger bedenklich als isolierte Fructose aus verarbeiteten Lebensmitteln. Bei der Gärung können Hefen Fructose weniger gut verwerten als Glucose, weshalb der verbleibende Restzucker nach einer Gärung oft mehr Fructose enthält.

2.1.2.2 Disaccharide

Saccharose

Saccharose, allgemein als Rüben-, Haushalts- oder einfach als Kristallzucker bekannt, ist der prominenteste Vertreter der Zweifachzucker. Dieses Disaccharid setzt sich aus je einem Molekül Fructose und Glucose zusammen. In der Natur findet man Saccharose vor allem in Früchten wie Aprikosen, Pfirsichen und Pflaumen, während sie in Beeren weniger häufig und in Weintrauben kaum vorkommt. Die industrielle Gewinnung von Saccharose erfolgt in Europa hauptsächlich aus Zuckerrüben, wohingegen in wärmeren Regionen Zuckerrohr als Quelle dient.

EIGENSCHAFTEN SACCHAROSE	
positiv	**negativ**
überall erhältlich	kalorienreich
farblos	Karies fördernd
ausschließlich süß	Diabetesgefahr erhöhend
günstig	

Im Zusammenhang mit der Gärung spielt Saccharose eine besondere Rolle: Hefen können sie nicht direkt verwerten, sondern müssen sie zunächst in ihre Einzelbestandteile Fructose und Glucose aufspalten. Erfolgt ein Nachweis von Saccharose in einem vergorenen Produkt, so deutet das auf eine nachträgliche Zuckerzugabe hin, da natürlich vorkommende Saccharose während der Gärung vollständig abgebaut wird.

Andere Disaccharide

In der Wein- und Obstverarbeitung nehmen Maltose, auch als Malzzucker bekannt, und Lactose, der sogenannte Milchzucker, eine eher untergeordnete Rolle ein. Dennoch sind beide Disaccharide in anderen Bereichen der Lebensmittelproduktion von Bedeutung. Maltose entsteht primär beim Keimungsprozess von Getreide und ist insbesondere für die Bierherstellung von großer Wichtigkeit. Dieser Zucker wird während des Mälzens gebildet, spielt eine zentrale Rolle im Brauprozess und ist in weiterer Folge Grundlage der Whiskyherstellung.
Lactose hingegen ist der Hauptzucker in Milch und Milchprodukten. Obwohl sie in der Obstverarbeitung kaum eine Rolle spielt, kann Lactose bei manchen Menschen zu Verdauungsproblemen führen, der Lactoseintoleranz.

2.1.2.3 Polysaccharide

Polysaccharide wie Stärke, Zellulose oder Hemizellulose sind komplexe Kohlenhydrate, die aus Verkettungen von hunderten oder sogar tausenden Einfachzuckermolekülen bestehen. Diese Polysaccharide beeinflussen maßgeblich das Verhalten und die Eigenschaften von Fruchtprodukten während der Verarbeitung, insbesondere in Bezug auf Viskosität, Gelbildung und Stabilität. Unter ihnen kommt der Stärke die größte Bedeutung im Bereich der Fruchtverarbeitung zu.

Zellulose, das Grundgerüst pflanzlicher Zellwände, trägt zur Struktur und Festigkeit der Früchte bei, während Hemizellulose die Zellulose in ihrer Funktion unterstützt und eine Rolle bei der Textur und dem Reifungsprozess von Früchten spielt.

- **Stärke,** eine Aneinanderkettung vieler Glucosemoleküle, fungiert als Reservestoff für Pflanzen und dient als Energiespeicher. Während der Reifung wird sie in Zucker umgewandelt, was den Zuckergehalt der Früchte erhöht. In unreifen Früchten, insbesondere Äpfeln, kann Stärke zu unerwünschtem Ausklaren in naturtrüben Säften führen. Der Stärkegehalt ist ein wichtiger Indikator für den Reifegrad von Früchten, was beispielsweise bei Äpfeln für einen Jod-Stärke-Test genutzt wird.
- **Rohfasern,** zu denen Zellulose, Hemicellulose und Pektin zählen, sind für den menschlichen Körper unverdaulich, haben jedoch positive Auswirkungen auf die Darmtätigkeit. Ihr Anteil in Früchten beträgt zwischen 1 und 5 % des Frischgewichts. Zellulose, der häufigste organische Stoff auf der Erde, ist ein wichtiger Ballaststoff und macht bis zu 50 % der Pflanzenzellen aus.
- **Pektin** ist für Obstverarbeiter von großer technologischer Bedeutung. Als unlösliches Protopektin verbleibt es größtenteils im Trester, der zur Pektingewinnung genutzt werden kann. Während der Fruchtreife wird ein Teil des Pektins wasserlöslich und geht beim Pressen in den Saft über, wo es die Viskosität erhöht und den Trub stabilisiert. In Maischen beeinträchtigt gelöstes Pektin die Pressbarkeit, während es in Säften und Weinen die Klärung und Filtration er-

schweren kann. Bei hohem Zuckergehalt und niedrigem pH-Wert bildet Pektin ein Gel, was für die Herstellung von Konfitüren notwendig, bei Sirup jedoch unerwünscht ist. Um potenzielle Probleme zu vermeiden, ist der Abbau von Pektin durch Zugabe pektolytischer Enzyme oft erforderlich.

PEKTINGEHALT IN FRÜCHTEN

Nieder	Mittel	Hoch
Pfirsich	Heidelbeere	Apfel
Weichsel	Marille	Johannisbeere
Kirsche	Holunder	Stachelbeere
Birne	Himbeere	Quitte
	Erdbeere	

2.1.2.4 Zuckeralkohole

Zuckeralkohole sind eine besondere Stoffgruppe, deren Moleküle Elemente sowohl von Zucker als auch von Alkohol aufweisen. Sie zeichnen sich durch ihre süßende Wirkung ohne berauschende Effekte aus und haben gar keinen oder einen geringeren Brennwert im Vergleich zum herkömmlichen Zucker. Diese Eigenschaften machen sie besonders interessant für die Lebensmittelindustrie, wo sie als Zuckeraustauschstoffe Verwendung finden. Für die Obstverarbeitung sind Zuckeralkohole von Bedeutung, da sie natürlicherweise in einigen Früchten vorkommen, insbesondere in Vogelbeeren, aber auch in Birnen, Kirschen

© Georg Innerhofer

Die Vogelbeere (Eberesche) enthält größere Mengen Sorbit.

und Zwetschken. Ein wichtiger Aspekt für die Getränkeherstellung ist ihre Resistenz gegenüber der Vergärung durch Hefen. Hohe Zuckergehalte vor der Gärung bzw. ein leicht süßer Geschmack nach der Gärung weisen somit nicht auf unbedingt auf vergärbare Zucker hin.

Zu den bekanntesten Vertretern zählen:
- Sorbit (E 420)
- Xylit (E 967)
- Erythrit (E 968)

Erythrit ist erst seit wenigen Jahren auf dem Markt, kommt in der Natur nicht vor und die Verträglichkeit wird noch diskutiert. Zugesetzte Zuckeralkohole haben Einfluss auf Trockensubstanzgehalt, Konsistenz und Haltbarkeit der Produkte. Ihre kariesverhindernde Eigenschaft macht sie zudem zu beliebten Inhaltsstoffen in Zahnpflegeprodukten und Kaugummis. Für Diabetiker sind sie aufgrund ihrer geringen Auswirkung auf den Blutzuckerspiegel interessant, allerdings sollte ihr Konsum mit Bedacht erfolgen, da größere Mengen abführend wirken können.

2.1.3 Alkohole

2.1.3.1 Methanol

Methanol, ein natürlicher Bestandteil vieler Obstverarbeitungsprodukte, entsteht hauptsächlich durch die enzymatische Spaltung von Pektinen während der Verarbeitung und Gärung von Obst.
Das einzige Produkt, in dem es in höheren Mengen vorkommt, ist der Obstbrand. Obwohl es in höheren Dosen giftig ist, stellen die in üblichen Obstbränden enthaltenen Mengen in der Regel keine akute Gesundheitsgefahr dar.

2.1.3.2 Ethanol

Ethanol, umgangssprachlich als Alkohol bekannt, ist ein Hauptprodukt der alkoholischen Gärung und ein wichtiger Bestandteil in Obstweinen, Likören und Bränden. Es entsteht durch die Fermentation von Zucker durch

Hefen und beeinflusst den Geschmack der hergestellten Getränke durch seinen leicht süßlichen Charakter. In den Handel gelangt die farblose Flüssigkeit mit 96 % vol unter den Namen „Weingeist", („Prima-)Sprit" oder als „Alkohol landwirtschaftlichen Ursprungs".
Der durchschnittliche Pro-Kopf-Konsum von reinem Alkohol in Österreich lag im Jahr 2022 bei etwa 11,6 Litern pro Jahr für Personen ab 15 Jahren.

2.1.3.3 Höhere Alkohole

Höhere Alkohole, auch als Fuselöle bekannt, sind eine Gruppe von Alkoholen mit mehr als zwei Kohlenstoffatomen, die in geringen Mengen während der alkoholischen Gärung oder anschließend durch das Zersetzen der Hefe (Autolyse) entstehen. Sie spielen eine entscheidende Rolle für das Aromaprofil und die sensorischen Eigenschaften des fertigen Getränks, insbesondere in Obstbränden.
Zu den bedeutendsten höheren Alkoholen gehören Propanol, Butanol, Isobutanol, Amylalkohol und 2-Phenylethanol. Sie verleihen dem Destillat Körper und Komplexität und steuern fruchtige und blumige Noten bei, können jedoch bei zu hohen Konzentrationen zu scharfen oder lösungsmittelartigen Aromen führen. Die Bildung dieser Alkohole ist ein natürlicher Prozess und ein wichtiger Faktor für die Qualität und den Charakter von Obstbränden und anderen fermentierten Obstprodukten.

2.1.4 Säuren

Säuren spielen eine zentrale Rolle in der Obstverarbeitung. Sie beeinflussen nicht nur den Geschmack, sondern auch den pH-Wert der Früchte. Ein niedriger pH-Wert verbessert die mikrobiologische Stabiliät und Haltbarkeit von Obstprodukten. Der Säuregehalt in heimischen Obstarten variiert stark, von etwa 3 g/kg bei Birnen bis zu 35 g/kg bei Johannisbeeren.
In der Getränkeherstellung wird ein Säuregehalt von 4–8 g/l für trinkfertige Produkte angestrebt, um mit üblichen Zuckergehalten einen ausgewogenen Geschmack zu erzielen.

Die vorherrschenden Säuren in Früchten sind Äpfel- und Zitronensäure, einzig die Weintraube enthält auch Weinsäure. Der Säuregehalt wird in der Obstverarbeitung üblicherweise in Promille angegeben, wobei ein Säuregehalt von 6‰ 6 g/l entspricht.

2.1.4.1 Äpfelsäure

Äpfelsäure dominiert in Kern- und Steinobst sowie in unreifen Weintrauben. Ihr fruchtigsaurer Geschmack ist weniger intensiv als der der Weinsäure. In der Obstweinherstellung kann Äpfelsäure nur durch den biologischen Säureabbau mithilfe von Milchsäurebakterien oder die verbesserte Doppelsalzentsäuerung reduziert werden. Die Salze der Äpfelsäure, Malate genannt, werden in der Lebensmittelindustrie als Säuerungsmittel und Geschmacksverstärker eingesetzt.

2.1.4.2 Weinsäure

Weinsäure ist charakteristisch für Weintrauben und dominiert in der Säurezusammensetzung in reifen Jahrgängen. In der Weinbereitung spielt sie eine wichtige Rolle für die Geschmacksbalance und kann einfach mit Entsäuerungskalk reduziert werden. Die Salze der Weinsäure, Tartrate genannt, bilden Weinstein, der in der Weinherstellung eine technische Herausforderung darstellt.

2.1.4.3 Zitronensäure

Zitronensäure ist in fast allen heimischen Obstarten, besonders in Beerenobst, enthalten. Sie ist die am häufigsten zugesetzte Säure in der Lebensmittelindustrie, mit einem weltweiten jährlichen Bedarf von rund 2 Mio. Tonnen. Benannt wurde diese Säure nach der Zitrone, weil sie erstmals aus Zitronensaft isoliert werden konnte (schon 1784!).

In der Obstverarbeitung wird sie vor allem zur pH-Wert-Regulierung und zur Geschmacksverbesserung bzw. -harmonisierung eingesetzt. Ihre Salze, die Citrate, finden in der Lebensmittelindustrie vielfältige Anwendung.

2.1.4.4 Andere Fruchtsäuren

Einige Beerenobstarten enthalten spezielle Säuren, die in anderen Lebensmitteln wegen ihrer konservierenden Eigenschaften zugesetzt werden. Benzoesäure aus Heidelbeeren und Sorbinsäure aus Vogelbeeren haben eine hemmende Wirkung auf Hefen, die vollständige Vergärung der beiden Obstarten ist deshalb nicht so einfach. Isocitronensäure, Bernsteinsäure und Oxalsäure kommen in heimischen Obstarten nur in geringen Mengen vor und haben in der Obstverarbeitung keine Bedeutung.

2.1.4.5 Essigsäure

Essigsäure kommt in Früchten von Natur aus nicht vor. Ihre Anwesenheit in Verarbeitungsprodukten weist auf eine mikrologische Aktivität hin und ist daher ein wichtiger Qualitätsindikator. Die stechend riechende Flüssigkeit entsteht hauptsächlich durch die Oxidation von Ethanol (Alkohol). In geringen Mengen wird Essigsäure als Gärungsnebenprodukt von Hefen während der alkoholischen Gärung gebildet. In fehlerfreien Mosten und Weinen findet man typischerweise Konzentrationen von 0,4 g/l bis 0,7 g/l, während Apfelessig mindestens 50 g/l enthält.

Eine „Essigsäuregärung" wird primär von Essigsäurebakterien verursacht, aber auch bestimmte „wilde" Hefen der Gattungen Hanseniaspora und Brettanomyces können größere Mengen produzieren. Die Flüchtigkeit der Essigsäure führt zu ihrer Bezeichnung als „flüchtige Säure". Ist sie in Getränken nur leicht wahrnehmbar, bezeichnet man diese daher als „flüchtig". Bei deutlicher Wahrnehmung spricht man von einem „Essigstich", einem irreparablen Fehler.
Der einzige erwünschte Einsatzbereich dieser Bakterien in der Obstverarbeitung ist die gezielte Essigherstellung. Interessanterweise kann sich Essigsäure mit Alkoholen zu sehr aromatischen Stoffen, den sogenannten „Estern", verbinden, die in kontrollierten Mengen zur Komplexität des beitragen können. Die Salze der Essigsäure werden Acetate genannt.

2.1.4.6 Milchsäure

Gleich wie Essigsäure kommt Milchsäure in frischen Früchten nicht vor. Sie entsteht hauptsächlich durch die Tätigkeit von Milchsäurebakterien beim biologischen Säureabbau, bei dem die schärfere Äpfelsäure in die mildere Milchsäure umgewandelt wird. Milchsäure und ihre Salze, die Laktate, finden breite Anwendung als natürliche Konservierungsmittel, Säuerungsmittel und Geschmacksverbesserer. In der Obstverarbeitung wird Milchsäure (meist in Verbindung mit Phosphorsäure) auch gezielt eingesetzt, um den pH-Wert in einer Obstmaische zu senken und damit die Tätigkeit von Milchsäurebakterien zu unterbinden.

2.1.5 Phenole

Phenole sind eine vielfältige Gruppe von Pflanzeninhaltsstoffen, die weit mehr umfasst als die traditionell als „Gerbstoffe" bezeichneten Substanzen. Sie schließen bioaktive Komponenten, Farbstoffe und die intensiv erforschten „sekundären Pflanzenwirkstoffe" ein, denen zahlreiche positive Einflüsse auf den menschlichen Körper zugeschrieben werden.
Zu ihren wichtigsten positiven Eigenschaften zählen antioxidative, entzündungshemmende und möglicherweise krebsvorbeugende Wir-

© Georg Innerhofer

Aroniabeeren gelten aufgrund der vielen sekundären Pflanzenwirkstoffe als sehr gesund.

© Georg Innerhofer

Erdbeeren sind zwar sehr aromatisch, aber ihre Farbstoffe (Anthocyane) sind leider nicht farbstabil.

kungen. Zudem können sie zum Herz-Kreislauf-Schutz beitragen und das Immunsystem stärken. Besonders in Aroniabeeren spielen phenolische Stoffe eine zentrale Rolle für Geschmack, Haltbarkeit und gesundheitsfördernde Eigenschaften.

In der Obstverarbeitung beeinflussen Phenole maßgeblich:

- Farbe
- Geschmack und
- Haltbarkeit

In Früchten und daraus hergestellten Produkten tragen phenolische Stoffe zur Aromabildung bei, können aber auch bittere bis adstringierende Geschmacksnoten verursachen. Sie sind anfällig für Oxidationsprozesse, bilden Verbindungen mit Zucker oder Weinsäure und können Trübungen durch Reaktionen mit Metallen oder Proteinen verursachen.

© Georg Innerhofer

Die Carotinoide in der Marille sind zwar recht stabil, sind aber nicht wasserlöslich und verbleiben daher im Fruchtfleisch.

Allerdings können hohe Konzentrationen, wie sie in Quitten, Mostbirnen oder wilden Vogelbeeren vorkommen, zu unharmonischen und stark bitteren Produkten führen. Die Herausforderung für Obstverarbeiter besteht darin, den Phenolgehalt so zu steuern, dass störende Bitternoten entfernt werden, während Aroma und Mundgefühl erhalten bleiben. Moderne Verarbeitungstechniken wie enzymatische Behandlung oder der Einsatz von Schönungsmitteln ermöglichen eine gezielte Beeinflussung des Phenolgehalts.

Zu den wichtigsten Vertretern der phenolischen Stoffe zählen:

- Flavonoide (rote Farbpigmente)
- Phenolcarbonsäuren (bittere und adstringierende Geschmacksnoten)
- flüchtige Phenole (mögliche Verursacher von Fehlgerüchen) und
- Tannine (sorgen für Vollmundigkeit in Getränken)

Anthocyane, eine Untergruppe der Flavonoide, sind für die rote, violette und blaue pH-Wert-abhängige Färbung von Beeren verantwortlich. Sie sind vorwiegend in der Beerenhaut lokalisiert und neigen zu Oxidation und Bräunung. Carotinoide sind fettlösliche gelb-orange Farbstoffe, die nicht wasserlöslich sind und beim Entsaften im Fruchtfleisch verbleiben. Für farbintensive, orange Säfte wie beim Pfirsich oder der Marille ist daher eine Verarbeitung des gesamten Fruchtfleischs erforderlich.

2.1.6 Stickstoffhaltige Substanzen

2.1.6.1 Eiweiß

Eiweiße, auch als Proteine bekannt, sind komplexe Verbindungen aus Aminosäuren, die eine zentrale Rolle in zahlreichen Lebensprozessen spielen. In der Obstverarbeitung haben sie sowohl positive als auch herausfordernde Eigenschaften. Diese Moleküle weisen nicht nur kettenförmige Strukturen auf, sondern auch komplexe räumliche Formen.

Freie Aminosäuren sind entscheidend für die Vitalität der Hefen in Gärungsprozessen, während intakte Proteine für sie unerreichbar bleiben. Um einen Mangel an freien Aminosäuren auszugleichen kann der Zusatz eines Hefenährstoffes erfolgen. Zudem sind Aromastoffe an freie Aminosäuren gebunden, was bei bestimmten Obstarten die Aromenausprägung fördert.
In der Getränkeherstellung können Eiweiße aus Früchten jedoch zu unerwünschten Trübungen führen, besonders nach starken Temperaturänderungen wie Erwärmung oder Kühlung. Um die Klarheit und Stabilität des Endprodukts zu gewährleisten, wird in der Praxis zur Entfernung dieser Proteine hauptsächlich Bentonit eingesetzt.

2.1.6.2 Enzyme

Enzyme, früher als Fermente bekannt, sind unverzichtbare Katalysatoren biochemischer Reaktionen. Als hochmolekulare Eiweißverbindungen, die von lebenden Zellen produziert werden, beschleunigen sie spezifische Stoffwechselprozesse, ohne selbst verbraucht zu werden. Sie werden auch als Biokatalysatoren bezeichnet.

Die Aktivität von Enzymen hängt ab von:

- Temperatur und
- pH-Wert

In der Natur sind Enzyme an nahezu allen wichtigen chemischen Vorgängen beteiligt. Die Stoffe, auf die sie einwirken, werden als Substrate bezeichnet, und die Namensgebung der Enzyme folgt oft dem Muster, dass der Name des Substrats um die Endung „-ase“ ergänzt wird.
Eine Eigenschaft von Enzymen ist ihre Substratspezifität; jedes Enzym führt nur eine bestimmte Reaktion an einem spezifischen Stoff durch, was als „Schlüssel-Schloss-Prinzip“ beschrieben wird. Beispiele sind Proteasen (die Eiweiße spalten), Pektinasen (die Pektin abbauen) und Oxidasen (die Sauerstoff übertragen und Oxidationen bewirken).

In der Kellerwirtschaft und Obstverarbeitung spielen enzymatische Prozesse eine bedeutende Rolle. Sie sind verantwortlich für die alkoholische Gärung, den biologischen Säureabbau sowie das Weichwerden von Früchten während der Reife und für Bräunungsreaktionen, wie sie beispielsweise bei geschabten Äpfeln auftreten. In einigen Fällen werden Enzyme gezielt eingesetzt, etwa zum Abbau von Pektin. Bei Produkten, die stabil bleiben sollen, ist es jedoch wichtig, die Enzymaktivität zu stoppen und sie zu inaktivieren, um unerwünschte Veränderungen zu vermeiden.

2.1.7 Vitamine

Vitamine sind lebenswichtige Mikronährstoffe, die der menschliche Körper nicht selbst produzieren kann und daher über die Nahrung aufnehmen muss. Sie sind chemisch vielfältig und werden in fettlösliche (wie Vitamin A, D, E und K) und wasserlösliche Vitamine (wie die B-Vitamine und Vitamin C) unterteilt. Trotz ihres geringen Bedarfs spielen sie eine entscheidende Rolle in der Regulierung des Stoffwechsels und der optimalen Verwertung von Nährstoffen. Ihre ernährungsphysiologische Bedeutung ist daher immens.

Die ursprünglich als provisorische Lösung eingeführte alphabetische Bezeichnung der Vitamine hat sich bis heute gehalten und wird voraussichtlich noch lange in Gebrauch bleiben.

DURCHSCHNITTLICHE VITAMIN-C-GEHALTE VON FRÜCHTEN

Obstart	Vitamin C/ 100 g Frischfrucht
Apfel	25 mg
Schwarze Johannisbeere	250 mg
Hagebutte	1500 mg
Sanddorn	1000 mg
Zitrone/Orange	60 mg
Kiwi	60 mg
Paprika	30 mg

© Georg Innerhofer

Die Hagebutte enthält viel Vitamin C.

Im menschlichen Stoffwechsel übernehmen Vitamine sowohl steuernde als auch katalytische Funktionen. Obwohl Früchte eine wichtige Quelle für Vitamine darstellen, können sie den täglichen Bedarf nur teilweise decken. Eine Ausnahme bildet Vitamin C, das in nennenswerten Mengen besonders in Beerenobst und Zitrusfrüchten vorkommt. Für eine ausgewogene Vitaminversorgung ist daher eine vielfältige Ernährung, die über den reinen Obstkonsum hinausgeht, unerlässlich.

Die chemische Struktur der Vitamine bestimmt ihren Namen; viele werden durch Buchstaben und Zahlen bezeichnet, wobei Lücken in der Buchstabenreihe entstanden sind, weil einige ursprünglich als Vitamine bezeichnete Substanzen später ausgeschlossen wurden. Insgesamt gelten 13 Vitamine als unerlässlich für den Menschen, wobei ein Mangel zu Hypovitaminosen und ein Überschuss zu Hypervitaminosen führen kann.

2.1.8 Aromastoffe

Aromen sind entscheidend für den Geruch und Geschmack von Früchten und werden von einer Vielzahl von Verbindungen bestimmt. Die Zusammensetzung des Aromas hängt hauptsächlich von der Obstart, der Sorte, dem Reifegrad und der Anbaulage ab. Das eigentliche Aroma wird durch flüchtige Verbindungen wie Alkohole, Säuren, Ester und Aldehyde geprägt, die oft in sehr geringen Mengen vorkommen. Viele dieser aromatischen Stoffe sind so intensiv, dass sie selbst in Mikrogramm das Aroma erheblich beeinflussen können. Dank moderner Gaschromatographie können diese Aromastoffe heute präzise identifiziert werden.

Man unterscheidet zwischen verschiedenen Aromagruppen, je nach Zeitpunkt ihrer Entstehung:

- Primäre Aromen stammen bereits von der Frucht selbst und sind spezifisch für jede Obstart und -sorte. Sie entwickeln sich in Abhängigkeit von Standort und Klima. Im Laufe der Verarbeitung können sie jedoch verloren gehen oder sich verändern.
- Sekundäre Aromen entstehen während der Verarbeitung durch Gärung, Fermentation, Lagerung oder Hitzeeinwirkung. Beispiele sind Hefenoten oder Aromen, die durch den biologischen Säureabbau oder die Lagerung im Holzfass entstehen.
- Tertiäre Aromen entwickeln sich während der Lagerung des fertigen Produkts, sind jedoch in der Obstverarbeitung weniger relevant.

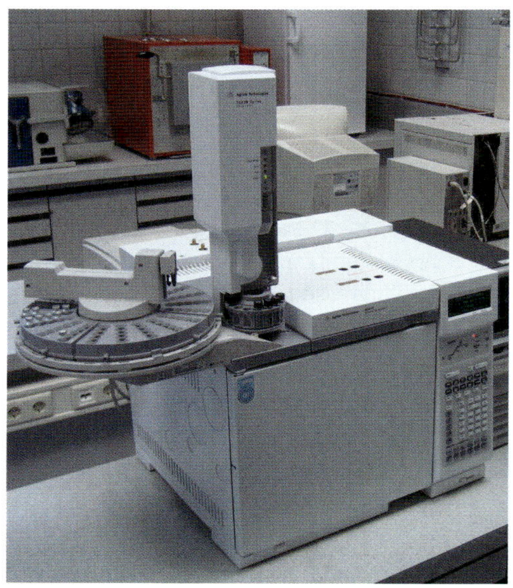

© Georg Innerhofer

Gas-Chromatograph zum Messen des Aromastoffgehalts.

In vielen Früchten sind mehrere Stoffe für den Geruch und Geschmack verantwortlich; einige Aromastoffe finden sich in mehreren Obstarten, während andere spezifisch für bestimmte Sorten sind. Ein Beispiel für spezifische Aromastoffe sind die Methyl- und Ethylester der Decadiensäure, die nur in der Williams-Christ-Birne vorkommen. Das Aroma von Kaffee wiederum besteht aus vielen hundert unterschiedlichen Stoffen, von denen kein einziger das typische Aroma von Kaffee widerspiegelt.

2.1.9 Mineralstoffe

Mineralstoffe gelangen in die Pflanze in wasserlöslicher Form über die Wurzeln und sind essenziell für zahlreiche physiologische Prozesse. Sie bilden beim Verbrennen von Früchten oder deren Erzeugnissen den sogenannten Ascherückstand.

Der mengenmäßig bedeutendste Mineralstoff in fast allen Obstarten ist Kalium, dessen Gehalt zwischen 0,1 und 0,3 % des Frischgewichts liegt. Es spielt eine zentrale Rolle bei der Regulierung des Wasserhaushalts und der Zellfunktion. Die Gehalte an Calcium, Magnesium und Phosphor liegen deutlich darunter, mit etwa 10 mg pro 100 g Frischgewicht. Calcium ist wichtig für die Knochengesundheit und die Muskelkontraktion, während Magnesium an vielen enzymatischen Reaktionen beteiligt ist. Eisen, Zink, Kupfer und Mangan sind nur in Spuren vorhanden, tragen jedoch ebenfalls in diesen geringsten Mengen zur menschlichen Gesundheit bei. Eisen ist entscheidend für den Sauerstofftransport im Blut, während Zink und Kupfer wichtige Funktionen im Immunsystem erfüllen.

Einige Früchte sind besonders reich an Mineralstoffen: Bananen enthalten viel Kalium sowie Calcium und Magnesium, während Birnen mehr Mineralstoffe als Äpfel aufweisen, darunter auch Eisen und Zink. Aprikosen sind ebenfalls eine gute Quelle für Mineralstoffe wie Calcium und Phosphor.

2.1.10 Fette

Die meisten heimischen Früchte enthalten nur geringe Mengen an Fett. In der Schale bzw. Haut kommen geringe Mengen vor und bilden auf der Oberfläche eine wachsartige, fettige Schicht. Diese Schutzschicht hilft, die Frucht vor Umwelteinflüssen und Feuchtigkeitsverlust zu bewahren. Die Kerne von Früchten enthalten deutlich größere Mengen von Fetten, besonders jene von Steinobst. Marillenkernöl beispielsweise hat sowohl in der Ernährung als auch in der Kosmetik Bedeutung.
Heimische Hasel- und Walnüsse weisen einen Fettgehalt von über 60 % auf. Sie eignen sich hervorragend zur Herstellung von Speiseölen und sind eine wertvolle Quelle für essenzielle Fettsäuren und andere Nährstoffe. Aufgrund ihrer spezifischen Fettsäurezusammensetzung neigen sie dazu, relativ rasch ranzig zu werden.

Aus Marillenkernen kann man Öl gewinnen.

2.1.11 VERSTÄNDNISFRAGEN

1. Nach welcher Systematik sind Zucker eingeteilt? Nenne Beispiele für die einzelnen Gruppen.
2. Nenne typische Zucker und Säuregehalte in Traube und Apfel. Gib die Werte in KMW und g/l (Zucker) bzw. in ‰ und g/l (Säure) an.
3. Welche Säuren kommen in Früchten von Natur aus vor und welche sind ein Anzeichen für Mikroorganismentätigkeit.
4. Warum kann man die Säure im Apfelmost nicht so einfach korrigieren wie im Wein?
5. Was versteht man unter Zuckeralkoholen? Nenne Eigenschaften und wichtige Vertreter.
6. Was versteht man unter einem „Enzym“?
7. Warum entfernt man Eiweiß im Zuge der Verarbeitung aus vielen Produkten und womit macht man das?
8. Nenne die wichtigsten (auffälligsten) Eigenschaften von Phenolen im Wein/Most.
9. Nenne die Aromengruppen nach Zeitpunkt der Entstehung und Beispiele dafür.
10. In welchen Teilen der Früchte kommen nennenswerte Mengen Fett vor und wozu kann man es nutzen?

2.2 Mikrobiologie

Mikrobiologie ist der Überbegriff der Lehre der Mikroorganismen, auch Mikroben, Kleinstlebewesen oder einfach nur Keime genannt. Unter diesen Begriffen versteht man so kleine Lebewesen, dass sie mit freiem Auge nicht zu sehen sind. Mithilfe von Mikroskopen kann man Mikroorganismen erkennen und unterscheiden.

Für Obst verarbeitende Betriebe haben folgende Arten Bedeutung:

- Hefezellen: 5–10 Mikrometer (μm)
- Schimmelsporen: 2–10 μm
- Bakterien: 0,3–2 μm

2.2.1 Allgemein

Ohne Mikroorganismen wäre Leben auf der Erde undenkbar. Zahlreiche natürliche Prozesse sind auf ihre Anwesenheit angewiesen. Allerdings können Mikroorganismen auch erhebliche negative Auswirkungen auf andere Lebewesen haben. Einige Schimmelpilze beispielsweise geben im Zuge ihres Stoffwechsels Giftstoffe, sogenannte Mykotoxine, oder belastende Sporen an ihre Umgebung ab. Ein Konsum verdorbener Lebensmittel kann zu Übelkeit, Kopfschmerz, Bauchschmerzen, Durchfall und im Extremfall zu einer Lebensmittelvergiftung führen.

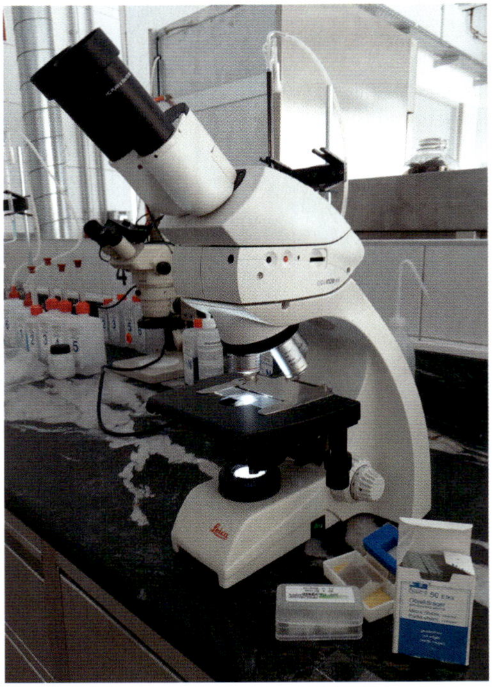

© Georg Innerhofer

Mikroskoskop zum „Sichtbarmachen“ von Mikroorganismen.

Von Hefen, Bakterien und Schimmelpilze gibt es sehr viele Arten und Gattungen. Je nach Vorkommen und Art des Mikroorganismus unterscheidet man in erwünschte und unerwünschte Vorgänge. Manche Mikroorganismen sind bei einem Lebensmittel erwünscht, bei einem anderen nicht.

Beispiele für **erwünschte** Mikroorganismentätigkeit:

- Hefen: vergären Saft zu Wein
- Essigbakterien: machen aus Alkohol Essigsäure
- Schimmelpilze: für edelfaule Trauben (Trockenbeerenauslese)

Beispiele für **unerwünschte** Mikroorganismentätigkeit:

- Hefen: gären Säfte an
- Milchsäurebakterien: machen Milch sauer
- Schimmel: verderben Konfitüren

2.2.2 Vermehrung

Mikroorganismen sind generell sehr einfache, häufig einzellige Organismen. Ihre niederen Ansprüche an die Umgebung und ihre Kleinheit machen es ihnen möglich, sich auch an sehr unwirtlichen Plätzen bei einem sehr geringen Nahrungsangebot zu vermehren. Bereits geringste Mengen an Nährstoffen und Wasser reichen aus, um ihre Vermehrung zu ermöglichen. Meistens geschieht ihre Vermehrung auf ungeschlechtliche Art und damit rasend schnell. Im Idealfall benötigen Keime gerade einmal 20 Minuten, um sich zu teilen. Die geschlechtliche Vermehrung spielt nur eine untergeordnete Rolle.

Wachstumsphasen:

- Latenzphase (Lag-Phase): Zeit für die Anpassung der Keime an das neue Umfeld
- Exponentielle Phase: Schnelles Wachstum über mehrere Zellteilungszyklen
- Stationäre Phase: Verlangsamung des Wachstums aufgrund von Nährstoffmangel
- Absterbephase: Abnahme der Keimzahl

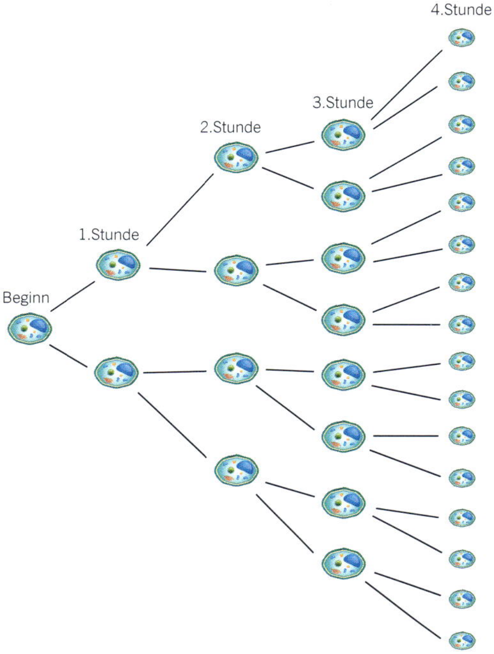

Bei idealen Vermehrungsbedingungen führt Zellteilung rasch zu sehr großen Zellzahlen.

Das Auftreten und die Vermehrungsgeschwindigkeit der Mikroorganismen werden durch mehrere Faktoren bestimmt. Eine Wertung dieser Faktoren nach ihrer Wertigkeit ist nicht möglich. Meistens reicht schon ein nicht erfüllter Punkt, um das Wachstum der Mikroorganismen zu unterbinden.

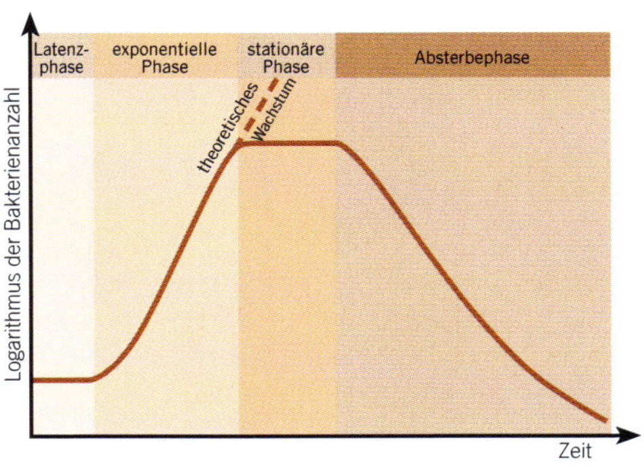

Die Zellzahl von Keimen folgt immer dieser Kurve.

- **Nährstoffangebot:**
  Die meisten im Bereich Obstverarbeitung wichtigen Hefen und Schimmelarten decken ihren Energiebedarf aus dem Kohlenhydratstoffwechsel durch den Abbau von Zucker. Bakterien können sich auch gut von organischen Säuren ernähren. Den für die Vermehrung benötigten Stickstoff beziehen Keime aus Eiweiß oder Aminosäuren.
- **Wasserverfügbarkeit:**
  Die meisten Mikroorganismen benötigen Wasser für ihre Aktivitäten. Viele Arten können zwar mit wenig Wasser überleben, können sich aber nicht vermehren und somit nicht als Schädling in Erscheinung treten. Eine Erscheinung, die man sich in der Haltbarmachung von Lebensmitteln zunutze macht. Stoffe wie Zucker, Säuren, Salze und andere binden Wasser an sich und machen es damit nicht mehr verfügbar. Als Maß für die Verfügbarkeit von Wasser gilt der a_W-Wert.
- **Sauerstoffverfügbarkeit:**
  Ähnlich wie Wasser benötigen die meisten Mikroorganismen Sauerstoff für ihre Massenvermehrung. Essigsäurebakterien und die meisten Schimmelarten können nur bei ausreichender Sauerstoffversorgung zum Problem werden, sie wachsen daher „auf" Lebensmitteln. Die Gärhefe benötigt in der Angärphase zur Vermehrung auch Sauerstoff zum Veratmen, während der Gärung nicht mehr.
- **Temperatur:**
  Wie alle Formen von Leben können auch Mikroorganismen nur in einem bestimmten Temperaturbereich existieren. Das Temperaturoptimum der meisten Mikroorganismen liegt zwischen 15 und 35 °C. In diesem Bereich sind sie unter passenden Bedingungen zur Massenvermehrung fähig. In Extremfällen können Hefen und Schimmelpilze auch bei Temperaturen außerhalb dieses Bereichs ihre schädliche Wirkung zeigen. Schimmelpilze beispielsweise können auch im Kühlschrank einen Fruchtsaft verderben.
- **pH-Wert:**
  Während Hefen und Schimmelpilze sehr säuretolerant sind, reagieren Bakterien sehr sensibel auf saure Bedingungen, sie bevorzugen pH-Werte über 3,5. Der pH-Wert der heimischen Früchte liegt zwischen 3,0 und 4,0. Durch Absenken des pH-Werts bei weniger sauren Früchten lässt sich das Bakterienwachstum verhindern. In wenig sauren Medien können sich die meisten Mikroorganismen leicht vermehren.
- **Zeit:**
  Auch wenn die Vermehrung der Mikroorganismen rasch vor sich geht, benötigen sie dennoch Zeit dafür. Eine rasche und effiziente Verarbeitung soll verhindern, dass Keime sich zu sehr vermehren und damit den Aufwand oder Energieeinsatz bei der Haltbarmachung erhöhen würden.
- **Inhibitoren (Verhinderer):**
  Das Vorhandensein von Stoffen, die die Vermehrung von Mikroorganismen verhindern oder stark verlangsamen, ist ebenfalls ein wachstumsbegrenzender Faktor.
  Als direkte Verhinderer kommen vorwiegend Alkohol oder Konservierungsmittel infrage. Zucker und Säuren wirken indirekt über Absenken des a_W-Werts oder des pH-Werts.

© Georg Innerhofer

Mehrere Faktoren bestimmen das Mikroorganismenwachstum, das zum Verderb führen kann.

2.2.3 Hefen

Hefen sind einzellig vorkommende Mikroorganismen, die zur Gruppe der Pilze gehören. Ihre Vermehrung erfolgt durch Sprossung. Die Zelle bildet dabei einen Auswuchs (Knospe), der sich bei entsprechender Größe von der Mutterzelle abtrennt und als eigenständige Hefezelle aktiv wird.
Einerseits ermöglichen sie durch die Gärung die direkte Herstellung alkoholischer Produkte wie Wein, Obstwein, Most und, über den Umweg der Destillation, die Produktion von Fruchtbränden, Likör und Früchten in Alkohol. Andererseits sind sie, bei unerwünschtem Vorkommen oder Fehlgärungen, auch als bedeutende Schädlinge bekannt.

2.2.3.1 Gärhefen

Für die alkoholische Gärung wird Reinzuchthefe als Starterkultur verwendet, wobei der Hefestamm *Saccharomyces cerevisiae* zum Einsatz kommt. Durch die Zugabe dieser Hefe beginnt die Gärung schnell und verläuft reintönig. Während des Gärprozesses wandelt die Hefe die Einfachzucker Glucose und Fructose in Alkohol und Kohlendioxid um. Dabei entstehen auch geringe Mengen an Glycerin, Acetaldehyd und höheren Alkoholen. Im Vergleich zu anderen Hefestämmen produziert diese Gärhefe nur sehr wenige unerwünschte Substanzen, wie Essigsäure, die den Geschmack negativ beeinträchtigen könnten.

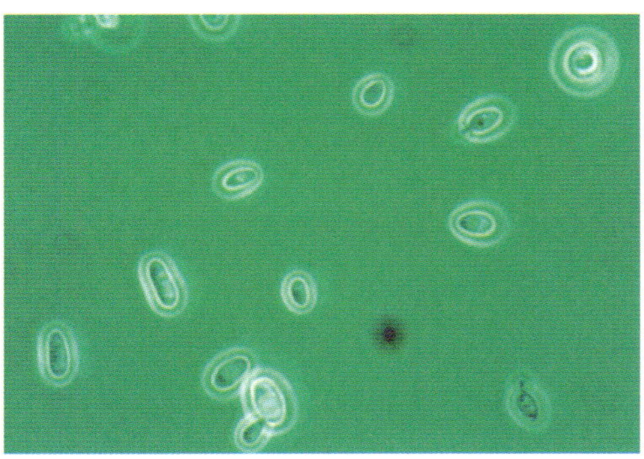

© Georg Innerhofer

Hefezellen von Saccharomyces cerevisea.

Ein Gramm dieser Trockenhefe enthält zwischen 20 und 30 Millionen Hefezellen. Vor der Verwendung muss die getrocknete Hefe mit warmem Wasser rehydriert werden. Die erforderliche Menge ist auf der Verpackung angegeben und liegt in der Regel zwischen 15 und 25 g/hl. Durch ihre Zugabe hat die Gärhefe einen Populationsvorteil gegenüber anderen Hefen und dominiert den Gärprozess von Anfang an. Diese Hefen sind äußerst gärstark und arbeiten, bis der gesamte Zucker umgesetzt ist.

2.2.3.2 Wilde Hefe

Wilde Hefen kommen überall in unserer Umgebung bzw. Umwelt vor.Sie können auf Oberflächen, in der Luft und besonders auf Früchten gefunden werden. Im Gegensatz zu Kulturhefen, die für spezifische Zwecke gezüchtet werden, sind wilde Hefen nicht standardisiert und können unvorhersehbare Eigenschaften aufweisen.

Zu den bekanntesten Gattungen wilder Hefen gehören Hanseniaspora (auch als Kloeckera bekannt) und Rhodotorula. Diese machen den Großteil der natürlichen Mikroorganismenpopulation auf Früchten aus, während nur ein kleiner Anteil die erwünschten Saccharomyces-Hefen sind. Die Form der Wildhefen variiert von spitzbogenartig bis zitronenförmig, was sie unter dem Mikroskop von den runden Saccharomyces-Hefen unterscheidbar macht.

In der Getränkeherstellung können wilde Hefen sowohl positive als auch negative Auswirkungen haben:

- Bei Spontangärungen dominieren sie oft die Anfangsphase der Gärung.
- Sie können zu einzigartigen Geschmacksprofilen in fermentierten Produkten beitragen.
- Allerdings können sie auch unerwünschte Geschmacks- und Geruchsveränderungen verursachen (= funky notes).

Ein bedeutender Nachteil wilder Hefen ist ihre geringere Alkoholtoleranz im Vergleich zu Kulturhefen. *Hanseniaspora uvarum* beispielsweise verträgt nur etwa 7 % Alkohol. Trotzdem können die von ihnen während der Anfangsphase produzierten Stoffwechselprodukte, wie Essigsäure oder deren Ethylester, das Endprodukt nachhaltig negativ beeinflussen.
In der industriellen Produktion erfordert die Anwesenheit wilder Hefen besondere Vorsicht und Kontrolle, um konsistente Ergebnisse zu gewährleisten. Moderne Methoden zur Hefeselektion und -kultivierung zielen darauf ab, die positiven Eigenschaften wilder Hefen zu nutzen und gleichzeitig ihre negativen Auswirkungen zu minimieren.

2.2.3.3 Kahmhefe

Kahmhefen wachsen bevorzugt an der Oberfläche von zucker- oder alkoholhaltigen Getränken, da sie ein sehr hohes Sauerstoffbedürfnis aufweisen. Dort bilden sie einen charakteristischen dünnen, weißlichen Film, der als „Kahmhaut" bezeichnet wird.

Kahmhefe auf der Oberfläche eines Obstweins.

Hefen
- ... haben große Bedeutung in der Fruchtverarbeitung.
- ... vollziehen die alkoholische Gärung.
- ... benötigen Zucker und ausreichend Wasser.

Zu den wichtigsten Gattungen der Kahmhefen zählen Hansenula, Pichia und Candida. Diese Hefen sind bekannt für ihre hohe Toleranz gegenüber Ethanol und ihre Fähigkeit, Alkohol zu oxidieren. Im Zuge ihres Stoffwechsels verarbeiten Kahmhefen vorwiegend Alkohol und Fruchtsäuren aus dem Getränk und bilden daraus unerwünschte Stoffe. Die Bildung einer Kahmhaut kann zu erheblichen Qualitätseinbußen in Getränken führen.

Um das Wachstum von Kahmhefen zu verhindern, sind folgende Maßnahmen wichtig:
- Dichtes Verschließen der Behälter
- Niedrige Lagertemperaturen
- Vollständiges Füllen der Behälter

Diese Vorkehrungen reduzieren den Sauerstoffkontakt und schaffen ungünstige Wachstumsbedingungen für Kahmhefen.

2.2.4 Schimmelpilze

Schimmelpilze sind eine besondere Gruppe von Mikroorganismen, die unter geeigneten Bedingungen sichtbare Kolonien bilden. Diese erscheinen als eine Art Rasen aus unzähligen Konidienträgern. Die Verbreitung erfolgt hauptsächlich über Sporen, die durch Luftströmungen, Wasser oder physischen Kontakt transportiert werden. Schimmelpilze können

Schimmelpilze
- ... sind ein gefürchteter Schädling bei Lebensmitteln.
- ... sind bei fast allen Lebesnmitteln unerwünscht.
- ... sind sehr genügsam.

sich schnell vermehren, wenn die Bedingungen günstig sind, insbesondere bei hoher Feuchtigkeit und Temperaturen zwischen 20 und 30 °C. Besonders häufig finden sich Schimmelpilze in feuchten oder schlecht belüfteten Bereichen.

Der Lebenszyklus eines Schimmelpilzes umfasst mehrere Stadien:

- Sporenkeimung: Auf geeignetem Nährboden bilden Sporen ein Netzwerk aus Pilzfäden (Hyphen).
- Myzelbildung: Die Gesamtheit der Hyphen wird als Myzel bezeichnet.
- Sporenträgerbildung: Aus dem Myzel wachsen Sporenträger.
- Sporenproduktion: An den Spitzen der Sporenträger entstehen zahlreiche neue Sporen.

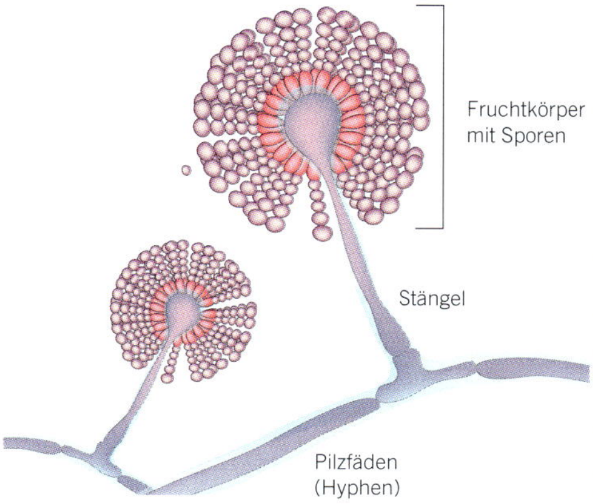

Aufbau eines Schimmelpilzes.

Verschiedene Schimmelpilzarten haben charakteristische Sporenträgerformen und können anhand dieser unterschieden werden. Aspergillus ähnelt Gießkannenköpfen und tragt daher die Bezeichnung „Gießkannenschimmel". Penicillium erinnert an kleine Pinsel und heißt deshalb „Pinselschimmel".

Schimmelpilze können erhebliche Schäden an Lebensmitteln verursachen. Sie durchwachsen das Substrat mit ihren „Wurzeln", den sogenannten Hyphen, und weichen es durch abgegebene Enzyme auf. Oft hinterlassen sie einen charakteristischen „Muff-" oder „Schimmelton".
In der Obstverarbeitung sind die häufigsten relevanten Schimmelpilzarten Penicillium, Aspergillus, Mucor, Cladosporium und Fusarium. Ihr Vorkommen ist in diesem Bereich stets unerwünscht.

Schimmelpilze sind relativ resistent gegenüber niedrigen pH-Werten und geringen Wassergehalten, können aber durch Alkohol, Kohlendioxid und Konservierungsmittel kontrolliert werden. Weitere Maßnahmen zur Vermeidung von Schimmelbildung sind richtige Lagerung bei tiefen Temperaturen und die Verwendung von luftdichten Behältern. Besonders problematisch sind die von Schimmelpilzen produzierten Mykotoxine, die gesundheitsschädlich sein können. Trotz einer gewissen natürlichen Resistenz des Menschen gegen Schimmelpilze können sie allergische Reaktionen und toxische Wirkungen hervorrufen. Interessanterweise haben einige Mykotoxine auch positive Anwendungen gefunden, wie das von Sir Alexander Fleming 1928 entdeckte Penicillin, das als Antibiotikum breite medizinische Anwendung findet.

2.2.5 Bakterien

Bakterien sind mikroskopisch kleine, einzellige Organismen mit einer Größe von etwa 0,3–2 Mikrometern. Sie weisen eine bemerkenswerte Vielfalt an Formen auf, darunter Kokken (kugelförmig), und kurze, mittellange oder lange Stäbchen.
Die Vermehrung von Bakterien erfolgt durch Zellteilung, bei der aus einer Mutterzelle zwei identische Tochterzellen entstehen. Unter optimalen Bedingungen kann dieser Prozess extrem schnell ablaufen, was zu einer exponentiellen Vermehrung führt. Diese rasche Vermehrungsfähigkeit erklärt, warum Bakterien Lebensmittel innerhalb kurzer Zeit verderben können.

Charakteristisch für die meisten Bakterien sind:
- Hohes Wasserbedürfnis: Sie benötigen eine feuchte Umgebung für ihr Wachstum.
- Geringe Säuretoleranz: Die meisten Bakterien bevorzugen annähernd neutrale pH-Werte.
- Temperaturempfindlichkeit: Viele Bakterien sind durch Hitzeeinwirkung leicht zu inaktivieren.

Diese Eigenschaften machen Bakterien in der Obstverarbeitung und bei säurehaltigen Produkten weniger problematisch als Hefen oder Schimmelpilze. Heimische Früchte und daraus hergestellte Produkte sind oft zu sauer für ein optimales Bakterienwachstum.

Zur Kontrolle von Bakterien in Lebensmitteln stehen verschiedene effektive Methoden zur Verfügung. Eine häufig angewandte Technik ist die pH-Wert-Kontrolle, bei der Produkte gezielt angesäuert werden, um ein bakterienfeindliches Milieu zu schaffen. Ebenso wirksam ist die Reduzierung der Wasseraktivität, was durch Trocknung oder die Zugabe von Zucker oder Salz erreicht werden kann. Thermische Behandlungen wie Pasteurisation oder Sterilisation sind besonders effektiv, um Bakterien abzutöten oder zu inaktivieren. Für viele Lebensmittel ist auch die Kühlung eine wichtige Maßnahme, da sie das bakterielle Wachstum signifikant verlangsamt. In einigen Fällen kommen zudem chemische Konservierungsmittel zum Einsatz, die speziell darauf ausgelegt sind, das Bakterienwachstum zu hemmen. Eine Kombination dieser verschiedenen Methoden ermöglicht es, unerwünschtes Bakterienwachstum recht gut zu unterbinden.

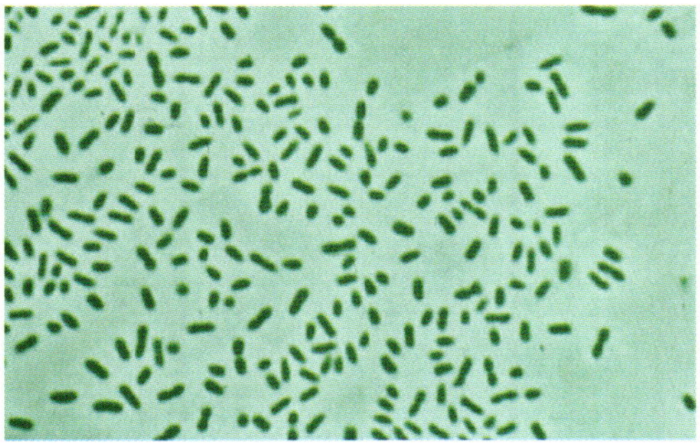

Typisches Bild von Essigsäurebakterien.

Trotz ihrer potenziell schädlichen Rolle beim Lebensmittelverderb haben manche Bakterien auch positive Funktionen. So sind sie beispielsweise für die Herstellung von Essig oder den induzierten biologischen Säureabbau notwendig.

2.2.5.1 Essigsäurebakterien

Essigsäurebakterien sind weltweit verbreitete Mikroorganismen, die unter dem Mikroskop als kurze bis mittellange Stäbchen erkennbar sind. Ihre Fähigkeit, Alkohol in Essigsäure umzuwandeln, macht sie zu gefürchteten Schädlingen in der Getränkeindustrie. Diese Bakterien benötigen Sauerstoff für ihre Stoffwechselaktivität und sind daher hauptsächlich an der Oberfläche von Flüssigkeiten oder auf beschädigten Früchten zu finden, wo bereits eine alkoholische Gärung eingesetzt hat.
In Produktionsstätten können sich Essigsäurebakterien besonders gut vermehren, wenn durch unzureichende Reinigung alkoholhaltige Rückstände zurückbleiben.

Um ihr Wachstum zu kontrollieren, sind folgende Maßnahmen effektiv:
- Strikte Hygiene und sorgfältige Reinigung der Betriebsräume
- Lagerung bei tiefen Temperaturen
- Minimierung des Sauerstoffkontakts
- Einsatz von schwefliger Säure, sofern zulässig

2.2.5.2 Milchsäurebakterien

Milchsäurebakterien sind eine vielseitige Gruppe von Mikroorganismen, die Zucker oder Säuren zu Milchsäure und deren Verbindungen abbauen können. Unter dem Mikroskop erscheinen sie als mittellange bis lange Stäbchen, die oft Ketten bilden und bei ausreichender Vergrößerung leicht zu erkennen sind.

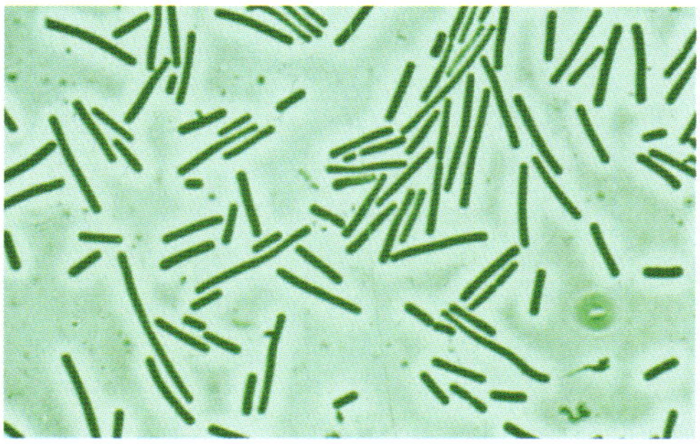

© Georg Innerhofer

Mittellange und lange stäbchenförmige Milchsäurebakterien.

Diese Bakterien zeichnen sich durch einen geringen Sauerstoffbedarf aus und werden durch Kohlendioxid nicht in ihrer Vermehrung gehemmt.

Neben Milchsäure können einige Arten auch Essigsäure und deren Ester produzieren.
In Brennmaischen ist ein erhöhter Essigsäuregehalt häufig auf Milchsäurebakterien zurückzuführen und nicht ausschließlich auf Essigsäurebakterien. In Obstmaischen aus vorwiegend geklaubten Früchten mit hohem pH-Wert können bestimmte Bakterienarten sogar das gefürchtete Acrolein bilden, das im Brand einen tränengasartigen Geruch verursacht. Besonders häufig findet man das bei Bränden aus nicht angesäuerten Mostbirnenmaischen.

Viele Obstprodukte sind aufgrund ihres niedrigen pH-Werts vor dem Verderb durch Milchsäurebakterien geschützt. Das Wachstum von Milchsäurebakterien ist in den meisten Fällen unerwünscht und muss kontrolliert werden. Eine Ausnahme bildet der gezielte biologische Säureabbau.

Zusätzliche Schutzmaßnahmen gegen unerwünschte Vermehrung von Milchsäurebakterien umfassen:

- Künstliche Senkung des pH-Werts durch Säurezugabe in Obstmaischen
- Hitzebehandlung bei sämtlichen Obstprodukten
- Schwefelung bei Weinen als ergänzende Schutzmaßnahme
- Lagerung bei tiefen Temperaturen
- Rasches Abziehen vom Geläger bei der Obstweinherstellung

2.2.5.3 Buttersäurebakterien

Buttersäurebakterien gelten als Bodenbakterien und erlangen fast ausnahmslos bei der Verarbeitung von verunreinigten Früchten Bedeutung. Ihre Aktivität ist stark vom pH-Wert des Mediums abhängig; bei Werten unter 4,3 sind die Bedingungen für sie sehr ungünstig. Buttersäurebakterien haben daher glücklicherweise in der Obst- oder Traubenverarbeitung nur eine geringe Bedeutung. Ihre Stoffwechselprodukte riechen derart unangenehm, dass betroffene Lebensmittel ungenießbar sind.

2.2.5.4 Kokken

Diese kugelförmigen Bakterien lassen sich von Hefen unter dem Mikroskop am deutlichsten durch ihre Größe unterscheiden. Kokken sind etwa 10-mal kleiner als Hefezellen und kommen meistens zu zweit nebeneinander oder als Viererpaket vor. Allein durch ihre große Zellzahl und ihre Stoffwechselprodukte machen sie (Obst-)Weine dickflüssig und zäh.
In säurearmen Weinen waren sie ein gefürchteter Schädling und ein deutlicher Hinweis auf mangelnde Betriebshygiene. Heute haben sie in der modernen Wein- und Mostherstellung keine Bedeutung mehr.

Bakterien

Unerwünschte Bakterien werden im Zuge der Herstellung inaktiviert durch:

- Erhitzen
- Reduktion der Wasserverfügbarkeit oder
- Erhöhung des Säuregehalts

Bakterien können durchaus erwünscht sein, zum Beispiel bei der Herstellung von Essig, Käse, Joghurt oder Sauerkraut.

2.2.6 VERSTÄNDNISFRAGEN

1. Was versteht man unter Mikrobiologie?
2. Nenne die Voraussetzungen für das Wachstum von Mikroorganismen.
3. Was versteht man unter Mykotoxinen?
4. Auf welche Art vermehren sich Hefen?
5. Welcher Stoff wird im Zuge der Gärung abgebaut und welche Stoffe/Substanzen entstehen dabei?
6. Welche Eigenschaften unterscheidet die Gärhefe von der „wilden" Hefe?
7. Skizziere einen Schimmelrasen und benenne die einzelnen Teile des Schimmels.
8. Welche Stoffe schützen Lebensmittel vor Schimmelbefall?
9. Wie kann man das Wachstum von Essigsäurebakterien im Obstwein/Most recht gut verhindern?
10. Wo haben Milchsäurebakterien in der Obstverarbeitung Bedeutung?

2.3 Behandlungen/Schönungen

Unter Behandlungsmittel fallen Schönungsmittel und Zusätze zum Oxidationsschutz. Erstere verbleiben nicht im Getränk und müssen daher nicht auf dem Etikett ausgewiesen werden, es sei denn, sie fallen unter die deklarationspflichtigen Allergene.
Mittel zum Oxidationsschutz zeigen auch im fertigen Produkt noch eine Wirkung und müssen daher auf dem Etikett nach der Funktionsklasse „Antioxidationsmittel", kurz „Antioxidans" mit dem Namen oder der entsprechenden E-Nummer in der Zutatenliste deklariert sein. Bei Obstwein sind die verwendeten Stoffe noch nicht als Zutaten auf dem Etikett anzuführen, lediglich Allergene müssen deklariert werden. So erfolgt beispielsweise die Kennzeichnung vom Allergen schweflige Säure als „Enthält Sulfite".

2.3.1 Schönungsmittel

Unter Schönungs- oder Behandlungsmittel versteht man Substanzen, die in der Getränkeherstellung verwendet werden, um eine Veränderung im Getränk zu bewirken oder um sie zu verhindern. Eine wesentliche Vorgabe ist, dass sie als Verarbeitungshilfsstoffe gelten und daher keine Rückstände im Endprodukt hinterlassen dürfen.

Schönungsmittel werden eingesetzt zum:

- Entfernen von Trub- oder Schwebstoffen
- Stabilisieren (Vorbeugen von Veränderungen/Trübungen)
- Verbessern von Farbe und Geschmack

Allen ist gemein, dass sie unerwünschte Bestandteile an sich binden oder sich mit ihnen verbinden und man sie dann aus dem Getränk entfernen kann. In der EU müssen Schönungsmittel zugelassen sein und festgelegte Anforderungen erfüllen. Um optimale Ergebnisse zu erzielen, sollte die genaue Dosierung durch Vorversuche ermittelt werden.

2.3.1.1 Enzyme

Enzyme sind Eiweißstoffe, die bestimmte Stoffwechselreaktionen beschleunigen und überall in der Natur vorkommen. Ohne Enzyme

Bildung und Absetzen von Flocken bei einer Klärschönung.

AUSWIRKUNGEN EINER SCHÖNUNG	
Klärung	
Niederschlagen von Trubpartikeln Verbesserung der Filtration	Als Klärschönung gelten alle Maßnahmen, die auf mechanischem, chemischem oder physikalischem Weg Trubstoffe aus dem Saft entfernen. Um das zu erreichen, werden entweder Substanzen zugesetzt, die sich mit Trubstoffen absetzen, oder Inhaltsstoffe wie Pektin enzymatisch so verändert, dass sie nicht mehr störend wirken.
Geschmacksverbesserung	
Verbesserung von Geruch Verbesserung von Geschmack	Mit diesen Schönungen entfernt man vorwiegend Gerbstoffe oder Fremd- bzw. Mufftöne, die entweder den Geruch oder den Geschmack des Saftes negativ beeinflussen. Letztendlich zählen auch Behandlungen zur Aufhellung der Farbe hier dazu.
Stabilisierung	
Ausfällung hochmolekularer Stoffe Ausfällung von Metallionen	Behandlungen dieser Art entfernen Substanzen aus dem Saft, die Ursache für Nachtrübungen sein könnten. Besonders wichtig ist das Entfernen von Eiweiß oder bei manchen Obstarten von Phenolen.

würden die meisten biochemischen Reaktionen – auch die in der Obstverarbeitung – nur sehr, sehr langsam ablaufen. Viele der zugesetzten Enzyme sind auch in Früchten vorhanden, aber nur in geringen Mengen. Um Prozesse wie den Pektinabbau zu beschleunigen, setzt man gezielt Enzyme zu.

Obwohl Früchte auch Enzyme mit dieser Wirkung enthalten, reichen diese für eine effektive Saft- und Obstweinbereitung oft nicht aus.

- Pektinasen: Diese spielen eine zentrale Rolle bei der Saft- und Weinherstellung. Sie bauen Pektine ab, was zu einer besseren Saftausbeute, Klärung und Filtration führt. Pektinasen verbessern auch die Extraktion von Aromen und Farbstoffen.
- Amylasen: Diese Enzyme spalten Stärke und werden vor allem bei der Verarbeitung von unreifem Obst eingesetzt, das noch Stärke enthält. Sie helfen bei der Umwandlung von Stärke in Zucker.

Enzyme gehören in die Gruppe der Eiweißstoffe und sind Biokatalysatoren, die biochemische Reaktionen beschleunigen, ohne selbst verbraucht zu werden.

In der Obstverarbeitung spielen vor allem pektinspaltende Enzyme eine wichtige Rolle, sie …

- fördern die Saftfreisetzung,
- verbessern die Klärung und
- erleichtern die Filtration.

Die Enzymaktivität hängt vom pH-Wert und von der Temperatur ab. Unter 10 °C bzw. in stark saurem Milieu zeigen sie fast keine Wirkung. Steigende Temperaturen und pH-Werte verbessern die Wirkung der meisten Präparate

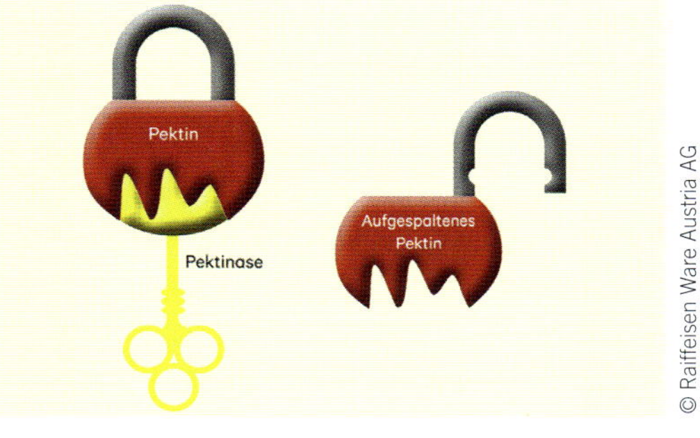

Ein Enzym ermöglicht immer nur eine spezielle Reaktion, wie ein Schlüssel, der auch nur ein Schloss sperren kann. Daher stammt der Begriff „Schlüssel-Schloss-Prinzip“.

© Georg Innerhofer

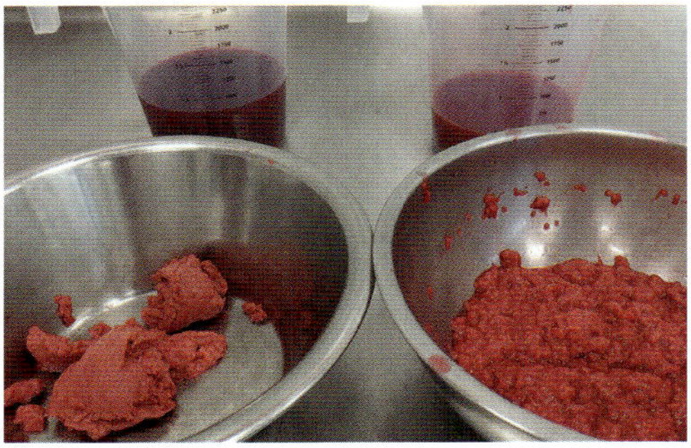

Links enzymierte und ausgepresste Himbeeren führen zu hoher Ausbeute und trockenem Pressrückstand im Vergleich zu nicht enzymiertem Himbeermark (rechts).

um ein Vielfaches. Ab einer Temperatur von 50 °C kommt es vor allem bei pektinspaltenden Enzymen zu irreversiblen Veränderungen ihrer Struktur, verbunden mit Wirkungsverlust. Zum Enzymieren von saurem Beerenobst mit niedrigem pH-Wert benötigt man spezielle Enzyme oder höhere Dosen. Überkonzentrationen sind kostspielig, aber geschmacklich unbedenklich. Bei der Kaltenzymierung (15–20 °C) sollte eine Einwirkzeit von etwa 3 Stunden eingehalten werden; je höher die Temperatur, umso rascher ist die Umsetzung abgeschlossen. Ein Bentonitzusatz zum Entfernen von Eiweiß inaktiviert auch die Enzyme, daher ist die richtige Reihenfolge wichtig. Die empfohlene Aufwandmenge variiert je nach Produkt und Anwendung. Enzyme sollten kühl gelagert und innerhalb einer Saison verbraucht werden. Angebrochene Packungen von pulverförmigen Enzymen müssen trocken, flüssige Enzyme gekühlt oder sogar tiefgekühlt gelagert werden.

2.3.1.2 Bentonit

Bentonit ist ein kristallines Tonmineral, das durch seine Fähigkeit, Wasser einzulagern, eine vergrößerte Oberfläche entwickelt. Diese negativ geladene Oberfläche adsorbiert positiv geladene Teilchen wie eben das Eiweiß im Saft. Eiweiß ist ein natürlicher Bestandteil von Obst, der bei der Pasteurisation oder im Zuge der Lagerung ausflocken und unerwünschte Trübungen verursachen kann. Obwohl diese Trübungen keinen Einfluss auf Haltbarkeit oder Geschmack haben, werden sie als wertmindernd angesehen. Zur Entfernung von thermolabilem Eiweiß wird in der Praxis häufig Bentonit eingesetzt.

Die übliche Dosierung liegt zwischen 0,5 und 2,5 g/l. Setzt man zu wenig zu, kann es zur Trübung kommen, zu hohe Dosagen führen zu Aroma- und Farbverlusten.

Für eine erfolgreiche Schönung ist das korrekte Vorquellen des Bentonits entscheidend. Es wird mit der 5- bis 10-fachen Menge Wasser vorgequollen, was je nach Wassertemperatur 3–12 Stunden dauern kann. Die vorbereitete Suspension wird dann unter ständigem Rühren dem Saft zugesetzt. Eine intensive Durchmischung für mindestens 15 Minuten bei einer Mindesttemperatur von 10 °C ist für den Erfolg der Schönung unerlässlich.

Alternativ könnte man den Saft hochkurzzeiterhitzen – 1 Minute auf 80 °C – und rückkühlen. Durch die hohe Temperatur verändert sich das Eiweiß und bildet Flocken, die sich während der darauffolgenden Standzeit absetzen.

2.3.1.3 Gelatine

Speisegelatine ist eines der am häufigsten verwendeten Schönungsmittel in der Fruchtsaft-, Wein- und Mosttechnologie. Sie erfüllt alle An-

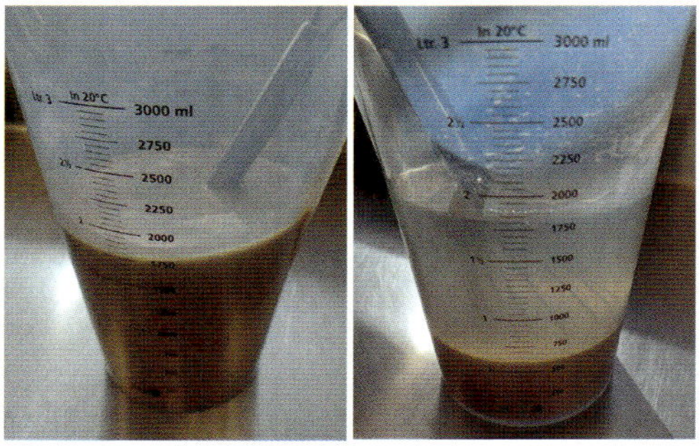

© Georg Innerhofer

Abgewogene Menge Bentonit wird in vorgelegtes Wasser gut eingerührt. Nach der Absetzzeit kann das überstehende Wasser abgegossen und das Bentonit, mit etwas Most oder Saft vermischt, in die restliche Menge eingerührt werden.

forderungen an ein effektives Schönungsmittel und ist stets in ausreichenden Mengen verfügbar. Im Handel findet man sie vorwiegend in pulverförmiger oder flüssiger Form, seltener als Blattgelatine.

Gelatineschönung:

- Klärung des Saftes
- Entfernen von Gerbstoffen (besonders bei alten Mostobstsorten oder Quitten)
- Leichte Farbaufhellung

Flüssige Gelatinepräparate (z. B. Gelitaklar) können direkt dosiert werden, haben aber eine begrenzte Haltbarkeit. Pulverförmige Produkte (z. B. Erbigel) müssen vor der Verwendung gemäß der Anwendervorschrift in Wasser vollständig aufgelöst werden. Die Gelatinelösung wird dem Saft bei laufendem Rührwerk zugesetzt und anschließend noch etwa 5 Minuten weitergerührt, um eine optimale Verteilung und Wirkung zu gewährleisten.
Der Gelatinebedarf variiert je nach Gerbstoffgehalt des Saftes. Auch bei üblichen Dosierungen kann es zu Über- oder Unterschönungen kommen.

- Bei einer Unterschönung wird die gewünschte Abrundung des Geschmacks nicht erreicht, da nicht alle störenden Gerbstoffe oder Bitterstoffe entfernt wurden.
- Eine Überschönung, also zu viel Gelatine, kann Aroma und Farbe beeinträchtigen. Der Saft oder Most schmeckt dadurch „ausgezogen", dünn und schal. In solchen Fällen muss möglicherweise Bentonit zugegeben werden, um überschüssige Gelatine zu entfernen.

2.3.1.4 Kombinierte Schönung

Eine der gängigsten Methoden zur Klärung von Fruchtsäften ist die Kombination aus Enzym, Bentonit, Gelatine und optional Kieselsol. Diese Methode klärt nicht nur den Saft, sondern verhindert auch den Ausfall von hitzeempfindlichem Eiweiß und, bei korrekter Gelatinedosierung, den von Gerbstoffen.

Der Prozess beginnt mit der Zugabe von pektolytischen Enzymen und Enzymen, die je nach Safttemperatur etwa 3–4 Stunden benötigen, um ihre Wirkung zu entfalten. Anschließend wird Bentonit hinzugefügt, was die Enzyme inaktiviert. Nach 10- bis 15-minütigem Rühren erfolgt der Zusatz von Gelatine. Falls nötig, kann nach weiteren 15 Minuten Kieselsol zugegeben werden, um überschüssige Gelatine zu binden und damit mögliche Nachtrübungen zu verhindern.
Nach Zugabe des letzten Schönungsmittels dauert es einige Stunden, bis sich der Trub vollständig absetzt.

2.3.1.5 Alternativen zur Gelatine

PVPP (E 1202)

PVPP (Polyvinylpolypyrrolidon) ist ein Kunststoff, der sich durch seine selektive Adsorption von Polyphenolen und Gerbstoffen auszeichnet. Es handelt sich um feste, synthetische Partikel, die in granulierter Form verwendet werden. PVPP erfüllt somit die grundlegenden Kriterien für Mikroplastik, obwohl es als technisch unbedenklich eingestuft und als Behandlungsmittel zugelassen ist. Es ist weder in Wasser noch in Alkohol löslich. Bei der Filtration wird es daher sicher abgetrennt und muss daher nicht auf dem Etikett angeführt sein.
In Obstweinen wird PVPP hauptsächlich zur Entfernung unerwünschter Gerbstoffe verwendet, zudem verzögert es den Alterungsprozess durch die Entfernung oxidationsanfälliger Substanzen.

Für die richtige Verwendung wird PVPP nach Vorproben in Dosierungen von 10–50 g/hl eingesetzt. Vor der Anwendung sollte das PVPP-Pulver in kaltem Wasser (etwa das 10-fache Volumen) für 30–60 Minuten vorgequollen werden, um seine volle Wirksamkeit zu entfalten. Die vorbereitete Suspension wird dann unter ständigem Rühren dem Wein zugesetzt und für etwa 30 Minuten intensiv eingemischt. Anschließend lässt man das PVPP für einige

Stunden einwirken, bevor der behandelte Wein filtriert wird, um das PVPP vollständig zu entfernen.

Kasein

Kaseinprodukte sind verbreitete Mittel, die zur Klärung und Qualitätsverbesserung in Obstweinen eingesetzt werden. Kasein, ein Milchprotein, wird in verschiedenen Formen wie Granulat oder Pulver verwendet. Es ist besonders wirksam bei der Auffrischung oxidierter Weine und der Verbesserung von Farbe und Geruch, indem es Bitternoten und Fehlaromen reduziert.
Die übliche Dosierung liegt zwischen 5 und 100 g/hl. Kaseinprodukte haben den Vorteil, dass sie unabhängig von Reaktionspartnern vor allem bei tiefen pH-Werten rasch ausflocken, was das Risiko einer Überschönung minimiert. Es ist zu beachten, dass Kasein ein Allergen ist, weshalb es auf dem Etikett auszuweisen ist und zunehmend pflanzliche Alternativen wie Erbsen- oder Kartoffelprotein entwickelt werden.

Erbsenprotein

Als Alternative zur Gelatine hat sich in den letzten Jahren als erstes Produkt ein Schönungsmittel aus Erbsenprotein etabliert. Es ermöglicht die Herstellung veganer Säfte und Moste und kann in bestehende Produktionsabläufe integriert werden, ohne größere Änderungen oder Neuinvestitionen zu erfordern. Es wirkt nicht allergen und muss somit nicht gekennzeichnet werden. Zur Vorbereitung rührt man Erbsenprotein in der 10-fachen Menge handwarmen Wassers gründlich an, lässt es vorquellen und rührt es anschließend klumpenfrei in das Getränk ein. Im Rahmen der veganen Kombinationsschönung erfolgt nach einer kurzen Reaktionszeit dann das ebenfalls vorgequollene Bentonit, bevor als Kieselsol letzter Bestandteil hinzugefügt wird.

Erbsenprotein (links) und Kartoffelprotein (rechts) führen zu gleich guten Schönungsergebnissen wie Gelatine.

Kartoffelprotein

Als zweite Alternative zur Gelatine ist es in der Herstellung etwas teurer, weniger wirksam und damit deutlich weniger in Verwendung als das Produkt aus Erbsen.

2.3.1.6 Kieselsol

Kieselsol, eine kolloidale Form der Kieselsäure, ist ein negativ geladenes Schönungsmittel, das häufig in Kombination mit positiv geladenen Mitteln wie Gelatine eingesetzt wird. Diese Kombinationsschönung ist besonders zur Vermeidung von Gelatineüberschönungen und damit verbundenen Trübungen in Verwendung. Selbst bei richtiger Gelatinedosierung führt der Zusatz von Kieselsol zumindest zu einem besseren Absetzverhalten.
Typischerweise wird Kieselsol im Verhältnis von 1 : 5 bis 1 : 10 zur pulverförmigen Gelatine eingesetzt, bei Flüssiggelatine (20 %ig) im Verhältnis 1 : 1 bis 1 : 2.

2.3.1.7 Aktivkohle

Aktivkohle kann zur Beseitigung leichter Farb-, Geruchs- oder Geschmacksfehler in Obstwein, Saft oder Brand eingesetzt werden. Allerdings sollte man beachten, dass diese Behandlung die Gesamtqualität beeinträchtigt und daher nur als Notlösung betrachtet werden sollte. Um die ideale Aufwandmenge zu bestimmen, empfiehlt sich unbedingt ein Vorversuch. Als Orientierung dienen 20–60 Gramm pro 100 Liter, wobei die genaue Menge von der Intensität des Fehltons abhängt.

Die Wirksamkeit der Aktivkohle beruht auf ihrer großen Oberfläche, die Farb-, Geruchs- und Geschmacksstoffe adsorbiert. Für optimale Ergebnisse sollte sie in einem bereits geklärten Produkt verwendet werden, um eine ungehinderte Anlagerung zu ermöglichen.
Zur Anwendung wird die Aktivkohle zunächst in einer kleinen Menge des Produkts eingerührt und dann dem Hauptbehälter zugesetzt. In den ersten zwei Stunden sollte die Mischung ein- bis zweimal aufgerührt werden. Nach etwa 24 Stunden kann der geklärte Überstand abgezogen oder filtriert werden.

2.3.2 Oxidationsschutz

2.3.2.1 Ascorbinsäure (E 300)

Viele aus Früchten hergestellte Produkte neigen dazu, ihre anfangs leuchtende Farbe zu verlieren und mit der Zeit bräunlich zu werden. Um die helle Farbe im Produkt beizubehalten, erfolgt ein Zusatz von Ascorbinsäure. Sogar gemäßigte Bräunungen hellen durch 150 mg/l Ascorbinsäure wieder leicht auf, das Produkt ist in weiterer Folge gegen unerwünschte Bräunungen geschützt. Sehr hohe Gaben (500 mg/l oder mehr) werden nur in Ausnahmefällen zur Erfüllung bestimmter Spezifikationen (weißer Saft) verwendet, im Normalfall wird diese Farbe nicht gewünscht. Bei manchen Früchten, zum Beispiel bei der Erdbeere, hilft selbst der Zusatz so hoher Mengen nichts, ihre Verfärbung lässt sich auf diesem Weg nicht aufhalten.
Achtung: Der Zusatz muss auf dem Etikett mit der Formulierung „Antioxidans Ascorbinsäure" oder „Antioxidans E 300" erfolgen. Ein Hinweis auf Vitamin C ist nicht zulässig.

2.3.2.2 Schweflige Säure (E 220)

Schweflige Säure und ihre Salze, die Sulfite, sind ein wirksames und weitverbreitetes Hilfsmittel in der Obstverarbeitung und dürfen nicht mit Schwefelsäure verwechselt werden. Ihr Einsatz und Funktionsmechanismus basieren auf mehreren wichtigen Eigenschaften.

Schweflige Säure wirkt ...

- antimikrobiell: hemmt das Wachstum von Bakterien, Hefen und Schimmelpilzen
- antioxidativ: verhindert die Oxidation und damit die Bräunung
- stoffbindend: bindet geruchsaktive Aldehyde und verbessert damit den Geschmack

Die Vorteile der schwefligen Säure liegen in ihrer effektiven Konservierung und Haltbarmachung sowie der Erhaltung von Farbe und Geschmack. Sie ist kostengünstig im Vergleich zu alternativen Methoden und besitzt ein breites Wirkungsspektrum gegen verschiedene Mikroorganismen. Demgegenüber stehen einige Nachteile: Sie kann bei empfindlichen Personen allergische Reaktionen auslösen, zerstört Vitamin B1 (Thiamin) in Lebensmitteln und kann bei übermäßiger Anwendung den natürlichen Geschmack verändern. Zudem kann die Bildung von Sulfaten im Endprodukt zu einem leicht schwefligen Geschmack führen.
Trotz ihrer Vorteile unterliegt die Anwendung von schwefliger Säure bestimmten Verboten und Einschränkungen. Es existieren gesetzlich festgelegte Höchstmengen für verschiedene Lebensmittel. In manchen Produkten, wie in Fruchtsäften oder frischem Obst, ist ihr Einsatz nicht erlaubt.
Produkte mit mehr als 10 mg/kg oder 10 mg/l Schwefeldioxid müssen zudem mit einem Allergenhinweis „Enthält Sulfite" versehen werden. Im Fall einer Zutatenliste erfolgt die Kennzeichnung durch „Antioxidans schweflige Säure" oder „Antioxidans E 220".

Man unterscheidet bei schwefliger Säure folgende „Bestandteile":

- freie schweflige Säure
- gebundene schweflige Säure
- gesamte schweflige Säure

Die freie schweflige Säure setzt sich aus verschiedenen chemischen Zerfallsformen (Dissoziationsformen) der schwefligen Säure zusammen. Diese unterschiedlichen Disso-

ziationsformen sind stark abhängig vom pH-Wert. Die antimikrobielle Wirkung der schwefligen Säure ist bei niedrigen pH-Werten am stärksten, da hier mehr antimikrobiell aktives SO_2 vorliegt. Bei pH-Werten über 3,5 nimmt die Wirksamkeit ab, da weniger SO_2 vorhanden ist und Bakterien in diesem Milieu besser gedeihen. Folglich steigt bei höheren pH-Werten das Risiko von Bakterienwachstum im Obstwein, was vor allem bei säurearmen Birnenmosten ein Problem darstellen kann.
Die Gärungsnebenprodukte wie z. B. Acetaldehyd (Ethanal) werden von der schwefligen Säure praktisch vollkommen gebunden. Diese Menge an SO_2, die in solchen Verbindungen fixiert ist, bezeichnet man als gebundene schweflige Säure.

2.3.3 VERSTÄNDNISFRAGEN

1. Nenne die Hauptanforderungen an Schönungsmittel.
2. Beschreibe die korrekte Reihenfolge der Zusätze bei der klassischen Klärschönung.
3. Erläutere den korrekten Einsatz von Bentonit.
4. Liste Methoden zur Gerbstoffkorrektur auf.
5. Welche veganen Ersatzstoffe gibt es für Gelatine?
6. Wovon hängt die Wirksamkeit der schwefligen Säure gegen Mikroorganismen ab?
7. Beschreibe Einsatzzweck und korrekte Anwendung von Aktivkohle.
8. Wovon hängt die Effektivität pektolytischer Enzyme ab?
9. Nenne und definiere die drei Formen von SO_2 im Obstwein.
10. Welche allergenen Schönungsmittel müssen auf dem Etikett deklariert werden?

Die gesamte schweflige Säure schließlich ist die Summe von freier und gebundener schwefliger Säure.

2.4 Haltbarmachung

Reife Früchte waren neben Honig lange Zeit die einzige Quelle für Süßes in der menschlichen Ernährung. Aufgrund ihrer saisonalen Verfügbarkeit entstand schon früh das Bedürfnis, Methoden zur Verlängerung ihrer Haltbarkeit zu entwickeln. Durch die Haltbarmachung konnten Lebensmittel länger gelagert und über einen längeren Zeitraum konsumiert werden. Dieser Zeitraum muss durch das Mindesthaltbarkeitsdatum (MHD) oder das Verbrauchsdatum auf der Verpackung angegeben sein.

Die Haltbarkeit von Lebensmitteln …

- bezog sich ursprünglich auf den Zeitraum, in der Lebensmittel ihre qualitätsbestimmenden Eigenschaften beibehielten und es zu keinen erheblichen Qualitätsverlusten kam.
- ist heute um den Aspekt der Lebensmittelsicherheit erweitert.

Die Haltbarkeit hängt ab von …

- mikrobiologischen Faktoren: Das Wachstum von Bakterien, Hefen und Schimmelpilzen kann die Haltbarkeit erheblich verkürzen.
- chemischen Faktoren: Oxidation und andere chemische Reaktionen können den Geschmack, die Farbe und den Nährwert von Lebensmitteln beeinträchtigen.
- physikalischen Faktoren: Veränderungen in Textur und Feuchtigkeitsgehalt können die Qualität eines Lebensmittels beeinflussen.

Entsprechende Herstellungsmethoden, Zusatzstoffe, Verpackungen und Lagerbedingungen (Temperatur, Luftfeuchtigkeit, Lichtverhältnisse und Schutz vor Schädlingen) haben wesentlichen Einfluss auf diese Faktoren und damit auf die Haltbarkeit.

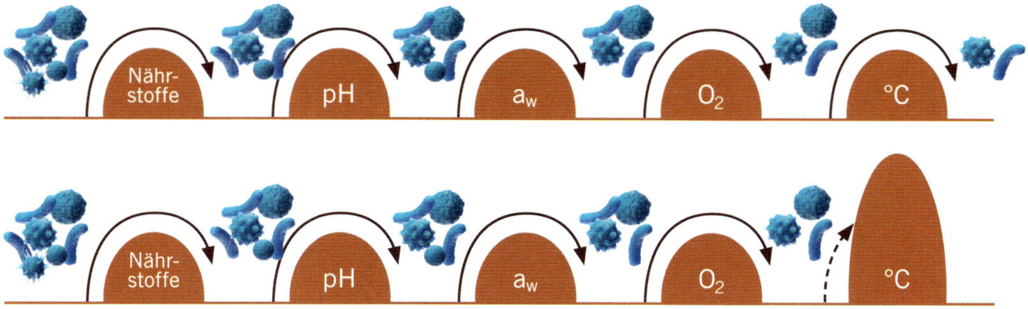

Inaktiviert man Keime durch die Kombination mehrerer Haltbarmachungsmethoden, spricht man vom Hürdenprinzip.

Um das breite Angebot von Obstprodukten das ganze Jahr aufrechtzuerhalten, wird die Haltbarkeit durch unterschiedlichste Verfahren bzw. Methoden verlängert. Sehr oft ist es auch nicht nur ein einzelnes eingesetztes Verfahren, sondern eine Kombination daraus. Man spricht vom „Hürdenprinzip". Jede Maßnahme bzw. jeder Faktor stellt eine zusätzliche Hürde gegen den Verderb dar. So bestimmt sich zum Beispiel die Haltbarkeit von Apfelsaft durch Heißfüllung (Pasteurisation) und den tiefen pH-Wert, die nur gemeinsam einen wirkungsvollen Schutz gegen den Verderb bilden.

Die Auswahl des Verfahrens hängt ab von der …
- Qualität des Ausgangsmaterials
- Art des Produkts
- angestrebten Qualitätsstufe und Haltbarkeit
- Wirtschaftlichkeit des Verfahrens

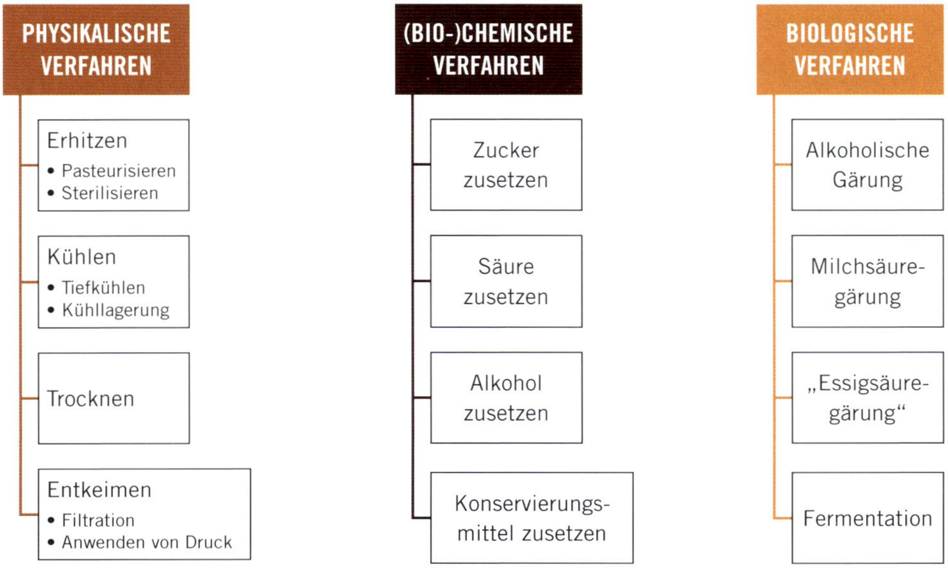

Die gängigsten Methoden der Haltbarmachung von Obstprodukten.

2.4.1 Physikalisch

2.4.1.1 Erhitzen

Die gängigste Variante des Haltbarmachens von Produkten aus Früchten ist das Erhitzen. Dabei erfolgt neben dem Abtöten der Keime auch die Inaktivierung von Enzymen. Keime vermehren sich auf zwei Arten. Die vegetative Vermehrung erfolgt sehr rasch, ein Abtöten der vegetativen Keime ist verhältnismäßig einfach. Generative Keime entwickeln sich langsam und sind deutlich widerstandsfähiger als die vegetativen Formen der gleichen Gattung.

Veränderungen durchs Erhitzen

- Abtöten von Keimen
- Veränderung von Geruch und Geschmack
- Veränderung von Eiweiß/Denaturierung

Abtöten der Keime

Mikroorganismen sterben nicht sofort ab, wenn eine bestimmte Temperatur überschritten wird. Wie viele Mikroorganismen inaktiviert werden, hängt nicht nur von der Temperatur, sondern auch von der Dauer der Hitzeeinwirkung ab. Je höher die Temperatur und je länger sie anhält, desto effektiver werden Mikroorganismen abgetötet.

Die Pasteurisationseinheit (PE) ist eine Maßzahl für die Hitzeeinwirkung. Eine Minute bei 80 °C entspricht einer PE und reduziert die Keimzahl um das Hundertfache (z. B. von 10^6 auf 10^4 Keime pro Milliliter Saft).

Je nach pH-Wert müssen Lebensmittel zur Haltbarmachung auf unter oder über 100 °C erhitzt werden.

TEMPERATUR IN °C FÜR 1 MINUTE	PE – PASTEURISATIONSEINHEITEN
60	0,01
70	0,1
80	1
90	10

Die Pasteurisationseinheiten (Abtötungswirkung auf Keime) steigt oder sinkt nicht linear mit der Temperatur, sondern exponentiell.

Bei Fruchtsäften können durch lange Standzeiten oder unsauberes Obst Keimzahlen von bis zu 10^6 oder mehr auftreten. Um diese Zahl auf 1 Keim pro 100 Milliliter (10^{-2}) zu senken, sind 4 PE erforderlich. Fruchtsäfte, die nach gängigen Verfahren und mit 4 PE behandelt wurden (4 Minuten bei 80 °C), gelten als sicher haltbar. Dabei wird auch die Wärmeeinwirkung während des Aufheizens und Abkühlens berücksichtigt.

Temperaturen zwischen 50 und 70 °C beeinflussen die PE kaum und verbessern somit die Haltbarkeit nicht wesentlich, beeinträchtigen jedoch das Fruchtaroma. Wenn die Hitzeeinwirkung zu lange andauert, wie beim Lagern in großen Behältern, gehen feine Aromen verloren. Eine rasche Abkühlung ist erst nach einer ausreichenden Heißhaltezeit sinnvoll, um die nötige Pasteurisationswirkung zu erzielen. Ideal ist dabei eine Abkühlung mit Sprühnebel, da ein kalter Wasserstrahl die Flaschen zum Platzen bringen könnte.

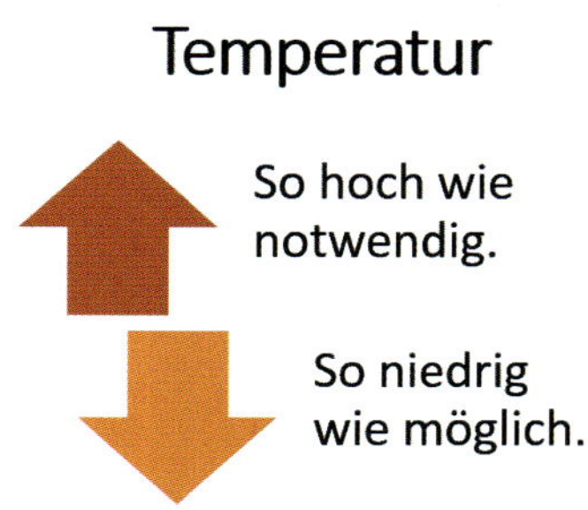

Der Energieeinsatz soll gut dosiert sein.

Veränderung von Geruch und Geschmack
Mit jedem Erhitzen verändert sich das Aroma. Zum einen sind es nicht verhinderbare Veränderungen der Fruchtaromen, zum anderen entstehen beim Erhitzen durch die sogenannte Maillard-Reaktion typische Kocharomen und Farbveränderungen.
Besonders bedeutend ist die Maillard-Reaktion in der Küche beim Kochen, Braten, Backen oder Rösten von Lebensmitteln. Die Aromatik mancher Lebensmittel wie beispielsweise von Brot, Kaffee oder Kakao wird maßgeblich durch Endprodukte dieser Reaktion geprägt. Aber auch der Kochvorgang bei der Konfitürenherstellung verändert Farbe und Aroma; je länger er dauert, umso mehr bräunt sich die spätere Konfitüre. Dabei reagieren natürliche Inhaltsstoffe aus den Früchten miteinander und bilden braune Farbstoffe und Hydroxymethylfurfural (HMF) aus. Die Intensität dieser Reaktion hängt wesentlich von Höhe und Dauer der Temperatureinwirkung, von der Konzentration der jeweiligen Stoffe und dem pH-Wert ab und führt im Extremfall zum Anbrennen. Im Saft wird ein zu hoher HMF-Gehalt als „Kochton" bezeichnet und gilt als Geruchs- und Geschmacksfehler.

Der Umfang der Hitzeeinwirkung ist ein entscheidender Faktor für die Qualität.

- Unterschreitet man die notwendigen Temperaturen, besteht die Gefahr eines mikrobiologischen Verderbs.
- Zu hohe Temperaturen wiederum oder zu lange Haltezeiten bewirken deutliche Aroma- bzw. Frischeverluste und die Ausbildung von Fehlaromen.

Veränderung von Eiweiß/Denaturierung
In Früchten findet sich Eiweiß in Form von Aminosäuren und von Enzymen. Beide Stoffgruppen verändern ihre Struktur und Funktion durchs Erhitzen.
Sichtbares Zeichen dafür ist, dass sich Eiweiß aus einer unsichtbaren flüssigen Form in einen beige/grauen Schleier verwandelt und sich dann im Behälter oder auf dem Boden in der Flasche absetzt. Um das in einem klaren Saft zu verhindern, muss das Eiweiß vor dem Erhitzen aus dem Saft entfernt werden (mittels Bentonit).
Mit dem Denaturieren (Verlust der natürlichen Form) der Enzyme geht auch ihre Wirkung verloren.

Korrekte Temperaturführung und Fülltechnik garantieren die Haltbarkeit bis zum erstmaligen Öffnen des Gebindes. Über die Haltbarkeit nach dem Öffnen entscheiden die Lagerbedingungen und die Zusammensetzung des Lebensmittels. Je nach Temperatur unterscheidet man in Pasteurisation und Sterilisation. Zusammensetzung und pH-Wert des Produkts bestimmen das zur Haltbarmachung benötigte Erhitzungsverfahren.

Pasteurisation
Luis Pasteur, ein bedeutender französischer Wissenschaftler des 19. Jahrhunderts, war namensgebend für dieses Verfahren. Er entdeckte um 1860 als Erster, dass kurzzeitiges Erhitzen die Mikroorganismen in Lebensmitteln abtötet. Heute ist die Pasteurisation die gängigste Methode der Haltbarmachung von stillen Getränken und Fruchtzubereitungen.

Pasteurisation:

- Temperaturen unter 100 °C
- Bei pH-Werten unter 4,5
- Vegetative Keime werden abgetötet.
- Generative Keime können sich nicht vermehren.

Für eine dauerhafte Haltbarmachung durch Pasteurisation sind nur Ausgangsprodukte mit einem pH-Wert unter 4,5 geeignet. Bei Temperaturen unter 100 °C sterben die vegetativen Formen der Keime ab. Generative Keime überstehen die Erhitzung, können aber aufgrund des sauren Milieus nicht wachsen. Solange sich die Bedingungen nicht ändern, tritt in pasteurisierten Zubereitungen keine Mikroorganismenvermehrung auf. Man benennt den erreichten

GEBRÄUCHLICHE PASTEURISATIONSVERFAHREN						
Verfahren	Kontinuierliche Arbeitsweise	Genaue Temperatursteuerung	Leichte Reinigung	Kaltfüllung	Einsatz für Trübste	kohlensäurehaltige Getränke
Süßmostglocke	+	–	–	–	+	–
Plattenpasteur	+	+	+/–	–	+/–	–
Röhrenpasteur	+	+	+	–	+	–
Tunnelpasteur	+	+/–	+	+	+	+
Kammerpasteur	–	+/–	+	+	+	+

Zustand als „praktisch steril". Selbst Produkte aus Früchten mit verhältnismäßig hohem pH-Wert, wie zum Beispiel Birnen oder Holunderbeeren, liegen unter der kritischen Marke von 4,5 und werden durch Pasteurisieren haltbar gemacht.

PASTEURISATION
Produkttemperaturen **unter 100 °C** (im Gegensatz zur Sterilisation)
nur bei sauren Produkten mit pH-Werten unter 4,5
vegetative Keime werden durch die Temperatur abgetötet
benötigt keine besondere Technik

Merkmale und Eigenschaften der Pasteurisation.

Je nach Erfordernis variieren die benötigten Temperaturen. Für klare Apfelsäfte liegt die empfohlene Fülltemperatur rund um 80 °C. Naturtrübe Säfte sollten wegen des höheren Enzymgehalts und der tendenziell höheren Keimzahlen bei höherer Temperatur gefüllt werden. Für Essig ist eine Fülltemperatur von 60 °C ausreichend, da für Essigsäurebakterien diese Temperatur schon zum Inaktivieren ausreicht.

Heißfüllung

Bei Fruchtsäften bzw. -zubereitungen hat die Heißfüllung als Form der Pasteurisation besondere Bedeutung. Dabei erfolgt ein Erhitzen vor oder nach dem Füllen des Gebindes. Dieser Vorgang geschieht stets bei Temperaturen

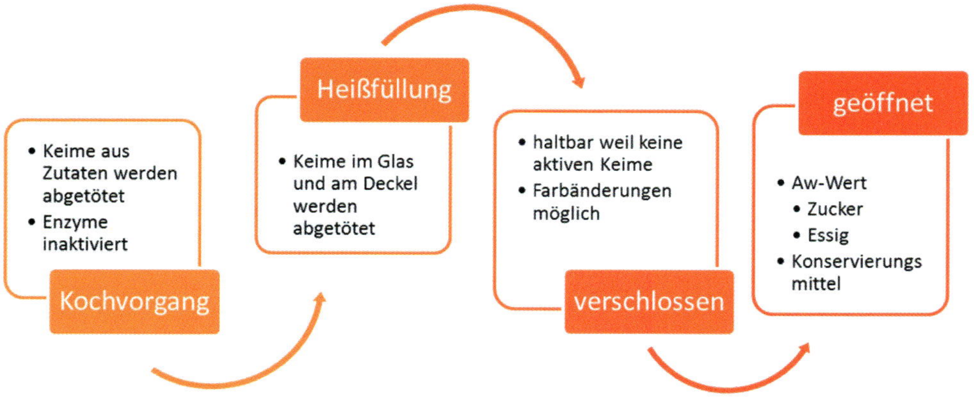

© Georg Innerhofer

Die Heißfüllung ist wesentlich für die Haltbarmachung vieler Produkte aus Früchten solange die Gebinde verschlossen sind. Nach dem erstmaligen Öffnen entscheiden Zusammensetzung und Lagerbedingungen über die weitere Haltbarkeit.

© Georg Innerhofer

Typischer Plattenpasteurapparat zum Pasteurisieren von Fruchtsaft.

unter 100 °C, also ohne Überdruck. Besondere technische Gerätschaften sind daher nicht notwendig.

Aufgaben der Heißfüllung:

- Abtöten der Keime in der Fruchtzubereitung/im Saft
- Abtöten der Keime im Gebinde und
- Inaktivierung von Enzymen

Mit der heißen Fruchtmasse inaktiviert man die Keime im Glas oder in der Flasche. Sofortiges Umdrehen oder Umlegen nach der Füllung zerstört die Keime am Verschluss und im Kopfraum. Ein Sterilisieren der Gebinde vor dem Abfüllen ist daher bei genauer Reinigung der Gebinde und exakt durchgeführter Heißfüllung nicht notwendig.
Während des Abkühlens nach der Heißfüllung verringert sich das Volumen in der Flasche oder im Glas um etwa 3–4 %. Dabei entsteht im Behältnis ein Unterdruck, der den Deckel sozusagen „ansaugt". Vor dem Befüllen sind die Flaschen daher auf ihre Unversehrtheit zu kontrollieren, schadhafte Flaschen sind auszuscheiden. Bei undichten Verschlüssen oder am Rand ausgeschlagenen Flaschen gelangt Luft in die Flasche. Keime aus der Luft kommen mit dem abgekühlten Saft in Berührung und können diesen verderben.

Sterilisation

Bei pH-Werten über 4,5 in weniger sauren Zubereitungen, wie zum Beispiel in Gemüsesäften, erfolgt die Haltbarmachung durch Sterilisation bei Temperaturen über 100 °C.
Bei der Sterilisation müssen zur Abtötung von besonders unempfindlichen Keimen Temperaturen von 115 °C–135 °C auf das Lebensmittel einwirken.

Sterilisation:

- Bei Temperaturen über 100 °C
- Bei pH-Werten über 4,5
- Vegetative UND generative Keime werden abgetötet.
- Höherer technischer Aufwand

Um diese Temperatur erreichen zu können, sind technologisch aufwendigere Gerätschaften für das Erhitzen unter Druck notwendig. Konserven sterilisiert man in druckfesten Kästen – Autoklaven genannt –, die diese Temperaturen und den dafür notwendigen Druck aushalten. Ohne das Anlegen eines Gegendrucks ist ein Erhitzen auf mehr als 100 °C nur durch Direktdampfinjektion, einem industriellen Verfahren, möglich.
Bei Gemüsesäften beispielsweise ist es technologisch einfacher und günstiger, durch Zusatz von sauren Säften (beispielsweise Zitrussäften) oder durch einen biologischen Säureabbau den pH-Wert auf unter 4,5 zu senken und den Saft dann mithilfe von Pasteurisation haltbar zu machen, als ihn zu sterilisieren.

STERILISATION
Produkttemperaturen **über 100 °C**
nur bei wenig sauren Produkten mit pH-Werten über 4,5
vegetative und generative Keime werden durch die Temperatur abgetötet
erfolgt im Autoklaven

Merkmale und Eigenschaften der Sterilisation.

© Ivanov Engineering LTD

Autoklav, ähnlich eines großen Druckkochtopfs zum Sterilisieren (Haltbarmachen über 100 °C).

2.4.1.2 Kühlen

Kühllagerung

Im Kühlhaus/Kühlschrank sind verderbliche Lebensmittel in der Regel bei Temperaturen zwischen 1 und 8 °C nur wenige Tage haltbar. Je tiefer die Temperaturen, umso langsamer erfolgen sämtliche enzymatischen Vorgänge und umso länger die Haltbarkeit. Moderne Haushaltskühlschränke verfügen daher über mehrere Temperaturzonen.

Tiefkühllagerung

Das Tiefgefrieren ist wenig arbeitsaufwendig, erfordert lediglich das Vorhandensein einer Tiefkühlmöglichkeit und eine ständige Stromversorgung.

Von gefroren spricht man bei Lebensmitteln dann, wenn das enthaltene Wasser erstarrt ist. Kältetolerante Keime oder Enzyme könnten aber selbst dann noch aktiv sein. Erst bei Temperaturen von –18 °C und darunter sind neben den mikrobiologischen auch die enzymatischen Aktivitäten vollständig blockiert. Deutlich tiefere Temperaturen verursachen erhöhte Energiekosten und sind nicht notwendig. Mikroorganismen und Enzyme werden aber durch die tiefen Temperaturen nicht restlos ausgeschaltet, sie können bereits im Zuge des Auftauens wieder aktiv werden. Aufgetaute Produkte sind daher möglichst rasch weiterzuverarbeiten. Neben der angestrebten Temperatur gibt es beim Tiefkühlen Unterschiede in der Abkühlgeschwindigkeit.

- Beim langsamen Einfrieren, wie es in normalen Gefriergeräten oft passiert, hat das Wasser in und zwischen den Zellen mehr Zeit, um große Eiskristalle zu bilden. Diese Kristalle entstehen zuerst außerhalb der Zellen, wodurch sich dort die Konzentration an Salzen und anderen Stoffen stark erhöht. Diese hohe Konzentration wirkt osmotisch und zieht Wasser aus den Zellen nach außen, um den Konzentrationsausgleich herzustellen. Damit verlieren Zellen Wasser. Zwar reißen sie nicht direkt, aber sie schrumpfen, trocknen quasi aus und ihre Zellwände werden beschädigt. Gleichzeitig gefriert auch das ausgetretene Wasser und trägt weiter zur Bildung großer Eiskristalle bei.
  Nach dem Auftauen kann dieses Wasser nicht mehr in die Zellen zurückkehren. Die Zellen können es nicht mehr halten – die Früchte verlieren viel Saft, wirken matschig und neigen zu Braunfärbungen. Rasches Verarbeiten ist daher unbedingt notwendig.
- Wenn Früchte schnell eingefroren werden – zum Beispiel durch Schockfrosten bei etwa –40 °C – bildet sich das Eis in sehr feinen Kristallen. Diese kleinen Kristalle entstehen gleichmäßig und erhalten die Zellstruktur der Frucht. Da das Wasser schnell gefriert, bleibt es dort, wo es ist – also auch innerhalb der Zellen. Die Zellwände bleiben dabei weitgehend intakt, was dazu führt, dass die Früchte nach dem Auftauen ihre Form, Festigkeit und Saftigkeit besser behalten. Sie wirken frischer und weniger wässrig.

Je höher die Gefriergeschwindigkeit, desto geringer die Qualitätseinbußen!

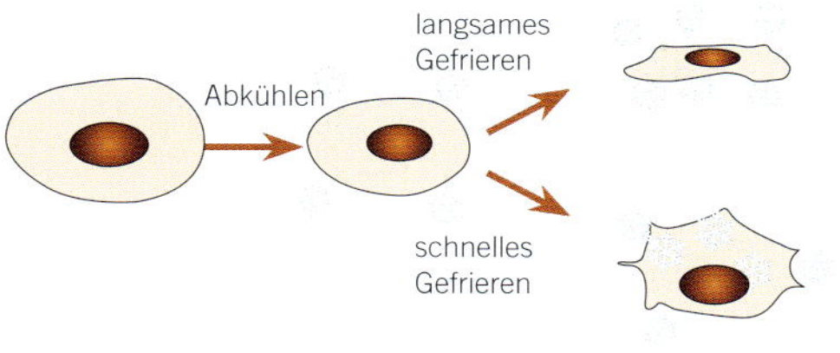

Bei raschem Abkühlen friert auch das Wasser in der unten dargestellten Zelle, diese behält nach dem Auftauen ihre Form besser als die langsam eingefrorene Zelle oben.

Obwohl „Einfrieren“ als so einfach erscheint, findet dieses Verfahren in der Obstverarbeitung fast nur bei der Haltbarmachung von Früchten oder Halbfabrikaten Anwendung. Theoretisch können auch Säfte oder Konfitüren eingefroren werden. Aufgrund der hohen Energiekosten und der relativ einfachen Haltbarmachung durch Erhitzen hat das Tiefgefrieren in dieser Hinsicht so gut wie keine Bedeutung.

2.4.1.3 Trocknen

Das Trocknen stellt eines der ältesten Verfahren zum Haltbarmachen von Lebensmitteln dar. Ohne Wasser gibt es kein Leben, keine biochemischen und enzymatischen Reaktionen. Soll also die schädliche Tätigkeit von Mikroorganismen oder von rohstoffeigenen Enzymen auf bzw. in Lebensmitteln verhindert werden, muss Wasser in den Lebensmitteln gebunden oder daraus entfernt werden. Die Bindung des Wassers gelingt, indem im freien Wasseranteil eines Lebensmittels Stoffe – meist Zucker oder Salz – gelöst werden. Um jedes gelöste Zucker- oder Salzmolekül lagern sich mehrere Wassermolekülschichten an. Dieses „gebundene“ Wasser steht Mikroorganismen nicht mehr zur Verfügung. Technisch gesprochen, wird die Wasseraktivität in den Produkten gesenkt. Was vor vielen Jahren durch einfaches Auflegen in der Sonne geschah, findet heute in modernen Geräten bei Temperaturen zwischen 55 und 70 °C statt. Bei diesen Temperaturen kommt es neben dem gewünschten Trocknungseffekt auch zu Bräunungen der Früchte. Der Zusatz von schwefliger Säure oder Zitronensäure durch Aufsprühen oder Tauchen in eine Lösung daraus verringert diese Erscheinung. Da beide Säuren jedoch in der Zutatenliste angegeben werden müssen, werden sie nur selten verwendet.

In diesem Temperaturbereich kommt es nur zu einer Inaktivierung bzw. teilweisen Abtötung der Mikroorganismen durch die Hitzeeinwirkung. Der haltbarkeitsfördernde Effekt des Trocknens beruht dabei aber auf dem Wasserentzug. Er verhindert das Wachstum und die Vermehrung von Mikroorganismen und führt zu einer deutlichen Gewichts- und Volumenreduktion im Trockengut. Nicht alle Mikroorganismen werden abgetötet, sie können sofort wieder ihre Tätigkeit aufnehmen, falls trockene Lebensmittel wieder befeuchtet werden.

Heimische Früchte weisen einen durchschnittlichen Wassergehalt zwischen 70 und 90 % auf. Nach dem Trocknungsvorgang liegt die Restfeuchte zwischen 8 und 20 %. Entscheidend für die Haltbarkeit ist aber nicht der absolute Wassergehalt, sondern der Anteil an dem für Mikroorganismen verfügbaren Wasser.

- **Enthaltenes Wasser (Wassergehalt oder Restfeuchte):** Das ist die gesamte Menge an Wasser, die in einem Material vorhanden ist. Es umfasst alles Wasser, unabhängig davon, ob es für Mikroorganismen nutzbar ist oder nicht.

- **Verfügbares Wasser:** Das ist der Teil des Wassers, den Mikroorganismen tatsächlich nutzen können. Es wird oft als **„Wasseraktivität“** bezeichnet und hängt davon ab, wie fest das Wasser im Material gebunden ist.

Aus 10 kg frischen Apfelringen erhält man nach dem Trocknen etwa 1 kg Apfelchips, eine Ausbeute von etwa 10 %.

Ein Beispiel: Apfelsaft besteht zu etwa 90 % aus Wasser und zu 10 % aus Trockensubstanz, hauptsächlich Zucker. Meerwasser enthält hingegen 97 % Wasser und 3 % Salz. Obwohl Apfelsaft weniger Wasser enthält, kann er den Durst löschen. Meerwasser hingegen ist nicht trinkbar, weil das Wasser fest an das Salz gebunden ist. Damit ist es für den Körper nicht verfügbar und somit nicht als Durstlöscher geeignet.

a_W-Wert

Der a_W-Wert gibt den Gehalt an verfügbarem Wasser an und lässt Rückschlüsse auf mikrobiologische Stabilität und somit die Haltbarkeit von Lebensmitteln zu. Er stellt ein Maß für die aktuelle Wasseraktivität dar.

Reines Wasser hat einen a_W-Wert von 1,0. Durch gelöste Trockensubstanz, wie Zucker, Säuren oder Salze, oder andere wird er kleiner. Je tiefer der Wert, umso mehr Wasser ist gebunden und umso weniger Wasser steht den Mikroorganismen zur Verfügung.

Frisches Obst hat a_W-Werte zwischen 0,97 und 0,99, es verdirbt relativ rasch. Trockenobst hat Werte zwischen 0,6 und 0,7 und ist dadurch sehr gut gegen Verderb geschützt.

Je tiefer der a_W-Wert, umso besser die Haltbarkeit.

Beispiele für a_W-Werte	
Lebensmittel	a_W-Wert
Frischobst, Fruchtsaft	0,95–1
Sirup, Fruchtsaftkonzentrat	0,8
Konfitüre, Gelee	0,75
Trockenobst, Honig	0,6

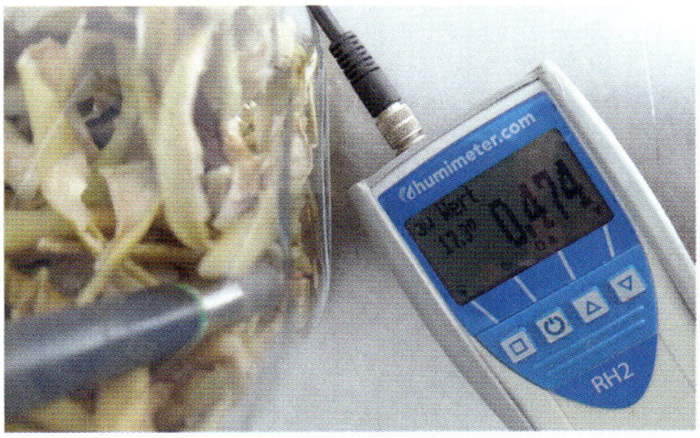

Der a_W-Wert ist ein Maß für die Wasserverfügbarkeit und damit für die Haltbarkeit von Lebensmitteln. Hier bei getrockneten Apfelschalen.

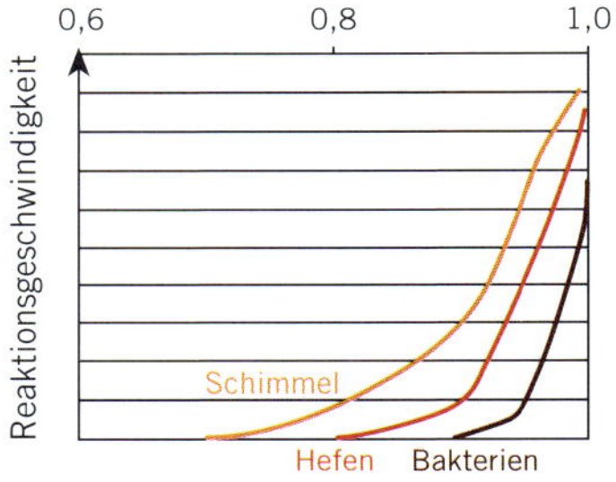

Der a_W-Wert gibt direkt Auskunft über die Gefährdung einer Vermehrung der Mikroorganismen.

2.4.1.4 Entkeimen

Haltbarkeit nur durch Entfernen der Keime aus dem Produkt durch die sogenannte Entkeimungsfiltration ist nur bei klaren, flüssigen Produkten machbar. Bei fruchtfleischhaltigen oder stückigen Produkten ist ein mechanisches Entfernen von Mikroorganismen unmöglich.

Haltbarmachen von Fruchtsäften durch eine Entkeimungsfiltration ist theoretisch denkbar. Allerdings nur unter der Voraussetzung, dass vom Zeitpunkt der Entkeimung bis zur Füllung kein Keim mehr mit dem Saft in Berührung kommt. Das setzt voraus, dass sowohl Flasche, Schlauch- oder Rohrleitung zum Füller als auch Verschluss steril sind und auch über den Kopfraum der Flasche keine Infektion erfolgen kann. Keime wie Hefezellen, Bakterien, Schimmel-

sporen lassen sich durch korrekt durchgeführte Filtration entfernen. Das Risiko einer Infektion durch Keime ist aber immer gegeben.
Enzyme sind kleiner und nicht durch Filtration entfernbar. Sie verändern während der Lagerung sowohl Farbe als auch Aroma. Bei alkoholfreien Getränken hat die Sterilfiltration als alleinige Methode zur Haltbarmachung keine Bedeutung.

Größere Bedeutung hat die Entkeimung als zusätzliche Methode zur Haltbarmachung wie beispielsweise bei Obstweinen oder bei Essig. Bei diesen ist schon aufgrund der Zusammensetzung ein Wachstum von Mikroorganismen deutlich erschwert. Die Sterilfiltration erfolgt als Sicherstellung der Haltbarkeit bei der Füllung.

2.4.1.5 Hochdruck

Das Haltbarmachen von Fruchtsäften mit Druck wird als Hochdruckpasteurisierung oder Hochdruckbehandlung bezeichnet.
Der Saft wird in Behälter gefüllt und dann einem sehr hohen Druck (bis zu 8000 bar) ausgesetzt. Dieser Druck zerstört die meisten Mikroorganismen und Enzyme, die den Saft verderben könnten. Manche Schimmel oder Bakteriensporen überstehen diesen Druck und werden nicht deaktiviert. Die Haltbarkeit der Säfte ist daher im Vergleich zu pasteurisierten Säften eingeschränkt. Bei durchgängiger Kühlung sind sie etwa 4–6 Wochen haltbar.

Ein großer Vorteil des Verfahrens ist, dass Geruchs- und Geschmacksstoffe nicht durch hohe Temperaturen verändert werden. Hochdruckbehandelte Säfte sind daher sehr aromatisch. Die Ausrüstung für Hochdruckbehandlung ist teuer und die Anwendung verlangt viel Sorgfalt und Wissen. Die Bedeutung von diesem Verfahren ist daher im nicht industriellen Maßstab gering.

Druckmostfass

Das Druckmostfass, einst als natürliche Methode zur Haltbarmachung von Fruchtsaft beworben, hat heute für die Eigenversorgung nur noch geringe Bedeutung. Die Idee basierte darauf, dass der durch beginnende Gärung entstehende Druck weiteres Keimwachstum unterbinden sollte. In der Praxis zeigt sich jedoch, dass dieser Ansatz nicht funktioniert. Das bei der Gärung entstehende Kohlendioxid führt zu einem Innendruck von bis zu 10 bar, was weit unter dem für eine effektive Keiminaktivierung nötigen Druck von mehreren Tausend Bar liegt, aber schon einiges als Alkohol aufweist. Der erzeugte Überdruck kann das Mikroorganismenwachstum bestenfalls verzögern, nicht aber verhindern. Selbst bei nur zögerlich begonnener Gärung erreicht ein Fruchtsaft rasch einen Alkoholgehalt von über 0,5 % vol und ist damit rechtlich kein „Saft“ oder alkoholfreier Durstlöscher mehr.

2.4.2 Biologisch

Unter der biologischen Haltbarmachung versteht man an sich das Fermentieren eines Lebensmittels. Der Begriff „Fermentation“ bedeutet nichts anderes als „Umwandlung eines Stoffs“ durch Mikroorganismen. Sie verwandeln dabei organische Substanzen wie zum Beispiel Zucker je nach Art der Fermentation in Alkohol oder Säure.

Anders als die bisher angeführten Methoden zur Haltbarmachung verändern die hier angeführten Methoden die Lebensmittel sehr stark. So ist durch alkoholische Gärung „haltbar“ gemachter Traubensaft kein Traubensaft mehr. Vielmehr sind diese hier angeführten Methoden Verfahren, um aus einem Ausgangsstoff ein haltbares Lebensmittel herzustellen.

2.4.2.1 Alkoholische Gärung

Die alkoholische Gärung ist ein biochemischer Prozess, bei dem Kohlenhydrate, hauptsächlich Glucose (Traubenzucker), unter anaeroben Bedingungen zu Ethanol („Alkohol“) und Kohlenstoffdioxid abgebaut werden.
Die Gärhefe benötigt für die Gärung keinen Sauerstoff. Ist der zur normalen Zellatmung be-

nötigte Sauerstoff unter aeroben Bedingungen ausreichend verfügbar, produziert die Hefe keinen Alkohol. Die meisten Gärhefen nutzen den Stoffwechselweg zum Alkohol sozusagen nur als „Notprogramm".

Eine alkoholische Gärung ist ...

- bei der Herstellung von Obstweinen oder Brennmaischen erwünscht.
- bei allen alkoholfreien Produkten unerwünscht und ein Fehler.

„Haltbar" sind vergorene Säfte insofern, als dass nach der Gärung kein Zucker mehr vorhanden ist. In Kombination mit Säure (und damit tiefem pH-Wert), Schwefeldioxid und einer ausreichend feinen Filtration sind Weine haltbar. Je niedriger der Alkoholgehalt, umso wichtiger sind diese anderen Faktoren für die Haltbarkeit. Ohne diese könnten auch Weine durch Mikroorganismen wie Kahmhefen oder Bakterien verderben.

2.4.2.2 Milchsäuregärung

Das Verfahren der Milchsäuregärung ist sehr alt und stammt ursprünglich aus dem Orient. Unterschiedlichste Gemüsearten werden durch die Vergärung von Kohlenhydraten zu Milchsäure haltbar.

In einem ersten Schritt wird Gemüse zerkleinert und eventuell gesalzen. Die darauf vorkommenden Mikroorganismen verbrauchen zunächst den Sauerstoff. Das ist eine wichtige Voraussetzung, damit sich die Milchsäurebakterien verstärkt vermehren und ihre „Arbeit" erledigen können: Sie wandeln in der sauerstoffarmen Umgebung Kohlenhydrate zur Milchsäure um.

Daneben sinkt durch die Milchsäuregärung der pH-Wert. Ab einer Konzentration von 0,5 % verhindert Milchsäure, dass andere Mikroorganismenarten in dem durch pH-Wert-Absenkung sauren Milieu weiterwachsen können. Das Kochsalz bindet zusätzlich Wasser, sodass Hefen und Schimmelpilze in ihrem Wachstum gehemmt werden.

Je nach Gemüseart dauert die Gärung 2–6 Wochen. Dann ist ein pH-Wert von 3,8–4,2 erreicht. Um eine längere Haltbarkeit zu erreichen wird der Gärprozess durch kurzzeitiges Erhitzen auf 80 °C beendet. Alternativ dazu lässt man die Bakterien weiterarbeiten. Prinzipiell eignen sich alle Gemüsearten, besonders häufig geschieht der Prozess aber mit Kraut – mit dem Endprodukt Sauerkraut.

Neben der Milchsäure entsteht bei diesem Vorgang auch Kohlensäure. Die Fermentationsbehälter dürfen daher nicht dicht verschlossen werden. Während der Reaktionen bilden sich Duft- und Geschmacksstoffe, die für das typische Aroma milchsauer vergorener Produkte verantwortlich sind. Milchsauer vergorene Lebensmittel gelten aufgrund der hohen Zellzahl als gesund für die Darmflora. Das Gärprodukt ist außerdem leichter verdaulich als sein rohes Ausgangsprodukt.

Obst hat einen pH-Wert zwischen 3 und 3,5 und eignet sich daher nicht. Ausgenommen ist lediglich der biologische Säureabbau im Wein, der mit ganz speziellen Bakterien erfolgt.

2.4.2.3 „Essigsäuregärung"

Die Bezeichnung ist weitverbreitet, jedoch etwas irreführend, da es sich technisch gesehen nicht um eine Gärung im klassischen Sinne handelt, sondern eher um eine Oxidation. Bei dieser bauen Essigsäurebakterien den vorhandenen Alkohol zur Essigsäure ab. In einem fertigen Apfelessig ist mit mindestens 5 % so viel Säure (und kein Alkohol mehr) vorhanden, dass Mikroorganismen den Essig nicht mehr verderben können.

Essig dient auch als Aufgusslösung von diversen Gemüsekonserven. Nicht immer sorgt die Essigsäure allein für die Haltbarkeit, meistens ist eine zusätzliche Maßnahme, wie zum Beispiel eine Erhitzung, dazu notwendig.

2.4.2.4 Andere Fermentationen

Fermentieren ist ein allgemeiner Begriff für die Umwandlung von organischen Stoffen. Dies geschieht meist mithilfe von Bakterien, Pilzen, Zellkulturen oder zugesetzten Enzymen. Diese Vorgänge können unter Ausschluss von Sauerstoff (anaerob) oder unter Anwesenheit von Sauerstoff (aerob) stattfinden.
Neben der alkoholischen Gärung, der Milchsäuregärung und der Essiggärung gibt es weltweit noch viele weitere Fermentationsmethoden in der Lebensmittelherstellung und -verarbeitung.

Die Kombucha-Fermentation ist die einzige, bei der Obst in Form von Fruchtsaft mitverwendet wird. Diese Technik, auch bekannt als SCOBY-Fermentation (Symbiotic Culture of Bacteria and Yeast), fermentiert gesüßten Tee oder Tee mit Fruchtsaft. SCOBY steht für „Symbiotische Kolonie aus Bakterien und Hefen". Diese Kolonie hat eine beigefarbene, pfannkuchenartige Struktur aus Zellulose und erinnert im Aussehen an eine Essigmutter.

Die symbiotische Kultur aus Bakterien und Hefen wandelt den Zucker im Tee in Essigsäure, Kohlendioxid und geringe Mengen Alkohol um. Während der 5–21 Tage dauernden Fermentation wird Kombucha zunehmend saurer und essiglastiger. Das Ergebnis ist ein leicht prickelndes Getränk mit einem säuerlich-fruchtigen Geschmack.

2.4.3 (Bio-)Chemisch

Bei diesen Methoden erreicht man die Haltbarkeit durch Veränderung der Inhaltsstoffzusammensetzung ohne dafür benötigte Mikroorganismentätigkeit. Der Zusatz von Zucker, Essig oder Alkohol im richtigen Ausmaß kann ebenso für Haltbarkeit sorgen wie der eines chemischen Konservierungsmittels.
Diese Methoden wirken in erster Linie gegen das Wachstum von Mikroorganismen und haben keinen unmittelbaren Einfluss auf die Enzymtätigkeit. Eine 100 %ig genaue Abgrenzung zwischen (bio-)chemischen und biologischen Methoden ist nicht machbar.

2.4.3.1 Erhöhung des Trockensubstanzgehalts

Als Trockensubstanz bezeichnet man alle Stoffe einer Substanz, die übrig bleiben, wenn alles Wasser weg ist. Der größte Teil davon ist Zucker. Säuren, Mineralstoffe, Ballaststoffe, Vitamine, Gerbstoffe und viele andere haben nur geringen Anteil.

Die Einheit für Trockensubstanz ist Brix. 1 °Brix entspricht 1 g Trockensubstanz je 100 g. Beinhaltet beispielsweise eine Frucht 10 % gelöste Feststoffe und 90 % Wasser, so hat sie einen Trockensubstanzgehalt von 10 °Brix.

Mikroorganismen benötigen Wasser zur Vermehrung. Ein hoher Trockensubstanzgehalt bindet viel Wasser, reduziert den Gehalt an verfügbarem Wasser und bietet damit einen guten Schutz eines Lebensmittels gegen mikrobiellen Verderb.

Erreicht wird dieser Gehalt, indem man entweder Wasser entzieht (und damit alle anderen Inhaltsstoffe aufkonzentriert) oder durch Zusatz von Trockensubstanz, meistens in Form von Zucker. Auch der Zusatz von Zitronensäure, Pektin, Honig oder anderen Stoffen erhöht den Trockensubstanzgehalt geringfügig, ist aber im Vergleich zur Zuckerung von untergeordneter Bedeutung.

Im Sirup oder in der Marmelade sind bis zu 60 % Trockensubstanz enthalten. Geöffnete Gläser oder Flaschen sind auch außerhalb des Kühlschranks längere Zeit haltbar. Je tiefer der Wert, umso schlechter die Haltbarkeit. Um trotzdem ein haltbares Produkt zu erhalten, ist das Einziehen einer weiteren Hürde für Mikroorganismen notwendig.

2.4.3.2 Erhöhung des Alkoholgehalts

Alkohol hat schon in geringen Konzentrationen eine zellschädigende Wirkung und hemmt

Mikroorganismenwachstum. Eine keimtötende Wirkung zeigt sich erst ab einem Gehalt von 18 % vol.
Je niedriger der Alkoholgehalt, umso wichtiger ist ein zusätzlicher Schutz vor mikrobiologischem Verderb. Likör beispielsweise muss mindestens 15 % vol Alkohol und 100 g/l Zucker aufweisen. Erst gemeinsam sorgen sie für mikrobiologische Haltbarkeit, jedes für sich wäre nicht ausreichend wirksam.

Neben der Wirkung auf Mikroorganismen hat Alkohol auch eine hemmende Wirkung auf Enzyme. Die hängt stark von der Alkoholkonzentration und der Art des Enzyms ab. Höhere Konzentrationen führen zu einer stärkeren Hemmung durch verstärkte Änderung der Enzymstruktur.
Um beim Beispiel Likör zu bleiben: Selbst wenn Mikroorganismen und Enzyme gehemmt sind, kommt es zu Aroma- und Farbveränderungen, die die Haltbarkeit einschränken.

2.4.3.3 Erhöhung des Säuregehalts

Viele Mikroorganismen benötigen ein spezielles Milieu, um sich vermehren zu können. Mit der Erhöhung des Säuregehalts wird eine dafür zu saure Umgebung geschaffen.

In der Obstverarbeitung hat Essig zum Absenken des pH-Werts große Bedeutung. Essig schafft ein saures Milieu, in dem nur wenige lebensmittelverderbende Keime noch gedeihen können. Essigsäure in Konzentrationen über 0,5 % hemmt das Wachstum der meisten Hefen und Bakterien.
Stark essigsaure Obstmaischen bleiben daher häufig in der Gärung stecken. Essigsäurebakterien selbst gedeihen aber auch noch bei Säuregehalten von 5 % oder mehr und bilden häufig im Essig bei vorhandenem Restalkohol eine Trübung bis hin zur Essigmutter aus.

Essig bzw. Essigsäure hat erst ab einer Konzentration von 5 % eine zuverlässig konservierende Wirkung. Bei Werten darunter benötigt man weitere haltbarkeitsunterstützende Maßnahmen, um die Haltbarkeit zu garantieren. Sauer eingelegte Früchte zum Beispiel werden zusätzlich erhitzt, um noch aktive Keime und Enzyme sicher zu deaktivieren.

2.4.4 Chemisch

Bei der chemischen Konservierung werden durch zugesetzte Stoffe Mikroorganismen direkt geschädigt und abgetötet bzw. an ihrer Vermehrung gehindert, indem sie wesentliche Stoffwechselvorgänge in den Zellwänden der Keime hemmen. Andere Inhaltsstoffe von Lebensmitteln werden im Allgemeinen nicht beeinträchtigt.

Der Zusatz von Konservierungsmitteln gilt als chemische Konservierung und ist recht strikt geregelt. Ihr Zusatz ist nur bei bestimmten Lebensmitteln und dort nur in bestimmten Konzentrationen per Verordnung erlaubt. Entgegen der weitverbreiteten Meinung hat die chemische Konservierung bei Produkten aus Früchten keine große Bedeutung.
Sobald andere Methoden zur Haltbarmachung leicht umsetzbar sind, ist ihr Einsatz nicht gestattet. Generell verboten ist der Einsatz von Konservierungsmitteln in Biolebensmitteln.

2.4.4.1 Schwefeldioxid (E 220)

Ein häufig eingesetztes Konservierungsmittel ist Schwefeldioxid (SO_2). Es hat ein recht breites Wirkungsspektrum, wirkt auf Mikroorganismen hemmend, verhindert zusätzlich Bräunungsreaktionen und vermag die Enzymaktivität zu verlangsamen.

Das Ausmaß der konservierenden Wirkung auf Mikroorganismen variiert zwischen den Organismen, gegen manche Arten, wie zum Beispiel Essigsäurebakterien, wirkt schweflige Säure sehr gut, gegen Gärhefen eher weniger.

Große Bedeutung hat SO_2 bei Wein bzw. beim Einsatz bei Halbfabrikaten, bei denen im Zuge der Weiterverarbeitung das SO_2 wieder entweicht oder entzogen wird. Abgesehen davon ist bei den meisten fruchtbasierten Produkten der Einsatz der schwefligen Säure zur Konservierung nicht gestattet.

Schwefeldioxid ist in der Liste der wichtigsten allergenen Stoffe enthalten. Ein Zusatz ist daher auf dem Etikett in der Zutatenliste oder mit dem Hinweis „enthält Sulfite“ oder „enthält Schwefeldioxid“ zu kennzeichnen.

2.4.4.2 Benzoe- und Sorbinsäure

Sorbinsäure (E 200) und Benzoesäure (E 210) haben sowohl als freie Säure als auch in Form ihrer Salze (Sorbate und Benzoate) große Bedeutung. Aufgrund ihrer besseren Löslichkeit werden Salze bevorzugt eingesetzt. Bei Sorbinsäure ist vor allem das Kaliumsalz (Kaliumsorbat) von Bedeutung.

Sorbinsäure kommt natürlicherweise in Pflanzen der Gattung Sorbus (z. B. Vogelbeeren) vor, Benzoesäure in manchen Beerenobstarten wie etwa Preiselbeeren oder Heidelbeeren. In den Handel kommen beide allerdings als künstlich hergestellte Konservierungsmittel.

Beide Säuren bewirken einen direkten Schutz der Lebensmittel vor Mikroorganismen, indem sie wesentliche Stoffwechselvorgänge in den Zellwänden der Keime hemmen. Die Wirkung von Sorbinsäure ist im sauren Milieu besonders gut gegen Schimmelpilze und Hefen, weniger gegen Bakterien. Gegen Letztere hat die Benzoesäure eine bessere Wirkung.

Im privaten Bereich erfolgt der Zusatz eines chemischen Konservierungsmittels manchmal unbewusst. Sowohl in vielen Geliermitteln für zuckersparendes Einkochen als auch in der häufig eingesetzten „Einsiedehilfe“ sind Konservierungsmittel enthalten und garantieren die Haltbarkeit der damit hergestellten Lebensmittel. Aufschluss über die Zusammensetzung der Zutaten bzw. Hilfsmittel liefert die Zutatenliste.

2.4.5 VERSTÄNDNISFRAGEN

1. Was versteht man in Bezug auf die Haltbarmachung unter einem Hürdenprinzip? Nenne Beispiele.
2. Was unterscheidet die Pasteurisation von der Sterilisation und wann kommt welches Verfahren zur Anwendung?
3. Bei welcher Temperatur werden Fruchtsäfte heiß gefüllt?
4. Warum hat die Entkeimung bzw. die Entkeimungsfiltration bei Fruchtsäften fast keine Bedeutung?
5. Was versteht man unter einem „Kochton“ und wo hat er Bedeutung?
6. Erkläre den a_W-Wert und in dem Zusammenhang den Unterschied zwischen „absolutem Wassergehalt“ und „verfügbarem Wasser“.
7. Warum eignet sich das Druckmostfass nicht zur dauerhaften Lagerung von Apfelsaft?
8. Beschreibe den Vorgang der Milchsäuregärung.
9. Welchen Einfluss hat der Alkoholgehalt auf die Haltbarkeit von Lebensmitteln?
10. Was weißt du über den Einsatz von chemischen Konservierungsmitteln in der Obstverarbeitung?

Einsiedehilfen sind nichts anderes als chemische Konservierungsmittel.

FISCHER
Austria / Europe

Voraussetzungen

Im Kapitel „Voraussetzungen" werden die grundlegenden Bedingungen und Anforderungen für eine erfolgreiche Obstverarbeitung erläutert. Ohne ein Mindestmaß von diesen ist eine erfolgreiche Herstellung von Produkten aus heimischen Früchten nicht möglich.

3.1 Verarbeitungsräume/-keller

Bau und Einrichtung von Verarbeitungsräumen sollen ein effizientes Arbeiten unter Bedachtnahme auf die Vorgaben der Lebensmittelsicherheit ermöglichen.

3.1.1 Allgemein

Bei der Gestaltung von Verarbeitungsräumen oder -kellern für Lebensmittel sind mehrere wichtige Aspekte zu beachten, um einen praktischen Ablauf zu ermöglichen, die Qualität der Produkte hochzuhalten und die Lebensmittelsicherheit zu gewährleisten. Die Auflagen sind im Kapitel Lebensmittelsicherheit angeführt.

Zusammengefasst gilt für Verarbeitungsräume:

- Alle Betriebsräumlichkeiten müssen mit leicht zu reinigenden Böden und Wandflächen ausgestattet sein.
- Fenster, Türen, aber auch Decken sind so zu gestalten, dass die Ansammlung von Kondenswasser, die Bildung von Schimmel oder das Ablösen von Materialien vermieden wird.
- Alle Oberflächen müssen gut zu reinigen und, wenn nötig, auch zu desinfizieren sein.
- Vorschriftsmäßig errichtete Betriebsräume weisen ausreichende Be- und Entlüftungsmöglichkeiten und Beleuchtungskörper auf

3.1.2 Böden

Die Anforderungen an Böden in Verarbeitungsräumen sind vielseitig; sie müssen wasserundurchlässig, abriebfest, gut befahrbar, trittsicher, resistent gegenüber Säuren und Basen sein, Hohlkehlen aufweisen, leicht zu reinigen sein und sollen eine entsprechende Optik bieten. Ein leichtes Gefälle zum Bodenabfluss von etwa 2 % wird empfohlen.

3.1.2.1 Betonböden

Böden aus Beton sind die günstigste Form und dienen als Untergrund bei sämtlichen Arten von Beschichtung bzw. Belägen. Je nach Anforderung kann man Beton durch spezielle Zusätze für den jeweiligen Zweck anpassen. Aufgrund seiner chemischen Zusammensetzung ist Beton nicht säurefest, lässt sich jedoch durch entsprechende Zusätze und Wahl der Ausgangsstoffe säurewiderstandsfähig herstellen. Das ist besonders in Kellereibetrieben wichtig.

© Georg Innerhofer

Leicht zu reinigender Boden, Abflussrinne und geflieste Wände ermöglichen einfaches Reinigen im Verarbeitungsraum.

© Georg Innerhofer

Unbehandelte Betonböden sind sehr anfällig gegenüber Fruchtsäuren.

Unbehandelt stauben sie, sind nicht säureresistent und für Verarbeitungsbetriebe daher weniger geeignet.

3.1.2.2 Epoxydharzbeschichtung

Derart beschichtete Böden findet man in vielen Verarbeitungsräumen und Kellereien. Epoxidharz ist eine farblose und transparente Flüssigkeit. Das Harz wird auf entsprechend gereinigte Betonböden (oder auch auf Fliesen) aufgebracht. Entscheidend ist, dass der Beton nicht porös ist und bei Neubauten auch ausreichend trocken ist.

Durch die Auswahl verschiedenster Farben und Farbchips kann man das Erscheinungsbild an individuelle Wünsche anpassen. Eine wichtige Rolle spielen hier die Schmutzempfindlichkeit bestimmter Farbtöne. Beispielsweise kann es sinnvoll sein, eine schmutzempfindliche Farbe auszuwählen, um die Reinigung optisch zu vereinfachen. Durch das Aufstreuen von Körnern lässt sich die Rauheit der Oberfläche regulieren. Während glatte Böden leicht zu reinigen sind, erhöhen sie das Risiko auszurutschen. Daher ist es sinnvoll, ein ausgewogenes Mittelmaß zu wählen.

© Georg Innerhofer

Bodenbeschichtungen wie hier mit Expoxyharz haben viele Vorteile, Abflüsse und Abflussrinnen sind gut integrierbar.

3.1.2.3 Fliesen

Fliesen bieten oft eine kostengünstigere Alternative zu Bodenbeschichtungen. Sie sind in verschiedenen Härte- und Rauheitsgraden erhältlich, was zur Rutschsicherheit beiträgt. Bei der Reinigung stellen die Fugen eine besondere Herausforderung dar, weshalb die Verwendung einer säurebeständigen Fugenmasse unerlässlich ist. Ein Nachteil von Fliesen kann das gelegentliche Ausbrechen sein, was zu Problemen führen kann. Trotz dieser Aspekte bleiben Fliesen aufgrund ihrer Vielseitigkeit und ihres Preis-Leistungs-Verhältnisses eine beliebte Wahl für Verarbeitungsräume.

3.1.2.4 Gussasphalt

Gussasphalt ist äußerst verschleißfest und für schwerste rollende, gleitende und kollernde Belastungen geeignet. Dies macht ihn ideal für Lagerräume mit hohem Verkehr von Gabelstaplern oder schweren Maschinen. Diese Böden sind zwar gut staplertauglich, aber nicht für hohe punktuelle Belastungen geeignet. Gussasphaltböden sind staubfrei und pflegeleicht. Die porenfreie Oberfläche verhindert das Festsetzen von Fremdstoffen und erleichtert die Reinigung. Die verwendete Asphaltsorte muss dabei geruchsneutral sein.

3.1.3 Wände

Wände sollten bis zu einer Höhe, bei der im normalen Arbeitsablauf eine Verschmutzung zu erwarten ist, glatt, wasserabweisend und gegebenenfalls desinfizierbar sein.

3.1.3.1 Wandfliesen

Wandfliesen sind abriebfest, wasserundurchlässig und leicht zu reinigen, was das Wachstum von Keimen minimiert und eine einfache Desinfektion ermöglicht. Zudem sind sie resistent gegen Feuchtigkeit und Chemikalien, was ihre Langlebigkeit erhöht. Bei der Installation sollten die Fugen mit einer säurebeständigen Masse ausgefüllt werden.
Die glatte Oberfläche und die Verfügbarkeit in verschiedenen Formaten und säurefesten Varianten machen sie besonders für den Lebensmittelbereich geeignet.

3.1.3.2 Paneele

Paneele sind eine effiziente Lösung zur Wandgestaltung in Verarbeitungsräumen. Sie zeichnen sich durch große Elementbreiten und eine einfache, schnelle Verlegbarkeit mit wenigen Fugen aus, oft mit Nut- und Federsystemen sowie speziellen Fugenlösungen. PVC-Paneele eignen sich besonders für fugenlose Decken- und Wandverkleidungen in Trocken-, Feucht- und Nassräumen.
Die Vorteile von Paneelen umfassen ihre leichte Reinigbarkeit (auch mit Hochdruckreinigern), Verfügbarkeit in verschiedenen Materialien, Breiten und Farben, unterschiedliche Oberflächenqualitäten (glatt, säurefest) sowie ihre Eignung zum Reinigen und Desinfizieren.

3.1.3.3 Kunststoffplatten

Ähnlich den Klebepaneelen gibt es für saubere und feste Wandflächen auch leicht anzubringende, verstärkte Kunststoff- bzw. Kunstharzplatten. Sie sind in der Regel wasserundurchlässig, abriebfest und leicht zu reinigen. Mit Materialstärken zwischen 1 und 6 mm erzielt man je nach Produkt lebensmittelechte, wasserdichte und säurefeste Oberflächen. Darüber hinaus sind sie resistent gegen Chemikalien und Feuchtigkeit, was ihre Langlebigkeit erhöht.

3.1.4 Fenster

Für die Nutzung als Arbeitsräume sind nur solche Räume zulässig, die über ausreichende Fensterflächen verfügen. Diese Fensterflächen müssen insgesamt mindestens 10 % der Bodenfläche betragen und einen direkten Blick ins Freie ermöglichen. In Fällen, in denen dies nicht möglich ist, wie beispielsweise in Kellerräumen, sollten ausreichend Pausenräume mit Fenstern zur Verfügung stehen.
Fenster und Lichtkuppeln in Verarbeitungsräumen sind nicht nur entscheidend für die Beleuchtung, sondern auch für die Belüftung. Alle öffnungsfähigen Fenster sollten mit Insektengittern ausgestattet sein, um das Eindringen von Schädlingen zu verhindern und somit die Hygiene zu gewährleisten.

3.1.5 Durchlüftung

Eine gute Durchlüftung der Verarbeitungsräume ist aus mehreren Gründen von großer Bedeutung. Zum einen beschleunigt eine ständige Frischluftzufuhr das Abtrocknen von Böden und Wänden nach der Reinigung, wodurch das Risiko von Schimmelbildung verringert wird. Zum anderen können Lebensmittel

© Georg Innerhofer

Schlechte Lüftung führt zu Schimmel und damit modriger Luft im Keller.

© Georg Innerhofer

CO_2-Sensoren steuern Warnlichter bei hohen Gärgaskonzentrationen.

und Behandlungsstoffe unerwünschte Gerüche aufnehmen, die die Produktqualität beeinträchtigen könnten. In Räumen mit unzureichenden Lüftungsmöglichkeiten kann der Einbau einer Lüftungsanlage sinnvoll sein.
Besonders während der alkoholischen Gärung entsteht Kohlenstoffdioxid (CO_2), ein farb- und geruchloses Gas, das als Gärgas bezeichnet wird.
Bereits Konzentrationen von 8–10 % CO_2 in der Atemluft können zu Bewusstlosigkeit und sogar zum Tod durch Ersticken führen. Doch auch in geringeren Konzentrationen stellt CO_2 eine Gefahr dar, denn bei Konzentrationen ab 1 % vol CO_2 kann es die Konzentration beeinträchtigen und damit das Unfallrisiko erhöhen, beispielsweise durch Schwindelanfälle.
Der allgemeine Gärgeruch lässt keinen Rückschluss auf den Gehalt an Kohlenstoffdioxid zu. Daher sollte besonders während der Gärphase auf eine ausreichende Durchlüftung geachtet werden, gegebenenfalls auch mithilfe von Absaugeinrichtungen. Der Einsatz von CO_2-Warnanlagen kann zudem dazu beitragen, die Mitarbeiter rechtzeitig vor zu hohen CO_2-Konzentrationen zu warnen und ihre Sicherheit zu gewährleisten.

3.1.6 Raumklima

Besonderheiten gibt es hier nur bei speziellen Räumen. In **Gärräumen** gelten derzeit Temperaturen um 15 °C als ideal. Zum Reifen und Lagern nach der Gärung ist eine konstante Temperatur um 12 °C anzustreben. Tiefere Temperaturen verursachen in den meisten Fällen unnötig hohe Energiekosten. Die Luftfeuchtigkeit im Tanklager sollte unter 65 % rel. liegen.

Im **Holzfasskeller** zur Lagerung von Wein oder Spirituosen ist die Luft besonders wichtig. Jährlich gehen etwa 4 % des gelagerten Getränkevolumens als Schwund durch Verdunstung verloren. Um die Verdunstung zu minimieren, sollte die Luftfeuchtigkeit idealerweise bis zu 75 % betragen. Bei Werten darüber kommt es zu unerwünschter Schimmelbildung auf den

3.1.7 VERSTÄNDNISFRAGEN

1. Warum ist es wichtig, dass die Räume, Böden und Geräte in Kellern und Verarbeitungsräumen sauber gehalten werden?
2. Welche Vorteile bietet ein epoxydharzbeschichteter Boden im Vergleich zu einem unbehandelten Betonboden?
3. Was sind die Nachteile eines Fliesenbodens in Verarbeitungsräumen?
4. In welchen Räumen könnte ein Gussasphaltboden sinnvoll sein?
5. Welche Aspekte sollten bei der Gestaltung von Wänden berücksichtigt werden, und welche Materialien sind dafür empfehlenswert?
6. Was sollte bei der Planung von Fensterflächen in Verarbeitungsräumen beachtet werden?
7. Wie entsteht CO_2 in der Kellerwirtschaft, und warum kann dies problematisch sein?
8. Welche Temperatur und Luftfeuchtigkeit sollten in einem Fasslager angestrebt werden, und welche Probleme können auftreten, wenn diese Werte nicht eingehalten werden?
9. Wie hoch ist der Schwund in einem Fasslager ungefähr, und was bedeutet der Begriff „Schwund“?
10. Was sind die wichtigsten Gründe für eine ausreichende Durchlüftung in Verarbeitungsräumen?

Fässern. Höhere Temperaturen (über 12 °C) führen ebenfalls zu erhöhtem Schwund.
Die gefüllten, etikettierten und in Kartons gelagerten Gebinde lagern im **Vollgutlager**. Neben der Temperatur (ohne Schwankungen, ideal bei 10–12 °C) ist die Kontrolle der Luftfeuchte in diesen Räumen sehr wichtig. Dauernde Luftfeuchtigkeit über 60 % kann zum Verschimmeln der Etiketten und Flaschen sowie zum Aufweichen und in weiterer Folge zum Zusammensinken der Kartons führen.

3.2 Ausrüstung

Zur Verarbeitung von Früchten kommt eine Vielzahl Behälter und spezialisierter Geräte zum Einsatz. Dieses Kapitel bietet einen Überblick über die wichtigsten Ausrüstungsgegenstände, die in den verschiedenen Phasen der Obstverarbeitung benötigt werden, von der Zerkleinerung bis zur Füllung. Aufgrund der Bandbreite an Produkten konnten nicht alle Gerätschaften lückenlos genannt werden.

3.2.1 Mühlen

Die Zerkleinerung des Obstes ist ein essenzieller Schritt vor der Verarbeitung, um den Saftaustritt zu ermöglichen. Hierfür steht eine Vielzahl von Geräten zur Verfügung, die je nach Art und Einstellung unterschiedliche Zerkleinerungsgrade erzielen. Unter der optimalen Zerkleinerung versteht man die für die weitere Verarbeitung günstigste Stückgröße und nicht die möglichst feine Zerkleinerung.

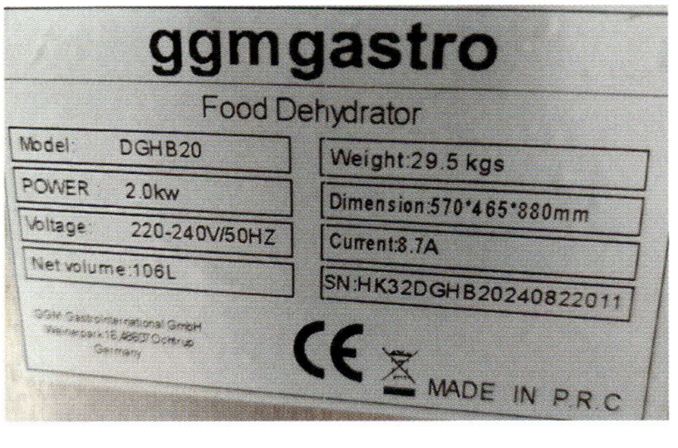

© Georg Innerhofer

Ein CE-Zeichen steht für die Erfüllung der Anforderungen eines Geräts.

Es ist wichtig, den optimalen Zerkleinerungsgrad zu finden:

- Zu große Fruchtstücke reduzieren die Saftausbeute beim Pressen und die Vergärbarkeit der Maische.
- Eine zu feine Maische hingegen erschwert die Trennung von festen und flüssigen Bestandteilen, was zu verklebten Presstüchern und erschwertem Saftablauf führt. Zudem resultieren daraus Säfte mit hohem Trubstoffanteil, was die spätere Klärung beeinträchtigt.

CE-ZEICHEN

Das Zeichen besagt, dass dieses Gerät den geltenden EU-Anforderungen an Sicherheit, Gesundheitsschutz und Umweltschutz entspricht. Es ist somit kein Qualitätszeichen oder Gütesiegel, sondern bestätigt lediglich die Einhaltung von Mindestanforderungen an Sicherheit, Gesundheitsschutz und Umweltschutz.
Zur Erlangung von diesem Zeichen bedarf es keiner Kontrolle. Der Hersteller erklärt mit dieser Plakette eigenverantwortlich, dass sein Produkt alle geltenden EU-Vorschriften erfüllt. Es ist eine verbindliche Konformitätskennzeichnung, die anzeigt, dass das Produkt mit den Harmonisierungsvorschriften der Europäischen Union übereinstimmt.
Alle in der EU verkauften Geräte müssen eine Plakette mit einem CE-Zeichen tragen. Nicht-konforme Geräte können Sicherheitsrisiken bergen, die zu Unfällen oder Kontaminationen führen können. In einem solche Fall drohen Beanstandungen, die Produktionsstopps oder Strafzahlungen nach sich ziehen können. Im Schadensfall kann der Betrieb haftbar gemacht werden, wenn nicht konforme Geräte eingesetzt wurden.

3.2.1.1 Rätzmühle

Die Rätzmühle eignet sich besonders gut zur Zerkleinerung von Kernobst. Die Früchte werden dabei in einem Zylinder von einem Rotor gegen gezackte Messereinsätze gedrückt und zerkleinert. Der Zerkleinerungsgrad ist durch austauschbare Messer anpassbar. Diese Mühlen sind nicht für Steinobst geeignet, es sei denn, die Früchte wurden zuvor entsteint. Ähnlich wie Rätzmühlen funktionieren Schleuderfräsen, verwenden jedoch anstelle von Messern ein zylinderförmiges Schabblech oder -gitter. Der Zerkleinerungsgrad wird hier durch die Wahl des Einsatzes bestimmt.

3.2.1.2 Allesmuser

Allesmuser sind effiziente Obstmühlen für Kernobst mit einer Verarbeitungskapazität von bis zu 1000 kg/h. Sie zeichnen sich durch einfache Bedienung und Reinigung aus. Die hochwertigen, rostfreien Materialien machen sie nahezu wartungsfrei, lediglich das Messerwerk sollte regelmäßig geschärft werden. Diese Geräte eignen sich gut für Brennmaischen, sind jedoch nicht für Steinobst geeignet.

3.2.1.3 Walzenmühle

Eine Walzenmühle zur Zerkleinerung von Stein- oder Beerenobst funktioniert, indem zwei oder mehr parallel angeordnete rotierende Walzen mit geriffelter oder gezahnter Oberfläche eingesetzt werden. Die Früchte werden zwischen die sich drehenden Walzen geführt, wo sie durch den Druck und die Reibung zerquetscht und aufgebrochen werden. Die Abstände zwischen den Walzen können dabei eingestellt werden, um den gewünschten Zerkleinerungsgrad zu erreichen.
Für Kernobst sind Walzenmühlen nicht geeignet.

© Georg Innerhofer

Schleuderfräse, häufig als Rätzmühle bezeichnet, zum Zerkleinern von Früchten.

3.2.1.4 Schabermühle

Bei Schabermühlen werden die Früchte mit Stösseln gegen eine rotierende Walze mit eingelassenen Messern gedrückt. Der verstellbare Abstand zwischen Messer und Widerstand ermöglicht die Verarbeitung verschiedener Obstarten, einschließlich Steinobst bei entsprechend großem Abstand. Die resultierende Maische weist eine ungleichmäßige Struktur auf, was die Pressausbeute leicht reduzieren kann, bietet aber Flexibilität bei der Verarbeitung verschiedener Obstarten.

3.2.2 Pumpen

Pumpen dienen der Förderung von flüssigen oder pastösen Produkten und sollen vielseitig einsetzbar, regulierbar, günstig, fremdstoffunempfindlich, selbstansaugend, mobil, leicht und schnell zu reinigen sein. Bei Maische und Saft-(Most-)Pumpen ist vor allem eine schonende Förderung des Gutes vorteilhaft, zum Filtrieren ist stoßfreies Fördern erwünscht. Außerdem müssen alle mit dem Fördergut in Berührung kommenden Teile der Pumpe aus korrosions- und säurefestem Material hergestellt sein. Von einem einzigen Pumpentyp allein können diese Anforderungen derzeit noch nicht erfüllt werden.

3.2.2.1 Verdrängerpumpen

Impellerpumpen sind Pumpen kleiner und einfacher Bauart; sie sind selbstansaugend, nicht fremdstoffempfindlich, dürfen aber nicht trocken laufen. Sie eignen sich gut zum Fördern von Flüssigkeiten und Maischen. Als Förderelement haben sie ein rund laufendes

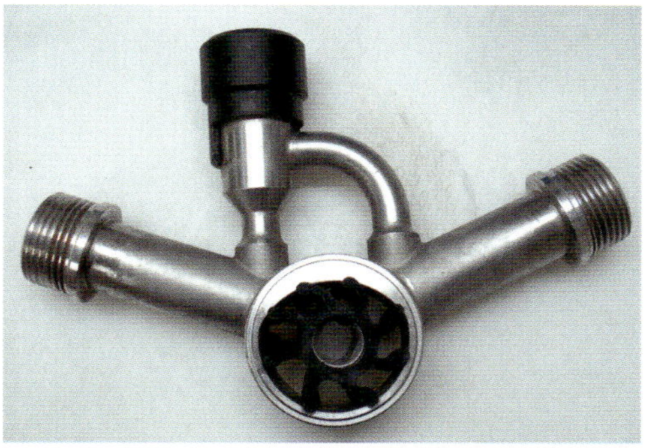

Aufbau der Impellerpumpe mit Bypass, abgeplattetem Gehäuse und Kunststoffimpeller.

Flügelrad aus Kunststoff. Die Flügel sind biegsam und werden beim Rundlauf unter einer Platte umgebogen. Wenn sich der Flügel wieder aufrichtet, entsteht an dieser Stelle ein Unterdruck, der Maische oder Saft ansaugt. Beim Auslaufstutzen biegt sich der Flügel wieder um, der Kammerraum verringert sich und das Pumpgut wird in den Auslauf gepresst.

Impellerpumpen sind klein und kompakt.

Exzenterschneckenpumpen, auch als Monopumpen bekannt, sind selbstansaugende Pumpen, die unempfindlich gegenüber Feststoffen sind. Die Hauptbestandteile einer Monopumpe sind der Stator und der Rotor. Durch die Drehbewegung des Rotors entstehen im Stator Hohlräume, die sich mit der Maische füllen und schraubenförmig zum Ausgang hin

Exzenterschneckenpumpe (Mohnopumpe) für Maischen und Flüssigkeiten.

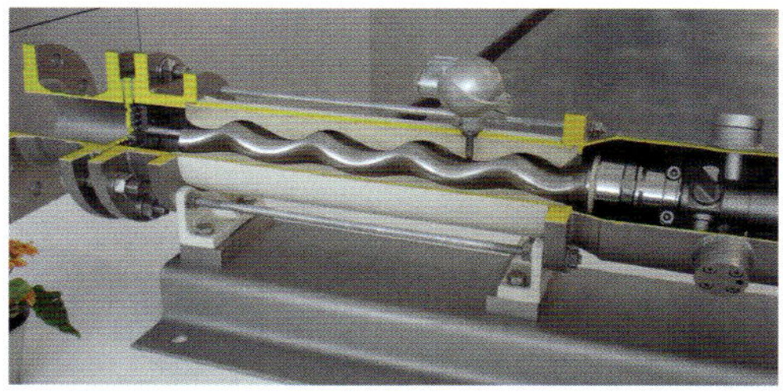

Aufbau der Pumpe mit Rotor aus Edelstahl und Kunststoffgehäuse darum herum.

bewegt werden. Der Rotor besteht aus Edelstahl, während der Stator aus Kunststoff gefertigt ist. Läuft die Pumpe über längere Zeit trocken, überhitzt der Stator und geht kaputt. Ein solcher Schaden führt nicht nur zu einem Verlust der Pumpenleistung, sondern beeinträchtigt auch den Geschmack des geförderten Produkts.
Sie eignen sich hervorragend für den Transport von Maischen oder Säften. Mit einem speziellen Förderschneckenaufsatz können sie auch zum Einmaischen von Steinobst wie Zwetschken und Kirschen verwendet werden. Aufgrund ihrer stoßweisen Förderweise sind sie jedoch weniger geeignet für Filtrationsprozesse.

Schlauchpumpen sind eine spezielle Art von Verdrängerpumpen, die sich durch ihre einfache Bauweise und vielseitige Anwendbarkeit auszeichnen. Sie funktionieren, indem ein gefüllter flexibler Schlauch zusammengepresst und das

© Georg Innerhofer

Schlauchpumpe für sensibles oder genau dosiertes Fördergut.

Pumpgut damit weiterbefördert wird. Dahinter entsteht ein Unterdruck, der Flüssigkeiten ansaugt und sie durch den Schlauch fördert. Diese Pumpen eignen sich besonders gut für den Transport von viskosen oder empfindlichen Medien, da der Kontakt zwischen dem geförderten Medium und der Pumpe minimiert wird. Sie sind leicht zu reinigen und ermöglichen eine einfache Wartung, da der Schlauch bei Bedarf schnell ausgetauscht werden kann. Zudem bieten Schlauchpumpen die Möglichkeit einer präzisen Dosierung und sind daher in Geräten, wie zum Beispiel Konfitürenfüllern, eingebaut.

3.2.2.2 Kreiselpumpe

Kreiselpumpen sind eine weitverbreitete Art von Pumpen, die auf dem Prinzip der Zentrifugalkraft basieren, um Flüssigkeiten zu fördern. Kreiselpumpen sind robust und effizient, fördern ihr Pumpgut nicht stoßweise und eignen sich daher sehr gut zum Filtrieren oder Abfüllen, sie sind aber nicht selbstansaugend. Ihre Förderleistung hängt von der Förderweite ab; je mehr Widerstand zu überwinden ist, umso geringer ist die Förderleistung. Die meisten Kreiselpumpen sind empfindlich

© Georg Innerhofer

Kreiselpumpe (nicht selbstansaugend) zum Fördern von Schlempe.

gegenüber Feststoffen, spezielle Bauweisen sind aber als Schlempepumpe in Brennereien in Verwendung.

3.2.3 Pressen

Anforderungen an ein Presssystem:

- Schonendes Entsaftungsverfahren
- Hohe Ausbeuten
- Kontinuierlicher Betrieb
- Kurze Presszeiten, minimale Oxidation
- Geringer Trubanteil im Saft
- Geringe Betriebskosten
- Geringe Wartungskosten

Bei der Entsaftung werden flüssige von festen Obstbestandteilen getrennt. Für eine hohe Saftqualität sind ein kurzer Saftweg, geringer Druck und rasche Weiterverarbeitung entscheidend, um Oxidationserscheinungen wie Bräunung und Geschmacksveränderungen zu minimieren. Die Wahl des richtigen Presssystems ist dabei von zentraler Bedeutung.

3.2.3.1 Korbpresse

Die Korbpresse ist die älteste und einfachste, zwar selten, aber immer noch genutzte Pressart. Obstmaische wird in einen Presskorb gefüllt, mit einer Platte abgedeckt und mit einem hydrauisch oder mechanisch bewegten Stempel komprimiert. Der Saft tritt durch den perforierten Korb aus.
Man unterscheidet zwischen Oberdruck- und Unterdruckpressen, wobei sich Unterdruck-

pressen durchgesetzt haben. Moderne Versionen nutzen hydraulische Kraft anstelle von Handkraft.

3.2.3.2 Packpresse

Als Weiterentwicklung der Korbpresse war die Packpresse in der bäuerlichen Obstverarbeitung weitverbreitet. Sie eignet sich besonders für schwer auspressbare Maischen und erzielt hohe Ausbeuten (75 %) bei guter Saftqualität. Der Arbeitsaufwand ist jedoch hoch. Packpressen gibt es in verschiedenen Ausführungen, von 2-Biet- bis zu 3-Biet-Systemen für erhöhte Effizienz.

3.2.3.3 Hydropresse

Die Hydropresse ermöglicht ein schonendes Pressen. Ein wassergefüllter Balg in einem Zylinder presst die Maische gegen die Zylinderwand. Der Wasserdruck ist auf etwa 3,5 bar begrenzt, was eine schonende Verarbeitung gewährleistet. Ausbeuten von 60 % oder mehr sind möglich, bei enzymierter Ware sogar über 75 %. Sie eignet sich besonders für kleinere Betriebe und zum Auspressen von Beerenobst.

3.2.3.4 Tankpresse

Ähnlich der Hydropresse nutzt die Tankpresse Druckluft statt Wasser. Sie erzeugt Säfte von hoher Qualität mit niedrigem Trubanteil und wird hauptsächlich in Weinbaubetrieben eingesetzt.

3.2.3.5 Bucher Guyer Presse

Diese Presse ist Standard bei großen Fruchtsaftherstellern. Sie verwendet ein hydraulisch angetriebenes Kolbensystem und ein Filter-Drainage-System für effiziente Saftgewinnung. Durch mehrmaliges Auflockern des Pressguts während des Prozesses werden neue Fließwege geschaffen, was zu guter Qualität und Ausbeute führt.

3.2.3.6 Bandpresse

Die Bandpresse hat in den letzten Jahren die Packpresse im landwirtschaftlichen Bereich weitgehend ersetzt. Sie kann kontinuierlich beschickt werden und arbeitet mit einem oder zwei Bändern. Neuere Einbandsysteme reduzieren den Trubstoffgehalt im Vergleich zu Zweibandsystemen. Der Trub- und Gerbstoffgehalt variiert je nach Presszone.

© Georg Innerhofer

Packpresse beim Aufbau

© Georg Innerhofer

Hydropresse

© Flottweg SE

Bandpresse

Jedes dieser Systeme hat seine spezifischen Vor- und Nachteile. Die Wahl hängt von Faktoren wie Betriebsgröße, verarbeiteten Obstarten, gewünschter Saftqualität und Produktionsvolumen ab.

3.2.3.7 Dekanter

Ein Dekanter zum Entsaften von Früchten ist ein Gerät, das zur Trennung von Flüssigkeiten und Feststoffen dient. Er besteht aus einem zylindrischen Behälter mit einer darin rotierenden Trommel. Beim Entsaften werden die fein zerkleinerten Früchte in den Dekanter gegeben. Durch die hohe Rotationsgeschwindigkeit der Trommel entsteht eine Zentrifugalkraft, die die festen Bestandteile von der Flüssigkeit trennt.

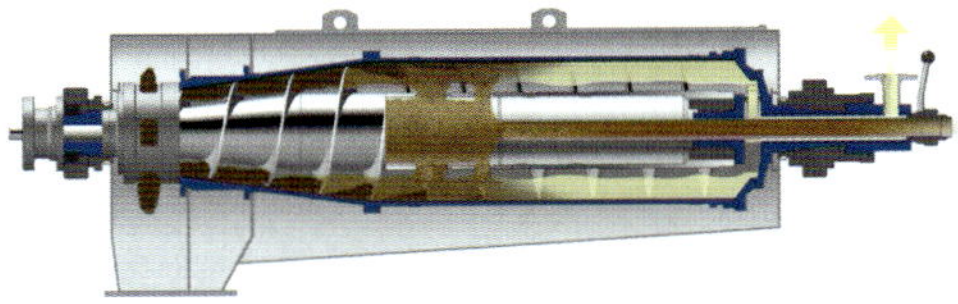

© Flottweg SE

Schnittbild Dekanter

Die festen Bestandteile, auch Trester genannt, werden an die Trommelwand gedrückt und von dort entfernt, während der Saft durch eine Öffnung abfließt. Dieser Prozess läuft kontinuierlich ab, was eine effiziente und schnelle Saftgewinnung ermöglicht, um Korrosion zu verhindern und die Reinigung zu erleichtern.

3.2.4 Behälter

Der Begriff „Gebinde“ umfasst sämtliche Behälter, die der Lagerung von Saft, Mark, Maische, Most und Wein bzw. von Obstveredelungsprodukten dienen. Entsprechend der zu erfüllenden Aufgabe und anderer Einflüsse, wie Betriebsphilosophie, Wirtschaftlichkeit, Einflussnahme auf das Produkt, Pflegeaufwand etc. ergeben sich vielfältige Möglichkeiten.

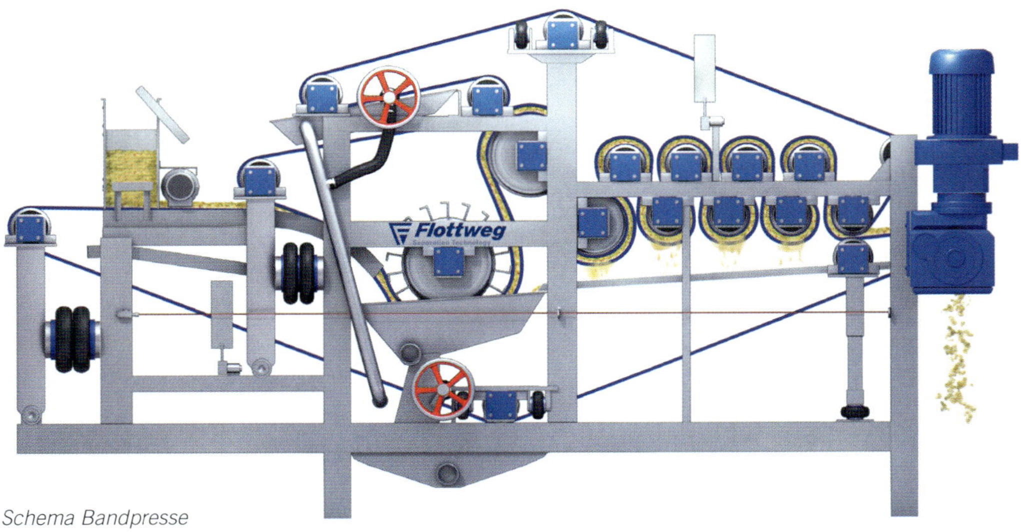

© Flottweg SE

Schema Bandpresse

3.2.4.1 Edelstahlbehälter

Zur Standardausrüstung moderner Kellereien haben sich Edelstahlbehälter aus verschiedensten nicht rostenden Stahllegierungen entwickelt. Sie werden in unterschiedlichster Form, auf die jeweiligen Anforderungen hin ausgerichtet, produziert.

Edelstahltank

Eigenschaften des Stahltanks

- Nahezu unbegrenzte Möglichkeiten bezüglich Form, Größe, Ausstattung
- Lange Lebensdauer
- Keine Konservierung bei Leerstand notwendig
- Leicht zu reinigen und zu sterilisieren
- Geringer Schwund
- Produktwechsel möglich

Die Reinigung der Außen- und Innenfläche erfolgt mit Wasser und eventuellen Zusätzen zur Lösung von Verschmutzungen und Kalkablagerungen. Mit dem Einsatz von Hochdruckreinigern und rotierenden Reinigungsdüsen ist eine effiziente Innenreinigung möglich.

© Georg Innerhofer

Edelstahltanks mit Kühlmantel und Möglichkeit zum Rundpumpen.

© Georg Innerhofer

Flexibles Einschubrührwerk

Edelstahlbehälter können ausgerüstet sein mit: Füßen, Restablauf, Klarablauf, Mannloch, Füllstandsanzeige, Kosthahn, Einfüllstutzen (Dom), Doppelmantel, Thermometer, Leiterhaltebügel und je nach Bedarf noch anderen speziellen Bauteilen.

Besondere Tankarten

Immervolltanks verfügen über einen höhenverstellbaren Deckel, der an das jeweilige Füllniveau angepasst werden kann. Dadurch bleibt der Behälter stets spundvoll. Der Deckel dichtet am Rand mithilfe eines aufblasbaren Schlauchs ab, weshalb regelmäßige Dichtheitskontrollen empfehlenswert sind. Bei eventuellem Luftverlust schwimmt der Deckel auf der Flüssigkeit bzw. kippt manchmal in sie hinein, Kahmhefen und Essigbakterien entwickeln sich und verringern die Qualität. Unsachgemäß verschlossene Tanks können ein mikrobiologisches Risiko darstellen.
Immervolltanks sind besonders gut für die kurzfristige Lagerung von Flüssigkeiten geeignet, weniger jedoch für die dauerhafte Lagerung.

In den letzten Jahren haben **Edelstahlkannen** massiv an Bedeutung gewonnen. Viele schätzen die günstigen Behälter (je nach Größe kosten sie zwischen 100 € und 200 €) für ihren flexiblen Einsatzbereich. Sie finden sich häufig

© Robert Steidl

Immervolltank mit Deckelabsenkung am Seil

© Georg Innerhofer

Undichter Deckel fällt in die Flüssigkeit, Kahmhefen und Essigsäurebakterien entwickeln sich an der Oberfläche.

© Georg Innerhofer

Edelstahlkannen zur Lagerung von Destillaten oder Likören.

zur Lagerung von Destillaten, aber auch Weine, Liköre, Frucht- oder Kräuterauszüge werden eingefüllt. Alle Teile dieser Behälter müssen in Nirosta ausgeführt sein. Es gibt sie mit verschraubbaren Deckeln zwischen 10 und 100 l Inhalt. Bedingt durch die große Öffnung lassen sich die Ansatzstoffe wieder leicht aus dem Behälter entfernen.

KEGs sind kleine Stahlbehälter mit 10–50 l Inhalt für die Beschickung von Schankanlagen. Bekannt sind sie vor allem als Bierfass oder Sirupbehälter. Die Entnahme erfolgt mit speziellen Armaturen durch Stickstoff- oder Schutzgasdruckanwendung.

3.2.4.2 Holzfass

Holzfässer haben die längste Tradition der zurzeit verwendeten Gebinde in unserer Region. Die Reifung und Lagerung von Destillaten in Holzfässern erfolgten bei Temperaturen zwischen 12 und 15 °C bei einer Luftfeuchte von maximal 75 % rel. Bei höheren Temperaturen und geringerer Feuchte nimmt der Schwund in den Fässern massiv zu und überschreitet die üblichen 4 % pro Jahr. Essig reift in Holzfässern über lange Zeit, wobei Temperaturen über 25 °C vermieden werden sollten. Bei Obstwein bzw. Most gibt es derzeit nur Fasslagerung (vor allem im Barrique) im Versuchsstadium ohne große Praxisbedeutung.

© Georg Innerhofer

Holzfasslager eines größeren Brennereibetriebs.

© Georg Innerhofer

Unterschiedliche Toastungsstufen bei Fassdauben.

Hergestellt werden Holzfässer in unterschiedlichsten Größen aus Eichen-, Kastanien- oder Akazienholz als Rund- oder Ovalfass. Kleine Holzfässer wie Barriques mit 225 l Füllraum haben nur ein Spundloch, während größere Fässer sogar mit Restablauf und Mannloch gebaut werden.
Im Zuge der Herstellung brennt man die Holzfässer im Inneren leicht an (= „toasten“). Dadurch entstehen neue Aromastoffe, die mit den Holzaromen in das darin gelagerte Getränk übergehen. Je nach Intensität des Anbrennens unterscheiden wir die Stufen: light, medium und strong. Mit jeder neuen Befüllung gehen weniger Stoffe aus dem Holz in das Getränk über. Nach einigen Jahren sind diese Fässer fast neutral und geben keine Aromen mehr ab, sind aber weiterhin als Gebinde zum Lagern oder Reifen geeignet.

Holzfässer sind attraktiv und traditionell, sie beschleunigen den Ausbau und die Reifung. Bei richtiger Pflege sind sie robust und langlebig. Ein Produktwechsel (von beispielsweise Essig auf Brand) ist nicht möglich. Holzfässer haben einen großer Pflege- und Erhaltungsaufwand, sie zeigen deutlichen Schwund und bringen eine schlechte Raumausnutzung.
Nicht verwendete Holzfässer müssen ständig gepflegt werden. Unsachgemäß gewartete Holzfässer sind ein wesentlicher Grund für unreine und minderwertige Weine. Die hölzernen Planken (Dauben) nicht verwendeter Fässer trocknen aus und ziehen sich zusammen. Zwischen ihnen entstehen Hohlräume, das Fass wird „kluftig“ und damit undicht.
Bei der **Nasskonservierung** verhindert man ein Austrocknen, indem man das Fass nach dem Reinigen mit einer milden SO_2-Lösung (300–500 mg/l Wasser) füllt. Diese Konzentration reicht aus, dass das Wasser mikrobiologisch stabil bleibt und keine Fehltöne entstehen. Der Verdunstungsschwund des Wassers ist durch Auffüllen zu ersetzen. Nasskonservierte Fässer sind immer dicht und nach ausreichendem Wässern sofort füllbereit.

© Georg Innerhofer

Vor der Verarbeitung zu einem Fass werden die Eichenplanken im Freien gelagert.

© Georg Innerhofer

Größere Fässer sind mit Edelstahl-Mannlöchern und Restablauf ausgestattet.

Alternativ kann eine **Trockenkonservierung** durchgeführt werden. Dazu lässt man ein gereinigtes Fass austrocknen und brennt dann Schwefelschnitten im Inneren ab. Diese werden an einem langen Draht aufgehängt, angezündet und durch das Spundloch in die Mitte des Fasses eingeführt, das anschließend mit einem Stopfen verschlossen wird. Bei diesem Vorgang entsteht das wirksame SO_2.
Vor der Befüllung müssen die Fässer gründlich gewässert werden. Die Dauben nehmen Feuchtigkeit auf, schwellen an und dichten das Fass ab. Außerdem könnten sich am Boden von länger trocken konservierten Fässern hohe Mengen Schwefelsäure ansammeln, die im Wein einen Fehlton verursachen könnten, bekannt als „Schwefelsäurefirn". Ausreichendes Wässern vor der Wiederverwendung ist daher unerlässlich.

3.2.4.3 Kunststoffbehälter

Behälter aus Polyethylen haben in Brennereien große Bedeutung als Maischegefäße für kleinere Maischemengen. Sie haben Füllmengen zwischen 60 und 220 l und sind daher im Betrieb leicht zu bewegen. Die Maischefässer sind günstig, gut zu reinigen, alkoholbeständig und ausreichend dicht. Zur Herstellung von Fruchtsäften, Sirupen oder Obstweinen sind sie bei kleineren Herstellungsmengen in Verwendung.

Als Lagerbehälter für Höherprozentige werden sie eher nicht verwendet; ihre „Geschmacksneutralität" gilt nach wie vor als umstritten. Tanks aus glasfaserverstärktem Polyester sind „auslaufende" Modelle und finden bei Neuinvestitionen keine Berücksichtigung mehr. Aggressive Reinigungsmittel oder Beschädigungen durch Gebrauch oder bei der Reinigung (Hochdruckreiniger!!) können Styrol, das einen Fehlton darstellt, aus dem Behältermaterial freisetzen.

3.2.4.4 Glasbehälter

Glasballons eignen sich sehr gut zur Lagerung von Getränken. Sie sind inert, was bedeutet, dass sie keine Geschmacks- oder Geruchsübertragungen verursachen und somit die Qualität der eingelagerten Produkte nicht beeinträchtigen. Behälter aus Glas sind zudem luftdicht, wenn sie richtig verschlossen sind. Glas ist transparent, was eine visuelle Kontrolle des Inhalts ermöglicht. Glasbehälter sind auch leicht zu reinigen und wiederverwendbar. Allerdings gibt es einige Nachteile. Glas ist schwerer und zerbrechlicher als Kunststoff, was bei größeren Mengen ein höheres Bruchrisiko mit sich bringt. Zudem können die Anschaffungskosten für große Glasbehälter höher sein als für Kunststoffalternativen.

3.2.4.5 Betonbehälter

Betonbehälter reichen von traditionellen Zisternen bis hin zu modernen, speziell geformten Tanks. Historisch betrachtet waren Zisternen einfache Betonräume zur Lagerung von Getränken, vorwiegend in älteren Weinkellereien zu finden. Vor der Einführung von Edelstahl (Nirosta) wurden sie mit Glasplatten oder Fliesen ausgekleidet, um den direkten Kontakt zwischen Wein und Beton zu verhindern.
In der heutigen Zeit werden Zisternen zu diesem Zweck mit Edelstahlplatten oder Kunststoffbeschichtungen versehen. Im Trend sind eiförmige Betonbehälter, die oft ohne Innenauskleidung verwendet werden. Diese werden vor dem Gebrauch mit einer konzentrierten

© Georg Innerhofer

Behälter aus Beton sind derzeit modern.

© Georg Innerhofer

Viele Betonbehälter sind innen beschichtet.

© Georg Innerhofer

Zisternen zur Lagerung von Getränken oder Obstmaischen.

Weinsäurelösung „passiviert", um die Oberfläche zu neutralisieren. In der modernen Obstverarbeitung sind Betonbehälter eher selten anzutreffen.

3.2.5 Armaturen

Unter Armaturen verstehen wir die Anschlüsse an Behältern, Pumpen, Schläuchen usw. Sie unterscheiden sich durch Material, Gewindeart und Größe. Heute werden nahezu alle Armaturen aus Edelstahl gefertigt. Dieses Material ist beständig, rostfrei, gut zu reinigen und unempfindlich gegenüber nahezu allen Einflüssen im Bereich der Verarbeitung.

Bei den Gewindearten sind verbreitet:

- **Rundgewinde:** Das sogenannte „Milchgewinde" ist eine spezielle Art von Gewinde, das, aus der Lebensmittelindustrie kommend, stark an Bedeutung gewonnen hat. Es hat ein abgerundetes Profil, das im Vergleich zu anderen Gewindearten weniger scharfe Kanten aufweist. Das macht das Gewinde wenig empfindlich gegen Schäden und erleichtert die Reinigung. Zum sicheren Verbinden benötigt man einen Hakenschlüssel.
- **Weingewinde:** ist ein relativ scharfes Gewinde mit engen Gewindegängen, das schon lange in Verwendung ist. Zum dichten Verschrauben reicht Handkraft aus, es löst sich auch von allein nicht.
- **Flanschverbindung:** Dieses System wird auch Garolla- oder Tri-Clamp-Verbindung genannt. Es ist in der Regel so konzipiert, dass es hohen Drücken und Belastungen standhalten kann. In Verarbeitungsbetrieben kommt das System am ehesten bei der Verwendung von dickeren Schläuchen zum Maischepumpen zum Einsatz. Für das Fördern von Flüssigkeiten haben andere Systeme mehr Bedeutung.

Übliche Dimensionen von Anschlüssen und Hähnen sind 4/4, 5/4 und 6/4 Zoll mit Weingewinde oder Rundgewinde (DIN 11851) mit

NW (= Nennweite) 25, 32, 40 und 50 mm. Maischen erfordern Hähne mit mindestens 60 mm NW.
Die Verwendung von Zoll (1 Zoll = 2,54 cm) als Maßeinheit für Schläuche hat historische Gründe und ist in der Lebensmittelindustrie, bei Installateuren und in vielen technischen und industriellen Anwendungen gebräuchlich, insbesondere bei der Angabe von Bildschirmgrößen und Rohr- und Raddurchmessern. Ursprünglich begannen die Engländer im 18. Jahrhundert, genormte Durchmesser einzuführen, um industrielle Standards zu schaffen. Diese Praxis wurde bis heute beibehalten, obwohl die meisten Länder inzwischen in metrischen Systemen messen.

Im Betrieb sollte eine einheitliche Gewindeart in Verwendung sein.

Armaturen findet man an Geräten, an Tanks und Fässern und braucht sie zum Anschließen von Schläuchen oder Kappen. Dabei sollen sie leichtgängig sein, sich gut reinigen lassen und dafür keine Totpunkte haben.

- **Kugelhähne** bestehen aus einer Hohlkugel mit einem Loch in der Mitte, die sich um 90 Grad dreht, um den Durchfluss zu steuern. Sie haben einen geraden Durchgang und sind daher für Einschubrührwerke geeignet.
- **Scheibenventile** hingegen verwenden eine flache Scheibe, die sich vertikal bewegt, um den Durchfluss zu regulieren. Bei der Reinigung können Kugelhähne aufgrund des Totraums zwischen Kugel und Dichtung hygienische Herausforderungen darstellen. Scheibenventile hingegen haben weniger Totraum und sind oft einfacher zu reinigen.

3.2.6 Schläuche

Schläuche spielen eine große Rolle in der Lebensmittelherstellung und -verarbeitung, da sie Behälter miteinander verbinden und Flüssigkeiten sicher von einem Ort zum anderen transportieren. Es gibt zahlreiche Schlaucharten, die je nach Bedarf eingesetzt werden können. Dabei sind einige wichtige Faktoren zu beachten: der Betriebsdruck sowohl in der Saugals auch in der Druckleitung, die Betriebstemperatur und die Alkoholbeständigkeit.

Gewebeschläuche
Sie sind eine gängige Schlauchart in der Getränkeherstellung. Sie zeichnen sich durch einen günstigen Anschaffungspreis, ihre Flexibilität und ihre hohe Beständigkeit aus, sind aber nicht unbedingt als Saugschlauch geeignet, da sie sich dabei zusammenziehen könnten.

Spiralschläuche
Sie sind eine beliebte Schlauchart in der Kellertechnik. Diese Schläuche eignen sich gut als Saugschlauch, sind flexibel und können einfach und schnell verlegt werden.

Gummischläuche
Diese schweren Schläuche eignen sich auch für höhere Produkttemperaturen, wie sie zum Beispiel bei der Füllung von Saft, beim Dämpfen von Anlagen oder beim Pumpen von Schlempe auftreten. Mit der Zeit werden sie innen spröde und rissig und ermöglichen das Eindringen von Schimmelpilzen in den Schlauch.

Silikonschläuche
Sie sind sehr flexibel, beständig gegenüber den meisten Substanzen wie Säuren oder Alkohol, temperaturbeständig aber nur zum drucklosen Transport von Flüssigkeiten oder Gasen.

Schläuche sollten nach jedem Gebrauch gereinigt werden. Zur Reinigung der Schläuche verwendet man dann vor allem offenporige Schwammkugeln – auch Molche genannt. Sie werden in den Schlauch eingeführt und durchgespült. Bei der Verwendung von Reinigungsmitteln ist anschießend ausreichendes Spülen mit Trinkwasser nötig.

© Georg Innerhofer

Ideal zum Trocknen und Aufbewahren aufgehängte Schläuche.

Nach der Reinigung ist es wichtig, dass Schläuche gut austrocknen können. Dazu hängt man sie entweder bei Schlauchrechen auf oder legt sie auf Schlauchbretter. Nasse Schläuche sollten niemals u-förmig aufgehängt werden. Dabei könnte sich am oberseitigen Bug Kondenswasser bilden, das im schlechtesten Fall zur Schimmelbildung im Schlauch führt.

3.2.7 Filter

Die Klarheit von Getränken, mit Ausnahme der bewusst trüb gehaltenen, ist ein wesentliches Qualitätskriterium geworden. Unerwünschte Trübungen werden mithilfe von Filtern aus den Getränken entfernt, oftmals mit vorhergehender Klärschönung.

Bei der Filtration erfolgt die Abtrennung feinster verbliebener Trubstoffe mithilfe einer durchlässigen Schicht. Filterhilfsmittel oder -hilfsstoffe dürfen keine Stoffe abgeben und sollen nur wenig Einfluss auf Farbe oder Aroma vom Getränk haben.
Zur Filtration von Getränken stehen je nach speziellen Anforderungen mehrere Verfahren zur Verfügung.

> Die Wahl des optimalen Filtrationssystems hängt somit von den spezifischen Anforderungen des zu filtrierenden Getränks und des gewünschten Endprodukts ab.

3.2.7.1 Kieselgurfilter

Die wirtschaftlichste Art der Filtration trubhaltiger Flüssigkeiten ist die mittels Anschwemmfiltern, wobei die Filterschicht durch Aufschwemmen des Filterhilfsstoffes auf ein flüssigkeitsdurchlässiges Filterelement gebildet wird.

Neben Kieselgur finden auch Perlit und Zellulose als Filterhilfsmittel Verwendung.

- Kieselgur: Gewonnen aus Ablagerungen fossiler Kieselalgen, besteht zu etwa 90 % aus SiO_2. Es hat eine sehr hohe spezifische Oberfläche, jedoch kein Adsorptionsvermögen.
- Perlit: Ein vulkanisches Gestein, das gemahlen und erhitzt wird, wodurch es aufpoppt. Es hat eine beschränkte Klärschärfe und ebenfalls kein Adsorptionsvermögen.
- Zellulose: Fein gemahlene, gebleichte Buchen- oder Fichtenholzzellulose mit sehr geringem Adsorptionsvermögen.

Die Kieselgurfiltration eignet sich besonders gut für trübe Fruchtsäfte nach der Schönung oder für Obstweine nach der Gärung. Die Dosierung richtet sich nach dem Trübungsgrad, wobei stärker trübe Produkte mehr Kieselgur benötigen. Die Filterleistung hängt zudem von der Anzahl und Fläche der Siebelemente ab. Kieselgurfilter sind als liegende oder stehende

© Georg Innerhofer

Kieselgurfilter zum Filtrieren nach dem Umziehen bzw. nach einer Klärschönung.

Kesselfilter konzipiert, bei denen vor der Filtration eine geringe Menge Kieselgur angeschwemmt wird. Während des Prozesses wird kontinuierlich Kieselgur zudosiert, um die durchlässige Schicht aufzubauen.

Moderne Anlagen bieten automatische Austragung und einen problemlosen Wechsel zwischen den Produkten. Während der Filtration ist das Tragen einer geeigneten Atemschutzmaske sehr empfehlenswert. Aufgrund der feinen Partikelstruktur ist Kieselgur lungengängig. Dies bedeutet, dass die Partikel tief in die Atemwege eindringen können. Bei akuter Staubbelastung können Kurzatmigkeit, Husten und andere Atemwegsbeschwerden auftreten, bei Asthmatikern können Anfälle auftreten.

3.2.7.2 Schichtenfilter

Schichtenfilter bestehen aus einem Rahmen und quadratischen Filterplatten aus Edelstahl oder Kunststoff, erhältlich von kleinen Handpumpen bis hin zu industriellen Geräten. Die gerippten Oberflächen der Filterplatten ermöglichen den Zu- und Ablauf der Flüssigkeit. Zwischen den Platten werden Schichten aus

© Raiffeisen Ware Austria AG

Schichtenfilter aus Edelstahl

Zellulose, Kieselgur und Perlit eingelegt, die die Trubstoffe aus dem Getränk filtern.

Die Filtration erfolgt durch drei Mechanismen:

- Oberflächenfiltration: Partikel werden an der Filteroberfläche wie durch ein Sieb abgetrennt.
- Tiefenfiltration: Trubpartikel werden im Inneren der Schicht aufgrund ihrer Größe abgetrennt.
- Adsorptionswirkung: Trubpartikel und Mikroorganismen werden durch Anziehungskräfte in der Filterschicht zurückgehalten, obwohl sie kleiner als die Poren sind.

Schichtenfilter sind einfach zu handhaben und ermöglichen durch die Wahl der Schichten unterschiedliche Klärgrade. Man unterscheidet zwischen Klär- und Entkeimungsschichten, von Grob- bis Feinfiltration. Vor dem Filtrieren müssen die Schichten gewässert werden, um unerwünschte Geschmacksstoffe zu vermeiden. Der Trübungsgrad des Getränks bestimmt die Wahl der Schicht: Trübe Flüssigkeiten erfordern grobe Schichten zur Vorfiltration, gefolgt von feineren Schichten. Vor der Entkeimungsfiltration bei restsüßen Obstweinen oder Essig ist eine Feinfiltration notwendig. Filter, Leitungen und Füller müssen sterilisiert werden, um Reinfektionen zu vermeiden. Um die Trübung bei Obstbränden zu entfernen, benötigt man feine, manchmal auch EK-Schichten.
Die Schichten sind oft mit einer Zahlen-Buchstaben-Kombination codiert, die die Klärschärfe

VERGLEICH FILTERSCHICHTEN DIVERSE ANBIETER

	Preziso	Pall Seitz-Schenk	Filtrox	Begerow	Carlson XE	CUNO Standard	CUNO High Tension
Flaschenfüllung	PS 01	EKS	AF Steril 140	Steril S 100	XE 1700 H	90 S 2	150 HT
	PS 02	EK 1	AF Steril 130	Steril S	XE 1200 H	90 S	
	PS 04	EK	AF Steril 110	Steril 60	XE 900 H	70 C	080 HT
	PF 08	KS 80	AF 101H	KDS 15	XE 400 H		
Einlagerung von Fasswein	PF 10	K 100	AF 101H	KD	XE 375 H	50 S/50 C	050 HT
	PF 15	K 150	AF 100	KD 10	XE 280 H		
2. Abstich nach Schönung	PF 20	K 200	AF 71 H	BM	XE 200 H		
	PF 25	K 250	AF 41 H	KD 5	XE 150 H	30 S/30 C	015 HT
	PG 30	K 300	AF 20	UK	XE 90 H		
1. Abstich nach Absetzen der Hefe	PG 70	K 700	AF 15	KD 3	XE 50H	10S/10 S	008 HT
	PG 80	K 800	AF 9	K 2	XE 20 H	05 C/05 S	003 HT

Je nach Trübungsgrad bzw. Anforderung benötigt man entsprechende Feinheiten bei den Filterschichten.

angibt. Die Filterleistung kann durch die Anzahl der Filterplatten variiert werden. Herstellerangaben sind bei jeder Filtration zu beachten.

3.2.7.3 Filterkerzen

Filterkerzen bestehen aus vertikal angeordneten, kerzenförmigen Filterelementen, die in einem Druckbehälter installiert sind und eine ähnliche Funktionsweise wie Schichtenfilter aufweisen. Ihr Haupteinsatzgebiet liegt in der Fein- und Sterilfiltration, wo sie zur Entfernung letzter Trubstoffe, Hefen und Bakterien aus Getränken verwendet werden.
Die Effizienz von **Kerzenfiltern** basiert auf ihrer hohen Filtrationsleistung und der Möglichkeit zur Regeneration durch Rückspülung. Diese Eigenschaft macht sie besonders wirtschaftlich und nachhaltig im Betrieb. Ihre Vielseitigkeit zeigt sich in der Anwendbarkeit für verschiedene Filtrationsstufen, von der Vorfiltration bis hin zur anspruchsvollen EK-Filtration (Entkeimungsfiltration).

Besondere Bedeutung haben **Filterkerzen** als Endfiltration unmittelbar vor dem Abfüllprozess erlangt. Hier gewährleisten sie die finale Qualitätssicherung des Produkts. Es ist jedoch zu beachten, dass bei höheren Trubgehalten andere Filtrationssysteme, wie beispielsweise Kieselgurfilter oder Crossflow-Anlagen, besser geeignet sein können.

3.2.7.4 Cross-Flow-Filter

Cross-Flow-Filter gewinnen zunehmend an Bedeutung. Sie arbeiten, indem die zu filtrierende Flüssigkeit parallel zur Filtermembran geleitet wird, was eine kontinuierliche Selbstreinigung ermöglicht. Vorteile davon sind die hohe Filtrationsleistung, der reduzierte Bedarf an Filterhilfsmitteln und die Erhaltung der Weinqualität. Cross-Flow-Filter können Kieselgur- und Schichtenfilter ersetzen. Mit ihnen können stark trübe Getränke in einem Arbeitsgang geklärt und entkeimt werden, was die Anrüstzeiten verkürzt und Entsorgungsprobleme minimiert.

© Georg Innerhofer

Cross-Flow-Anlage zur Filtration von Säften und Weinen, in einem Arbeitsschritt von trüb zu keimfrei.

Allerdings gibt es auch Nachteile. Die Anschaffungskosten liegen oft im fünf- bis sechsstelligen Eurobereich, was sie für kleinere Betriebe unerschwinglich macht. Zudem können Bentonit und hohe Gerbstoffgehalte die Filtration erschweren. Bentonit kann sich in den Membranen ansammeln, während hohe Gerbstoffgehalte die Effizienz beeinträchtigen können. Um das zu vermeiden sind zusätzliche Vorbehandlungen erforderlich.

3.2.8 Passiermaschine

Passiermaschinen spielen für die Herstellung von Fruchtmark, Konfitüre oder Nektar und Maische für Edelbrände eine Rolle. Diese Geräte trennen feste Bestandteile wie Schalen, Kerne und Stiele von der weichen Fruchtmasse ab. Die Funktionsweise basiert auf einem rotierenden Paddel oder einer Schnecke, die das Fruchtfleisch durch ein feines Sieb presst. Der Siebdurchmesser kann je nach gewünschter Konsistenz des Endprodukts variieren, typischerweise zwischen 0,4 und 5 mm. Moderne Passiermaschinen sind oft aus Edelstahl gefertigt, was eine gute Hygiene und einfache Reinigung gewährleistet.

© Georg Innerhofer

Blick ins Innere der Passiermaschine, Löcher im Mantel und Streichgummis sind gut zu erkennen.

© Georg Innerhofer

Passiermaschine mit etwa 80 kg Stundenleistung.

3.2.9 Pasteurapparate

Die Pasteurisation ist ein entscheidender Prozess in der Fruchtsaftherstellung, der die Haltbarkeit und mikrobiologische Sicherheit der Produkte gewährleistet. Moderne Pasteu-

risationsverfahren nutzen verschiedene Technologien, um eine effiziente und schonende Wärmebehandlung zu ermöglichen. Die gängigsten Systeme basieren auf dem Prinzip des Wärmeaustauschs, bei dem Energie von einem Heizmedium auf das Produkt übertragen wird. Bei allen Pasteurisationsmethoden ist die präzise Temperaturkontrolle entscheidend für die Produktqualität und -sicherheit.
In der Fruchtsaftindustrie kommen hauptsächlich Röhren- und Plattenwärmetauscher zum Einsatz. Diese Wärmetauscher sind vorwiegend aus Edelstahl gefertigt, zeichnen sich durch ihre Geschmacksneutralität, einfache Reinigung, Korrosionsbeständigkeit und lange Lebensdauer aus.
Zur Pasteurisation bereits abgefüllter und verschlossener Produkte sind Tunnel- oder Kammerpasteure geeignet. Sie eignen sich insbesondere für kohlensäurehaltige Getränke oder Kompotte, die nicht heiß abgefüllt werden können.

3.2.9.1 Süßmostglocke

Die Süßmostglocke – früher auch als Baumannglocke bekannt – ist ein einfaches Gerät zur direkten Fruchtsafterhitzung im Betrieb. Sie besteht aus zwei verschraubten, doppelwandigen Glocken, durch die der Saft fließt und von einem Wasserbad erhitzt wird. Die Temperatur wird über die Durchflussmenge reguliert und mithilfe eines Thermometers am Ausflussrohr kontrolliert. Aufgrund ungenauer Temperatursteuerung ist die Haltbarkeit der Säfte nicht immer gewährleistet. Die Baumannglocke eignet sich für kleinere Betriebe mit geringen Produktionsmengen, für größere Mengen ist sie weniger geeignet.

3.2.9.2 Plattenpasteur

Plattenwärmetauscher sind in Fruchtsaftbetrieben weitverbreitet, dank ihrer kompakten Bauart, hohen thermischen Leistungsfähigkeit und der im Vergleich zu den Alternativen eher geringen Kosten. Je nach Verwendungszweck kommen Platten mit unterschiedlichen Spaltbreiten (3–10 mm) zum Einsatz. Für trübe Säfte sind größere Abstände nötig, um Verstopfungen zu vermeiden. Prägungsmuster auf den Platten sorgen für gleichmäßige Erhitzung. Plattenpasteure zeichnen sich durch geringen Flüssigkeitsinhalt, einfache Temperatursteuerung und schnelles Aufheizen aus.

3.2.9.3 Röhrenpasteur

Röhrenwärmetauscher sind vielseitig einsetzbar für klare, trübe und dickflüssige Säfte sowie Maische. Sie sind druckbeständiger als

Röhrenwärmetauscher zum Erhitzen von Maische, Fruchtmark oder trüben Säften.

Plattenwärmetauscher und leicht zu reinigen. Im Doppelrohrsystem fließen Fruchtsaft und Heizflüssigkeit im Gegenstromprinzip. Der Rohrdurchmesser bestimmt den Einsatzzweck: ab 40 mm für Maische, ab 12 mm für Saft. Röhrengeräte benötigen mehr Platz als Plattengeräte, sind aber durch Anbau weiterer Rohre erweiterbar.

3.2.9.4 Kammer- bzw. Tunnelpasteur

Die Erhitzung mit diesen Geräten unterscheidet sich grundlegend von anderen Methoden, da hier erst die Füllung geschieht und erst nach dem Verschließen pasteurisiert wird. Dies ist besonders wichtig für kohlensäurehaltige Getränke oder stückhaltige Kompotte. Diese Behältnisse gelangen manuell oder mit Körben in den Kammerpasteur und werden darin erhitzt. Im Tunnelpasteur transportiert ein Förderband die zu pasteurisierenden Behältnisse durch verschiedene Temperaturzonen (40–80 °C), wobei sie mit Heißwasser besprüht werden. Für die meisten Konserven wird ein Kopfraum

© Ivanov Engineering LTD

Autoklav ähnlich eines großen Druckkochtopfs zum Sterilisieren (Haltbarmachen über 100 °C).

von etwa 6–10 % des Gesamtvolumens empfohlen. Dieser Freiraum ist wichtig, damit sich das Lebensmittel bei der Erhitzung während der Wärmebehandlung ausdehnen kann. Ohne ausreichenden Kopfraum besteht die Gefahr, dass der Deckel angehoben wird.
Die Pasteurisationstemperatur wird je nach Produkt unterschiedlich lang gehalten, gefolgt von einer Rückkühlung, um die Qualität durch zu lange Hitzeeinwirkung nicht zu mindern. Der Temperaturunterschied zwischen Flasche und Wasser sollte 30 °C nicht überschreiten, um Glasbruch zu vermeiden.

© Georg Innerhofer

Kombidämpfer (Dampfgarer oder Konvektomat) als Pasteur genutzt.

3.2.10 Abfüller

3.2.10.1 Reihenfüller

Reihenfüller sind einfache, nicht automatisierte Geräte zum gleichzeitigen Abfüllen mehrerer Flaschen. Ihre Füllleistung hängt von der Anzahl der Füllstellen und der Flaschengröße ab. Das Getränk wird in eine Wanne über den Füllelementen gepumpt, gesteuert durch einen Schwimmer oder manuell. Sie eignen sich gut für Kaltfüllung, bei Heißfüllung besteht jedoch das Risiko des Auskühlens bei Unterbrechungen, was die Haltbarkeit beeinträchtigen kann. Insgesamt sind Reihenfüller eine kostengünstige Option für mittelgroße Betriebe.

3.2.10.2 Rundfüller

Rundfüller sind größere, meist vollautomatische, weitverbreitete Abfüllanlagen. Sie zeichnen sich durch ihre kreisförmige Anordnung aus, bei der die Flaschen auf einem rotierenden Karussell bewegt werden. Diese Geräte müssen kontinuierlich mit Flaschen beschickt werden und können je nach Modell mehrere Hundert bis weit über tausend Flaschen pro Stunde abfüllen.
Moderne Rundfüller bestehen in der Regel aus Edelstahl, was sie korrosionsbeständig und leicht zu reinigen macht. Nach vorne hin haben moderne Geräte eine Plexiglasscheibe, um zu verhindern, dass jemand in die laufende Maschine greift, und um Mitarbeiter vor etwaigen Scherben bei Glasbruch zu schützen. Sie bieten eine hohe Produktionskapazität und sind vielseitig einsetzbar, was sie zu einer bevorzugten Wahl für mittelgroße bis große Betriebe macht. Trotz der höheren Anschaffungskosten bieten Rundfüller eine hervorragende Effizienz und Produktqualität. Die Füllmethoden variieren und können Niveaufüllung, volumetrische Füllung, Vakuumfüllung oder Gegendruckfüllung umfassen.

Gegendruckfüllung

Schaumweine oder Limonaden werden mit Gegendruck abgefüllt. Hierbei wird der Druck in der Flasche vor dem Füllen anpasst, um Schaumbildung zu minimieren und die Kohlensäure zu erhalten. Der Füllvorgang erfolgt dann unter gleich bleibendem Druck, was die Schaumbildung reduziert und die Qualität des Produkts erhält.

Vakuumfüller

Für zuckerreiche oder dickflüssige Getränke wie Sirup oder Nektar werden häufig Vakuumfüller eingesetzt. Sie erzeugen in der Flasche einen Unterdruck, der das Getränk einsaugt und so eine effiziente Füllung ermöglicht.

3.2.10.3 Konfitüre & Co.

Für das Abfüllen von stückigen oder sehr dickflüssigen Fruchtzubereitungen wie Konfitüren werden spezielle Füllmaschinen verwendet, die mit der hohen Viskosität und Temperatur des Produkts umgehen können. Typischerweise kommen Kolbenfüller zum Einsatz, die präzise Mengen dosieren können. Die Abfüllung erfolgt oft bei erhöhter Temperatur (85–90 °C), um die Fließfähigkeit zu verbessern und die Haltbarkeit im Glas zu erzielen.

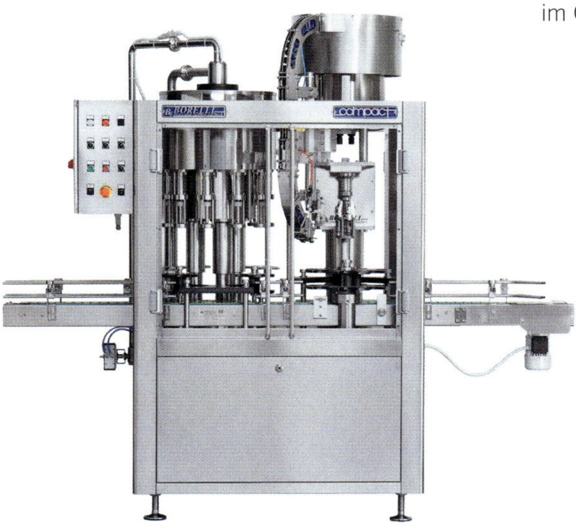

Rundfüller mit Aufsatz für Schraubverschlüsse

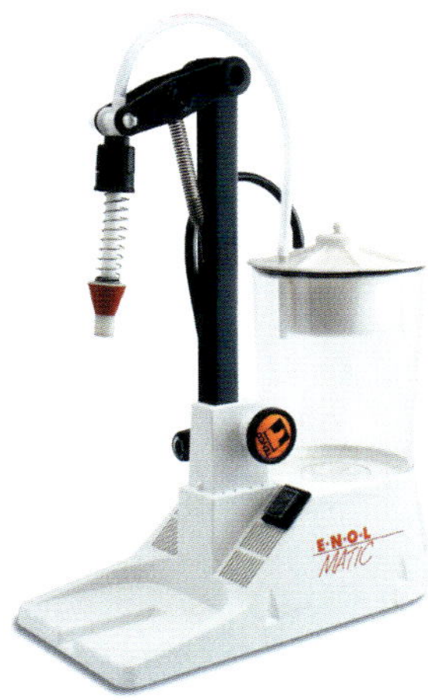

Enolmatic als kleiner Vakuumfüller.

Wichtig sind hierbei die genaue Temperaturkontrolle und die Vermeidung von Lufteinschlüssen. Moderne Anlagen verfügen über Rührwerke in den Vorratsbehältern, um eine gleichmäßige Verteilung von Fruchtstücken zu gewährleisten. Nach dem Befüllen werden die Gläser sofort verschlossen und zur Abkühlung umgedreht, was zur Sterilisation des Deckels beiträgt.

3.2.11 VERSTÄNDNISFRAGEN

1. Welcher Typ Obstmühle eignet sich besonders gut, um Kernobst zu zerkleinern?
2. Beschreibe die Bau- und Funktionsweise einer Impellerpumpe.
3. Welche Vorteile bieten Tanks aus Edelstahl gegenüber Tanks aus anderen Materialien?
4. Was versteht man generell unter dem Toasting in Bezug auf das Holzfass? Nenne die drei Toastungsstufen von Holzfässern und beschreibe deren Einfluss auf Geruch und Geschmack.
5. Welche Gewindearten in welchen Dimensionen sind in heimischen Kellereien und Brennereien auf Tanks und Geräten verbreitet?
6. Was bewirkt die Lagerung von Spirituosen oder Essig in einem Holzfass im Vergleich zur Lagerung im Tank?
7. Beschreibe Aufbau und Funktion einer Bandpresse.
8. Worin besteht der grundlegende Unterschied zwischen einem Schichtenfilter und einem Kieselgurfilter?
9. Mit welchen Gerätschaften kann man kohlensäurehaltige Getränke pasteurisieren?
10. Zähle häufig verwendete Arten von Schläuchen und deren wesentlichen Eigenschaften auf.

3.3 Gebinde und Verschlüsse

Das Verkaufsgebinde ist neben dem Etikett so etwas wie die Visitenkarte eines Betriebes. Somit soll auch hier gut überlegt werden, in welches Gebinde gefüllt und mit welchem Verschluss verschlossen wird. Nach wie vor ist die Glasflasche – egal ob Einweg oder Mehrweg – am meisten im Einsatz. Aber es gibt Alternativen.

3.3.1 Glasflaschen

Glasflaschen stellen nach wie vor die gängigste Verpackung der Getränkearten dar. Sie erfüllen neben einer absolut gasdichten Verpackung, zusammen mit der Ausstattung, Aufgaben im Bereich von Werbung und Marketing. Ihre Größen, Formen und Farben sind zwar traditionell geprägt, werden jedoch in vielen Varianten angeboten, um all diese Funktionen besser erfüllen zu können.
Verpackungsglas wird aus Sand, Kalk und Dolomit, Soda und heute zu einem erheblichen Teil (in Österreich circa 60 %) Altglas erzeugt und stellt eine amorphe, erstarrte Schmelzflüssigkeit dar. Durch Oberflächenvergütung mit Metalloxiden wird eine erhöhte Festigkeit erzielt und damit Gewicht eingespart.
Bei der Farbe spielt neben der Optik der Schutz vor ultraviolettem Licht eine gewisse Rolle. Diese Aufgabe erfüllen dunkles Braun und Antikgrün am besten. Weißglas wird besonders gern verwendet, wenn es gilt, eine attraktive Farbe, wie zum Beispiel im Marillennektar, zur Geltung zu bringen.

3.3.1.1 Formen

Die Vielfalt der Flaschenformen für Obstverarbeitungsprodukte spiegelt sowohl funktionelle Anforderungen als auch ästhetische Aspekte wider. In den letzten Jahren hat sich in vielen Betrieben die Bordeaux-Flaschenform zum Abfüllen von Saft und Most durchgesetzt. Traditionelle Flaschen wie 1-Liter-AF-Norm oder die Fruchtsaftflasche verlieren zunehmend an Bedeutung zugunsten der 0,75-Liter-Flasche, die

© Georg Innerhofer

Fruchtsaftflasche, Bordeaux-Flasche und AF-Norm-Flasche haben vor allem bei alkoholfreien Getränken große Bedeutung.

dem Verbraucher hochwertiger erscheint. Im Bereich der Cider und Limonaden hat sich die 0,33-Liter-Flasche als beliebtes Format etabliert. Als praktische Portionsgröße findet man bei Saft und Nektar 0,2-Liter- und auch 0,25-Liter-Flaschen, 0,33-Liter-Flaschen bei trinkfertig verdünntem Nektar, Saft oder Limonade.

Die größte Bandbreite an Flaschenformen und -größen findet man im Spirituosensegment, wo die Verpackung oft ein wesentlicher Bestandteil des Produktdesigns und der Markenidentität ist. Hier reicht das Spektrum von kleinen Probierfläschchen bis hin zu aufwendig gestalteten Premiumflaschen für hochwertige Produkte. Während Saft, Sirup, Konfitüre … in beliebigen Füllmengen abgegeben werden dürfen, gelten für Weine und Spirituosen immer noch definierte Füllmengen. Wein, Schaumwein und Spirituosen dürfen nur in den in untenstehender Tabelle angeführten Flaschengrößen vermarktet werden.

Alle Flaschenformen sind aus den Bauteilen Mündung, Hals, Schulter, Körper und Boden aufgebaut. Besonderes Augenmerk gilt der Flaschenmündung. Die gängigsten Flaschenformen sind mit unterschiedlichen Mündungen erhältlich.

Derzeit auf dem Markt sind:
- Bandmündung (Oberbandmündung): für den Verschluss mit Kork bzw. Vinolok
- Kronenkorkmündung: vor allem für kohlensäurehaltige Getränke
- Drehverschlussmündung: für wiederverschließbare Drehverschlüsse
- Twist-off-Mündung: bei Weithalsflaschen (Smoothies) und Konfitüren

3.3.1.2 Lagerung

Gebrauchte (und gewaschene Flaschen) sollten möglichst vorgespült frostfrei in geschlossenen Räumen gelagert werden. Je länger Etiketten

WEINTYP	MÖGLICHE FÜLLMENGEN
Stiller Wein	Im Füllmengenbereich zwischen 100 ml und 1500 ml sind ausschließlich die acht nachstehenden Nennfüllmengen zulässig: ml: 100 — 187 — 250 — 375 — 500 — 750 — 1000 — 1500
Schaumwein	Im Füllmengenbereich zwischen 125 ml und 1500 ml sind ausschließlich die fünf nachstehenden Nennfüllmengen zulässig: ml: 125 — 200 — 375 — 750 — 1500
Spirituosen	Im Füllmengenbereich zwischen 100 ml und 2000 ml sind ausschließlich die neun nachstehenden Nennfüllmengen zulässig: ml: 100 — 200 — 350 — 500 — 700 — 1000 — 1500 — 1750 — 2000

Füllmengen, Lebensmittelinformationsverordnung (LMIV) (EU) Nr. 1169/2011

Neuglas auf Paletten, original in Folie eingeschweißt, gilt als hüttensteril, auch diese Flaschen werden vor der Füllung gespült.

auf der Flasche kleben (vor allem im Sonnenlicht), umso schwieriger ist es, sie alle wieder restlos zu entfernen.
Selbst große vollautomatische Waschmaschinen schaffen es nicht immer, alle Etiketten im ersten Waschdurchgang vollständig abzulösen. Aufgesetzte Kapseln sind weniger problematisch, man kann diese automatisch mithilfe von „Halshülsenentferner" entfernen. Um das Gewinde vor Beschädigungen zu schützen, sollte daher die Schraubkappe auf der Flasche bleiben.
Neue Flaschen lagert man am besten eingeschweißt auf der Palette. Dort gelten sie als „hüttensteril". Doch sollten die Gläser vor der Befüllung zumindest gespült werden. In modernen Füllstraßen passiert das automatisch vor der Füllung. Hier spült man die Flaschen, oft werden sie dabei auch sterilisiert (SO_2, Peressigsäure, Ozon, H_2O_2).

3.3.1.3 Reinigung

Das Flaschenwaschen ist ein wichtiger Aspekt in der Getränkeproduktion, der sowohl ökonomische als auch ökologische Überlegungen beinhaltet. Während viele Betriebe aus Kostengründen auf Neuglas setzen, das „hüttensteril" geliefert wird, erfordert dieses dennoch eine Spülung oder Sterilisation vor dem Befüllen. Gebrauchtglas ist zwar diesbezüglich ressourcenschonender, stellt jedoch höhere Anforderungen an Lagerung und Reinigung. Ab dem Jahr 2025 gibt es auch in Österreich ein Mehrweg-Pfandsystem, das wahrscheinlich die Wiederverwendungsquote anheben wird.
Die meisten Betriebe mit mehrfacher Flaschennutzung haben den manuellen Waschprozess durch automatisierte Systeme ersetzt, entweder mit eigenen Flaschenwaschmaschinen oder durch Auslagerung an professionelle Dienstleister.
Die Wirtschaftlichkeit der Flaschenreinigung hängt stark vom Flaschenwert ab. Bei hochwertigen, teuren Flaschen wie der Steiermarkflasche lohnt sich der Aufwand, während bei günstigen Flaschen oft Neuglas bevorzugt wird. Eine staubgeschützte Lagerung gereinigter Flaschen ist wichtig, wenn diese nicht sofort verwendet werden.

3.3.2 Flaschenverschlüsse

Ein hochwertiges Produkt verlangt nicht nur nach einer hochwertigen Verpackung, sondern auch nach einem entsprechenden Verschluss. Dieser soll einerseits den Wert des Produkts unterstreichen, aber auch den Inhalt bis zum Verbrauch optimal schützen.

Flaschenwaschmaschine

Zurzeit werden Glasflaschen vorwiegend mit Naturkork, Kunststoffstopfen, Drehverschluss, Glasverschluss und Kronenkork verschlossen.

3.3.2.1 Korken

Naturkork

Der Naturkork, obwohl teuer und nicht ohne Probleme, bleibt weltweit ein bedeutender Flaschenverschluss vor allem bei Wein aus Trauben. Auf dem Obstweinsektor dagegen wurde er von Alternativen verdrängt. Einzig bei hochwertigem Schaumwein oder als Griffkork bei Spirituosen hat er noch große Bedeutung.
Der Kork selbst stammt von der Rinde der Korkeiche, die hauptsächlich in Portugal und Spanien großflächig angebaut wird. Diese langlebigen Bäume, die bis zu 200 Jahre alt werden können, liefern im Laufe ihres Lebens jeweils 100–200 kg Kork.
Korkgeschmack, undichte Flaschen und brüchige Griffkorken sind nur einige der mit dem Naturkorken verbundenen Probleme. Gelöst hat man diese durch Verwendung von Verbundkorken bei Schaumwein und besserer Verklebung bei Griffkorken für Spirituosen.

Technische Korken

Alternative Korkverschlüsse haben sich als wichtige Optionen neben dem traditionellen Naturkork etabliert. Der Presskork, die älteste Alternative, wird aus Korkgranulat mit Bindemitteln hergestellt und bietet eine kostengünstige Lösung mit ähnlichen Eigenschaften wie Naturkork, ist jedoch ebenfalls fehleranfällig. Eine fortschrittlichere Variante stellen Verbundkorken der neuen Generation dar. Bei diesen werden mit großem technischem Aufwand störende Substanzen wie Trichloranisol und Tribromanisol im Zuge der Herstellung entfernt.

Griffkorken

Griffkorken sind traditionelle Verschlüsse, die besonders bei Spirituosen und ganz besonders bei Edelbränden Verwendung finden. Ihre Beliebtheit verdanken sie den vorteilhaften Eigenschaften des Korks, wie Formflexibilität und Flüssigkeitsundurchlässigkeit, sowie der Möglichkeit, Flaschen ohne Hilfsmittel zu öffnen und zu verschließen. In anderen Getränkesegmenten spielen sie kaum eine Rolle.

© Georg Innerhofer

Nur noch wenige Hersteller verwenden Kronenkorken zum Verschließen von Fruchtsaftflaschen.

Erhältlich in verschiedenen Ausführungen, mit Holzhals oder Plastikkappe, müssen Griffkorken sorgfältig an den Flaschenhals angepasst werden, wobei der Korkdurchmesser in der Regel 1–1,5 mm größer als der Flaschenmündungsdurchmesser sein sollte.
Trotz ihrer Vorzüge können Griffkorken Probleme wie abgerissene Kappen, brüchig werdenden Kork oder Undichtigkeit aufweisen. Zudem ist nur eine stehende Lagerung der Flaschen sinnvoll. Viele dieser Schwierigkeiten lassen sich durch den Einsatz von Kunststoffen vermeiden, allerdings büßen solche Verschlüsse an wahrgenommener Wertigkeit ein.

3.3.2.2 Drehverschluss

Drehverschlüsse haben sich als praktische und kostengünstige Lösung für viele Produkte, nicht nur für Getränke, etabliert. Allerdings ist es wichtig zu beachten, dass nicht jeder Verschluss für jedes Füllgut geeignet ist. Besondere Anforderungen gelten für alkohol-, kohlensäure-, öl- oder essighaltige Getränke sowie für Produkte, die heiß abgefüllt werden. Detaillierte Informationen hierzu finden sich in den Produktspezifikationen oder können beim Verkäufer erfragt werden.

© Georg Innerhofer

Schraubverschluss mit aufgebrochenem Berstschutz (Vacu Vent plus®) verhindert Bersten der Flasche bei unerwünschter Gärung.

Neben technischen Aspekten spielt auch die Optik eine wichtige Rolle. Lange galt der Naturkork als Zeichen für Produkte hoher Qualität, während Schraubverschlüsse mit Massenware assoziiert wurden. Aufgrund wiederkehrender Probleme mit Naturkorken und technischer Fortschritte bei Drehverschlüssen haben sich Schraubverschlüsse jedoch zunehmend durchgesetzt und sind mittlerweile zum Standardverschluss geworden. Anfängliche Bedenken hinsichtlich der Verbraucherakzeptanz haben sich als unbegründet erwiesen.
Bei korrekter Anwendung und unbeschädigter Flasche bieten Schraubverschlüsse absolute Dichtheit und Geschmacksneutralität. Ihre geringere Gasdurchlässigkeit ermöglicht eine längere Frische der Obstweine und erleichtert das Öffnen und Wiederverschließen. Nach wie vor bestehen jedoch Vorbehalte aus Traditionsgründen.

MCA (Metal Closure Aluminium)

MCA-Verschlüsse eignen sich für stille und CO_2-haltige Getränke dank einer innen liegenden Compound-Dichtungsschicht. Sie sind in Metall- und Kunststoffausführung erhältlich und für maschinelles sowie händisches Verschließen geeignet. Zum Einsatz kommt der Verschluss vor allem bei kohlensäurehaltigen Getränken wie Mineralwasser oder Softdrinks. Bei Wein ist der MCA-Verschluss am ehesten bei einfachen Qualitäten zu finden, er vermittelt nach wie vor ein „Billigimage". Bei Fruchtsäften sind sie weitverbreitet.

Die Verschlüsse unterscheiden sich vor allem durch die Dichtung:

- „inlay": eingesprühter Kunstoffcompound (günstig, geringe Lagerfähigkeit)
- geschäumte Kunststoffplättchen (saranex®) oder
- mit Metalllegierungsfolie (bessere Gasdichtheit gegeben ist (saran-zinn®).

Bei Fruchtsäften hat sich das Vacu-Vent-System etabliert, das ein Bersten von unerwünscht gärenden Flaschen verhindert. Es reagiert auf Druckveränderungen und lässt bei Gärung entstehenden Überdruck durch ein Öffnen in der Kappe entweichen.
Ein Sicherungsring, der sich beim Öffnen deutlich sichtbar spreizt (oder auf der Flasche verbleibt), sichert die Originalität des Produkts zuverlässig.

Long Cap Win

Long Cap Verschlüsse haben sich in der Obstweinbranche als beliebteste Alternative zum traditionellen Korken etabliert, da sie praktisch, effizient und ästhetisch ansprechend sind.
Long Caps, besonders verbreitet das BVS 30 × 60-Format (Bague Vin Suisse), zeichnen sich durch ein längeres Unterteil aus, das nach dem Öffnen auf der Flasche bleibt. Kürzere Kappen wie 30 × 50/30 × 55 sind eher weniger verbreitet.
Die auf der Flasche verbleibende Kappe bietet mehr Fläche für individuelles Design und Branding. Sie eignen sich für CO_2-haltige (bis 5 bar) und -freie Getränke und widerstehen mechanischen Belastungen. Beim klassischen BVS 30 × 60 wird das Gewinde erst beim Verschließen angerollt. Manche Hersteller bieten ein innen liegendes, vorgefertigtes Gewinde an, das wie beim Stelvin® lux auf den ersten Blick nicht von einer herkömmlichen Kapsel zu unterscheiden ist.

© Georg Innerhofer

Long caps sind in Österreich mittlerweile Standardverschluss bei Wein und Obstwein.

Schraubverschlüsse ergeben einen höheren Kopfraum in der Flasche. Wenn technisch möglich sollte dieser Leerraum vor dem Verschließen mit CO_2 oder Stickstoff gefüllt werden.

Pilferproof

Der Pilferproof-Verschluss ist ein vielseitig einsetzbarer Verschluss, der hauptsächlich bei Spirituosen Verwendung findet. Er ist jedoch nicht gasdicht und daher nicht für kohlensäurehaltige Getränke geeignet.
Pilferproof-Verschlüsse sind in verschiedenen Dimensionen und Ausführungen erhältlich und verfügen über einen Sicherungsring, der beim Öffnen an der Flasche verbleibt. Diese Eigenschaft sorgt für zusätzliche Sicherheit und schützt vor unbefugtem Zugriff.

GPI-Verschluss

Der GPI-Verschluss (Glass Packaging Institute) wird vor allem bei Spirituosen eingesetzt und stellt eine attraktive, kostengünstige Alternative zum Griffkork dar. Der große Vorteil ist die Dichtheit, auch wenn die Flaschen liegend gelagert werden.
Die Veredelungsmöglichkeiten sind vielfältig, und es gibt sowohl Kunststoff- als auch Aluminiumvarianten.
Diese Verschlüsse sind hauptsächlich in den Farben Schwarz, Silber, Gold oder Holzoptik erhältlich und bieten eine sichere Abdichtung, wenn sie fest aufgeschraubt werden.

Twist-Off-Deckel

Twist-Off-Deckel sind Drehverschlüsse aus Aluminium, die mit kleinen Vorsprüngen aus Metall, den sogenannten Nocken, ausgestattet sind. Diese Nocken ermöglichen es dem Verschluss, sich am Glas „festzuklammern", weshalb dieser Verschluss auch als Nockendrehverschluss bekannt ist. Twist-Off-Deckel spielen eine wichtige Rolle bei Aufstrichen und Smoothies. Im Gegensatz zu Schraubverschlüssen besitzen Twist-Off-Gläser kein durchgängiges Gewinde; der Verschluss wird nicht aufgeschraubt, sondern einfach aufgedreht. Eine kleine Drehbewegung reicht aus, um die Flasche zu verschließen oder zu öffnen.
Das Deckelformat ergibt sich aus dem Außendurchmesser (inklusive Gewinde) der Gläser. Die Bezeichnung TO 63 steht beispielsweise für einen Twist-Off-Deckel mit einem Durchmesser von 63 mm. Bei Gläsern mit tief ansetzendem Gewinde befinden sich die Nocken weiter unten am Deckel; diese werden als „Deep" bezeichnet, wie zum Beispiel TO 70DE.

Deckel mit Button sind besonders beliebt, da sie eine zuverlässige Vakuumkontrolle beim Öffnen des Glases ermöglichen. Der Button ist eine kreisförmige Erhöhung in der Mitte des Deckels,

© Georg Innerhofer

Twist-off-Verschlüsse sind auf Konfitüren und Konservengläsern, aber auch auf Weithalsflaschen (Smoothie) zu finden.

die anzeigt, ob der Deckel nach dem Abfüllen dicht aufgesetzt wurde und ein Unterdruck entstanden ist. Beim Öffnen eines richtig verschlossenen Glases schnellt der Button nach oben und erzeugt ein deutlich hörbares Knacken. Direkt nach dem Verschließen kann zudem durch eine Druckprobe auf den Knopf in der Mitte des Deckels überprüft werden, ob das Glas richtig verschlossen ist und sich ein Unterdruck gebildet hat. Diese Funktion bietet zusätzliche Sicherheit hinsichtlich der Frische des Inhalts.

3.3.2.3 Glasverschluss Vinolok™

Relativ neu auf dem österreichischen Markt sind seit 2003 Glasstopfen. Diese Stopfen, die in ihrer Form einem Griffkorken ähneln, werden in Flaschen mit speziellen Mündungen eingesetzt. Ein Kunststoffdichtring dient als Dichtung zur Flasche hin und sorgt für einen hermetischen Verschluss, der die Oxidation des Weins verhindert. Dennoch sind sie bei Obstweinen nicht verbreitet, eher bei Spirituosen.
Trotz der Dichtung haben sie nicht das Image von „weinfremden und unnatürlichen“ Verschlüssen, sondern vermitteln eine ähnliche Hochwertigkeit wie Naturkorken. Zudem sind die Glasstöpsel bruchfest, können nach dem Öffnen wieder aufgesetzt und letztendlich recycelt werden.
Glasstopfen sind vollständig geruchs- und geschmacksneutral, jedoch relativ teuer und müssen in den meisten Betrieben manuell aufgesetzt werden.

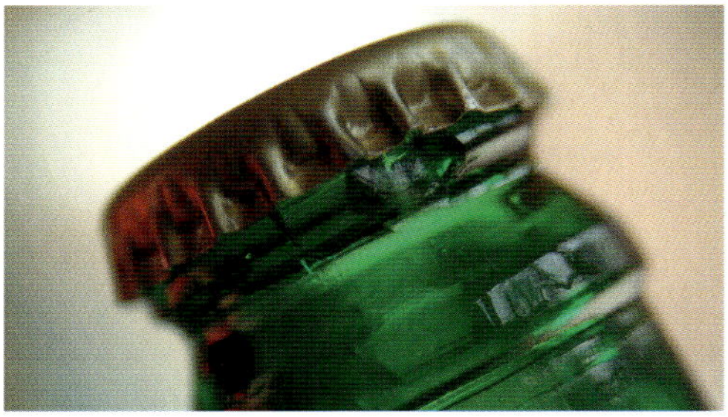

© Georg Innerhofer

Kronenkork auf beschädigter Flaschenmündung führt zu Schwierigkeiten bei der Haltbarkeit.

3.3.2.4 Kronenkork

Der Kronenkorken ist ein weitverbreiteter und häufig genutzter Verschluss, insbesondere für Bier und Limonade. Im Bereich Obst und Wein wird er vor allem für kohlensäurehaltige Getränke wie Schaumwein, Perlwein, Cider oder Mischungen in Ein- oder Mehrwegflaschen aus Glas eingesetzt. Zum Öffnen benötigt man einen Flaschenöffner. Bei geeigneten Flaschen kann der Kronkorken (Drehkronkorken) jedoch auch von Hand, ähnlich wie ein Schraubverschluss, aufgedreht werden.

Für stille Getränke wie Fruchtsaft oder -nektar war der Kronenkork jahrelang der Standardverschluss. Heute findet man ihn bei diesen Getränken jedoch nur noch in auslaufenden Flaschenchargen, da moderne Flaschenformen den Einsatz von Schraubverschlüssen ermöglichen. Im Gegensatz zu Letzteren ist eine mit Kronenkork verschlossene Flasche nicht wiederverschließbar.

Ein Kronenkork besteht aus verzinntem oder verchromtem Blech und ist rostfrei. Zu seinen wichtigsten Eigenschaften zählen der niedrige Preis und die Möglichkeit, Flaschen in Betrieben mit hohen Produktionsleistungen schnell und mit einfacher Technologie zu verschließen, wie es beispielsweise in Brauereien der Fall ist. Bei der Schaumweinherstellung durch Flaschengärung hat der Kronenkorken immer noch große Bedeutung.

3.3.3 Getränkekartons

In allen Supermärkten sind Getränke in Kartonverpackungen im Verkauf. Unter „Tetra Pak“ versteht man sowohl den Namen des Unternehmens als auch die von diesem hergestellten Arten von Getränkekartons. Es ist gleichzeitig ein Begriff für eine Art von Verpackung, die auch von anderen Herstellern wie „SIG Combibloc“ oder „Elopak“ stammen könnten. Sie alle stellen diese spezifische Art von Verpackung her, die aus mehreren Schichten besteht, darunter Karton, Kunststoff und Aluminium.

Flüssige Nahrungsmittel wie Milch, Fruchtsäfte und andere Getränke kommen in Kartonverpackungen auf den Markt. Für kohlensäurehaltige Getränke sind die schichtförmig aufgebauten Verbundpackungen nicht geeignet.

Kartonverpackungen bestehen aus …

- 70–80 % Karton: Der wichtigste Rohstoff für die Herstellung von Getränkekartons ist Karton, er verleiht der Packung die notwendige Stabilität.
- 20–25 % Kunststoff: Der Kunststoff Polyethylen (PE) sorgt dafür, dass die Packung dicht bleibt.
- 5 % Aluminium: Eine dünne Schicht aus Aluminium schützt das Füllgut vor Licht und Sauerstoff. Diese Alufolie ist mit 4–5 Mikrometern (µm) dünner als ein menschliches Haar und wird nur bei Verpackungen für haltbare Produkte eingesetzt. Ein direkter Kontakt zwischen Aluminium und Lebensmittel wird durch eine beidseitige Beschichtung mit Polyethylen verhindert.

Leere Getränkekartons sind kein Müll, sondern bestehen aus wertvollen Rohstoffen, die recycelt werden können. Voraussetzung dafür ist, dass möglichst viele Getränkekartons gesammelt werden, was zur Reduzierung von Abfall beiträgt.

3.3.4 Bag in Box

Das Bag-in-Box-System, kurz BiB oder „Sack im Karton", besteht aus einem Innenbeutel aus PE-Kunststoff, einem Auslaufhahn und einem schützenden Überkarton. Dieses System ist besonders gebräuchlich bei flüssigen, kohlensäurefreien Lebensmitteln wie Säften, Saftkonzentraten und Sirupen. In einigen Ländern hat in BiB gefüllter Wein eine größere Bedeutung, während er in Österreich oft als qualitativ minderwertig angesehen wird, was fachlich gesehen unbegründet ist.
Je nach Produktanforderung bestehen die Folien des Innenbeutels aus mehreren Schichten. Für mäßig empfindliche Produkte empfiehlt

© Georg Innerhofer

Bag-in-Box eignet sich gut für stille Getränke, aber eher nicht für die langfristige Lagerung.

sich ein mehrschichtiger Folienaufbau mit einer Sauerstoffbarriere. Bei sehr sauerstoffempfindlichen Produkten wie Obstwein oder Fruchtsäften kommen mit Aluminium bedampfte Außenfolien zum Einsatz, die aber nicht heiß befüllt werden dürfen. Die Verwendung von Aluminium in Kombination mit anderen Materialien ermöglicht eine effektive Barriere gegen Licht und Sauerstoff. Generell gilt: Je höher die Dichtheit der Folie, desto höher auch der Preis. Bag-in-Box-Verpackungen lassen sich leicht befüllen und benötigen wenig Platz. Ein Vorteil gegenüber Glasflaschen ist das geringere Volumen und Gewicht im Verhältnis zum Inhalt. Zudem wird bei der Herstellung des Beutels und Kartons weniger Treibhausgas freigesetzt als bei der Produktion einer vergleichbaren Menge Glasflaschen. Übliche Volumina für Bag-in-Box-Systeme sind 3, 5, 10, 20 und 28 Liter. Größere Einheiten (200 oder 1000 Liter) werden in der gewerblichen Fruchtsaftherstellung zur Zwischenlagerung verwendet.

Die Befüllung der Säcke erfolgt entweder manuell mit einer „Füllpistole", die an einen Zapfhahn erinnert, oder in größeren Abfüllstationen mithilfe von Waagen, die das Füllventil bei Erreichen der gewünschten Menge schließen. Um Oxidation zu vermeiden, sollten Luftblasen so gut wie möglich aus dem Beutel herausgedrückt werden, bevor der Hahn aufgesetzt und vollständig eingedrückt wird.
Die Säcke sind für Heißfüllungen bis maximal 72 °C geeignet. Bei höheren Temperaturen wird der Kunststoff weicher und anfälliger für Schäden; auch die Aluminiumschicht kann beeinträchtigt werden. Höhere Temperaturen verbessern zwar die Pasteurisationswirkung, die Hersteller übernehmen aber bei diesen Temperaturen keine Haftung mehr. Es ist ideal, wenn die Säcke nach der Füllung schnell rückgekühlt werden, um Aromaverluste zu vermeiden.

Ein Vorteil des Systems besteht darin, dass der Sack beim Entnehmen von Flüssigkeit zusammenfällt, wodurch Luft nicht mit dem Produkt in Kontakt kommt. Dies verhindert das Eindringen von Keimen von außen, die das Produkt verderben könnten. Nach dem erstmaligen Öffnen kann Saft, Sirup oder Konzentrat (auch ungekühlt) über mehrere Wochen entnommen werden. Die Verpackung lässt sich leicht in Beutel und Karton trennen, zerlegen und platzsparend entsorgen sowie recyceln.

Ventilaufsätze

- Vitop: Der tropffreie Vitop-Verschluss ermöglicht ein einfaches und bequemes Entnehmen des Saftes und ist für die Heißabfüllung geeignet. Er findet häufig im Selbstbedienungsbereich Anwendung.
- CMB Postmix: Dieser Verschluss ist für den Postmixbereich (Sirup, Konzentrat usw.) konzipiert und ermöglicht den Anschluss an Geräte, in denen Wasser zudosiert wird.
- Schnabelausgießer: Der Schnabelausgießer besteht aus hitzebeständigem Material und verfügt über einen Erstöffnungsschutz. Er eignet sich für Speiseöle, Fruchtsaftkonzentrate und RTK und ermöglicht das Entnehmen kleiner Mengen ohne Tropfenbildung während des Ausgießens. Dieser Ausgießer wird häufig im Gastronomiebereich (Großküchen, Kantinen usw.) eingesetzt.

3.3.5 Standbodenbeutel

Standbodenbeutel, auch als Pouch-Ups® bekannt, sind eine moderne Verpackungsform, die zunehmend in der Weinindustrie verwendet wird. Sie eignet sich gut für alkoholfreie Säfte und Sirupe, sind aber auch für Würzsoßen interessant. Vor ihrer Verwendung sind die speziellen Hinweise hinsichtlich einer möglichen Heißfüllung zu beachten.

Diese flexiblen Behälter bestehen aus mehrschichtigem Kunststoff mit einer Aluminiumbarriere, die eine hervorragende Schutzwirkung gegen Sauerstoff und Feuchtigkeit bietet. Der frei stehende Standbodenbeutel wird wie andere Bag-in-Box®-Lösungen über den Vitop®-Zapfhahn ohne Eindringen von Luft entleert. Zum Bewerben vom Produkt ist eine Bedruckung möglich.

Ein weiterer Vorteil der Pouch-Ups ist ihr geringes Gewicht und ihre Flexibilität. Sie wiegen deutlich weniger als Glasflaschen, was Transportkosten und den ökologischen Fußabdruck reduziert. Zudem sind sie bruchsicher und damit ideal für den Versandhandel geeignet. In ungefülltem Zustand nehmen die Beutel wenig Platz ein, was die Lagerung und Logistik effizienter gestaltet.
Ökologisch betrachtet verbrauchen Pouch-Ups bei der Herstellung weniger Energie und Rohstoffe als Glasflaschen und lassen sich oft einfacher recyceln.

3.3.6 PET-Flaschen

PET-Flaschen sind für Verbraucher besonders komfortabel, da sie leicht und bruchsicher sind. Sie bestehen aus Polyethylenterephthalat und werden aus gespritzten Rohlingen hergestellt. Diese Rohlinge werden zunächst bei einem

Kunststoffverarbeiter produziert und dann an die Getränkebetriebe geliefert, wo sie in speziellen Maschinen erhitzt und zu ihrer endgültigen Form aufgeblasen werden.

Derzeit gibt es noch wenige Erfahrungen mit Obstweinen, Limonaden oder Säften aus nicht industrieller Herstellung. PET-Flaschen, die für die Heißabfüllung geeignet sind, gibt es erst seit Kurzem. Spezielle „heat resistant" oder „hotfill" PET-Flaschen sind so konzipiert, dass sie Temperaturen von heiß gefülltem Saft standhalten, ohne sich zu verformen oder beschädigt zu werden. Diese Flaschen werden in einem speziellen Verfahren hergestellt, das ihre Hitzebeständigkeit erhöht. Nach dem Abfüllen müssen die Flaschen schnell abgekühlt werden, vor allem, um das Risiko einer Verformung der Flasche zu minimieren.

Im Gegensatz zu Glas sind PET-Flaschen nicht gasdicht. Kohlendioxid kann aus der Flasche entweichen, was dazu führt, dass kohlensäurehaltige Getränke bereits nach einigen Wochen

© Georg Innerhofer

PET-Flaschen gewinnen langsam auch bei Produzenten kleinerer Mengen an Bedeutung.

schal werden können. Auch der eindringende Sauerstoff kann Geschmacksveränderungen und Verderb verursachen. Aus diesem Grund sind dünnwandige Einwegflaschen häufig nur in Füllgrößen über einem Liter erhältlich, da das Problem mit zunehmender Größe abnimmt.

Fakten über PET:

- 2016 wurden weltweit mehr als 480 Milliarden Plastikflaschen verkauft.
- Pro Minute wurden etwa 1 Million Plastikflaschen verkauft.
- Nur 7 % der Plastikflaschen werden recycelt.
- Die Menge an jährlich produziertem Plastik entspricht dem Gewicht der gesamten Menschheit.

PET-Einwegflaschen werden gesammelt und entweder thermisch verwertet oder in Recyclinganlagen aufbereitet. Dort werden sie in kleine Flocken, sogenannte „Flakes", zerhackt, gereinigt und sortiert, um neues Granulat für die Herstellung von Flaschen zu gewinnen. Neben dem entstehenden Müllberg gibt es bisher nicht bestätigte Bedenken hinsichtlich hormonartiger Stoffe, die aus PET-Flaschen austreten.

3.3.7 Dosen

3.3.7.1 Konservendosen

Für Obstkonserven werden Dosen aus Weißblech verwendet, das eine Dicke von 0,12–0,24 mm aufweist. Das Stahlblech wird durch elektrolytische Veredelung mit Zinn zu Weißblech veredelt, was es vor Korrosion schützt. Der charakteristische Glanz entsteht durch Erwärmen und anschließendes Abschrecken im Wasserbad.

Blechdosen bieten mehrere Vorteile:

- 100 % recycelbar ohne Qualitätsverlust
- Hohe Recyclingquoten
- Lichtundurchlässigkeit zum Schutz des Inhalts
- Lange Haltbarkeit der Produkte

Da vor allem in Obstkonserven aggressive Säuren enthalten sind, kam es früher in unbeschichteten Dosen nach dem Öffnen (Sauerstoffkontakt) zu einem unerwünschten Übergang von Zinn aus dem Dosenmaterial in die Lebensmittel. Einerseits gilt Zinn als gesundheitliches Risiko und andererseits verursacht es einen metallischen Geschmack.

Aus diesem Grund werden die Dosen heute innen mit widerstandsfähigen, elastischen und sterilisationsfesten Beschichtungen versehen. Diese Innenbeschichtung ermöglicht es, dass geöffnete Dosen bis zu mehreren Tagen im Kühlschrank aufbewahrt werden können. Bei beschichteten Dosen erscheint die Innenseite goldfarben, weiß oder klar glänzend. Unbeschichtete Dosen haben dagegen eine silbrige, plättchenhafte Metalloberfläche.
Verschlossen werden Dosen heute oft mit einem Vollaufreißdeckel oder leicht abziehbaren Peel-off-Deckel, die beide keinen Dosenöffner mehr erfordern.
Konservendosen sind absolut luft- und lichtdicht und ermöglichen daher recht lange Lagerzeiten. Aufgeblähte, beschädigte oder stark verbeulte Dosen sind zu entsorgen, da die Schutzschicht beeinträchtigt sein könnte.

3.3.7.2 Getränkedosen

Getränkedosen bestehen in der Regel aus Aluminium. Es ist leicht und bietet eine hervorragende Barriere gegen Licht und Sauerstoff. Da Aluminium nicht unempfindlich gegenüber Fruchtsäuren ist, wird die Innenseite der Dosen mit einer speziellen Substanz beschichtet. Diese Beschichtung dient als Korrosionsschutz und verhindert, dass Aluminium in den Saft übergeht. Diese Barriere ist wichtig, da sich Aluminium im Körper insbesondere in Gehirn, Knochen und Nieren anreichern könnte. Dieser Prozess erfolgt langsam und kann langfristig gesehen gesundheitsschädlich sein.
Obwohl Getränkedosen meistens mit kohlensäurehaltigen Produkten wie Limonaden in Verbindung gebracht werden, sind sie auch für stille Fruchtsäfte geeignet. Hochwertige Fruchtsäfte oder -nektare werden dennoch häufiger in Glasgebinden vermarktet.

Die Wiederverwertbarkeit von Aluminiumdosen ist hoch, was sie zu einer umweltfreundlicheren Option im Vergleich zu Einweg-Plastikflaschen macht. In Österreich wird ab 2025 ein Pfand von 25 Cent auf Einweg-Getränkedosen erhoben, um das Recycling zu fördern und die ökologischen Nachteile von Einwegverpackungen im Vergleich zu Mehrwegsystemen auszugleichen.

3.3.8 VERSTÄNDNISFRAGEN

1. Welche Flaschenarten und Größen sind bei alkoholfreien Getränken gängig?
2. Welche Eigenschaften sind für Flaschenverschlüsse wichtig?
3. Was sind die Merkmale von MCA-Verschlüssen?
4. Warum haben Schraubverschlüsse bei vielen Getränken an Popularität gewonnen?
5. Warum wird der Kronkorkenverschluss bei Fruchtsäften weniger verwendet?
6. Warum sind klare Kunststoffbeutel im Bag-in-Box-System nicht für die Langzeitlagerung geeignet?
7. Was bedeutet das hörbare Knacken beim Öffnen von Twist-Off-Deckeln?
8. Was ist über Kartonverpackungen für Getränke bekannt?
9. Welche Eigenschaften haben Pouch-Ups (Standbodenbeutel) und für welche Getränke sind sie geeignet?
10. Was sind die Vor- und Nachteile von PET-Flaschen?

3.4 Verarbeitungsfrüchte

Nur die Verwendung hochwertiger Rohware ermöglicht es, hochwertige Verarbeitungsprodukte zu erzeugen. Selbst beste Technologie kann die Aromatik oder Farbe der Früchte nur erhalten, aber nicht intensivieren. Früchte, die für den Verkauf als Frischobst nicht mehr geeignet sind, eignen sich auch nicht zur Verarbeitung. Vorgaben, die die Einhaltung guter landwirtschaftlicher und Herstellungspraxis und das Hygienekonzept der Betriebe gebieten.

3.4.1 Gesunde Früchte

Als „gesund" gelten Früchte, die frei von Fäulnis, Schimmel und Verletzungen sind. Früchte mit sichtbarem Mikroorganismenbefall weisen erhöhte Keimzahlen auf und können einen unerwünschten Geruch und Geschmack im Endprodukt zur Folge haben. Hohe Keimzahlen erschweren die Haltbarmachung und bei alkoholhaltigen Produkten eine reintönige Vergärung.
Selbst kleine Verletzungen, wie durch Fruchtfall entstanden, können Eintrittspforten für Mikroorganismen sein und sollten daher nicht ignoriert werden. Verletzte Früchte, angeschlagen oder angestochen, sind bereits von Mikroorganismen wie Bakterien und Hefen befallen, auch wenn äußerlich noch keine Veränderungen erkennbar sind. Sie müssen umgehend verarbeitet werden, eine weitere Lagerung wirkt sich sehr ungünstig aus.
Gelangen größere Mengen fauler Früchte zur Verarbeitung, kann es neben einer Veränderung von Geruch und Geschmack zu einer Kontamination mit Patulin kommen. Das ist ein eher schwaches Gift, das gegenüber kurz einwirkender Hitze wie durchs Pasteurisieren relativ beständig ist. Sorgfältige Auswahl und Reinigung der Früchte vor der Verarbeitung und ein Entfernen der verdorbenen Früchte reduzieren das Risiko eines erhöhten Patulingehalts auf ein Minimum.

© Georg Innerhofer

Verleseband zum Aussortieren ungeeigneter Früchte, hier Kirschen.

© Georg Innerhofer

Plastiksäcke eignen sich nicht zur Lagerung von Verarbeitungsfrüchten.

Früchte mit sichtbarem Schimmelbefall sind generell auszusortieren. Der Hauptstoff, der für den charakteristischen Schimmelgeruch verantwortlich ist, heißt Geosmin. Das menschliche Geruchssystem reagiert außerordentlich empfindlich auf diesen Stoff. Der Geruchsschwellenwert für Geosmin ist mit etwa 0,1 Nanogramm pro Liter (0,1 ng/l) extrem niedrig. Wir können es daher schon wahrnehmen, bevor sichtbarer Schimmelbefall auftritt. Ein Ausschneiden von angeschimmelten Stellen ist nicht ausreichend, da die Stoffwechselprodukte der Schimmelpilze oft tiefer in die Frucht eindringen, als mit bloßem Auge erkennbar ist. Weniger problematisch ist Rohware mit lediglich optischen Mängeln. Verheilte, verkorkte

Hagel- oder Frostschäden stellen kein Problem dar. Gleiches gilt für Obst mit geringfügigem Befall durch Pilzkrankheiten (z. B. Schorf). Es kann in begrenztem Umfang verarbeitet werden. Zu hohe Anteile schorfiger Rohware können jedoch einen dumpfen, pilzigen Geschmack im Endprodukt hervorrufen. Zusätzlich ist es ratsam, auf Anzeichen von Insektenbefall zu achten, da diese ebenfalls die Qualität beeinträchtigen können. Auch physiologische Störungen wie Stippe bei Äpfeln oder Glasigkeit sollten berücksichtigt werden, da sie die Verarbeitungsqualität beeinflussen können.

3.4.2 Reife Früchte

Um die besten geschmacklichen Eigenschaften in Verarbeitungsprodukten zu erzielen, ist die Verwendung von Obst im optimalen Reifezustand entscheidend. Vollreife Früchte sind ideal für die Verarbeitung, da sie das beste Fruchtaroma aufweisen und ein ausgewogenes Verhältnis von Zucker und Säure haben. Sie lassen sich zudem gut verarbeiten.

Unreifes oder notreifes Obst hingegen ist kein geeigneter Rohstoff, da es einen hohen Säuregehalt und niedrige Zuckerwerte aufweist, was zu einem unzureichend ausgeprägten Aroma führt. Überreifes Obst ist ebenfalls nur bedingt für die Verarbeitung geeignet. Es hat oft einen zu niedrigen Säuregehalt, was dazu führt, dass es seinen geschmacklichen Höhepunkt bereits überschritten hat. Solche Früchte lassen sich nur schwer auspressen und klären und führen zu faden und wenig pikanten Getränken. Während des Reifeprozesses sinkt der Säuregehalt, der Zuckergehalt steigt an und das Fruchtaroma entwickelt sich. Daher ist es wichtig, bei der Auswahl der Früchte auf den optimalen Reifegrad zu achten, um die Qualität und den Geschmack der verarbeiteten Produkte zu gewährleisten.

© Georg Innerhofer

Mostbirnen, hier die Hirschbirne, werden im Zug der Reife innen braun.

© Georg Innerhofer

Vollreife Marillen sind nicht mehr lagerfähig und beginnen rasch zu faulen, hier eine zur Verarbeitung ungeeignete Charge.

3.4.3 Frische Früchte

Frische Früchte sind für die Verarbeitung am besten geeignet, da gelagertes Obst mitunter an Qualität verliert. Bei der Lagerung verringert sich der Säuregehalt, was zu ähnlichen Problemen wie bei überreifem Obst führt. Aber Achtung: Manche Früchte brauchen nach der Ernte noch einige Zeit zum Nachreifen und hier ist der ideale Erntezeitpunkt nicht der beste Verarbeitungszeitpunkt. Frischer Topaz-Apfel beispielsweise ist sehr säurebetont und dezent im Aroma, etwas Nachreifen ist bei ihm von Vorteil.

Länger gelagerte Früchte verlieren deutlich an Aroma, was die Produktqualität beeinträchtigt. Daher sollte die frische Rohware schnell ver-

arbeitet werden. Besonders bei empfindlichen Früchten wie Beeren oder Steinobst ist eine zügige Verarbeitung entscheidend, da diese rasch verderben.
Früchte aus dem CA- oder Tiefkühllager hingegen können auch nach Monaten ohne große Qualitätseinbußen verarbeitet werden, da sie lange Zeit in nahezu unverändertem Zustand bleiben. Allerdings sollte bei aufgetauten Tiefkühlfrüchten auf eine rasche Weiterverarbeitung geachtet werden, da diese nach dem Auftauen schnell an Qualität verlieren.
Ausgelagerte, bereits weiche Früchte sind für die Verarbeitung weniger geeignet, da sie oft einen verminderten Geschmack und eine veränderte Textur aufweisen, was sich negativ auf die Endproduktqualität auswirken kann. Eine sorgfältige Qualitätskontrolle und Selektion der Früchte vor der Verarbeitung ist daher unerlässlich, um optimale Ergebnisse zu erzielen.

© Georg Innerhofer

Empfindliche Früchte wie Beeren werden vor der Verarbeitung abgebraust.

3.4.4 Saubere Früchte

Verarbeitungsfrüchte werden häufig vom Boden aufgelesen und nicht immer direkt vom Baum geerntet. Dies birgt ein erhöhtes Risiko für Verunreinigungen und Kontaminationen. Besonders bei Verwendung einer Obstklaubmaschine werden neben den Früchten Blätter, Teile des Triebs, Steine und Erde mit dem Obst aufgelesen. Außerdem haften an der Frucht Staub und gegebenenfalls Reste von Pflanzenschutzmitteln, sodass es notwendig ist, die Früchte sorgfältig zu waschen.

© Georg Innerhofer

Bei geschüttelter Ware ist auf einen geringen Blattanteil zu achten.

Bodenkontakt erhöht die Gefahr einer mikrobiellen Belastung durch Bodenbakterien, Schimmelpilze und andere Mikroorganismen. Die Reinigung der Früchte erfolgt in kleinem Umfang in Bottichen oder Zisternen. Die Behälter werden mit Wasser befüllt und das Obst darin gut untergetaucht. Als Notlösung wäre es auch möglich, das gesammelte Obst mit einem Wasserschlauch abzuspritzen. Größere Obstverarbeitungsanlagen sind meistens mit speziellen Wascheinrichtungen, wie Bürst- und Gebläsemaschinen, oder Schneckenförderanlagen ausgerüstet. Schwemmkanäle zum Befördern und gleichzeitigem Reinigen findet man am ehesten auf Kernobst verarbeitenden Großbetrieben.
Für die Reinigung von Stein- und Beerenobst können auch Körbe verwendet werden, mit denen die Früchte in das Waschwasser getaucht werden. Früchte mit Kontakt zu Erde wie Erdbeeren sollten zumindest sanft gebraust werden. Zu intensive mechanische Reinigung

der weichen Früchte führt zum Aufplatzen und Zerquetschen der Früchte. Auf eine Nassreinigung wird daher bei ihnen verzichtet und stattdessen auf strenge Qualitätskontrollen bei der Ernte und Anlieferung gesetzt.

Eine gründliche Reinigung ist entscheidend, um die Zahl der Bakterien oder Schimmelsporen zu reduzieren, die in der Erde vorkommen können. Wird ungereinigtes Obst verarbeitet, können sich durch die vorhandenen Mikroorganismen große Probleme bei der Haltbarmachung von Fruchtsäften und Nektaren oder Fehlgärungen bei Obstweinen ergeben. Außerdem können Verunreinigungen aller Art den Geschmack von Verarbeitungsprodukten negativ beeinflussen. In manchen Fällen kann es notwendig sein, zusätzlich zur Reinigung mit Wasser auch lebensmittelverträgliche Desinfektionsmittel einzusetzen, um die mikrobielle Belastung weiter zu reduzieren.

3.4.5 VERSTÄNDNISFRAGEN

1. Welche Ansprüche stellen Verarbeiter an die zu verarbeitenden Früchte?
2. Aus welchen Gründen sind nicht „gesunde" Früchte nicht zur Verarbeitung geeignet?
3. Warum sind vom Boden aufgeklaubte Früchte weniger gut zur Verarbeitung geeignet?
4. Wie gut eignen sich gelagerte Früchte zur Saftherstellung?
5. Unreife Früchte eignen sich nicht gut zur Verarbeitung. Warum nicht?

Äpfel auf derartigen Halden gelagert eignen sich nicht mehr für Säfte in Spitzenqualität.

Fruchtsaft blank

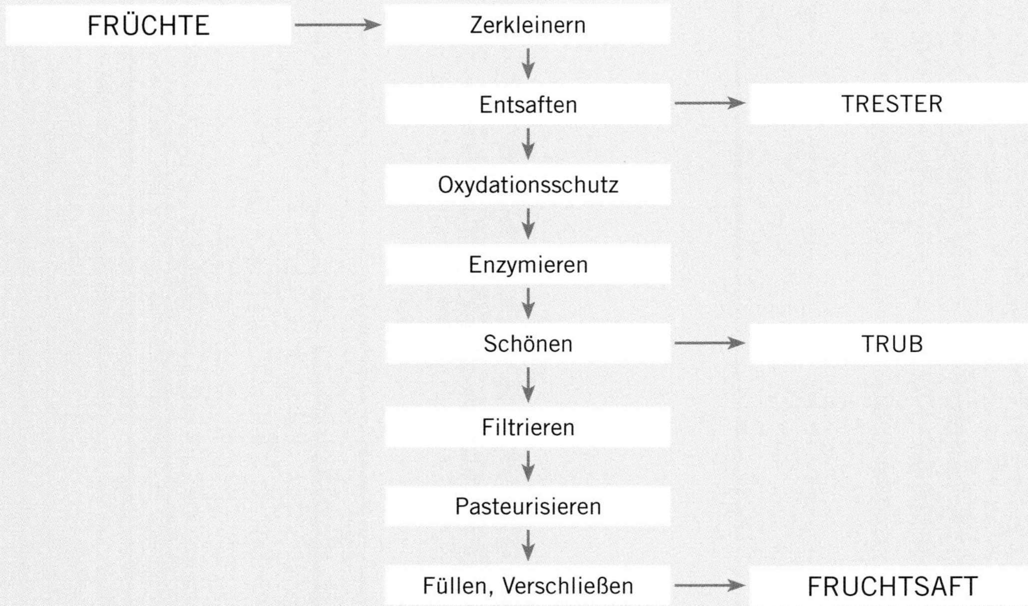

Fruchtsaft naturtrüb

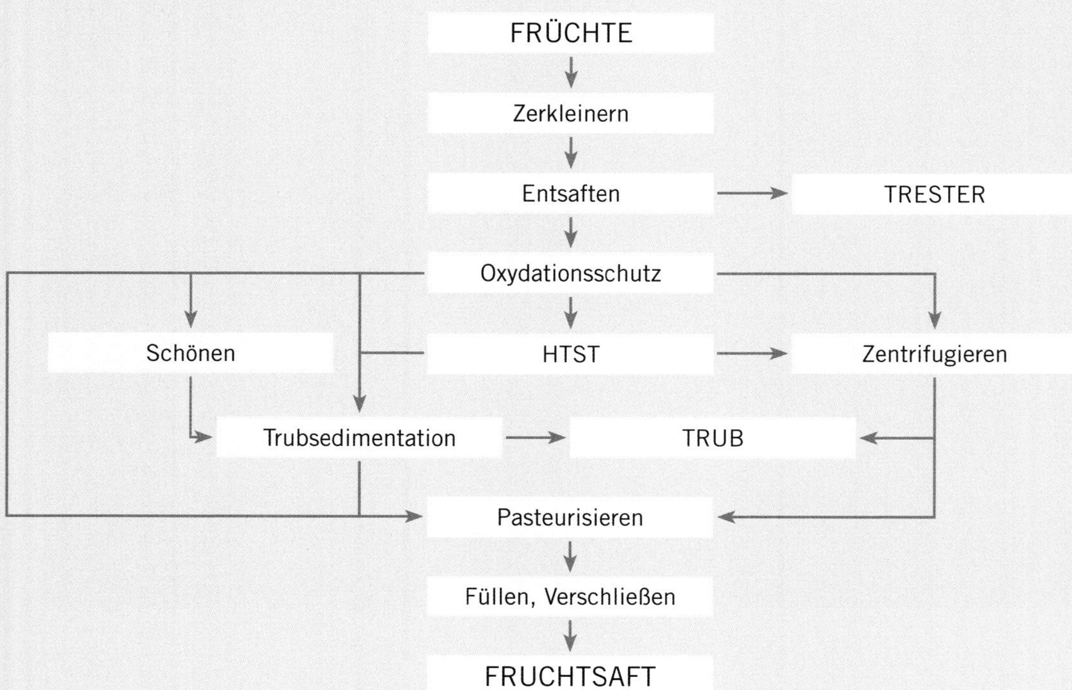

Fruchtsaft

Die Herstellung von Fruchtsäften umfasst eine große Bandbreite von Techniken, die es ermöglichen, klare, trübe, farbige und gemischte Säfte zu produzieren. In den letzten Jahren hat sich der Fokus einerseits auf natürliche und unverfälschte Produkte verstärkt. Viele Verbraucher legen zunehmend Wert auf Säfte, die den ursprünglichen Geschmack der Früchte bewahren, was die Nachfrage nach naturtrüben und kaltgepressten Varianten erhöht. Andererseits konnten auch aromatisierte und gefärbte Produkte Marktanteile gewinnen.

Fruchtsäfte spielen eine wichtige Rolle in der Ernährung, da sie essenzielle Vitamine und Mineralstoffe liefern. Die Herausforderung für Hersteller besteht darin, die von der Frucht kommenden Aromen ohne Verluste und dauerhaft stabil zum Kunden zu bringen.

4.1 Definitionen

Hinter der Bezeichnung „Fruchtsaft" steckt gemäß der „Fruchtsaftverordnung" immer ein Fruchtgehalt von 100 % – selbst wenn die 100 % nicht ausdrücklich auf dem Etikett vermerkt sind. Fruchtsaft und ähnliche Getränke sind EU-weit in der Richtlinie 2012/12/EU geregelt, nationale Details regelt das Codexkapitel B7.

Fruchtsaft gewinnt man entweder direkt aus den Früchten (Direktsaft) oder aus Konzentrat (wieder mit Wasser und Aroma gemischt). Andere Zusatzstoffe sind verboten.

Fruchtsaft besteht zu 100 % aus „flüssigem Obst". Ihm wird nichts hinzugefügt, weder Farb-, Süß- noch Konservierungsstoffe.

4.2 Geeignete Früchte

Neben den allgemeinen Anforderungen an die Frucht zeigt vor allem Kernobst, dass der entsprechende Reifegrad für die Verarbeitungseignung entscheidend ist.
Unreife Früchte haben Defizite in Aroma oder Zuckergehalt und beinhalten häufig noch Stärke, die zu Schwierigkeiten bei der Filtration oder zu Trübungen im Saft führen kann. Im Zuge der Reife sinkt der Säuregehalt, während der Zuckergehalt ansteigt. Erst bei der Vollreife ist das Fruchtaroma am besten ausgeprägt und die Früchte am besten zur Verarbeitung geeignet. Im Zuge der Reife schreitet auch der Pektinabbau beim Apfel voran. Überreife Früchte sind weich und lassen sich nur noch schwer pressen. Dabei spielt Pektin vor allem in der Trubstabilität bei trüben Apfelsäften eine zentrale Rolle. Überreifes Obst eignet sich daher nicht mehr zur Herstellung von naturtrüben Säften.
Bei **Kernobst** wie Äpfeln und Birnen unterscheiden sich Erntereife, Genussreife und der beste Zeitpunkt zur Verarbeitung oft voneinander. Für manche Sorten kann eine Lagerung vor der Verarbeitung sogar von Vorteil sein. Die moderne Lagertechnologie ermöglicht es heute, das ganze Jahr über geeignete Früchte zur Verfügung zu haben. Obst aus CA-Lagern (Controlled Atmosphere) kann auch nach mehreren Monaten ohne bedeutende Qualitätseinbußen verarbeitet werden, solange es noch pressbar ist.

Birnen sind im Vergleich zu Äpfeln wesentlich weicher und schwieriger auszupressen. Überreife führt bei ihnen zum Bräunen vom Fruchtfleisch und zu einem teigigen Geschmack. Bei Tafelbirnen ist das unerwünscht, bei manchen Mostbirnensorten für die Ausprägung vom sortentypischen Aroma sogar Voraussetzung.
Vom **Steinobst** haben vor allem (Sauer-)kirschen Bedeutung in der Saftherstellung.
Bei **Beerenobst** generell ist so viel Pektin in der Frucht enthalten, dass ohne korrekte Enzymierung ein Entsaften nicht möglich ist. Die meisten Beerenobstarten enthalten für einen direkten Trinkgenuss zu viel Säure, sie eignen sich wesentlich besser zur Nektarherstellung. Tiefgefrorene Früchte eignen sich ebenfalls ohne Qualitätsverlust für die Saftherstellung.

4.3 Obstübernahme

Die Obstübernahmestelle ist der erste Punkt in der Verarbeitung von Früchten zu Saft. Hier beginnt der Prozess bei der Anlieferung mit der ersten Qualitätskontrolle. Beschädigte oder ungeeignete Früchte werden aussortiert oder gar nicht erst angenommen.
Nach der Annahme lagern Äpfel oder Birnen vorübergehend im sogenannten „Obstbunker“, bei kleineren Mengen oft einfach in Großkisten. Die Geschwindigkeit, mit der die verschiedenen Obstarten verarbeitet werden müssen, variiert stark. Weiche Früchte wie reifes Steinobst und Beeren erfordern besondere Sorgfalt bei der Übernahme. Sie können nicht in großen Haufen oder Halden gelagert werden, da sie sich gegenseitig beschädigen würden. Jede Verletzung der Frucht könnte zum Austritt von Saft führen, was wiederum einen idealen Nährboden für Mikroorganismen bietet und so zu raschem Verderb führt. Selbst bei Anlieferung in kleinen Kisten ist bei ihnen eine zügige Weiterverarbeitung notwendig.
Von der Übernahmestelle aus werden die Früchte über Förderbänder oder Schwemmkanäle zur Waschanlage transportiert. Hier erfolgt eine gründliche Reinigung mit Wasser, um Schmutz und eventuelle Rückstände zu entfernen. Nach dem Waschen befördern Förderbänder oder Elevatoren die sauberen Früchte weiter zur Zerkleinerung. Dieser Schritt bereitet die Früchte auf die eigentliche Saftgewinnung vor.
Steinobst und Beerenfrüchte wäscht man vor der Verarbeitung nicht, jede Bewegung der Früchte würde zu Verletzungen führen.

Verarbeitungsäpfel werden im Großbetrieb in Bunkern gesammelt.

4.4 Zerkleinerung

Um den Saftaustritt zu ermöglichen, wird das Obst vor der Verarbeitung zu Maische zerkleinert. Für diesen Arbeitsschritt steht eine Reihe von Geräten zur Verfügung. Je nach Art des Geräts und Einstellung von diesem werden die Früchte unterschiedlich fein zerkleinert.

Unter der **optimalen Zerkleinerung** versteht man die für die weitere Verarbeitung günstigste Stückgröße und nicht die möglichst feine Zerkleinerung.

- Zu große Fruchtstücke verringern die Saftausbeute beim Pressen.
- Zu feine Maische hingegen erschwert die Trennung von festen und flüssigen Bestandteilen. Die Bänder der Bandpresse verkleben und der Saftablauf wird erschwert. Man erhält Säfte mit einem sehr hohen Trubstoffanteil, der die Klärung behindert.

4.5 Entsaften

Bei diesem Arbeitsschritt trennt man die festen, unlöslichen Maischebestandteile von den löslichen Stoffen im Saft.

Anforderungen an ein ideales Presssystem:

- Schonendes Entsaftungsverfahren
- Hohe Ausbeuten
- Kontinuierlicher Betrieb
- Kurze Presszeiten, minimale Oxidation
- Geringer Trubanteil im Saft
- Geringe Betriebskosten
- Geringe Wartungskosten
- Einfache Reinigung

Zum Entsaften steht eine Reihe von Geräten zur Verfügung, die sich je nach Menge, Obstart und -beschaffenheit mehr oder weniger gut eignen. Je nach Ausgangsfrucht sind Ausbeuten zwischen 60 % bei nicht gut entsaftbaren Früchten bis hin zu 80 % bei gut enzymierten Beeren möglich.

4.6 Oxidationsschutz

Je nach Obstart und -sorte neigen die frisch hergestellten Säfte dazu, braun zu werden. Um die helle Farbe im Saft empfindlicher Sorten beizubehalten, kann sofort nach dem Pressen ein Zusatz von Ascorbinsäure erfolgen. Gemäßigte Bräunungen hellen durch 150 mg/l Ascorbinsäure wieder auf, der Saft ist in weiterer Folge gegen unerwünschte Bräunungen geschützt. Sehr hohe Gaben (500 mg/l oder mehr) werden nur in Ausnahmefällen zur Erfüllung bestimmter Spezifikationen (weißer Saft) verwendet.

4.7 Direktsäfte

Alle direkt aus den Früchten gepressten und pasteurisierten Säfte werden als Direktsäfte bezeichnet. Im Gegensatz zu Säften, die aus

© Georg Innerhofer

Kernobst wird hauptsächlich mit Bandpressen entsaftet, hier in mobiler Form.

Fruchtsaftkonzentraten hergestellt werden, unterliegen Direktsäfte keinen Wasserentzugs- oder Wiederherstellungsschritten. Die Bezeichnung als „Direktsaft“ weist darauf hin, dass sie ohne vorherige Konzentration direkt aus frischen Früchten gewonnen werden. Als klare Unterscheidung dazu müssen die durch Rückverdünnung hergestellten Säfte den Begriff „aus Fruchtsaftkonzentrat“ auf dem Etikett haben.

Je nach Obstart und den spezifischen Verarbeitungsschritten, die durchgeführt werden, kommen Direktsäfte in verschiedenen Varianten auf den Markt.

4.7.1 Blanke Fruchtsäfte

Die Klärung von Säften, erfolgt prinzipiell durch eine Kombination aus Sedimentation und Filtration.

- Als **Sedimentation** wird das Absetzen von Trubstoffen im Behälter aufgrund von Dichteunterschieden bezeichnet. Um diesen natürlichen Vorgang zu beschleunigen, werden viskositätssenkende Enzym- bzw. Klärschönungen eingesetzt.
- Die **Filtration** entfernt jene Trubstoffe aus dem Saft, die sich wegen des geringen Viskositätsunterschieds nicht abgesetzt haben; sie ist in einem eigenen Kapitel näher beschrieben.

Die Trubstoffe im Saft setzen sich nach der Klärschönung ab.

4.7.1.1 Klärschönung

Durch alleiniges Stehenlassen vom Saft setzen sich die Trubstoffe nicht ausreichend ab. Zugesetzte Behandlungsmittel beschleunigen diesen Vorgang und entfernen gleichzeitig Stoffe wie Eiweiß oder Gerbstoff, die später im Saft zu Trübungen sowie Farb- und Geruchsveränderungen führen könnten. Behandlungsmittel verbleiben nicht im Getränk.

Für die Schönung von Fruchtsäften sind folgende Produkte im Einsatz:

- Enzyme: Sie ermöglichen durch den Pektinabbau erst die anschließenden Reaktionen.
- Bentonit: Entfernt Eiweiß aus dem Saft.
- Flockungsmittel: Reduzieren Gerbstoffe und führen durch Flockenbildung zur Klärung.

Der Enzymzusatz sollte idealerweise so früh wie möglich erfolgen, am besten schon während des Pressvorgangs im Saftbehälter. Dies ermöglicht einen effektiven Pektinabbau, der bei geeigneter Safttemperatur etwa zwei Stunden nach dem Pressen abgeschlossen ist. Dieser Schritt ist entscheidend für den Erfolg der nachfolgenden Schönung.

Als Nächstes wird vorgequollenes Bentonit hinzugefügt und für mindestens 15 Minuten in Suspension gehalten. Danach folgt die Zugabe des Flockungsmittels, entweder Gelatine oder Erbsenprotein. Der Trub beginnt sich bereits nach wenigen Minuten abzusetzen, und der gesamte Vorgang ist nach vier bis sechs Stunden abgeschlossen. In den meisten Fällen reicht eine einzelne Schönung jedoch nicht aus, um einen vollständig klaren oder sogar spiegelnd blanken Saft zu erhalten. Um diesen zu erhalten, erfolgt fast immer nach der Schönung eine Filtration.
Bei der Fruchtsaftherstellung genügt in der Regel eine einmalige Filtration, um alle Trubstoffe zu entfernen und ein ausreichend klares Produkt zu erzielen.

4.7.1.2 Filtration

Zur Filtration von Fruchtsaft sind Kieselgurfiltration oder Schichtenfiltration am bedeutendsten. Um den Saft optisch blank zu bekommen, ist die im Betrieb günstigere Kieselgurfiltration ausreichend. Der in der Anschaffung günstigere Schichtenfilter eignet sich für kleinere Mengen bzw. findet sich vor allem auf kleineren Betrieben.
Eine Entkeimungsfiltration ist nicht notwendig. Verbleibende Mikroorganismen werden durch die anschließende Pasteurisation inaktiviert. Im Anschluss an die Filtration erfolgt die Füllung.

4.7.2 Naturtrübe Säfte

Bei der Herstellung von trüben Säften stehen die Stabilisierung und Erhaltung der Trubpartikel im Vordergrund. Obwohl sich später in der Flasche immer etwas Trub absetzt, sollte dieser sich idealerweise leicht wieder aufschütteln lassen, ohne Klumpen zu bilden. Klumpige Trubstoffe, die sich selbst durch Schütteln der Flasche nicht mehr auflösen, stoßen auf Ablehnung bei den Verbrauchern.
Über den „idealen" Trübungsgrad herrscht keine Einigkeit. Die Vorlieben der Konsumenten variieren stark – manche bevorzugen sehr trübe Säfte, andere mögen es nur leicht trüb.

© Georg Innerhofer

Je nach Sorte und Verarbeitungsweg variieren Trübungsgehalt und Farbe im Apfelsaft.

Diese unterschiedlichen Präferenzen stellen Hersteller vor die Herausforderung, ein breites Spektrum an Trübungsgraden anzubieten, um verschiedene Geschmäcke zu bedienen.
Die größte Bedeutung auf dem Sektor der trüben Säfte hat Apfelsaft und daraus hergestellte Mischsäfte. Andere Obstarten lassen sich aufgrund der Pressbarkeit oder der Inhaltsstoffe nicht so einfach zu trüben Säften verarbeiten. Der entscheidende Faktor für die Trubstabilität sind Pektin und gelöste Stärke. Frisch gepresster Saft enthält Pektin, das einerseits die Saftviskosität erhöht (und damit ein Absitzen verhindert) und andererseits Trubstoffe durch elektrische Ladungen ein Ausflocken und Absetzen verhindert. Ein Hauptaugenmerk in der Verarbeitung ist daher auf die Erhaltung des Pektins zu legen.

Die Intensität des Trubes richtet sich nach:

- Obstauswahl
- Verarbeitungstechnik

4.7.2.1 Obstauswahl

Die Trubstabilität von Apfelsaft wird durch mehrere Faktoren beeinflusst. Eine wichtige Rolle spielt die Sortenauswahl. Tafeläpfel neigen dazu, trübere Säfte zu produzieren als Mostobst. Sorten mit sehr hohem Gerbstoffgehalt sind ungeeignet, da sie zur Bildung von Flocken führen können, die sich auf dem Flaschenboden absetzen.
Der Reifegrad der Äpfel ist ebenfalls entscheidend für einen trubstabilen Saft. Weder unreife noch überreife Früchte sind optimal. Bei unreifen Äpfeln verbleibt das Pektin größtenteils im Trester, während Stärkekörner in den Saft gelangen und unerwünschte Trübungen verursachen könnten. In überreifen Früchten ist das Pektin schon so weit abgebaut, dass es seine trubstabilisierende Wirkung verloren hat.

Von der Verwendung fauler Äpfel ist dringend abzuraten, da diese nicht nur den Geschmack negativ beeinflussen, sondern, bedingt durch die Aktivität von Mikroorganismen, auch einen hohen Gehalt an pektinabbauenden Enzymen aufweisen.

4.7.2.2 Verarbeitungstechnik

Der Trub im Fruchtsaft besteht vorwiegend aus Fruchtfleischteilen, Zellwandbestandteilen und Zellmembranfragmenten. Menge und Zusammensetzung des Trubs hängen von der mechanischen Belastung beim Mahlen, Maischetransport und Entsaften der Äpfel ab. Je intensiver diese Schritte erfolgen, umso mehr zersört man das Fruchtgewebe und setzt Zellbestandteile frei. Je schonender die Verarbeitung, umso geringer wird der Anfall an grobem Trub sein und umgekehrt.

> Selbst mit modernster Technik kann aus ungeeigneten Früchten oder falscher Verarbeitungstechnik kein trubstabiler Saft hergestellt werden.

4.7.2.3 Verfahren

Vom Zeitpunkt des Pressens an bieten sich mehrere Möglichkeiten, den Saft zu behandeln und anschließend zu pasteurisieren. Die Bandbreite reicht von sehr einfachen Verfahren bis hin zu solchen mit großem technischen Aufwand. Vor allem Hersteller kleinerer Mengen versuchen, ohne hohe Investitionskosten mit nur geringem technologischem Aufwand trubstabile Säfte zu produzieren. In der Praxis haben sich einige Verfahren verbreitet, die gewisse Vor-, aber auch Nachteile haben.

METHODEN TRUBSAFTHERSTELLUNG

	Sofort pasteurisieren	Nach Standzeit pasteurisieren	Nach Schönung und Standzeit pasteurisieren	Zentrifugieren und pasteurisieren	HTKZ und nach einer Standzeit pasteurisieren	HTKZ, Zentrifugieren und anschließend pasteurisieren
Geringer technischer Aufwand	Ja	Ja	Ja	Nein	Nein	Nein
Rasche Enzym-inaktivierung	Ja	Nein	Nein	Ja/Nein	Ja	Ja
Trubstabilität	Ja	Ja/Nein	Ja/Nein	Ja/Nein	Ja	Ja
Einheitliche Trubteilchengröße	Nein	Ja/Nein	Ja/Nein	Ja	Ja/Nein	Ja
Chargenunabhängige Trubintensität	Nein	Ja/Nein	Ja/Nein	Ja	Ja/Nein	Ja
Eiweißtrübung abtrennbar	Nein	Nein	Ja/Nein	Nein	Ja	Ja

Jedes angeführte Verfahren ist ein Kompromiss aus Aufwand (Kosten) und gesicherter Trubstabilität. Welches Verfahren zum Einsatz kommt, entscheidet immer der Hersteller. Die meisten Lohnverarbeiter wählen „sichere“ Verfahren.

Sofortige Pasteurisation

Der frische Presssaft wird direkt nach der Presse in einem Sammelbehälter aufgefangen, von dort aus pasteurisiert und abgefüllt. Bei diesem Verfahren ist besonders wichtig, frische Früchte zu verarbeiten und ein Pressverfahren mit geringer mechanischer Belastung zu wählen, da im Zuge der weiteren Verarbeitung kein Trub abgetrennt wird.
Der Bedarf an technischer Ausrüstung ist neben der Presse und dem Pasteur relativ gering.

Durch die rasche Erhitzung und der damit verbundenen Enzyminaktivierung kommt es zu keinem Pektinabbau, ein für die Stabilität wichtiger Punkt. Im Saft schweben allerdings Trubelemente verschiedenster Größe, grobe Teilchen setzen sich durch die Schwerkraft bedingt bald nach der Pasteurisation ab und bilden den in der Flasche unerwünschten groben Bodensatz. Der überstehende trübe Saft ist aufgrund der raschen Erhitzung relativ stabil.

Standzeit

Bei diesem Verfahren wird der frisch gepresste Saft für mehrere Stunden in einem Sammelbehälter zur Sedimentation gelagert. Während dieser Standzeit setzen sich die größeren Trubpartikel auf dem Boden ab. Anschließend wird der darüberstehende Fruchtsaft, der nur noch feinere Trubpartikel enthält, abgefüllt.

Mit dem Zerkleinern der Früchte beginnt ein verstärkter Abbau von Pektin durch pektinspaltende Enzyme. Die Aktivität der Enzyme richtet sich nach der Safttemperatur. Je wärmer der Saft und je länger die Standzeit ist, desto rascher verläuft der Pektinabbau und umso größer ist die Gefahr des Ausklarens und einer beginnenden Gärung.

Standzeit und Schönung

Einige Hersteller kombinieren die Standzeit des frisch gepressten Saftes mit einer Bentonitbehandlung oder sogar einer leichten Klärschönung, allerdings ohne Enzymzusatz. Der Gedanke dahinter ist, dass das Bentonit nicht nur Eiweiße, sondern auch die pektinspaltenden Enzyme bindet. Zusätzlich soll die Klärschönung einen Teil des Trubes zusammen mit dem Bentonit am Behälterboden absetzen lassen. Diese Vorgehensweise ist jedoch nicht immer präzise steuerbar. In manchen Fällen setzt sich mehr Trub ab als beabsichtigt, was zu einem zu klaren Saft führen kann. In anderen Fällen bleibt mehr Trub in Schwebe als gewünscht, was einen zu trüben Saft zur Folge hat. Die Schwierigkeit liegt darin, dass die genaue Wirkung dieser Behandlungen von vielen Faktoren abhängt, wie der Beschaffenheit des Obstes, dem Reifegrad und den spezifischen Inhaltsstoffen des Saftes.

Hochkurzzeitverfahren

Bei der Kurzzeiterhitzung wird der Saft für eine kurze Zeitspanne auf hohe Temperaturen erhitzt. Im deutschsprachigen Raum ist dieses Verfahren als HTKZ (Hochtemperatur-Kurzzeit) bekannt, international als HTST (High Temperature Short Time).
Die hohe Temperatur deaktiviert Mikroorganismen, zerstört das Eiweiß und damit die Enzyme. Das denaturierte Eiweiß bildet Flocken, die sich absetzen und beim Abziehen entfernt werden können. Durch das Inaktivieren der Enzyme werden sowohl der unerwünschte Abbau von Pektin als auch enzymatisch bedingte Bräunungsreaktionen gestoppt. Die Gefahr einer Gärung während des Absetzens ist erheblich verringert, da die Hefen durch die Hitze ebenfalls abgetötet wurden.
Um die gewünschte Wirkung zu erzielen und gleichzeitig Qualitätsverluste zu minimieren, werden Aufheiz- und Abkühlphasen so kurz wie möglich gehalten. Zur Vermeidung von Aromaverlusten wird der Saft rasch erhitzt, typischerweise für rund 20 Sekunden bei 80 °C gehalten und anschließend schnell wieder abgekühlt.

Zentrifugation – Separation

Bei dieser Methode gelangt der Saft von der Presse über einen Pufferbehälter zu einer Zentrifuge. Diese scheidet je nach Drehzahl mehr oder weniger grobe Trubteile aus, die Trübungsintensität vom Saft ist somit einstellbar.
Die im Saft verbleibenden Trubteilchen sind einheitlich fein. Weil die Zeitspanne zwischen Entsaftung und Pasteurisation/Abfüllung recht kurz ist, kommt es zu keinem enzymatischen Pektinabbau und daher zu relativ stabilen Säften ohne Grobtrubanteil.

© Flottweg SE

Zentrifuge zum Abtrennen der Trubstoffe.

Hochkurzzeit-Erhitzung und Zentrifugation

Dieses Verfahren sieht nach dem Pressen eine Hoch-Kurzzeit-Erhitzung vor. Dabei wird der Saft mithilfe eines Pasteurs rasch auf etwa 80 °C erhitzt und nach einer Haltezeit von etwa 20 Sekunden wieder abgekühlt. Durch die kurze Hitzeeinwirkung sind Aromaverluste im Saft minimal, die Enzyme inaktiviert und thermolabiles Eiweiß denaturiert. In einem Puffertank bildet das veränderte Eiweiß Flocken aus. Eine nachgeschaltete Zentrifuge trennt grobe Trubteilchen und Eiweißflocken vom Saft ab und sorgt für eine einheitliche Teilchengröße. Nach diesem Verfahren hergestellte Säfte zeigen hohe Trubstabilität, keine Braunfärbung und keinen Eiweißausfall in der Flasche. Diese Methode wird nach derzeitigem Stand als die optimale zur Herstellung naturtrüber Säfte betrachtet. Nachteil davon ist, dass es dafür hoher Investitionskosten bedarf.

4.7.3 Buntsäfte

Buntsäfte zeichnen sich durch ihre intensive Farbe aus, die sie vorwiegend rotfarbigen Früchten verdanken. Diese Farbintensität gilt als wichtiges Qualitätsmerkmal und sollte sowohl charakteristisch als auch beständig sein. Besonders Früchte wie Holunder, Johannisbeeren, Aroniabeeren, Himbeeren und Sauerkirschen bringen sehr farbintensive Säfte, die vielen Kunden zu sauer oder zu geschmackintensiv für den puren Genuss sind. Daher dienen sie eher als Basis für Mischgetränke, Nektare oder Limonaden.
Bei der Verarbeitung dieser Früchte sind jedoch einige Herausforderungen zu beachten. Hochwertige Früchte aus den genannten Obstarten sind teuer, was die Herstellungskosten erhöht. Zudem könnten während des Verarbeitungsprozesses Probleme beim Pressen oder Klären sowie Ausbeute- und Farbdefizite auftreten, die die Qualität des Endprodukts beeinträchtigen könnten.

© Georg Innerhofer

Schon beim Pressen ist die intensive Färbung gut erkennbar.

4.7.3.1 Verfahren zur Farbintensivierung

Die meisten Farbstoffe befinden sich in den Fruchtschalen. Um farbintensive Säfte zu erhalten, muss ein Verfahren gewählt werden, das diese Farbstoffe effektiv extrahiert. In der Regel geschieht dies durch Maischeerhitzung, da für lange Maischestandzeiten bei der Direktsaftherstellung meist die Zeit fehlt. Bei empfindlichen Obstarten wie beispielsweise bei Erdbeeren wird auch ohne Erhitzung verarbeitet, um Farbe und empfindliche Aromen zu schonen.
Qualitativ minderwertige Früchte können nicht nur eine hohe Keimbelastung, sondern auch bräunungsverursachende Enzyme (Oxidasen) einbringen. Da selbst die beste Verarbeitungstechnologie Farbstoffe nur erhalten, aber nicht vermehren kann, ist die Qualität der Ausgangsfrüchte von größter Bedeutung.

4.7.3.2 Früchte mit niedrigem Pektingehalt

Bei der Verarbeitung von pektinarmen und eiweißreichen Obstsorten wie Holunderbeeren, Kirschen oder Sauerkirschen werden die Früchte ohne vorherige Enzymzugabe auf mindestens 70 °C erhitzt, bevor sie bei dieser hohen Temperatur gepresst werden. Die hohen Temperaturen führen neben einer guten Saftausbeute und Farbextraktion zur Denaturierung der Eiweißbestandteile. Diese fallen als Flocken aus und verbleiben entweder im Trester oder werden später zusammen mit dem Trub aus dem Saft entfernt. Fruchtaromen bleiben weitgehend unberührt.
Nach dem Pressen wird der Saft auf etwa 45 °C abgekühlt und enzymiert. Im Anschluss daran kann noch eine Geschmackskorrektur erfolgen, dann die Filtration. Durch dieses Verfahren entsteht ein hochwertiger, klarer Fruchtsaft mit intensiver Farbe und typischem Aroma.

© Georg Innerhofer

Attraktive Farbe bei Traubensaft.

4.7.3.3 Früchte mit hohem Pektingehalt

Bei Früchten mit hohem Pektingehalt ist ein Abpressen ohne vorherige Zugabe eines pektinspaltenden Enzyms nicht möglich. Himbeeren, Johannisbeeren und die meisten anderen roten Früchte werden nach dem Sortieren zerkleinert und anschließend mehr oder weniger erhitzt. Erst wenn die Masse auf unter 50 °C abgekühlt hat, darf ein Enzymzusatz erfolgen. Diese Temperatur ist ideal für eine hohe Enzymaktivität und sorgt für eine zufriedenstellende Saft- und Farbausbeute.
Nach einer Standzeit der Maische von etwa zwei Stunden erfolgt das Pressen. Der noch heiße Presssaft wird in der Regel ein zweites Mal für eine bessere Filtrierbarkeit enzymiert, anschließend mit Bentonit versetzt und dann geklärt.

4.7.4 Mischsäfte

Neben dem klassischen Saft der bäuerlichen Produktion – dem Apfelsaft – finden sich immer mehr andere Erzeugnisse auf Basis von diesem auf dem Markt. Viele Produzenten mischen ihre Kernobstsäfte mit Buntsäften, um neue Geschmackserlebnisse zu erhalten.
Der Verbraucher ist neugierig und probierfreudig, er ist auf der Suche nach Alternativen zu den traditionellen Getränken. In der Verbrauchergunst haben nicht industriell hergestellte Säfte zugenommen. Der Trend zu Mischsäften markiert einen Wandel in der Wahrnehmung von Fruchtsäften. Sie erfreuen sich wachsender Beliebtheit, und das aus mehreren Gründen:

- **Wellness, Gesundheit und Natürlichkeit:** Verbraucher legen zunehmend Wert auf gesunde Ernährung und natürliche Inhaltsstoffe. Mischsäfte, die aus einer Kombination von Früchten und Gemüse bestehen, bieten eine Vielzahl von Vitaminen, Mineralstoffen und Antioxidantien, die zur Förderung des Wohlbefindens beitragen.
- **Zusatznutzen:** Viele Mischsäfte sind so konzipiert, dass sie spezifische gesundheitliche Vorteile bieten. Ob durch die Kombination von Zutaten für eine bessere Verdauung oder zur Stärkung des Immunsystems – die Verbraucher suchen nach Produkten, die über den reinen Genuss hinausgehen.
- **Convenience:** In einer schnelllebigen Welt schätzen viele Menschen praktische Lösungen. Mischsäfte bieten eine einfache Möglichkeit, gesunde Nährstoffe in den Alltag zu integrieren, ohne viel Zeit mit der Zubereitung frischer Säfte verbringen zu müssen. Die Verfügbarkeit in handlichen Verpackungen macht es einfach, sie unterwegs zu konsumieren.

Diese Faktoren tragen dazu bei, dass Mischsäfte nicht nur als erfrischende Getränke, sondern auch als wertvolle Ergänzung einer gesundheitsbewussten Lebensweise wahrgenommen werden.

© Georg Innerhofer

Mischsäfte auf Basis von Apfelsaft mit intensiven Farben.

Neben den Mischungen aus Fruchtsäften haben sich auch Frucht-Gemüse-Mischprodukte am Markt etablieren können. Sie schmecken dem Konsumenten, werden als gesund wahrgenommen und bieten mit einer Vielfalt neuer Geschmacksrichtungen ein Geschmackserlebnis.

Neben bekannten Kombinationen mit Tomaten, Karotten oder Roten Rüben finden sich auch Säfte aus Sellerie, Kartoffeln oder Sauerkraut im Angebot. Bei der Herstellung dieser Mischsäfte sind jedoch einige Besonderheiten zu beachten, insbesondere bei der Haltbarmachung. Eine gründliche Reinigung des Gemüses ist unerlässlich, um hitzetolerante Sporen von Bodenmikroorganismen zu entfernen, die sonst zu späterem Verderb führen könnten. Während Fruchtsäfte mit pH-Werten zwischen 3 und 4 durch einfache Pasteurisation haltbar gemacht werden können, erfordern Gemüsesäfte mit höheren pH-Werten von 5–6 eine Sterilisation bei über 100 °C in speziellen Gerätschaften. Um die Haltbarmachung mit den verbreiteten Geräten zur Pasteurisation zu ermöglichen, kann der pH-Wert von Gemüsesäften gesenkt werden. Dies geschieht entweder durch Zugabe von Milchsäurebakterien, die den Milchsäuregehalt erhöhen und gleichzeitig den ernährungsphysiologischen Wert steigern, oder durch Mischen mit sauren Obstsäften. Letzteres ist die einfachere und schnellere Methode, um den pH-Wert unter 4,5 zu senken und somit eine Haltbarmachung bei Temperaturen unter 100 °C zu ermöglichen.

4.7.5 KZE-Einlagerung

Die KZE-Einlagerung (Kurzzeiterhitzung) ist eine moderne Methode zur Konservierung von Fruchtsäften. Dabei wird der Saft kurz erhitzt, um Enzyme und Mikroorganismen zu inaktivieren, dann schnell abgekühlt und kalt in große Edelstahltanks abgefüllt. Dort kann er über Wochen oder Monate lagern und bei Bedarf abgefüllt werden.

Da die Erntesaison bei Früchten kurz ist, müssen Fruchtsaftbetriebe im Herbst große Mengen in kurzer Zeit verarbeiten. Die KZE-Methode ermöglicht eine effiziente Produktion, da große Saftmengen schnell verarbeitet werden können. Zudem erlaubt die Technologie, die Arbeitsschritte des Fertigstellens und Füllens der Säfte über einen längeren Zeitraum zu verteilen. Ohne diese Methode müsste die gesamte Jahresproduktion bereits im Herbst in Flaschen gefüllt werden, was aus logistischen Gründen kaum möglich wäre.

Bei der KZE-Einlagerung wird der Saft kurzzeitig auf etwa 80 °C erhitzt und dann rasch wieder abgekühlt. Diese Hitzebehandlung tötet Mikroorganismen ab und inaktiviert Enzyme, während Aromen und Nährstoffe weitgehend erhalten bleiben. Anschließend wird der Saft unter sterilen Bedingungen in spezielle KZE-Tanks gefüllt, die zuvor gründlich gereinigt und mit heißem Dampf sterilisiert wurden. Nach der Sterilisation werden die Tanks mit steriler Luft oder Stickstoff ausgeblasen, um Restfeuchtigkeit zu entfernen und Oxidation zu verhindern. Die Befüllung der sterilisierten Tanks erfolgt unter streng kontrollierten Bedingungen, um Kontaminationen mit Mikroorganismen zu vermeiden und so die Haltbarkeit des Saftes zu gewährleisten.

Der Saft wird als Direktsaft gelagert, ohne Eindicken zu Konzentrat und spätere Rückverdünnung. Dies trägt dazu bei, dass die Säfte heller bleiben und ihr frisches Aroma besser bewahren als bei der Konzentratmethode.

4.8 Säfte aus Konzentrat

Aus Fruchtsaftkonzentrat hergestellte Fruchtsäfte sind klar als „aus Fruchtsaftkonzentrat hergestellt“ deklariert und haben einen großen Anteil am weltweiten Saftkonsum. Das dafür benötigte Konzentrat ist ein weltweit gehandeltes Produkt. Hergestellt wird es meistens in den Regionen, wo die Produktion eher günstig und einfach ist.

Um das Fruchtsaftkonzentrat zu gewinnen, wird einem frisch gepressten Saft unter

Vakuumbedingungen so viel Wasser durch Abdampfen entzogen, bis der Saft auf circa ein Sechstel seines Volumens eingedickt ist. Dabei erreicht man eine recht dickflüssige, fast honigartige Konsistenz und Trockensubstanzgehalte von etwa 60 %, also 60 °Brix. Neben der gewünschten Mengenreduktion gehen dabei auch Aromastoffe aus dem Saft verloren. Spezielle Apparaturen trennen die Aromastoffe vom entstandenen Dampf und sammeln sie auf. Am Bestimmungsort erfolgt durch Rückverdünnung mit Trinkwasser wieder ein Fruchtsaft mit 100 % Fruchtanteil.

Die durch Rückverdünnung hergestellten Säfte weisen deutliche Unterschiede im Geschmacks- und Aromaprofil zu den Direktsäften auf. Säfte aus Konzentrat sind, bedingt durch Hitzeeinwirkung während des Konzentrationsprozesses, dunkler als Direktsäfte. Auch beim Aroma gibt es Unterschiede. Die beim Konzentrieren verflüchtigten und aufgefangenen Aromen dürfen zwar beim Rückverdünnen wieder zugesetzt werden, dennoch können sie das ursprüngliche frische Aroma nicht wiederherstellen.

Der Vorteil in der Verwendung von Konzentrat liegt in seiner ganzjährigen weltweiten Verfügbarkeit und Kosteneffizienz. Die Fruchtsafthersteller erreichen durch die Verwendung von Konzentraten höhere Lagerkapazitäten, können die Abfüllung über einen längeren Zeitraum gleichmäßig verteilen und Jahre mit einer schlechten Obsternte durch Lagerreserven ausgleichen.

4.9 Pasteurisation

Als klassisches Verfahren zur Haltbarmachung von Fruchtsaft gilt die Pasteurisation bei Temperaturen unter 100 °C. Bei stillen Getränken erfolgt dieser Schritt meist durch die Heißfüllung. Für die Saftqualität ist dieser Erhitzungsschritt von großer Bedeutung. Empfohlene Temperatur für klare Apfelsäfte ist 78 °C. Naturtrüber Saft sollte wegen des höheren Enzymgehalts und der oftmals höheren Keimzahlen bei mindestens 80 °C gefüllt werden.

Bei zu geringer Hitzeeinwirkung ist die Haltbarkeit nicht garantiert. Wird der Saft andererseits

Einfache Apparatur zur Saftherstellung mit Süßmostglocke, Reihenfüller und Kapselanroller.

© Georg Innerhofer

Plattenpasteur zur Erhitzung vorwiegend klarer Säfte.

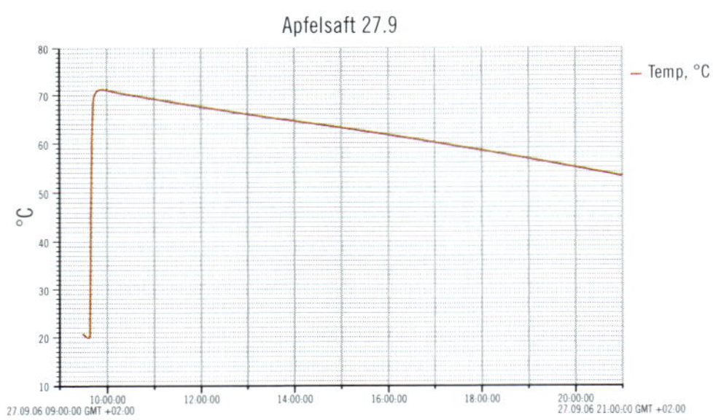

© Georg Innerhofer

Heiß in Großkisten geklaubte Flaschen bleiben relativ lange heiß.

zu hoch erhitzt oder die hohe Temperatur zu lange gehalten, ist ein deutlicher Aromaverlust zu bemerken. Außerdem bildet sich aus der Karamellisierung von Zucker ein Stoff namens Hydroxymethylfurfural. Ein zu hoher Gehalt davon wird als „Kochton" bezeichnet und gilt als Geruchs- und Geschmacksfehler.

4.10 Haltbarkeit

Die Haltbarkeit von Fruchtsäften hängt von der Art des Saftes, dem Gebinde und den Lagerbedingungen ab. Je nach Obstart variiert die Haltbarkeit. Einige Säfte verlieren rasch ihre frische Farbe, während andere schneller im Aroma nachlassen.
Fruchtsäfte kommen vorwiegend in Flaschen, Bag-in-Box-Säcken oder Kartonverpackungen auf den Markt. Glasflaschen sind absolut gasdicht und daher ideal zur Lagerung von Säften geeignet. PET-Flaschen sind für Fruchtsäfte eher nicht geeignet. Karton- oder Kunststoffverpackungen sind nicht immer 100 %ig dicht, erst eine Alubeschichtung sorgt für zuverlässige Dichtheit. Durchsichtige Bag-in-Box-Säcke eignen sich daher nicht für eine längerfristige Lagerung.

Fruchtsaft z. B. Apfelsaft	Bezeichnung des Lebensmittels
Franz Muster Obstweg 1, 1234 Garten	Lebensmittelunternehmer
1 l	Nettofüllmenge
L-011006	Losnummer/Chargennummer
Mindestens haltbar bis Ende MM/JJ oder Mindestens haltbar bis TT/MM/JJ	Mindesthaltbarkeitsdatum
Nach dem Öffnen gekühlt lagern und bald verbrauchen	Temperatur und Lagerbedingungen
Zutaten: Apfelsaft, Antioxidationsmittel: Ascorbinsäure	Zutaten

Zweifruchtsaft z. B. Apfel-Holunder-Saft
Franz Muster Obstweg 1, 1234 Garten
1 l
L-011006
Mindestens haltbar bis Ende MM/JJ oder Mindestens haltbar bis TT/MM/JJ
Nach dem Öffnen gekühlt lagern und bald verbrauchen
Zutaten: Apfelsaft (85 %), Holundersaft (15 %), Antioxidationsmittel: Ascorbinsäure

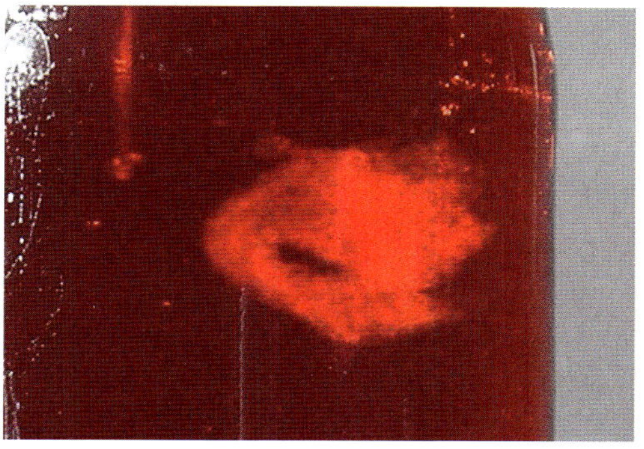

© Georg Innerhofer

Wattebauschartiger Schimmelpilz in zu wenig erhitztem Saft.

Eine kühle und lichtgeschützte, dunkle Lagerung ist entscheidend für die Haltbarkeit von Fruchtsäften. Üblicherweise beträgt die Mindesthaltbarkeit bis zu 12, maximal 18 Monate nach der Abfüllung. Bei richtiger Lagerung ist der Genuss jedoch deutlich länger möglich.

4.11 Kennzeichnung

Bei der Kennzeichnung von Fruchtsäften gibt es wenige spezielle Kennzeichnungselemente. Schwierigkeiten kann die Zutatenliste bereiten. Bei Säften aus zwei Obstarten müssen die Anteile der beiden Mischungspartner in der Zutatenliste vermerkt sein. Sind mehr als zwei Obstarten im Saft enthalten, reicht die Aufzählung nach Reihenfolge der verwendeten Mengen.

Weitere Zutaten bei der Saftherstellung müssen auf dem Etikett ausgewiesen sein. Erfolgt ein Zusatz von Ascorbinsäure, muss der Verwendungszweck vorangestellt werden. So lautet es dann „Antioxidans Ascorbinsäure“ oder „Antioxidans E 300“. Der Hinweis auf Vitamin C darf nicht erfolgen. Gleiches gilt bei Zitronensäure. Erfolgt ein Zusatz, lautet die Deklaration „Säuerungsmittel Zitronensäure“.

Damit Lebensmittel nach dem Öffnen der Verpackung entsprechend aufbewahrt oder verwendet werden können, ist gegebenenfalls ein Hinweis zu machen über die Aufbewahrungsbedingungen und/oder den Zeitraum für den Verzehr. Bei Fruchtsäften ist der Hinweis „nach dem Öffnen gekühlt lagern und bald verbrauchen“ anzubringen.

4.12 VERSTÄNDNISFRAGEN

1. Wie wird der Begriff „Fruchtsaft“ definiert und wo ist diese Definition zu finden?
2. Was sind die grundlegenden Unterschiede zwischen der Herstellung von Direktsaft und Fruchtsaft aus Konzentrat?
3. Welche Schritte sind von der Ernte weg notwendig, um Saft aus Fruchtsaftkonzentrat herzustellen?
4. Nenne die speziellen Anforderungen an Äpfel für die Herstellung von naturtrüben Säften und erläutere die Gründe dafür.
5. Beschreibe ein mögliches Verfahren zur Herstellung von naturtrüben Fruchtsäften und nenne sowohl Vor- als auch Nachteile dieses Verfahrens.
6. Was versteht man unter Buntsäften und welche Punkte sind bei ihrer Herstellung zu berücksichtigen?
7. Welche besonderen Aspekte sind bei der Haltbarmachung von Gemüsesäften zu beachten und wie wird damit umgegangen?
8. Welche Äpfel eignen sich besonders gut zur Herstellung von naturtrüben Säften und welche weniger? Begründe deine Auswahl.
9. Wie funktioniert der Prozess der Klärschönung für klare Fruchtsäfte und was ist dabei besonders zu beachten?
10. Von welchen Faktoren hängt die Haltbarkeit von Fruchtsäften ab?

Fruchtnektar

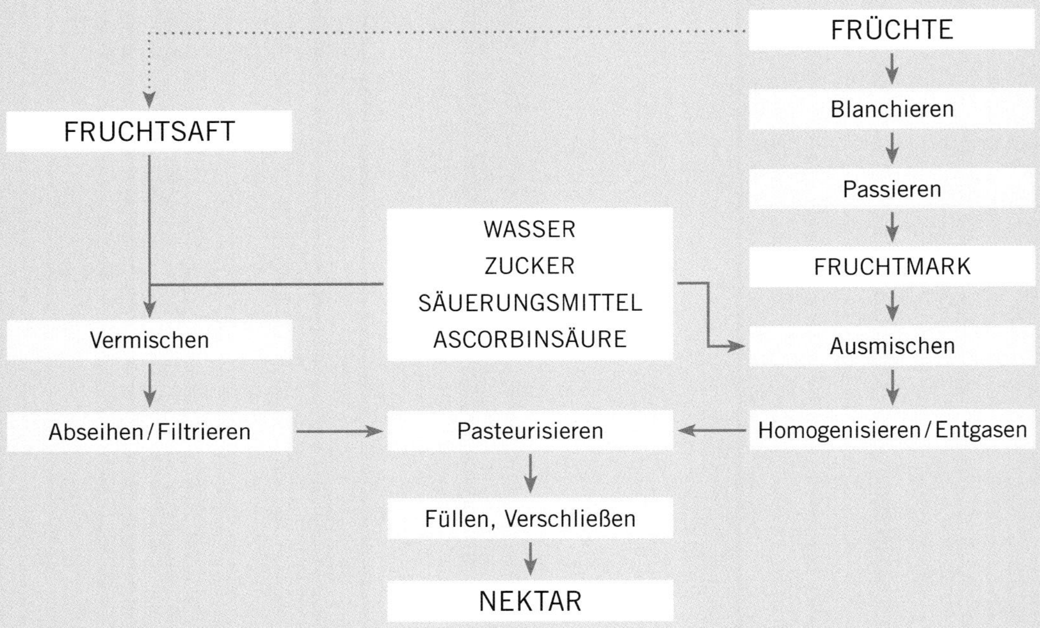

Fruchtnektar

Der Begriff „Nektar" hat seine Wurzeln im Griechischen und bezeichnete ursprünglich das Getränk der Götter in der griechischen Mythologie. In der Biologie hingegen beschreibt er eine süße, zuckerhaltige Flüssigkeit, die von Blütenpflanzen produziert wird. Unabhängig von seiner Herkunft symbolisiert der Begriff eine besonders köstliche und begehrenswerte Flüssigkeit.
Viele Früchte geben einen Saft, der direkt genießbar ist. Allerdings trifft dies nicht auf alle Obstarten zu. Bei einigen Früchten ist es notwendig, den Saft oder das Fruchtmark zu verarbeiten, um ein schmackhaftes und harmonisches Getränk herzustellen. Um aus diesen Obstarten einen trinkfertigen „Nektar" zu gewinnen, wird das Fruchtmark oder der Rohsaft mit Wasser, Zucker und gegebenenfalls Zitronensäure gemischt. Der gezielte Zusatz von Wasser beeinträchtigt die Qualität des klassischen Nektars nicht, sondern ist entscheidend, um ein ausgewogenes und genussvolles Getränk zu erhalten.

© Georg Innerhofer

Fruchtnektar in unterschiedlichsten Farben.

5.1 Definition

Die Richtlinie 2012/12/EU des Europäischen Parlaments und des Rates vom 19. April 2012 legt die Anforderungen an die Zusammensetzung und Kennzeichnung von Fruchtsäften und Fruchtnektaren fest. In Österreich wird die Herstellung von Fruchtnektar durch die Fruchtsaftverordnung (FSV, BGBl. 83/2004 VO vom 16.02.2004) geregelt.
Je nach Fruchtart und Eignung zum unmittelbaren Genuss definieren diese Vorgaben den Mindestfruchtanteil im Nektar. In der Tabelle sind die wichtigsten Nektararten angeführt, die vollständige Auflistung findet sich in der Verordnung.

Vielerorts wird Nektar als fruchtmarkhaltiges Produkt verstanden, was aber so nicht definiert

MINDESTFRUCHTGEHALT	GEHALT IN %
Für Früchte mit saurem Saft, die zum unmittelbaren Genuss nicht geeignet sind	
Schwarze Johannisbeere	25
Weichsel	35
Erdbeere	40
Marille	40
Himbeere	40
Quitte	50
Für Früchte mit zum unmittelbaren Genuss geeigneten Saft	
Apfel	50
Birne	50
Pfirsich	50

ist. Ob der Nektar blank ist oder nicht, hängt in erster Linie von der Obstart ab.

Nektar kann, aber muss nicht fruchtmarkhaltig sein.

Bei schwer zu entsaftenden Obstarten wie Marille, Birne oder Pfirsich gelangt das gesamte Fruchtfleisch zur Verarbeitung. Spezielle Geräte trennen die „ungenießbaren" Teile der Frucht wie Kerne, Steine, Stängel oder Ähnliches ab und zerkleinern das Fruchtfleisch zu dickflüssigem, manchmal musartigem Fruchtmark. Ohne Verdünnung wäre das Mark zu dickflüssig und nicht trinkbar.
Säfte aus sauren Früchten, wie zum Beispiel aus Johannisbeeren, Quitten oder Weichseln, weisen von Natur aus einen zu hohen Säuregehalt für einen direkten Genuss auf. Nur wenige Obstarten wie Himbeeren oder Heidelbeeren eignen sich für sowohl blanken als auch fruchtfleischhaltigen Nektar.

EIGNUNG VON FRÜCHTEN ZUR NEKTARBEREITUNG

Blank	Fruchtmarkhaltig
Heidelbeere	Birne
Himbeere	Erdbeere
Johannisbeere	Marille
Sauerkirsche	Orange
Weintraube	Pfirsich

5.1.1 Blanker Nektar

Nahezu alle Konsumenten kennen klaren Nektar, sprechen ihn sehr oft fälschlicherweise als „Saft" an.
Früchte, die sich leicht entsaften lassen, eignen sich gut zur Herstellung von blankem Nektar. Großer Wert bei der Herstellung ist auf die Farb- und Geschmacksintensität des Rohsaftes zu legen. Sie ist entscheidend für die Qualität im späteren Nektar. Ihre Gewinnung verläuft prinzipiell gleich wie die von blanken Fruchtsäften (siehe Kapitel Fruchtsaft); Rezepturerstellung und Ausmischen erfolgen gleich wie bei fruchtmarkhaltigem Nektar.

5.1.2 Fruchtmarkhaltiger Nektar

Schwierig zu entsaftende Früchte verwendet man eher zur Herstellung fruchtmarkhaltiger Produkte. Ihre Verarbeitung verläuft gänzlich anders.

5.2 Geeignete Früchte

Die Auswahl der Früchte ist trotz des Zusatzes von Wasser und Zucker von größter Bedeutung. Nur vollreife Früchte bringen ausreichend viel Aroma mit, sie dürfen aber keinesfalls überreif sein.

Vom Kernobst verarbeitet man hauptsächlich Birnen zu Nektar. Sie sollten reif und innen noch hell und saftig sein. Unreife Birnen führen zu einem eher neutralen Produkt. Teigig-überreife Birnen sind nicht mehr geeignet; ihre Verarbeitung würde zu leicht bräunlichen, etwas dumpf schmeckenden Produkten führen.
Bei Steinobst ist der richtige Verarbeitungszeitpunkt dann erreicht, wenn die Früchte bereits stark aufgeweicht sind, aber noch keinesfalls dumpf oder faulig schmecken. Durch die folgeartige Reife liegt das Problem darin, dass zum Verarbeitungszeitpunkt Früchte mehrerer

Vor allem fruchtmarkhaltiger Nektar zeigt sich in intensiven Farben.

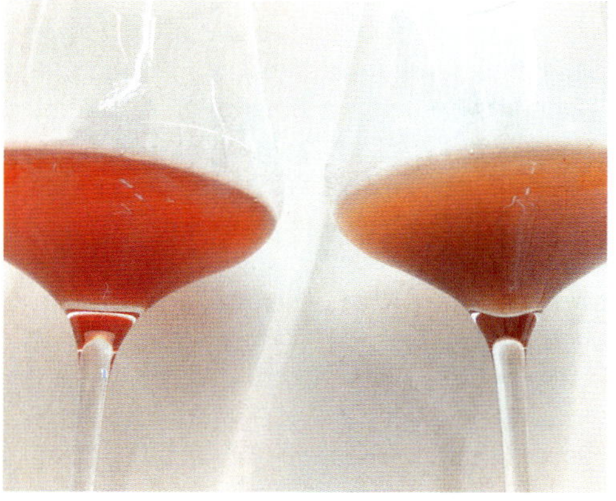

© Georg Innerhofer

Die Erdbeere bringt sehr aromatische Nektare, beginnt aber bereits nach wenigen Wochen zum Bräunen.

Erntetermine gleichzeitig vollreif sein müssen. Das lässt sich nur durch Einlagern der früher geernteten Früchte in einem Kühlhaus und rechtzeitig beginnender Nachreifung bewerkstelligen. Unreife Früchte haben Defizite in Farbe, Zuckergehalt und Geschmack. Aus ihnen lässt sich kein farbkräftiger, vollfruchtiger Nektar herstellen, sie sind ungeeignet.
Beerenobst reift wie die meisten Steinobstarten folgeartig, wird somit in Etappen geerntet. Die Herausforderung liegt auch hier in der gleichmäßig hohen Reife. Da Beeren noch schneller verderben als die meisten Früchte vom Steinobst, werden diese häufig zur Zwischenlagerung eingefroren und so verarbeitet.
Aus der Erdbeere lassen sich aromaintensive, anfangs leuchtend rote Nektare herstellen, die aber einer raschen Alterung unterliegen. Ein Einfrieren vor der Verarbeitung hat sich als günstig für die Farbstabilität im Nektar erwiesen.

5.3 Erhitzen

Der erste Erhitzungsschritt in der Nektarbereitung, bekannt als Hot Break oder Thermobreak, spielt eine entscheidende Rolle für die Qualität des Endprodukts.

Mit diesem Arbeitsschritt verfolgt man folgende Ziele:

- **Thermischer Aufschluss der Frucht**
  Schon vor dem Erhitzen werden die Früchte, je nach Aufbau der Verarbeitungslinie, vorzerkleinert und/oder entsteint.
  Die angestrebte Blanchiertemperatur liegt zwischen 80 und 85 °C. Durch die hohen Temperaturen werden die Zellstrukturen der Früchte aufgebrochen, was die Freisetzung von Saft und Aromen fördert. Die vorzerkleinerten und weichen Früchte lassen sich nun leichter und mit höherer Ausbeute passieren.

- **Verringerung der Keimzahl**
  Bei der Verarbeitung hochreifer Früchte besteht eine erhöhte Keimbelastung, die Risiken für Geruch, Geschmack sowie Trüb- und Farbstabilität des späteren Nektars birgt. Durch die Erhitzung können Hefen und Bakterien effektiv inaktiviert und die Vermehrung von Schimmelpilzen gestoppt werden. Ein effektiver Erhitzungsschritt reduziert die Keimzahl und minimiert damit unerwünschte Veränderungen im Endprodukt.

- **Inaktivieren von pektolytischen und oxidativen Enzymen**
  Das Aufbrechen der Zellstrukturen erhöht die Enzymaktivität, die erst bei einer Temperatur von 60 °C sicher gestoppt wird. Daher ist es wichtig, die Zeitspanne zwischen dem Zerkleinern und dem Blanchieren möglichst kurz zu halten. Gleichzeitig werden die von Mikroorganismen freigesetzten pektolytischen Enzyme inaktiviert. Da Pektin für die Trubstabilität im Nektar mitverantwortlich ist, muss ein enzymatischer Abbau unbedingt vermieden werden. Zudem führen oxidative Enzyme zu unerwünschten Farbveränderungen, meist in Form von Bräunungen, weshalb eine rasche Inaktivierung dieser Enzyme notwendig ist.

In den meisten Nektaranlagen wird ein dampfbeheizter, kontinuierlich arbeitender Schneckenblancheur eingesetzt, während andere Anlagen mit einem Kochkessel für den diskontinuierlichen Betrieb ausgestattet sind. Die Erhitzung erfolgt entweder direkt oder indirekt mit Dampf. Bei der indirekten Methode kommen die Früchte nicht direkt mit dem Dampf in Berührung. Direktes Einleiten bewirkt eine schnellere Erhitzung, hinterlässt jedoch auch Kondenswasser auf den Früchten. Obwohl die indirekte Methode langsamer ist, wird sie bevorzugt.

5.4 Passieren

Die Passiermaschine trennt Stängel, Hautteile und noch feste Fruchtteile ab und zerkleinert die weichen Fruchtteile zu Fruchtmark. Durch den vorhergehenden thermischen Aufschluss der Früchte sind diese so weit aufgeweicht, dass sich das Fruchtfleisch beim Passieren leicht von Kernen, Stängeln und Schalen trennen lässt. Wenn die Temperatur der Früchte jedoch zu niedrig ist oder einige Früchte noch unreif und hart sind, bleiben sie teilweise fest. Dies führt dazu, dass Fruchtteile zusammen mit den Feststoffen ausgetragen

© Georg Innerhofer

Passiermaschine

werden, was zu Ausbeuteverlusten führt.
Ist ein besonders feines Mark erwünscht, erfolgt ein zweiter Passierschritt. Bei zweistufigen Passieranlagen erfolgt der erste Passiervorgang mit einem groben ersten Sieb und eine zweite Stufe mit einem feineren Siebeinsatz.
Entscheidend für die Ausbeute an Fruchtmark sind Obstart, Fruchtqualität, Vorzerkleinerung und Blanchiervorgang. Während bei Birnen Ausbeuten (Verhältnis Fruchtgewicht: Abfall) um 90 % möglich sind, erreicht man bei Pfirsichen oder Marillen durchschnittlich 70–85 %.

5.5 Weitere Zutaten

Bei sowohl blankem als auch bei fruchtmarkhaltigem Nektar setzt man üblicherweise zu:

- **Wasser**
  Durch die Zugabe von Wasser wird dickflüssiges Fruchtmark verdünnt und dadurch der Zucker- und Säuregehalt reduziert. Die Grenzen für den Mindestfruchtgehalt ergeben sich aus der jeweiligen Verordnung bzw. aus dem Geschmack des Produkts. Fruchtmarkhaltige Nektare aus Zwetschken oder Kirschen werden aus geschmacklichen Gründen nur selten bis auf den Mindestfruchtgehalt verdünnt, meist bleiben sie einige Prozent darüber.

- **Zucker** verleiht dem verdünnten Saft einen süßen und vollmundigen Geschmack. Er erhöht die Viskosität und sorgt so für ein besseres „Mundgefühl". In vielen Früchten ist Zucker ein Aromaträger. Erst nach dem Zuckern kommt das Fruchtaroma richtig zur Geltung. Der Zuckerzusatz ist auf maximal 20 Gewichtsprozent des Endprodukts begrenzt. Dieser Wert wird in der Regel nicht erreicht.

- **Säure**
  Bei vielen Früchten entsteht durch das Verdünnen und Zuckern ein unharmonisch

süßer Geschmack. Dies wird durch den Zusatz von Säure verhindert. Zum Ansäuern von Nektar wird hauptsächlich Zitronensäure (E 330), selten Milchsäure (E 270) verwendet. Der Zusatz beider Säuren ist auf maximal 5 g/l begrenzt. Auch hier wird in der Regel nicht so viel zugesetzt.

- **Ascorbinsäure (E 300)**
  verhindert die Braunfärbung des fertigen Nektars. Ihr Zusatz ist vor allem bei wenig farbstabilen Produkten wie Birnen- oder Pflaumennektar zur Farberhaltung notwendig und sollte bei Produkttemperaturen unter 40 °C erfolgen. Die Einsatzmenge ist definiert als „quantum satis", also „so viel wie notwendig" und liegt zwischen 200 und 350 mg/l.

5.6 Berechnung Zutaten

Die Berechnung der Zutaten über das Volumen und Brix birgt eine gewisse, aber geringe Ungenauigkeit und ist praxisüblich.

5.6.1 Berechnungsbeispiel Pfirsichnektar

Vorhanden sind 900 Liter Pfirsichmark mit einem Trockensubstanzgehalt von 10 °Brix und einem Säuregehalt von 6 g/l. Wie viel Wasser, Zucker und Zitronensäure müssen hinzugefügt werden, um im Endprodukt 15 °Brix, 5,5 g/l Säure, 250 mg/l Ascorbinsäure und einen Fruchtgehalt von 45 % zu erreichen?

Schritt 1: Berechnung Menge Endprodukt
Basierend auf den gegebenen Daten und der Menge vom Pfirsichmark lässt sich die Menge des Endprodukts mit folgender Formel berechnen:

$$Liter_{gesamt} = \frac{Liter_{Mark} \times 100}{Fruchtanteil}$$

$$= \frac{900 \times 100}{45} = 2000\ Liter$$

Schritt 2: Berechnung Zusatz Säure
Zur Ermittlung vom Säurezusatz berechnet man zuerst die Gesamtmenge der Säure im Endprodukt und zieht anschließend die bereits vorhandene Säuremenge vom Pfirsichmark ab.

$$Säurezusatz =$$

$$\left(Liter_{gesamt} \times \frac{g}{l}_{Nektar}\right) - \left(Liter_{Mark} \times \frac{g}{l}_{Mark}\right)$$

$$= (2000 \times 5{,}5 - 900 \times 6) = 5600\ \text{g} = 5{,}6\ \text{kg}$$

Schritt 3: Berechnung Zusatz Ascorbinsäure
Ascorbinsäure verhindert bereits in kleinen Mengen die Bräunung. In der Regel werden pro Liter Fertigprodukt 250 mg/l (entspricht 0,250 g/l) Ascorbinsäure zugesetzt.

$$Ascorbinsäure =$$

$$Liter_{gesamt} \times 0{,}250\ \frac{g}{l} = 2000 \times 0{,}25 = 500\ \text{g}$$

Schritt 4: Berechnung Zusatz Trockensubstanz (Zucker)
Für die Berechnung des Zuckerzusatzes benötigt man folgende Informationen:

- Menge Pfirsichmark
- Brix Pfirsichmark
- Gewünschte Brix Endprodukt (Nektar)
- Gesamtmenge Endprodukt
- Notwendiger Säurezusatz

Zuerst berechnet man die Menge Trockensubstanz (TS), die im Endprodukt enthalten sein soll. Anschließend zieht man davon die bereits im Mark vorhandene Menge an Trockensubstanz und die zugesetzte Menge an Säuren (Zitronensäure und Ascorbinsäure) ab. Die Differenz dieser beiden Werte ergibt die Menge an Zucker, die hinzugefügt werden muss.

$$Trockensubstanz_{gesamt} = \frac{Liter_{gesamt} \times Brix_{Nektar}}{100}$$

$$= \frac{2000 \times 15}{100} = 300\ kg$$

$$Trockensubstanz_{Mark} = \frac{Liter_{Mark} \times Brix_{Mark}}{100}$$

$$= \frac{900 \times 10}{100} = 90\ kg$$

Zuckerzusatz =

$TS_{gesamt} - TS_{vorhanden} - TS_{Säure} - TS_{Ascorbinsäure}$

= 300 – 90 – 5,6 – 0,5 = 203,9 *also rund* 204 *kg*

Somit ermittelte Zutaten

Zur Umrechnung der von kg Zucker oder Säure auf l verwendet man den Faktor 0,625 (1 kg Zucker ergibt nach dem Auflösen 0,625 l).

- 900 l Pfirsichmark
- 127,5 l Zucker (204 kg × 0,625)
- 3,5 l Zitronensäure (5,6 kg × 0,625)
- 0,31 l Ascorbinsäure (0,5 kg × 0,625)
- 1031,31 l gesamt

Schritt 5: Wasserzusatz

Zum Ermitteln der benötigten Wassermenge gibt es zwei praktizierte Wege.

Möglichkeit 1:
Auffüllen auf die errechnete Gesamtmenge

Zucker, Säure und Ascorbinsäure werden zunächst mit einem Großteil der benötigten Wassermenge im Mischbehälter gelöst und nach dem vollständigen Auflösen zum Pfirsichmark in den Fertigstellungstank gepumpt. Das Auflösen kann auch im Tank zum Fertigstellen erfolgen. Nun kann das Gemisch mit Wasser auf die berechnete Gesamtmenge (in diesem Fall auf 2000 l) aufgefüllt werden.

Möglichkeit 2:
Errechnen der notwendigen Wassermenge

Alternativ zum Auffüllen auf die errechnete Gesamtmenge kann der Wasserzusatz auch wie folgt errechnet werden:

Wasserzusatz =

$Liter_{gesamt} - Liter_{Mark} - (kg_{Zucker} - kg_{Säure} - kg_{Ascorbinsäure}) \times 0{,}625 =$

2000 – 900 – (204 + 5,6 + 0,5) × 0,625 = 969 *Liter*

Es müssen also etwa 969 l Wasser hinzugefügt werden, um die gewünschten Werte zu erreichen.

5.7 Ausmischen

In den Mischbehältern erfolgt die Zugabe der Zutaten zum Fruchtmark bzw. Fruchtsaft. Während in Großbetrieben die Zugabe von Wasser und Zucker über fest installierte Zuleitungen halb- oder vollautomatisch erfolgt, geschieht dies in Kleinbetrieben noch in einzelnen manuellen Arbeitsschritten.
Entscheidend für die Funktionalität eines Mischbehälters ist ein richtig dimensioniertes Rührwerk. Nur dieses gewährleistet ein schnelles Auflösen und Vermischen der Zusatzstoffe und sorgt für einen gut durchmischten und homogenen Tankinhalt. Zu hohe Drehzahlen des Rührwerks führen zu unerwünschtem Lufteintrag in den Nektar und damit zur Schaumbildung; zu niedrige Drehzahlen reichen für eine vollständige Durchmischung nicht aus.

© Georg Innerhofer

Fix angebautes, leistungsstarkes Rührwerk zum Vermischen der Zutaten im Nektar.

Mischtanks bzw. Tanks zum Fertigstellen vom Nektar haben entweder eine genaue Füllstandsanzeige zur Mengenkontrolle oder ihr Inhalt kann gewogen werden. Füllstandsrohre sollten einen größeren Durchmesser als üblich haben, da es sonst bei dickflüssigem Fruchtmark andernfalls zu Messfehlern kommen kann.

5.8 Homogenisieren

Die Hochdruckhomogenisierung ist ein wesentlicher Schritt bei der Herstellung von Fruchtnektar, um eine gleichmäßige Textur und eine stabile Emulsion zu gewährleisten. Sie wird durchgeführt, um das Produkt optisch und geschmacklich attraktiver zu machen.
Die Hauptkomponenten eines Hochdruckhomogenisators sind eine Hochdruckkolbenpumpe mit nachgeschaltetem Expansionsventil. Für die Nektaraufbereitung bauen die Pumpen einen Druck von circa 150 bar auf. Über ein Entspannungsventil trifft der Nektar auf eine Prallplatte, wobei eine schlagartige Druckentlastung erfolgt. Dies führt zur Zerkleinerung bzw. gleichmäßigen Verteilung der Feststoffe in der flüssigen Phase.

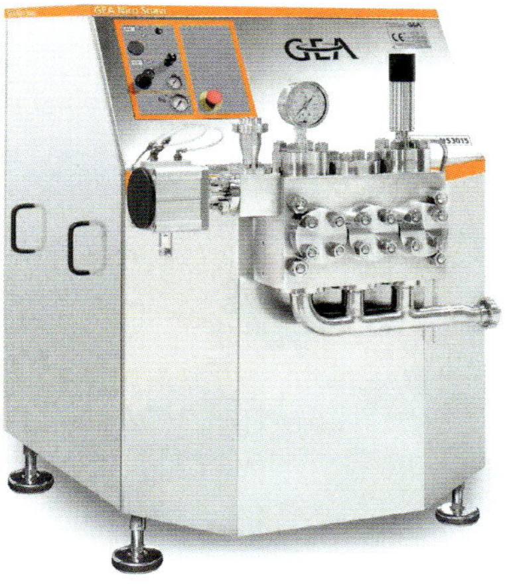

© GEA

Hochdruckhomogenisator.

Vorteile der Hochdruckhomogenisierung:

- Feine Zerkleinerung faseriger und größerer Bestandteile
- Erhöhung der Viskosität des Produkts
- Verringerung der Absetzneigung von Fruchtteilen
- Vergrößerung der Oberfläche, was die Geschmacksintensität erhöht
- Verbesserung des Mundgefühls
- Erzeugung einer cremigeren und gleichmäßigeren Konsistenz
- Intensivere Wahrnehmung des Aromas

Alternative Methoden
Für kleinere und mittlere Produktionsbetriebe gibt es kostengünstigere Alternativen wie mechanische Rühr- oder Mahlwerke, statische Mischer, Kolloid- oder Korundscheibenmühlen. Diese Methoden sind weniger effektiv als die Hochdruckhomogenisierung, eignen sich aber für Produkte, bei denen keine extrem feine Partikelverteilung erforderlich ist.

© Georg Innerhofer

Im nicht homogenisierten Nektar kommt es zum Auftrennen der Phasen.

Vor- und Nachteile der alternativen Methoden:

- Robust, einfach zu bedienen und wartungsarm
- Kostengünstig
- Höheres Risiko von Phasenentmischung und Feststoffabsetzung
- Keine so feine Partikelverteilung und cremige Textur wie bei der Hochdruckhomogenisierung

5.9 Entgasen

Während der Verarbeitung kommt das Fruchtmark immer wieder mit Sauerstoff in Kontakt, der sich teilweise darin löst und zu unerwünschten Reaktionen führen kann. Bei der Entgasung von Fruchtnektar wird dieser zunächst leicht erwärmt, um die Löslichkeit der Gase zu verringern. Anschließend wird der Nektar in einen Vakuumbehälter gepumpt, in dem der Unterdruck den Siedepunkt der Flüssigkeit senkt. Dadurch können die gelösten Gase leichter entweichen und werden abgesaugt.
Der Nektar wird dabei fein zerstäubt, was die Oberfläche vergrößert und den Entgasungsprozess effizienter macht. Auf diese Weise werden Sauerstoff und andere gelöste Gase entfernt, die die Qualität des Nektars in späterer Folge hinsichtlich Farbstabilität und Geschmack beeinträchtigen können.
Außerdem erleichtert die Entgasung die Abfüllung, da unerwünschte Schaumbildung in der Flasche vermieden wird. Auch unerwünschte Schaumpfropfen, die sich nach der Abfüllung in der Flasche bilden können, werden durch die Entgasung vermieden.
Die Entgasung erhöht die Langzeitstabilität des Produkts, da der Aroma- und Farbabbau durch den Sauerstoffentzug reduziert wird.

© Georg Innerhofer

Gerät zur Entgasung.

5.10 Abfüllen

Im Anschluss ans Ausmischen bzw. Entgasen wird der Nektar abgefüllt. Das Abfüllen vom blanken Nektar kann mit üblichen Füllgeräten erfolgen. Da fruchtmarkhaltige Produkte recht dickflüssig sind, ist für ihre Abfüllung die Verwendung von einem Vakuumfüller empfehlenswert.

5.11 Haltbarkeit

Bei fachgerechter Herstellung ist Nektar aus mikrobiologischer Sicht viele Monate haltbar. Qualitätseinbußen im Laufe der Zeit sind vor allem auf Farb- und Aromaverluste zurückzuführen. Entscheidend für die Lagerung ist, dass die Verpackung sauerstoffundurchlässig ist. Nur eine luftdichte Verpackung verhindert den Kontakt mit Sauerstoff. Durchsichtige Bag-in-Box-Behälter sind daher für eine längere Lagerung nicht geeignet. Je dunkler und kühler der Lagerort, desto langsamer tritt der Qualitätsverlust ein. Außerdem sollte der Nektar vor Licht geschützt werden, um die Haltbarkeit zu verlängern.

5.12 Kennzeichnung

Fruchtnektar hat nur eine Besonderheit auf dem Etikett. Direkt unter der Sachbezeichnung muss der Fruchtanteil mit dem Wortlaut *„Fruchtgehalt mindestens ... %"* angegeben sein. Der Hinweis mit den Lagerbedingungen muss, wenn er angeführt wird, in folgendem Wortlaut erfolgen: *„Nach dem Öffnen gekühlt lagern und alsbald verbrauchen"*.

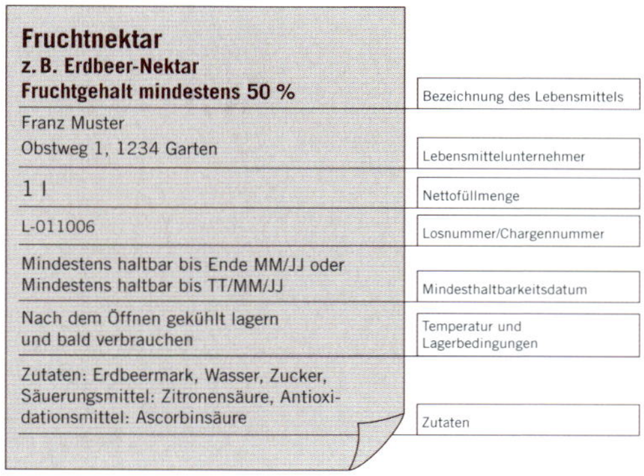

© Georg Innerhofer

Vollreife Marillen mit entsprechenden Zutaten zu Nektar verarbeitet.

5.13 VERSTÄNDNISFRAGEN

1. Welche Vorschriften gelten für Nektarherstellung und -zusammensetzung?
2. Was bestimmt, ob ein Nektar fruchtig oder klar wird?
3. Wie unterscheidet sich Nektar von Fruchtsaft?
4. Welche Zutaten braucht ein Fruchtnektar und wozu?
5. Welche Anforderungen müssen Früchte für markhaltigen Nektar erfüllen?
6. Warum und bei welchen Temperaturen erfolgt der Hot Break?
7. Wie unterscheiden sich Passieren und Homogenisieren bei der Nektarherstellung?
8. Warum ist Entgasung wichtig und wie wird sie durchgeführt?
9. Wozu und in welcher Menge wird Ascorbinsäure zugesetzt?
10. Erstelle ein Rezept für einen Pfirsichnektar aus 500 l Fruchtmark mit 10 °Brix und 6‰ Säure. Es soll ein Nektar mit 50 % Fruchtgehalt, 12 °Brix, 6‰ Säure und 200 mg/l Ascorbinsäure hergestellt werden.

Fruchtsirup

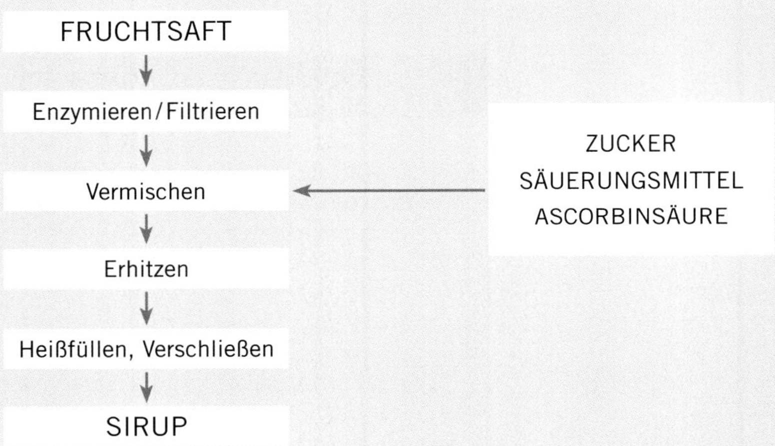

Sirup

Die Herstellung von Frucht- und Kräutersirup hat in Mitteleuropa eine lange Tradition. Ursprünglich benutzte man in Klöstern die heilenden Kräfte der Kräuter auch in Sirupform zur Behandlung von Krankheiten. Diese wurden durch das Einweichen von Kräutern in Wasser oder Wein und das anschließende Süßen mit Honig oder Zucker zubereitet. Später fand Kräutersirup auch in der Küche Verwendung, etwa zum Süßen von Getränken oder als Zutat in Desserts.
Anfangs war das Einkochen mit Zucker oder Honig zur Konservierung von Früchten bzw. Kräutern gedacht und hat vor allem nach der Industrialisierung der Zuckerherstellung an Bedeutung gewonnen.
Verdünnungssäfte galten in den letzten Jahrzehnten aufgrund des hohen Zuckergehalts als verpönt und der Sirupkonsum ging zurück. In den letzten Jahren hat der Sirupmarkt wieder stark an Bedeutung gewonnen.

© Georg Innerhofer

Die eingesetzte Regalfläche zeigt die Marktrelevanz von Sirup im Supermarkt.

6.1 Definition

Im Kapitel B6 des Codex Alimentarius Austriacus ist Sirup wie folgt definiert: Sirupe sind dickflüssige Erzeugnisse, die aus Fruchtsaft oder gleichartigen Erzeugnissen, natürlichen Aromastoffen von Fruchtschalen, Pflanzen- oder Kräuterextrakten oder durch Hinzufügen von Zucker, Wasser und deren Zutaten hergestellt und verdünnt oder unverdünnt konsumiert werden.
Meistens wird Sirup verdünnt getrunken oder unverdünnt zum Verfeinern, Aromatisieren oder Würzen von Speisen verwendet. Der Trockensubstanzgehalt im Fruchtsirup beträgt mindestens 55 °Brix, bei Kräuter- oder Blütensirupen mindestens 45 °Brix (Messung mittels Refraktometer). Zubereitungen mit geringerem Zuckergehalt dürfen nicht als Sirup vermarktet werden. Bei Fruchtsirup ist der Mindestanteil an Fruchtsaft 10 %.

6.2 Geeignete Ausgangsstoffe

6.2.1 Fruchtsäfte

Die beste Saftbasis für einen attraktiven Fruchtsirup ist …

- farb- und aromaintensiv: Geschmacksintensive Getränke erzielt man ausschließlich durch Verarbeitung hocharomatischer, einwandfreier Früchte aus den richtigen Obstarten. Nur aus diesen lässt sich ein Saft gewinnen, der auch als verdünnter Sirup noch entspricht. Dezent aromatische Früchte eignen sich weniger. Ähnlich verhält es sich mit der Farbe. Farbintensive Säfte, die nach dem Wasserzusatz noch immer ansprechend gefärbt sind, werden bevorzugt verwendet. Ein wenig farbintensiver Ausgangssaft ergibt einen blassen Sirup. Besonders große Bedeutung hat daher gerade bei rot gefärbten Früchten die richtige Saftgewinnung. Neben der Farbintensität ist auch die -stabilität wichtig. Zu Braunfärbung neigende Säfte wie die aus Zwetschken oder Erdbeeren sind nicht gut geeignet.

- geklärt:
  Der Fruchtsaft sollte weitestgehend klar sein. Am leichtesten ist es, den Saft vor der weiteren Verarbeitung bzw. vor dem Zuckerzusatz zu filtrieren. Nach dem Zuckerzusatz ist kalter Sirup zähflüssig und nicht mehr leicht zu filtrieren, da die Filterschichten einen großen Widerstand bilden. Er lässt sich nur heiß filtrieren.
- enzymiert:
  Vor dem Zuckerzusatz sollte der Saft unbedingt ausreichend enzymiert worden sein. Das von Natur aus in den Früchten vorhandene Pektin muss im Zuge der Verarbeitung durch ein pektinabbauendes (= pektolytisches) Enzym – auch als Antigeliermittel bezeichnet – aufgespalten werden. Das gilt besonders für Säfte aus Obstarten mit hohem Pektingehalt wie zum Beispiel der Schwarzen Johannisbeere. Macht man das nicht, kann es in gefülltem Sirup zu unerwünschter Gelbildung kommen.
- stabil:
  Im Hinblick auf Trübungsverursacher soll der Fruchtsaft stabil sein. Ungewollte Eiweiß- oder Gerbstoffausscheidungen im Sirup verringern die Qualität. Vor dem Zuckerzusatz sollten potenzielle Trübungsverursacher wie Eiweiß oder Gerbstoffe durch Erhitzen oder entsprechende Schönungen ganz oder zumindest so weit aus dem Saft entfernt werden, um ein späteres Ausflocken zu verhindern.

© Georg Innerhofer

Farb- und aromaintensive Früchte wie Beeren eignen sich gut zur Sirupherstellung.

Vielen der industriell hergestellten Fruchtsirupen muss mit Farb- und Aromastoffen nachgeholfen werden, damit sie den typischen Geruch und Geschmack der auf dem Etikett genannten Ausgangsstoffe aufweisen. Nur wenige Großbetriebe verzichten auf derartige Zusätze, sie arbeiten nach den gleichen Prinzipien, wie man sie auch im landwirtschaftlichen Betrieb hat, nur in größeren Dimensionen. Aufschluss darüber verleiht die Zutatenliste auf dem Etikett der Flasche.

6.2.2 Kräuter- und Blütenauszüge

Kräuter- und Blütensirupe weisen in der Herstellung große Ähnlichkeit auf. Beides sind wässrige Auszüge aus der geschmacksgebenden Komponente, die im Zuge der Sirupherstellung gezuckert und mit Säure versehen abgefüllt werden.

Die beste Saftbasis für einen attraktiven Kräuter-/Blütensirup ist …

- aromaintensiv
- klar
- stabil

An sich eignen sich alle genießbaren Kräuter oder Blüten zur Sirupherstellung. Manche geben mehr und andere weniger Geschmacksstoffe ab. Beliebt sind jene Siruparten, deren Ausgangsstoffe einen intensiven, lieblichen

© Georg Innerhofer

Vollreife, aber nicht überreife Holunderblüten eignen sich sehr gut als Basis für aromatische Sirupe.

Duft aufweisen. Besonders verbreitet sind Holunderblütensirup und Sirup aus Melissen und Minzen. Bevorzugt werden frische Ausgangsstoffe verwendet, Sirup aus getrockneten Blättern oder Blüten erinnert eher an Kräutertee. Von allen krautigen Zutaten verwendet man vorzugsweise nur das Blatt oder die Blüten. Stängel haben keine wünschenswerten Aromen, sondern beinhalten eher störende bittere Aromen.

6.3 Weitere Zutaten

6.3.1 Zucker

Erst der Zuckerzusatz macht den Saft oder Auszug zum Sirup. Die Richtwerte mit 45 °Brix für Kräutersirup bzw. mit 55 °Brix bei Fruchtsirup garantiert noch keine Haltbarkeit der geöffneten Flasche. Da dafür ein mit 60 °Brix hoher Trockensubstanzgehalt erreicht werden soll, haben sich hierfür nur kristalline Zuckerformen durchgesetzt.
Klassischer Kristallzucker (Saccharose) hat keine Fremdaromen, keinen störenden Einfluss auf die Farbe, ist leicht erhältlich und günstig in der Anschaffung. Aus diesen Gründen ist er deswegen der mit Abstand am meisten verwendete Zucker in der Siruphertellung.

6.3.2 Säure

Nach dem Verdünnen dominiert der Zucker den Geschmack. Da beim Verdünnen auch die Säure im gleichen Verhältnis wie der Zucker verdünnt wird, muss selbst bei sauren Obstarten noch Säure zugesetzt werden. Ungesäuerter Sirup ergibt ansonsten ein unharmonisch und fad schmeckendes Getränk. Das gilt besonders für Sirup aus Kräutern oder Blüten, da diese keine Säure enthalten. Ihnen muss unbedingt Säure zugesetzt werden, um nach dem Verdünnen ein harmonisches Getränk zu erhalten.
Am häufigsten setzt man Zitronensäure zu. Andere Genusssäuren wie Apfelsäure oder Weinsäure sind auch möglich, werden aber weniger verwendet.
Alternativ können auch Essig oder Zitronensaft verwendet werden. Da sowohl Zitronensäure als auch Apfelessig etwa 50 g Säure pro Liter enthalten, benötigt man zum Ersatz von 10 g kristalliner Säure etwa 200 ml dieser sauren Alternativen. Dies erfordert jedoch eine Anpassung des Rezepts und hat zudem einen erheblichen Einfluss auf den Geruch und Geschmack des Endprodukts. Es ist daher ratsam, vorab Proben durchzuführen, um unerwünschte Überraschungen im Aroma zu vermeiden.
Für den Säuregehalt im Sirup gibt es keine rechtlichen Vorgaben. Gehalte zwischen 20 und 25 g/l im Sirup ergeben nach der üblichen Verdünnung von 1 : 5, 1 : 6 oder 1 : 7 ein Getränk mit einem Säuregehalt von ungefähr 4 g/l.

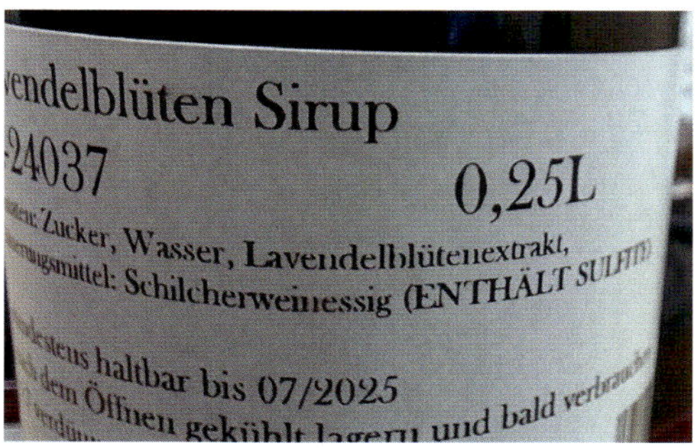

© Georg Innerhofer

Auch Essig eignet sich als Säuerungsmittel für Sirup.

6.4 Herstellung Rohsaft und Auszug

6.4.1 Fruchtsaft

Die Gewinnung vom Fruchtsaft ist im Kapitel über die Saftherstellung ausgeführt und hat unter Bedachtnahme auf die speziellen Anforderungen für die Sirupherstellung zu erfolgen.

6.4.2 Kräuter- und Blütenauszug

Das ideale Gebinde zur Herstellung von pflanzlichen Auszügen ist lichtundurchlässig, gibt keinen Geschmack ab und lässt sich gut befüllen und wieder reinigen. Behälter aus Edelstahl sind ideal. Um die Aromen aus den Pflanzenteilen zu extrahieren, werden diese mit Wasser überzogen. Je nach Ausgangsstoff erfolgt der Ansatz entweder mit kaltem oder heißem Wasser.

Bei empfindlichen Blüten, wie beispielsweise denen der Holunder-, Traubenkirsch- oder Akazienblüten, erfolgt der Ansatz kalt. Ein heißer Aufguss zerstört die feinen Aromen, der Sirup erinnert dann mehr an Kräutertee als an einen feinen Blütensirup. Andere Ausgangsstoffe wie zum Beispiel Löwenzahnblüten gießt man nicht nur heiß auf, man kocht die Blüten sogar im Wasser.

Je nach Art der angesetzten Kräuter bzw. Blüten dauert der Ansatz unterschiedlich lang. Während Minze und Melisse nur wenige Stunden Auslaugzeit benötigen, erreicht der Holunder nach rund 24 Stunden das Maximum an Aromaausbeute. Längere Ansatzzeiten könnten zu unerwünscht hohen Gerbstoffgehalten und damit zu unerwünschter Flockenbildung im Sirup führen und bringen aromamäßig keinen Vorteil.

Nach Ende der Extraktion trennt man Blüten oder Blätter durch ein Sieb ab. Pollen oder andere Schwebstoffe entfernt man durch Filtration, wenn notwendig bzw. gewünscht.

6.5 Berechnung Zutaten

Die benötigten Zutaten für einen Fruchtsirup ergeben sich aus der jährlich leicht veränderten Zusammensetzung der Ausgangsfrucht. Bei Kräutern und Blüten bleibt diese konstant.

Berechnung Zuckergehalt

Auszüge aus Kräutern oder Blüten enthalten keinen Zucker. Für die häufig angestrebten 60 % Trockensubstanz im Kräutersirup gibt es einen Trick: Man multipliziert die Liter vom Ansatz mit 1,5 und erhält die benötigte Zuckermenge. Bei Fruchtsirup funktioniert das nicht, weil im Fruchtsaft auch Zucker enthalten ist, der in der Berechnung nicht ignoriert werden darf.

Zur Berechnung der benötigten Zuckermenge brauchen wir folgende Werte:

- °Brix Fruchtsaft
- °Brix im Sirup
- Menge Fruchtsaft
- Benötigte Säuremenge

Berechnung Säuregehalt

Der Zielwert liegt häufig zwischen 20 und 25 g/l. Zur Berechnung der benötigten Säuremenge brauchen wir folgende Werte:

- Menge an gezuckertem Saft oder Kräuterauszug
- Säuregehalt vom Fruchtsaft in g/l
- Gewünschter Säuregehalt im Sirup in g/l

Den Säuregehalt der Frucht entnehmen wir am besten einer Tabelle oder messen den Saft mit Blaulauge; für Kräutersirup gilt der Wert „0“. Als gewünschten Säuregehalt wählen wir 25 g/l.

6.5.1 Berechnungsbeispiel 1: Himbeersirup

Vorhanden sind 40 kg Himbeersaft mit 12 °Brix und 14 g/kg Säure. Ziel ist ein Trockensubstanzgehalt von 60 °Brix und ein Säuregehalt von 25 g/kg im fertigen Sirup.

1. Schritt: Berechnung der notwendigen Trockensubstanz (TS)

Zur Berechnung verwendet man am besten folgende Formel:

$$kg_{Trockensubstanz} = \frac{kg_{Saft} \times (Brix_{Sirup} - Brix_{Saft})}{(100 - Brix_{Sirup})}$$

$$= \frac{40 \times (60 - 12)}{(100 - 60)} = 48\ kg\ Trockensubstanz$$

2. Schritt: Berechnung Menge Sirup

$$Gesamtmenge = kg_{Saft} + kg_{Trockensubstanz}$$
$$= 40 + 48 = 88\ kg_{gesamt}$$

3. Schritt: Berechnung Säurezusatz

$$Säurezusatz = \left(kg_{gesamt} \times \frac{g}{kg}_{Sirup}\right) - \left(kg_{Saft} \times \frac{g}{kg}_{Saft}\right)$$

$$= (88 \times 25 - 40 \times 14) = 1640\ g = 1{,}6\ \text{kg}$$

4. Schritt: Berechnung Zuckerzusatz

$$Zuckerzusatz = (kg_{Trockensubstanz} - kg_{Säurezusatz})$$
$$= (48 - 1{,}6) = 46{,}4\ kg$$

Rezept:
- 40 kg Himbeersaft
- 46,4 kg Zucker
- 1,6 kg Zitronensäure
- 88 kg Sirup

Bei einer Verdünnung von etwa 1:5 erzielt man mit diesem Sirup ein Getränk mit rund 10 °Brix und einem Säuregehalt von 4,2 g/kg.

6.5.2 Berechnungsbeispiel 2: Holunderblütensirup

Vorhanden sind 10 kg bzw. 10 l von einem kalt hergestellten Auszug aus Holunderblüten. Ziel ist ein Sirup mit 60 °Brix und einem Säuregehalt von 25 g/kg.
Ein Zusatz von Orangen- oder Zitronenschalen hat im normalen Ausmaß keinen nennenswerten Einfluss auf Zucker- oder Säuregehalt im fertigen Sirup. Sie brauchen in der Berechnung daher nicht berücksichtigt werden.
Nach dem Abseihen der Blüten bleiben 10 kg Ansatz, sie fließen als „Saftmenge“ in die Berechnung ein. Zucker und Säure sind in den Blüten in keinen relevanten Mengen enthalten.
Die Berechnung des Zuckerzusatzes erfolgt mit der Formel:

1. Schritt: Berechnung der notwendigen Trockensubstanz (TS)

$$kg_{Trockensubstanz} = \frac{kg_{Saft} \times (°Brix_{Sirup} - °Brix_{Auszug})}{(100 - °Brix_{Sirup})}$$

$$= \frac{10 \times (60 - 0)}{(100 - 60)} = 15\ kg\ Trockensubstanz$$

2. Schritt: Berechnung Menge Sirup

$$Gesamtmenge = kg_{Auszug} + kg_{Trockensubstanz}$$
$$= 10 + 15 = 25\ kg_{gesamt}$$

3. Schritt: Berechnung Säurezusatz

$$Säurezusatz = \left(kg_{gesamt} \times \frac{g}{kg}_{Sirup}\right)$$

$$= (25 \times 25) = 625\ g = 0{,}625\ kg$$

4. Schritt: Berechnung Zuckerzusatz

$$Zuckerzusatz = (kg_{Trockensubstanz} - kg_{Säurezusatz})$$
$$= (15 - 0{,}625) = 14{,}4\ kg$$

Rezept:
- 10 kg Holunderauszug
- 14,4 kg Zucker
- 0,6 kg Zitronensäure
- 25 kg Sirup

Nach dem Verdünnen im Verhältnis 1 : 5 erhält man ein Getränk mit etwa 10 °Brix und 4,2 g/kg Säure – wiederum ein harmonisches Getränk.

6.6 Ausmischen

Die eigentliche Herstellung ist sehr einfach zu erklären. Der intensive, geklärte, stabilisierte und enzymierte Ausgangssaft bzw. der wässrige Auszug wird mit Zucker und Säure nach Rezept vermischt und heiß abgefüllt.
Um die doch recht große Menge Zucker im Saft bzw. Auszug lösen zu können, wird dieser erwärmt. Nach und nach setzt man die errechnete Menge Zucker zu und löst ihn unter laufendem Rühren auf. Für heiß gefüllten Sirup ist dieses Verfahren deutlich einfacher, da das Auflösen des Zuckers wesentlich rascher erfolgt als bei einem Kaltlöseverfahren.

6.7 Abfüllung

Sirup wird üblicherweise heiß bei rund 80 °C in die vorbereiteten gereinigten Flaschen abgefüllt. Nach dem Füllen wird die Flasche (gleich wie bei der Saftherstellung) möglichst rasch verschlossen und umgelegt, damit der heiße Sirup auch die am Verschluss anhaftenden Keime inaktiviert.
Ein aufwendiges Keimfreimachen der Flaschen vor dem Füllen ist daher nicht notwendig, auch nicht das Abkochen des Verschlusses. In vielen älteren Ratgebern wird ein Vorwärmen der Flaschen empfohlen. Mit den neuen Flaschen ist das nicht mehr notwendig. Sie sind vom Material und von der Glasstärke her so ausgelegt, dass sie auch beim Heißfüllen nicht springen, sofern sie nicht sehr kalt, aus dem Freien kommend, befüllt werden.
Für Füllungen größerer Mengen haben sich Vakuumfüller bewährt, da Sirup zu zähflüssig für herkömmliche Fallstromfüller ist.

6.8 Haltbarkeit

Sirup ist bei richtiger Herstellung und Heißfüllung in der original verschlossenen Flasche über viele Monate haltbar. Ein mikrobieller Verderb ist nahezu ausgeschlossen.

Die Haltbarkeit vom Sirup wird bestimmt durch:
- Heißabfüllung
- Erhöhung der Trockensubstanz
- Chemische Konservierung
- Lagerbedingungen

Für die meisten Siruparten ist die Heißfüllung entscheidend für die Haltbarkeit. Damit inaktiviert man alle Verderbniserreger (Schimmel und Hefen), die von der Frucht stammen, und jene Keime aus der Flasche und vom Verschluss. Heiß abgefüllter Sirup ist bei richtiger Herstellung sicher haltbar und beginnt in der verschlossenen Flasche weder zu schimmeln noch zu gären.
Kaltfüllungen sind zwar die aromaschonendere Variante, aber die Sicherstellung der Haltbarkeit hat Vorrang.

Erst nach dem Öffnen gelangen erneut aktive Keime in die Flasche. Bei ausreichend hoher Trockensubstanz (über 60 %) stellt auch das kein Haltbarkeitsproblem dar. Liegt der Wert darunter, muss die angebrochene Flasche zumindest gekühlt (im Kühlschrank) gelagert werden, um vor allzu raschem Verderb geschützt zu sein. Je geringer der Gehalt an Trockensubstanz, umso begrenzter ist diese Lagerfähigkeit.
Der Zusatz eines Konservierungsmittels, auch unbewusst durch Verwendung von 2 : 1 Gelierzucker oder Einsiedehilfe, verhindert Keimwachstum effektiv. Chemisch konservierte Erzeugnisse sind nahezu unabhängig von Trockensubstanzgehalt und Lagertemperatur haltbar.
Zitronensäure ist kein Konservierungsmittel. Ihr Zusatz ist wichtig für den Geschmack, senkt den pH-Wert ab und verlangsamt damit Farb-

änderungen. Sie stellt aber keinen Schutz vor Hefe- oder Schimmelwachstum dar.
Aroma- und Farbstoffe ändern sich selbst bei dunkler und kühler Lagerung und führen auch bei idealen Lagerbedingungen zu einem unvermeidbaren Qualitätsverlust. Obwohl trotz der blassen Farbe und des fahlen Aromas mehrjährig gelagerter Sirup noch immer getrunken werden kann, wird der frische farb- und aromaintensive Dicksaft bevorzugt.

6.9 Produktfehler

6.9.1 Schimmelbildung

Einen unerwünschten Schimmelrasen findet man leider recht häufig in Sirupflaschen.
Zum Eruieren der Ursache muss zwischen Schimmelbildung vor und nach dem Öffnen der Flasche unterschieden werden.
Die Ausbildung eines Schimmelrasens in der verschlossenen Flasche ist ein Produktionsfehler und ein direkter Hinweis auf zu niedrige Abfülltemperatur oder auf unzureichende Deckelsterilisation. Schlecht verschlossene Flaschen oder undichte Verschlüsse ermöglichen ebenfalls ein Eindringen der Schimmelsporen und führen damit zum Verderb.
Mit dem Öffnen der Flasche erhält der Sirup Kontakt mit Umgebungsluft, die eine Infektion bewirken kann. Sirup ist durch den hohen Zuckergehalt an sich recht gut gegen Schimmelbefall geschützt. Je höher der Zuckergehalt, umso besser die schützende Wirkung. Schimmelbildung auf der Oberfläche des Sirups nach dem Öffnen kann durch gekühlte Lagerung verzögert oder durch einen höheren Zuckergehalt bzw. chemische Konservierung verhindert werden.
Nur in seltenen Fällen kommt es in lange Zeit geöffneten Flaschen trotz eines ausreichend hohen Zuckergehalts zum Verderb durch Schimmelpilze. Ein Schimmelrasen in einer bereits geöffneten Flasche ist ein Indiz auf zu warme oder zu lange Lagerung bzw. auf einen zu geringen Zuckergehalt im Sirup.

Schimmelring auf der Oberfläche im original verschlossenen Sirup.

6.9.2 Alkoholische Gärung

Die alkoholische Gärung wird von Hefen hervorgerufen. Sie wandeln Zucker in Alkohol um und geben dabei Kohlensäure ab. In der noch verschlossenen Flasche ist von außen eine Gärung nur schwer erkennen. Anhand einer Trübung und sichtbarer Bläschenbildung am Flaschenrand kann man lediglich erahnen, dass der Flascheninhalt zu gären begonnen hat.
Beim Öffnen der Flasche entweicht die Gärungskohlensäure mit einem Zischlaut und Bläschen steigen deutlich sichtbar in der Flasche auf. Je nachdem, wie lange und intensiv der Flascheninhalt gegoren hat, kann die Flasche beim Öffnen auch überschäumen oder im Extremfall sogar platzen.
Eine Gärung in der verschlossenen Flasche kommt am ehesten in einem kalt abgefüllten Sirup vor. Heiß abgefüllter Sirup kann in der Flasche nur dann zu gären beginnen, wenn durch einen undichten Verschluss Hefezellen in die Flasche gelangt sind. Ein dichter Verschluss und die korrekte Heißfüllung verhindern garantiert das Angären in der Flasche vor ihrem ersten Öffnen.
Erst nach dem Öffnen können wieder lebende Hefezellen in die Flasche gelangen. Sirup mit einem Zuckergehalt von mehr als 60 % ist gegen das Wachstum von Gärhefen auf natürliche Weise geschützt. Je niedriger der Zuckergehalt, umso schwächer ist seine konservierende Wirkung.

6.9.3 Gelieren

Eine unerwünschte Gelbildung im Sirup kann nur bei komplett unterlassenem oder unzureichendem Pektinabbau im verwendeten Fruchtsaft erfolgen. In Kräuter- oder Blütensirup ist das grundsätzlich nicht möglich, da diese kein Pektin beinhalten.
Fruchteigenes, hochverestertes Pektin wie in größeren Mengen zum Beispiel in der Schwarzen Johannisbeere enthalten, geliert bei hohem Zuckergehalt ohne weiteren Zusatz eines Geliermittels. Als pektinspaltende Enzyme noch nicht verfügbar waren, konnte man zwar das Gelieren durch einen verminderten Zuckerzusatz verhindern, aber den entstandenen Dicksaft auch nicht als Sirup vermarkten. Pektinspaltende Enzyme sind heute leicht erhältlich. Komplett gelierter Sirup, Gelpfropfen im oberen Teil der Sirupflasche oder Pektinflocken sind daher ein eindeutiger Hinweis auf einen Produktionsfehler.

6.9.4 Auskristallisieren

Eine seltene, aber doch hin und wieder auftretende Erscheinung bei Kräuter- oder Blütensirup ist das Auskristallisieren von Zucker. Bei Sirup aus Früchten ist das noch seltener zu beobachten. Dabei setzen sich bei hoher Zuckerkonzentration und tiefen Lagertemperaturen Kristalle auf dem Boden der Sirupflasche ab. Saccharose besteht zu gleichen Teilen aus Fructose und Glucose. In saurer Umgebung spaltet sie sich in Fructose und Glucose auf. Je niederer der pH-Wert und je höher die Temperatur, umso schneller geht dieser Spaltvorgang, auch Inversion genannt, vor sich.
Fast jedem Sirup wird im Zuge der Herstellung Säure zugesetzt. Diese führt (bei Fruchtsäften in Kombination mit vorhandenen Fruchtsäuren) zur Inversion, stark beschleunigt durch die Heißfüllung. Im gefüllten Sirup liegt demzufolge immer eine Mischung aus Saccharose und ihren beiden Spaltprodukten vor. Ist erst einmal ein großer Teil der Saccharose aufgespalten, kann es zu keinem Auskristallisieren mehr kommen.

Der unerwünschte Ausfall der Zuckerkristalle findet daher nur in einem kalt hergestellten und gelagerten, sehr süßen und ungesäuerten Sirup statt. Da jede Obstart Säure enthält, trifft das in erster Linie auf Kräuter- und Blütensirupe zu.

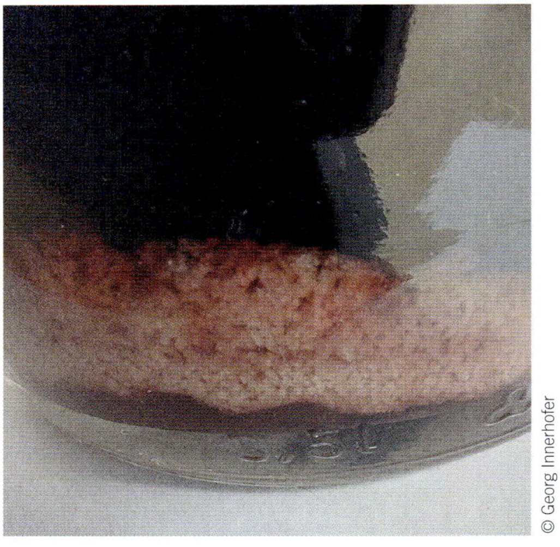

Auskristallisieren von Saccharose als Folge von zu viel Zucker ohne Säurezusatz.

Pollen von Holunderblüten steigt im nicht filtrierten Sirup auf und darf nicht mit Schimmel verwechselt werden.

6.10 Kennzeichnung

Neben allen allgemeinen Kennzeichnungselementen ist beim Sirup eine Verdünnungsanleitung anzugeben. Diese muss in unmittelbarer Nähe der Sachbezeichnung angebracht sein.

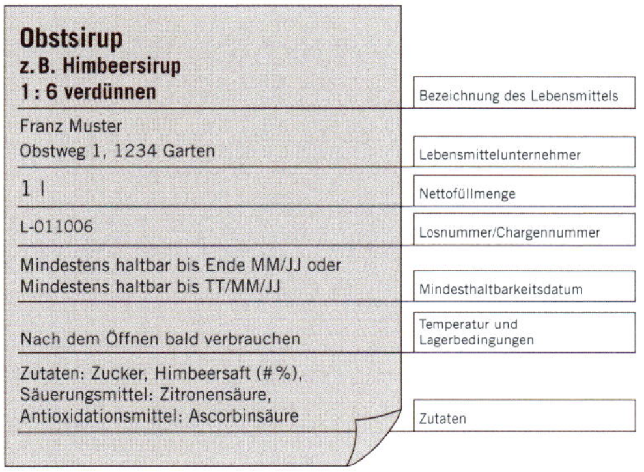

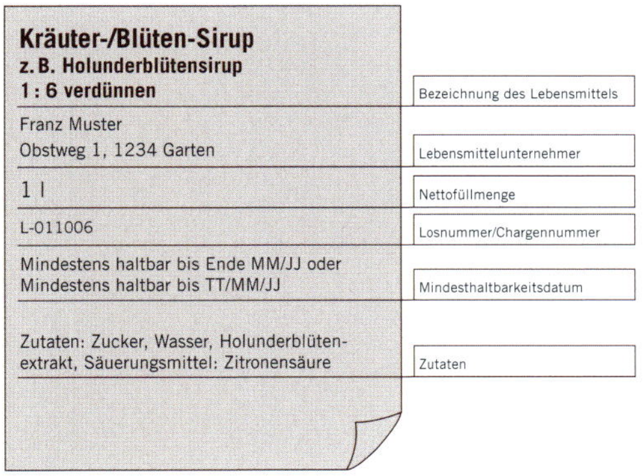

6.11 VERSTÄNDNISFRAGEN

1. Nenne die entscheidenden Grenzwerte bei Sirup und wo sind diese definiert?
2. Welche Früchte und welche Kräuter eignen sich besonders gut zur Sirupherstellung?
3. Nenne die wichtigsten Anforderungen für einen Rohsaft, der zu Sirup verarbeitet werden soll, und begründe diese.
4. Erstelle ein Rezept für einen Himbeersirup, Rohsaft 9 °Brix und 16 ‰ Säure. Ziel im Sirup sind 55 °Brix und 20 g/l Säure. Berechne Zucker- und Säuremenge für 100 l Himbeersaft.
5. Warum soll der Auszug aus Kräutern oder Blüten nicht länger als unbedingt notwendig dauern?
6. Warum ist Saccharose die wichtigste Zuckerart für die Sirupherstellung?
7. Manche Konsumenten haben Vorbehalte gegen Zitronensäure. Womit kann man Zitronensäure bei der Sirupherstellung ersetzen und was ist dabei zu beachten?
8. Wovon hängt die Haltbarkeit vom Sirup nach dem Öffnen der Flasche ab?
9. Wann kann es zum Auskristallisieren von Zucker im Sirup kommen und wie lässt sich das sicher verhindern?
10. Wo liegt der Fehler, wenn Sirup in der Flasche geliert, und wie hätte man das Gelieren sicher verhindern können?

Konfitüre und Gelee

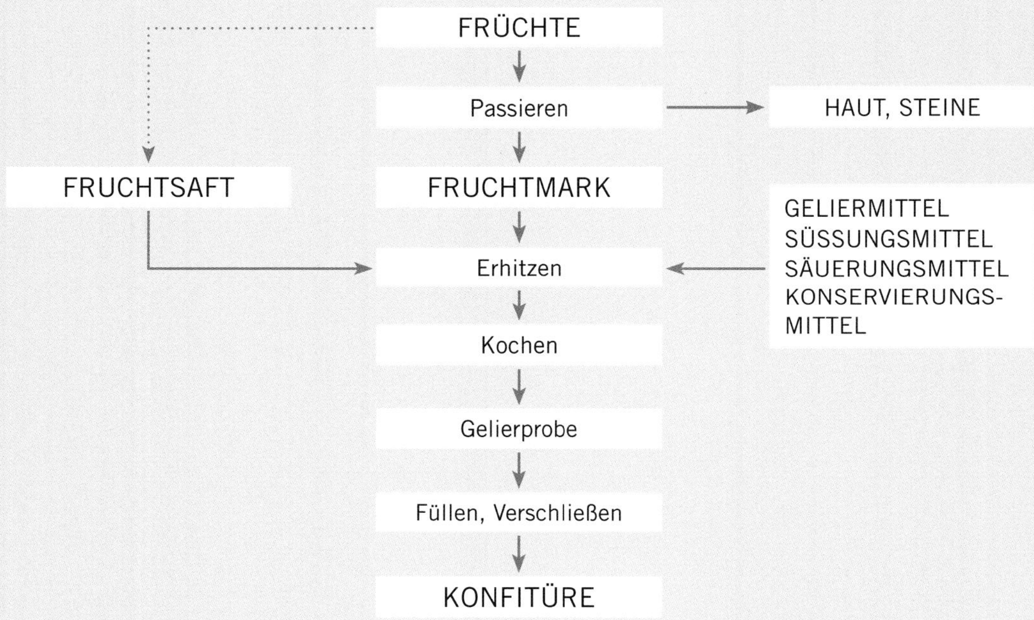

Konfitüre, Marmelade & Co.

Süß-würzige Aufstriche aus Früchten begleiten die Menschen schon seit vielen Jahrhunderten. Aus dem Interesse heraus, den feinen Geschmack reifer Früchte in irgendeiner Art zu konservieren, entwickelten sich unterschiedlichste Methoden und Rezepturen. Eines der ersten überlieferten Produkte entstand im antiken Rom aus mit Honig und Traubensaft gekochten Quitten. Eingekochte Quitten waren es auch, die von Portugal aus gegen Ende des 15. Jahrhunderts als „marmelo" Bekanntheit in Europa fanden. Erst später mit der „Entdeckung" vom Pektin und der leichteren Verfügbarkeit bzw. der industriellen Herstellung von Zucker begann der wahre Siegeszug der Marmelade durch Europa.

© Georg Innerhofer

Marmelade oder Konfitüre, beide Begriffe sind möglich, unabhängig davon, ob Fruchtstücke erkennbar sind oder nicht.

7.1 Definition

Generell versteht man unter diesen Produkten mehr oder weniger stark gelierte Aufstriche aus Früchten oder Teilen daraus. Geregelt sind diese in der Richtlinie 2001/113/EG des Rates, der Österreichischen Konfitürenverordnung (BGBl. II Nr. 367/2004 idgF) und im Kapitel B5 des Codex Alimentarius Austriacus.
In diesen sind vor allem Zusammensetzung (hauptsächlich Frucht- und Zuckergehalt und mögliche Zutaten) und Details der Kennzeichnung geregelt.

Die derzeit gültigen Definitionen sind:

- Konfitüre, Marmelade: Streichfähige Zubereitung aus Frucht und Zucker, mit oder ohne Fruchtstücken
- Gelee: Streichfähige Zubereitung aus Fruchtsaft und Zucker
- Zitrusmarmelade: Streichfähiger Fruchtaufstrich aus Südfrüchten oder Teilen davon und Zucker

Produktkategorie nach Trockensubstanzgehalt

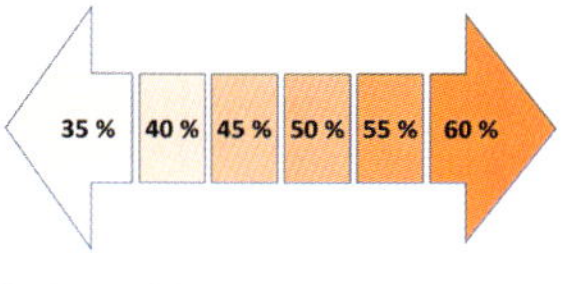

- < 38 %: Fruchtaufstrich
- 38 - 44 %: Fruchtaufstrich / Konfitüre leicht / Marmelade leicht
- 45 – 59 %: Fruchtaufstrich / Konfitüre zuckerarm / Marmelade zuckerarm
- > 60 %: Fruchtaufstrich / Konfitüre / Marmelade

© Georg Innerhofer

Der Trockensubstanzgehalt ist wichtig für die Kategorisierung der Aufstriche.

7.2 Geeignete Früchte

Die richtige Auswahl der Früchte ist wie bei allen Produkten auch bei Aufstrichen von größter Bedeutung. Generell eignen sich alle aromatischen Obstarten – manchmal auch in Kombination mit Gemüsearten – zur Herstellung von mehr oder weniger süßen Aufstrichen. Die grundlegenden Anforderungen an Verarbeitungsfrüchte gelten auch bei der Konfitürenherstellung. Bei der Verarbeitung von wenig farbstabilen Früchten hat die Verwendung tiefgefrorener Früchte große Bedeutung. Erdbeerkonfitüre beispielsweise verliert rasch an Farbe und Aroma und wird bei vielen Betrieben nach Bedarf aus tiefgekühlten Früchten hergestellt.
Für die Herstellung von Gelee verwendet man Fruchtsaft anstelle von Früchten. Bei der Fruchtsaftherstellung wird im Zuge der Klärung durch Zusatz von speziellen Enzymen das Pektin vollständig abgebaut. Dem Fruchtanteil fehlt im Gegensatz zur Konfitüre das fruchteigene Pektin, die zugesetzte Menge Geliermittel ist daher etwas höher zu wählen.

7.3 Weitere Zutaten

Ziel in der Konfitürenproduktion ist es, durch die richtige Wahl und Dosierung der Zutaten ein streichfähiges, harmonisch schmeckendes und haltbares Produkt herzustellen. Um das bei allen Obstarten zu erreichen, sind einige Zutaten notwendig.

7.3.1 Geliermittel

Nur wenige Obstarten können ohne Zusatz eines Geliermittels in einer Fruchtzubereitung ausreichend stark gelieren. Entscheidend für die natürliche Gelierfähigkeit ist der Pektingehalt der Ausgangsfrucht. Dieser schwankt je nach Obstart und Reifegrad der verwendeten Früchte und liegt zwischen 0,5 und 2 %. Grundsätzlich gilt: Je saurer und unreifer die Früchte, umso mehr Pektin ist darin enthalten.

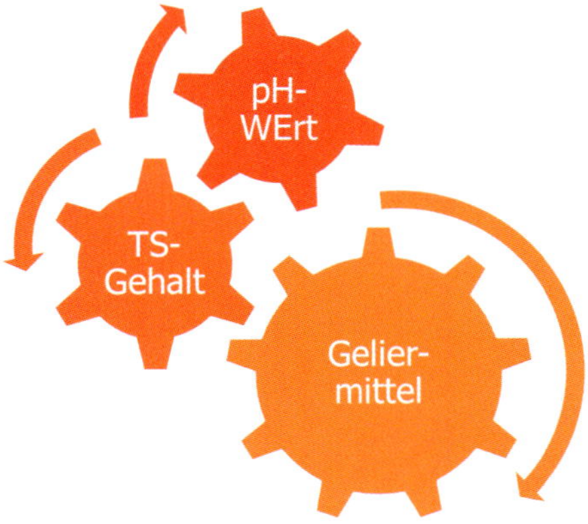

Beim Geliervorgang greifen mehrere Faktoren ineinander.

Von dieser Grundregel abweichend gibt es Obstarten wie zum Beispiel Weichseln oder Erdbeeren, die nur wenig Pektin beinhalten. Gemüsearten wie Paradeiser, Kürbis oder Rhabarber weisen ebenfalls von Natur aus einen niedrigen Pektingehalt auf und benötigen eine Gelierhilfe.
Damit man Konfitüren mit entsprechender Streichfähigkeit herstellen kann, ist der Zusatz eines Geliermittels unumgänglich.

7.3.1.1 Pektin

Bei Fruchtaufstrichen ist Pektin das wichtigste Geliermittel. Gewonnen wird es aus den Pressrückständen der Safterzeugung von Äpfeln oder Zitrusfrüchten bzw. aus Zuckerrüben.
Aufgebaut ist dieser natürliche Fruchtbestandteil aus einer langen Kette von Galacturonsäuremolekülen. Je nachdem, wie viele Methanolgruppen seitlich an dieser Kette hängen, unterscheidet man mehrere Pektintypen.

Hochverestertes Pektin (HVP)

- Dieses Pektin hat einen hohen Veresterungsgrad (über 50 %). Es braucht Zucker und einen tiefen pH-Wert, um gut zu gelieren.
- Es ist ideal für die Herstellung von klassischen Konfitüren aus sauren Früchten, die viel Zucker enthalten. Es geliert schnell und gibt der Konfitüre eine feste Konsistenz.

Niederverestertes Pektin (NVP)

- Niederverestertes Pektin hat einen geringeren Veresterungsgrad (unter 50 %). Es geliert auch bei geringeren Zuckergehalten, aber dafür braucht es Calcium, um fest zu werden.
- Es wird oft für kalorienarme oder zuckerreduzierte Konfitüren verwendet. Die Gelierung erfolgt langsamer und die Konsistenz kann etwas weicher sein.

Amidiertes Pektin

- Dieses Pektin ist chemisch modifiziert (amidiert), was es flexibler in der Anwendung macht. Es benötigt weniger Zucker und kann sowohl in saurer als auch in weniger saurer Umgebung gelieren. Es ist eher unempfindlich gegenüber unterschiedlichen Calciumgehalten.
- Es stellt weniger Ansprüche an Zuckergehalt oder pH-Wert und ist daher vielseitig einsetzbar. Weil es in dieser Form in der Natur nicht vorkommt, ist es nicht zur Herstellung von Bioprodukten zugelassen.

Je nach Veresterungsgrad, Ausgangsstoff und speziellen Herstellungsmethoden sind auf dem Markt unterschiedlichste Pektintypen für unterschiedlichste Anforderungen verfügbar. Diese variieren bei den Eigenschaften: Geliergeschwindigkeit, Backfestigkeit, Zuckergehalt, ph-Optimum und noch anderen. In den Handel kommt Pektin fast ausschließlich als beiges Pulver. Als solches ist es unter richtigen Lagerbedingungen (keinesfalls feucht) sehr lange haltbar.

Pektin ist eine schnell quellende Substanz, die beim Einbringen in Wasser zu Klumpenbildung neigt. Diese lassen sich im Nachhinein kaum mehr lösen, sodass einerseits ein Verlust von Gelierkraft auftritt, andererseits diese unerwünschten Klumpen im Fertigprodukt störend sind. Ein korrektes Einbringen ist deshalb von großer Bedeutung. Die genaue Zusatzmenge richtet sich generell nach dem Rezept, ganz exakt ist sie in Vorproben zu ermitteln.

Hoch- und niederveresterte Pektine

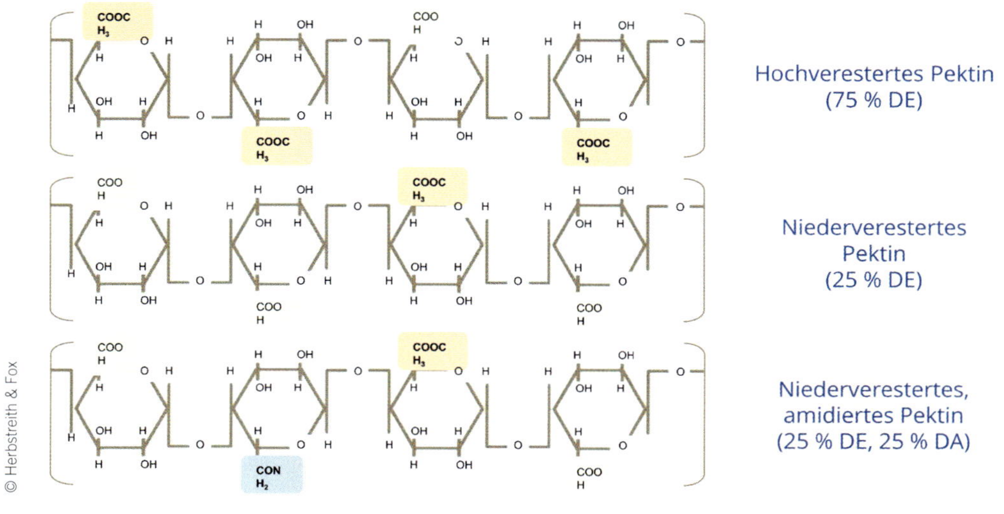

Je nach Veresterungsgrad des Pektins (DE – Degree of Esterification) und Amidierungsgrad (DA – Degree of Amidation) unterscheidet man mehrere Arten.

Der Pektinzusatz bzw. das Einbringen vom Pektin ist ein wichtiger Punkt bei der Herstellung und kann im Wesentlichen auf zwei Arten geschehen:

- Pulverförmiges Pektin löst sich nur in Fruchtmassen mit weniger als 25 % Trockensubstanz gut auf. Bei Werten darüber löst es sich – auch wenn gut eingerührt – nicht richtig auf und führt zu einer grießigen Konsistenz im Endprodukt. Der Zusatz erfolgt daher, zwar mit etwas Zucker vermischt – vor dem eigentlichen Zusatz des Süßungsmittels. Bei richtiger Vorgangsweise werden die zerkleinerten Früchte oder der Fruchtsaft erst erhitzt, mit der Pektin-Zucker-Mischung versetzt und anschließend aufgekocht. Dabei löst sich das Pektin auf. Erst dann erfolgt der restliche Zuckerzusatz. Mit dieser Reihenfolge ist klumpenfreies Einrühren und vollständiges Auflösen vom Pektin ohne Schwierigkeiten möglich.
- Der Pektinzusatz kann aber auch in flüssiger Form erfolgen. Manche Hersteller bereiten sich aus dem pulverförmigen Pektin eine Lösung, die auch noch nach dem Zuckerzusatz ohne Schwierigkeiten eingerührt werden kann.

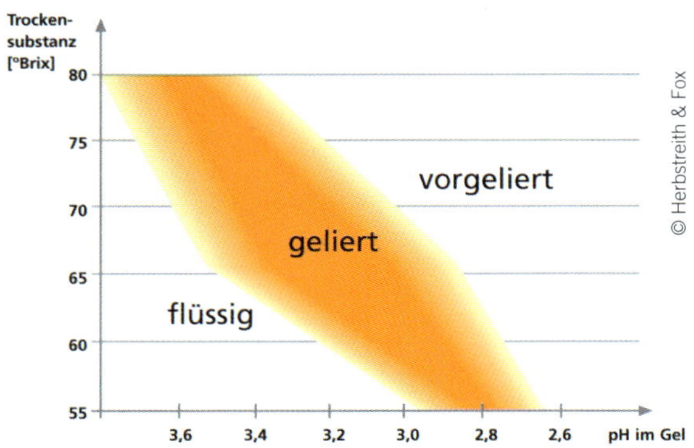

Hochverestertes Pektin geliert vor allem bei hohem Zuckergehalt und tiefem pH-Wert sehr gut.

Besonders gut geliert Pektin unter sauren Bedingungen. Um den Gelierprozess zu fördern und um den Geschmack zu verbessern, wird der Masse wenn notwendig kurz vor der Füllung noch Zitronensäure oder Zitronensaft zugesetzt. Nach nochmaligem Aufkochen und erfolgter Gelierprobe wird abgefüllt

Für die Herstellung kleinerer Mengen eignen sich fertige Gelierhilfen besonders gut. Ihre Handhabung und ihr Einsatz sind praktisch und einfach durchzuführen und führen fast immer zum gewünschten Ergebnis. Die meisten angebotenen Gelierhilfen beinhalten Pektin als Geliermittel und Zitronensäure zum Absenken des pH-Werts. Die wohl berühmteste Geliermischung ist Gelierzucker. Bei ihm ist zusätzlich zu den für die Gelierung notwendigen Stoffen der gesamte benötigte Zucker schon enthalten. Je nach angestrebtem Zuckergehalt variiert die weitere Zusammensetzung der Gelierhilfe. Im Handel sind Produkte für die Einkochverhältnisse 1 : 1, 2 : 1, 3 : 1 und auch schon für 4 : 1 erhältlich. Die Angabe „2 : 1" in der Rezeptur bedeutet beispielsweise 2 Teile (kg) Frucht und 1 Teil (kg) Zucker.

7.3.1.2 Agar-Agar

Agar-Agar ist ein hochwirksames, aus Rotalgen gewonnenes Geliermittel. Die Gelierfähigkeit schwankt von Produkt zu Produkt und wird wesentlich vom pH-Wert der Fruchtzubereitung bestimmt. Je saurer die Fruchtmasse, umso mehr Agar-Agar muss zugesetzt werden. Vor dem Zusatz wird Agar-Agar in etwas Wasser, Zitronensaft und/oder Fruchtmark angerührt und nach kurzem Aufkochen der Fruchtmasse eingerührt. Anschließend kocht man nochmals für ein bis zwei Minuten auf und füllt heiß ab. Zum Gelieren kommt es erst nach völligem Auskühlen nach einigen Stunden.

7.3.1.3 Andere Bindemittel

Die mit Abstand wichtigsten Geliermittel sind Pektin und Agar-Agar. Alternativen dazu haben nur untergeordnete Bedeutung.

Bindemittel eignen sich als Verdickungsmittel für kalt gerührte Konfitüren. Johannisbrotkernmehl oder Guarkernmehl haben keinen Eigengeschmack, verdicken die Fruchtmasse aber nur bis zu einer zähflüssigen, fadenziehenden Konsistenz.

Chiasamen können rund das Zehnfache ihres Eigengewichts an Flüssigkeit aufnehmen und bilden dabei eine gelartige Schicht um jeden Samen. Durch die Flüssigkeitsaufnahme kommt es zu einer Verdickung der Fruchtmasse, die damit auch streichfähig wird. Leinsamen haben eine geringere Quellfähigkeit und daher auch geringere Bedeutung.

7.3.2 Süßungsmittel

Der Gesetzgeber geht davon aus, dass Konsumenten eine bestimmte Süße in Marmeladen und Konfitüren erwarten. Dieser erwartete süße Geschmack wird durch den vorgeschriebenen Mindestgehalt an Trockensubstand von 38 % gewährleistet. Um den Konsumenten nicht zu täuschen, dürfen Aufstriche unter diesem Wert nicht als Konfitüre oder Marmelade verkauft werden, sie gelten als „Fruchtaufstrich".
Der Zuckergehalt ist nicht nur eine Frage des Geschmacks, sondern auch ein wesentlicher Faktor für die Haltbarkeit des Produkts.

7.3.2.1 Zucker

Die in Mitteleuropa wichtigste Zuckerart in der Lebensmittelherstellung ist Saccharose, ein Zweifachzucker, bestehend aus Fructose und Glucose. Der klassische Kristallzucker ist farblos und hat neben der Süße keinerlei Eigengeschmack. Er ist günstig und überall erhältlich. Die Bezeichnungen „Feinkristallzucker", „Einmachzucker" oder einfach „Kristallzucker" kennzeichnen unterschiedliche Feinheiten.

Andere Zuckerformen wie Kandiszucker, Rohzucker und noch andere sind mehr oder weniger bräunlich gelb gefärbt und haben einen Eigengeschmack. Ihre Verwendung bringt Veränderungen in Farbe und Aroma in der Konfitüre mit sich. Diese sind nicht zu allen Obstarten erwünscht, die Bedeutung dieser Zuckerarten daher eher untergeordnet.
Neben der süßenden und aromaverstärkenden Wirkung ist er auch wesentlich für den Geliervorgang und die Haltbarkeit verantwortlich.
Durch Tendenzen zur Reduktion des Zuckergehalts haben auf dem Markt daher in den letzten Jahren zuckerreduzierte Produkte mit Grundrezepturen 2 : 1 oder 3 : 1 stark an Bedeutung gewonnen.

7.3.2.2 Honig

Honig ist eine dickflüssige Substanz und besteht zu mindestens 80 % aus Trockensubstanz (vorwiegend Fructose und Glucose). Er beinhaltet maximal 20 % Wasser und ist in der Rezeptur daher nicht mit reinem Zucker gleichzusetzen. Abhängig von der Art hat Honig im Vergleich zu Zucker mehr oder weniger Einfluss auf den Geschmack bzw. die Farbe. Prinzipiell ist dunkler Honig intensiver als heller.
Honig ist deutlich teurer als Saccharose und hat daher eher im Hochpreissegment Bedeutung als Süßungsmittel.

7.3.2.3 Andere Süßungsmittel

Auf dem Markt finden sich etliche alternative kristalline oder flüssige Süßungsmittel. Ihre Bedeutung im Vergleich zu Zucker ist nach wie vor relativ gering. Ihre Verwendung bringt mehr oder weniger auch ungünstige Eigenschaften in Bezug auf Eigengeschmack, Verträglichkeit, Preis, Verfügbarkeit oder Auswirkung auf die Haltbarkeit mit sich.

7.3.3 Säuerungsmittel

Ein Absenken des pH-Werts ist bei Verwendung von Pektin für den Gelierprozess förderlich. Der gängigste dazu verwendete Zusatz ist Zitronensäure. Auch Zitronensaft kann verwendet werden, bringt aber einen starken und manchmal störenden Eigengeschmack mit. Andere Säuren wie Weinsäure, Apfelsäure oder Essigsäure erfüllen diese Funktion zwar auch, haben aber nur eine untergeordnete Bedeutung.

Neben dem positiven Effekt auf die Gelbildung harmonisieren zugesetzte Säuren den möglicherweise einseitig süßen Geschmack der Konfitüre.

7.3.4 Aromaabrundung

Das ausgeprägte Aroma der verwendeten Früchte ist ein wesentliches Qualitätskriterium von Konfitüren oder Gelees. Bei der Verfeinerung mit Likören, Bränden oder Gewürzen oder Ähnlichem ist stets darauf zu achten, dass diese Zusätze den Fruchtgeschmack unterstreichen, aber nie in den Vordergrund geraten. „Weniger ist oft mehr."

7.4 Berechnung Zutaten

In der Praxis haben sich zwei Arten der Berechnung verbreitet. Vor allem bei größeren Herstellungsmengen wird auf Zielwerte hin eingekocht. Bei kleineren Chargengrößen oder für die Eigenversorgung erfolgt eher die Einteilung mit 1:1, 2:1 oder 3:1, je nach gewünschtem Frucht- bzw. Zuckergehalt.

Bei beiden Rechenwegen erhält man einen rechnerisch exakten Wert unter der Voraussetzung, dass …

- keine Abdampfung von Wasser geschieht (Kochen mit Deckel – unpraktisch) oder
- vor der Füllung die Masse gewogen und mit Wasser wieder auf die berechnete Gesamtmenge erhöht wird.

Kann man keinen der beiden Punkte erfüllen, ist die Berechnung nicht mehr exakt, denn bei einer Kochzeit (je nach Intensität) von rund fünf Minuten erhöht sich der Trockensubstanzgehalt noch um wenige Prozent. Für eine exakte Angabe auf dem Etikett empfiehlt sich daher trotz der Berechnung ein Messen mit dem Refraktometer.

7.4.1 Berechnung auf Zielwert

Aus 25 kg Marillen mit 14 °Brix soll eine Konfitüre mit 70 % Fruchtanteil und 40 °Brix hergestellt werden.
Pektinaufwand: 7 g/kg Fertigprodukt

1. Schritt: Berechnung Gesamtmenge

$$Gesamtmenge_{kg} = \frac{kg_{Mark} \times 100}{Fruchtanteil} = \frac{25 \times 100}{70} = 35{,}7\ kg$$

2. Schritt: Berechnung Pektinzusatz

$$Pektinzusatz_{kg} = \text{Gesamtmenge} \times \text{Aufwandmenge} = 35{,}7\ kg \times 7\frac{g}{kg} = 250\ g$$

3. Schritt: Berechnung Zuckerzusatz

Fehlende Trockensubstanz (fehlender Zuckergehalt) = angestrebter Trockensubstanzgehalt – vorhandene Trockensubstanz – zugesetztes Pektin

$$Zucker_{Zusatz} = TS_{gesamt} - TS_{vorhanden} =$$

$$kg_{gesamt} \times \frac{°Brix_{gesamt}}{100} - \left(kg_{Mark} \times \frac{°Brix_{Mark}}{100} - kg_{Pektin}\right)$$

$$= 35{,}7 \times \frac{40}{100} - \left(25 \times \frac{14}{100} - 0{,}25\right) = 10{,}53\ kg$$

Ermittelte Rezeptur:

- 25 kg Marillen (70 %)
- 0,25 kg Pektin
- 10,53 kg Zucker
- 35,7 kg Konfitüre

Im geplanten Rezept entsteht bei einem Fruchtgehalt von 70 % eine Gesamtmenge 35,7 kg. Um die erforderliche Menge an Trockensubstanz zu erreichen, benötigt man zusätzlich zu den 250 g Pektin noch weitere 10,53 kg Zucker.

Um Klumpenbildung beim Einrühren vom Pektin zu vermeiden, mischt man es mit der 5-fachen Menge Zucker.

250 g Pektin × 5 = 1250 g, also 1,25 kg Zucker, der dem Pektin beigemischt wird. Nach dem Auflösen vom Pektin in der heißen Masse wird die restliche Zuckermenge, somit (10,53 – 1,25 =) 9,28 kg beim Kochen hinzugegeben.

Berechnung Gesamttrockensubstanz

$$\% \, TS_{gesamt} = \frac{(TS_{vorhanden} + TS_{zugesetzt})}{kg_{gesamt}} \times 100 =$$

$$\frac{\left(25 \times \frac{14}{100} + 10{,}53 + 0{,}250\right)}{35{,}7} \times 100 = 40\,\%$$

Berechnung Fruchtgehalt

$$\% \, \text{Fruchtanteil} = \frac{kg_{Frucht}}{kg_{gesamt}} \times 100$$

$$= \frac{25}{35{,}7} \times 100 = 70\,\%$$

Bei exakt diesen Werten erhält man (ohne Berücksichtigung der Abdampfung) eine Marillenkonfitüre, bei der auf dem Etikett „Gesamtzuckergehalt von 40 g/100 g" und „hergestellt aus 70 g Früchten je 100 g" ausgelobt wird.

7.4.2 Berechnung auf Fruchtgehalt

25 kg vorbereitete Marillen mit einem Trockensubstanzgehalt von 14 °Brix sollen 2 : 1 eingekocht werden. Pektinaufwand 7 g/kg Fertigprodukt. Diese Berechnung ist nicht ganz exakt, wird aber so sehr häufig angewendet.

1. Schritt Berechnung Zuckerzusatz

$$Zuckerzusatz = \frac{kg_{Frucht}}{2} = \frac{25}{2} = 12{,}5 \; kg$$

2. Schritt Berechnung Pektinmenge

$$\text{Pektinzusatz} = (kg_{Frucht} + kg_{Zucker}) \times 7 \, \frac{g}{kg}$$

$$= (25 + 12{,}5) \times 7 = 262{,}5 \; g$$

Im geplanten Rezept entsteht bei einem Fruchtanteil von 2 : 1 durch Zusatz von 12,5 kg Zucker eine Gesamtmenge 37,5 kg. Der Zusatz von 262,5 g Pektin bringt die Masse zum Gelieren.

Um Klumpenbildung beim Einrühren vom Pektin zu vermeiden, mischt man es mit der 5-fachen Menge Zucker.

262,5 g Pektin × 5 = 1312,5 g, also rund 1,3 kg Zucker, der dem Pektin beigemischt wird. Nach dem Auflösen vom Pektin in der heißen Masse wird die restliche Zuckermenge, somit (12,5 – 1,3 =) 11,2 kg beim Kochen hinzugegeben.

Berechnung Gesamttrockensubstanz

$$\% \, TS_{gesamt} = \frac{(TS_{vorhanden} + TS_{zugesetzt})}{\text{kg}_{\text{gesamt}}} \times 100$$

$$= \frac{\left(25 \times \frac{14}{100} + 12{,}5\right)}{37{,}5} \times 100 = 43\,\%$$

Berechnung Fruchtgehalt

$$\% \, \text{Fruchtanteil} = \frac{kg_{Frucht}}{kg_{gesamt}} \times 100$$

$$= \frac{25}{35{,}7} \times 100 = 67\,\%$$

Bei exakt diesen Werten erhält man (ohne Berücksichtigung der Abdampfung) eine Marillenkonfitüre, bei der auf dem Etikett „Gesamtzuckergehalt von 43 g/100 g" und „hergestellt aus 67 g Früchten je 100 g" ausgelobt wird.

7.5 Zubereitung

Die Konfitürenherstellung ist ein sorgfältig durchzuführender Prozess, der mit dem Vorbereiten der Früchte beginnt. Diese werden je nach Bedarf zerkleinert, entkernt oder passiert, wobei gefrorenes Obst zunächst erhitzt und aufgetaut wird. Nun können die Früchte gewogen werden. Der Kochvorgang erfolgt idealerweise in speziellen Kochkesseln mit Doppelmantel, um ein Anbrennen zu verhindern. Alternativ muss die Fruchtmasse in einem normalen Topf ständig gerührt werden. Wichtig ist, den Topf nur zur Hälfte oder maximal zu zwei Dritteln zu füllen, um Platz für das Umrühren und die Schaumentwicklung zu lassen. Die Früchte werden mit den weiteren Zutaten vermengt und erhitzt, wobei das mit Zucker vermischte Pektin zugegeben wird. Nach dem ersten Aufkochen und vollständigen Auflösen des Pektins können weitere Zutaten hinzugefügt werden. Gegen Ende der Kochzeit wird gegebenenfalls ein Säuerungsmittel zugegeben. Um die perfekte Konsistenz zu gewährleisten, wird eine Gelierprobe durchgeführt. Dabei werden einige Tropfen der heißen Masse auf einen Teller gegeben. Erstarrt die Probe nach dem Abkühlen, ist die Konfitüre bereit zum Abfüllen. Diese Methode stellt sicher, dass die fertige Konfitüre die gewünschte Konsistenz erreicht.

Nur wenige Minuten Kochzeit mehr machen Marillenmarmelade deutlich dunkler (im Bild links).

7.6 Abfüllung

Die füllfertige heiße Fruchtmasse soll möglichst rasch in die vorbereiteten, gereinigten Gläser abgefüllt werden. Je nach Betriebsgröße erfolgt der Füllvorgang mit einem speziellen Kolbenfüller oder händisch mithilfe eines Trichters. Unabhängig von der Art des Abfüllens ist darauf zu achten, dass die Fruchtmasse möglichst heiß in das Glas gelangt. Einerseits ist die Heißfüllung (ohne nochmaliges Erhitzen nach der Füllung) wesentlich für die Haltbarkeit. Andererseits führt ein Abkühlen vor dem Füllen zum Vorgelieren und somit zu Gelschwäche und Synärese im gefüllten Glas. Ideal wäre es, die Masse während des Füllens heiß, aber nicht kochend zu halten.

Mit gelungener Gelierprobe ist der Kochvorgang beendet.

Zum Abfüllen größerer Mengen kommen Füllmaschinen zum Einsatz.

- Kocht die Masse während des Füllens weiter, steigt vor allem gegen Ende des Füllvorgangs der Trockensubstanzgehalt stark an und sorgt für uneinheitliche Werte in den Gläsern.
- Kühlt die Masse während des Füllens zu stark ab, ist einerseits die Haltbarkeit gefährdet und andererseits kann es zum Vorgelieren und damit zur Synärese im Glas kommen.

Unmittelbar nach dem Füllen werden die Gläser verschlossen. Dazu haben sich Twist-Off-Deckel durchgesetzt. Neue Deckel schließen dicht ab. Cellophan oder Pergament haben als Verschluss keine Bedeutung mehr, sie sind in der Handhabung und der Dichtheit dem Schraubverschluss deutlich unterlegen.

© Georg Innerhofer

Nach dem Füllen sofort umdrehen ist eine einfache Methode zur Deckelpasteurisation.

7.7 Haltbarkeit

Die Haltbarkeit von Konfitüren wird bestimmt durch:

- Heißabfüllung
- Erhöhung der Trockensubstanz
- Lagerbedingungen

Die Heißfüllung ist ein entscheidender Schritt bei der Herstellung von Konfitüren, da sie maßgeblich zur Haltbarkeit beiträgt. Durch die heiße Fruchtmasse werden Keime im Glas inaktiviert. Eine einfache Methode der Deckelpasteurisation ist das kurzzeitige Umdrehen der Gläser nach dem Verschließen. Alternativ können die gefüllten Gläser im Wasserbad oder durch Bedampfen erhitzt werden, um Keimwachstum zu verhindern.

Die Haltbarkeit nach dem Öffnen hängt vom Trockensubstanzgehalt ab. Konfitüren mit über 60 % Trockensubstanz sind auch ungekühlt länger haltbar, während Produkte mit geringerem Zuckergehalt schneller verderben können. Um den aktuellen Verbraucherwünschen nach zuckerreduzierten Produkten nachzukommen, werden diese oft in kleineren Gläsern angeboten und sollten nach dem Öffnen gekühlt und zügig verbraucht werden. Bei zuckerreduziert hergestellten Produkten können chemische Konservierungsmittel zugesetzt werden, um die Haltbarkeit zu verlängern. Diese sind oft in Gelierhilfen für zuckerreduziertes Einkochen enthalten.

Für eine optimale Qualitätserhaltung sollten Konfitüren kühl und dunkel gelagert werden, idealerweise im Keller, in der Speisekammer oder im Kühlschrank. Dies verlangsamt Farbveränderungen und Aromaverluste. Bei korrekter Herstellung und Lagerung können Konfitüren mehrere Monate haltbar sein.

7.8 Fehler im Produkt

7.8.1 Schimmelbildung

Die Ausbildung eines Schimmelrasens im verschlossenen Glas ist ein Hinweis auf zu wenig Hitzeeinwirkung während der Herstellung oder auf unzureichende Deckelsterilisation.

Schimmelbildung ist die häufigste Ursache für Verderb.

Schlecht verschlossene Gläser oder undichte Verschlüsse ermöglichen ebenfalls den Verderb durch Schimmelpilze nach dem Füllen.

Sobald Gläser geöffnet werden, kann eine Infektion mit Keimen aus der Luft erfolgen. Ohne Konservierungsmittel hergestellte Konfitüren sind nach dem Öffnen nur noch durch den hohen Zuckergehalt gegen den Schimmelbefall geschützt. Je niedriger der Zuckergehalt, umso größer ist die Gefahr des Verderbs. Auch die gekühlte Lagerung im Kühlschrank verzögert das Wachstum des Schimmelrasens nur.

Obwohl sich nur auf der Oberfläche unter Sauerstoffkontakt ein Pilzrasen ausbilden kann, durchziehen die Pilzfäden den gesamten Glasinhalt. Ein Abschöpfen des Schimmelrasens ist daher zu wenig. Angeschimmelte Konfitüren sind zu entsorgen.

Bluten von Konfitüren durch verschiedene Ursachen der Gelschwäche.

7.8.2 „Bluten" der Konfitüre

Die Erscheinung, dass Konfitüren im Glas eine wässrige Flüssigkeit abgeben, nennt man Synärese oder auch das „Bluten" der Konfitüre. Die Ursachen für diese Erscheinung können vielfältig sein, generell ist es auf eine Schwäche des Gels zurückzuführen. Hervorgerufen werden kann diese durch ein Abweichen von idealen Gelierbedingungen. Das kann ein falscher pH-Wert sein, zu wenig Pektin (Geliermittel), zu kurze Kochzeit oder eine Vorgelierung vor dem Abfüllen.

7.9 Kennzeichnung

7.9.1 Konfitüre

Neben allen üblichen Kennzeichnungsmerkmalen sind am Konfitürenetikett zwei Besonderheiten anzugeben.

- **Gesamtzuckergehalt:** Dieser ist die Summe aller in einer Konfitüre enthaltenen Zucker, besteht also aus fruchteigenem und zugesetztem Zucker, wird refraktometrisch bestimmt und in % angegeben. Der geforderte Wortlaut ist *„Gesamtzuckergehalt ## g je 100 g"*. Die Angabe hat mit einer Genauigkeit von +/– 3 % erfolgen. Eine ausreichend genaue Berechnung ist fast nicht möglich, eine Messung daher unumgänglich.

- **Fruchtgehalt:** Um dem Kunden eine genaue Angabe der Zusammensetzung zu ermöglichen, ist der Fruchtgehalt auf dem Etikett anzugeben. Dieser erfolgt mit dem Wortlaut *„hergestellt aus ## g Früchten je 100 g"*. Im Gegensatz zum Gesamtzuckergehalt ist dieser einfach zu errechnen.

Der Hinweis „Nach dem Öffnen kühl aufbewahren", ist bei Erzeugnissen mit einem deklarierten Gesamtzuckergehalt von weniger als 63 g je 100 g anzuführen.

Fruchtkonfitüre **z. B. Erdbeerkonfitüre**	Sachbezeichnung
Franz Muster Obstweg 1, 1234 Garten	Erzeuger/Verpacker/Verkäufer evtl. Biokontrollnummer
250 g	Nettofüllmenge
L-011006	Los-/Chargennummer
Mindestens haltbar bis Ende MM/JJ oder Mindestens haltbar bis TT/MM/JJ	Mindesthaltbarkeitsdatum
Nach dem Öffnen gekühlt aufbewahren und bald verbrauchen	Temperatur und Lagerbedingungen
Zutaten: Erdbeeren, Zucker, Geliermittel: Pektin, Zitronensaft, hergestellt aus xx g Früchten je 100 g, Gesamtzuckergehalt xx g je 100 g	Zutaten

Achtung bei zusammengesetzten Zutaten! Gelierzucker oder Einsiedehilfe, die Gelier- oder Konservierungsmittel enthalten, müssen deklariert werden. Das heißt, erforderlich sind die Angabe der jeweiligen Zutatenklassen und des Mittels laut Packungsangabe (z. B. Konservierungsmittel: Sorbinsäure).

7.9.2 Fruchtaufstrich

Beim Fruchtaufstrich ist eine Auslobung von Fruchtgehalt und Gesamtzuckergehalt mit vorgegebenem Wortlaut nicht notwendig. Aufgrund der QUID-Regelung ist bei Aufstrichen aus einer oder zwei Obstarten der Fruchtanteil im Zutatenverzeichnis unter Bedachtnahme auf die Reihenfolge der verwendeten Mengen in % anzugeben.

Zwei-Frucht-Aufstrich **z. B. Brombeer-Apfel-Fruchtaufstrich**	Sachbezeichnung
Franz Muster Obstweg 1, 1234 Garten	Erzeuger/Verpacker/Verkäufer evtl. Biokontrollnummer
250 g	Nettofüllmenge
L-011006	Los-/Chargennummer
Mindestens haltbar bis Ende MM/JJ oder Mindestens haltbar bis TT/MM/JJ	Mindesthaltbarkeitsdatum
Nach dem Öffnen gekühlt aufbewahren und bald verbrauchen	Temperatur und Lagerbedingungen
Zutaten: Brombeeren (50 %), Zucker, Äpfel (20 %), Geliermittel: Pektin, Säuerungsmittel: Zitronensäure	Zutaten

7.10 VERSTÄNDNISFRAGEN

1. Welche Gesetze bzw. Normen regeln die Zusammensetzung und Herstellung von Konfitüren & Co.?
2. Erkläre die Unterschiede zwischen Marmelade, Konfitüre und Gelee.
3. Welche Geliermittel werden zur Herstellung von Konfitüren verwendet? Beschreibe ihre Eigenschaften.
4. Welche Süßungsmittel sind bei der Konfitürenherstellung wichtig?
5. Welche Säuren werden bei der Konfitürenherstellung zugesetzt und welche Aufgabe erfüllen sie?
6. Wie funktioniert der Herstellungsprozess mit Pektin als Geliermittel?
7. Was ist bei der Abfüllung von Konfitüren zu beachten?
8. Welche Fehler treten häufig bei Konfitüren auf und warum treten sie auf?
9. Was bestimmt die Haltbarkeit von Konfitüren?
10. Was speziell ist bei der Kennzeichnung von Konfitüren oder Fruchtaufstrichen zu beachten?

© Georg Innerhofer

Fruchtaufstrichetikett mit QUID-Deklaration vom Fruchtgehalt und ausreichend groß geschriebener Füllmenge.

Obstwein

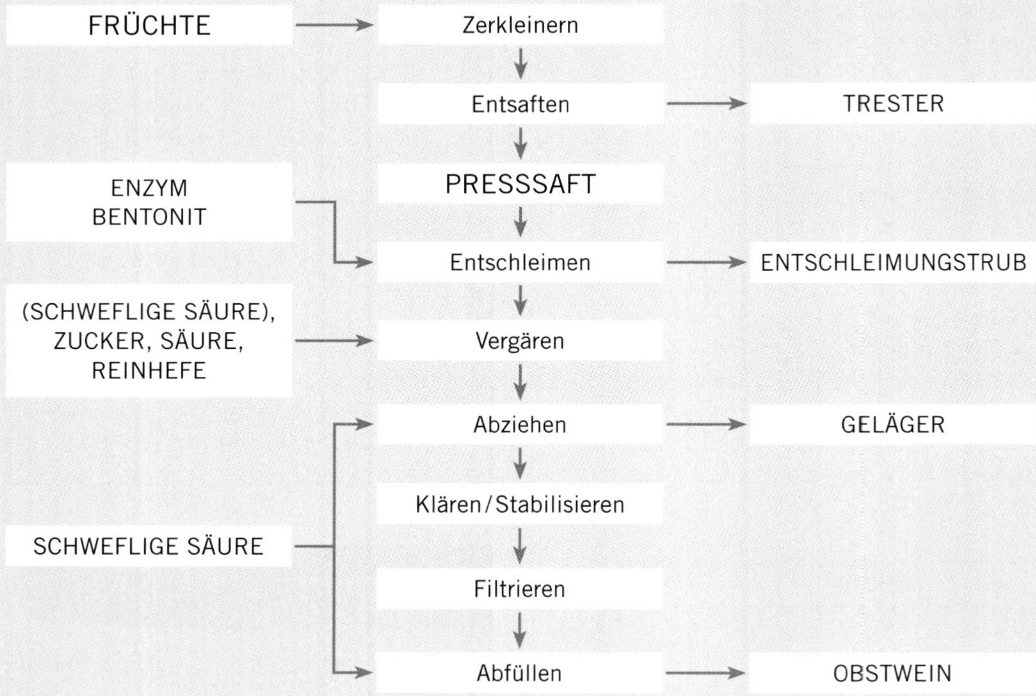
FRÜCHTE
Zerkleinern
Entsaften
TRESTER
PRESSSAFT
ENZYM
BENTONIT
Entschleimen
ENTSCHLEIMUNGSTRUB
(SCHWEFLIGE SÄURE),
ZUCKER, SÄURE,
REINHEFE
Vergären
Abziehen
GELÄGER
Klären/Stabilisieren
SCHWEFLIGE SÄURE
Filtrieren
Abfüllen
OBSTWEIN

Obstwein – Most

In der österreichischen Kultur ist der Most/Obstwein tief verwurzelt und man blickt auf eine sehr lange Most-Tradition zurück. Schon die Kelten und Römer kannten und schätzten dieses Getränk. Im Mittelalter war Most zunächst nur ein einfacher Haustrunk der Bauern. Seine wirtschaftliche Bedeutung wuchs ab dem 18. Jahrhundert, als Kaiserin Maria Theresia und ihr Sohn Joseph II. die Obstbaumkultur förderten. Der Begriff „Mostviertel" für eine Region in Niederösterreich tauchte erstmals 1894 auf. Oberösterreich entwickelte sich zum größten Mostproduzenten Österreichs, mit fast der Hälfte vom gesamten Most des Landes. Im 19. und vor allem im 20. Jahrhundert verlor der Most stark an Bedeutung.

Mit Beginn des 21. Jahrhunderts erlebt Most eine Renaissance. Er wird als alkoholarmes, hochwertiges, naturnahes Getränk geschätzt. Es gibt Ausbildungen zum Mostsommelier, spezielle Glaskultur und eine eigene Fachsprache. Im Mostviertel gab man dem Most dann noch zusätzlich eine verstärkte Identität, indem eine eigene 1-Liter-Mostflasche designed und produziert wurde. Most wird heute in verschiedenen Varianten angeboten, von traditionell bis trendig, und trägt wesentlich zur Erhaltung der Streuobstwiesen bei, die ein wichtiger Teil der österreichischen Kulturlandschaft sind.

Der Adler auf der Flasche als eindeutiges Zeichen für Qualitätsobstwein.

8.1 Definition

Selbst in einem kleinen Land wie Österreich gibt es in der Nomenklatur dieses Produkts deutliche Unterschiede. Der Begriff „Most" steht im Süden und Südosten des Landes für vergorenen Apfel-/Birnensaft, im Nordosten für frischen Traubensaft, im Westen für frischen Apfelsaft und hat wahrscheinlich noch andere Bedeutungen. Obstwein im Gegensatz dazu ist ein eher einheitlich interpretierter Wert.

Die Herstellung von Most/Obstwein ist geregelt …

- in der Obstweinverordnung BGBl. Nr. 18/2014 idgF
- im Weingesetz BGBl Nr. 111/2009 idgF
- in der Weinrechts-Sammelnovelle BGBl. 184/2018 + BGBl. II Nr. 30/2022

In diesen Gesetzestexten sind Herstellung, mögliche Schönungs- bzw. Zusatzstoffe, Kennzeichnung, Produktdefinitionen … enthalten.

In nahezu allen Regionen Österreichs wird Obstwein hergestellt. Verwendbar dafür sind

Früchte aus sehr vielen Obstarten, den größten Anteil auf dem Markt hat aber Obstwein aus Kernobst. Die dafür verwendeten Früchte stammen sowohl aus modernen Intensivobstanlagen als auch aus traditionellen Streuobstwiesen, je nach Region. In der Regel erfolgt die Verarbeitung der Früchte getrennt, in Ober- und Niederösterreich hat auch der „Mischlingsmost“, eine Cuveé aus Äpfeln und Birnen, große Bedeutung. Weine aus Stein- bzw. Beerenobst haben als Obstwein eine eher geringe Bedeutung, sie eignen sich aber hervorragend als Basis für weiterverarbeitete Produkte wie Cider, Perlweine, Schaumweine oder auch Essige.

Obstweinpyramide

Die Obstweinpyramide ist ein Qualitätssystem für Obstweine in Österreich, das seit 2014 durch die Obstwein-Verordnung geregelt wird.

BEGRÜNDUNG

Chemische Analyse - OE 144/21 Chemical analysis		Norm/SOP:	MU:
Relative Dichte (20°/20°) Relative density	1,0018	OIV-MA-AS2-01A+B	± 0,0005
Vorhandener Alkohol in Vol-% Alcoholic strength (by volume)	6,3	OIV-MA-AS312-01A	± 0,2
Gesamtalkohol (berechnet) in Vol-% Total alcoholic strength (by volume)	6,7	ALVA A2	± 0,3
Gesamtalkohol (berechnet) in g/l Zucker Total alcoholic strength (by sugar)	113		± 5
Trockenextrakt (ber.) in g/l Dry extract (computed) g/l	27,6	OIV-MA-AS2-03A+B	
Gesamtzuckergehalt (Glucose, Fructose und Saccharose) in g/l Total sugars g/l	6,4		
Saccharose in g/l	n.b. (< 0,2)	OIV-MA-AS311-03	± 0,15
Zuckerfreier Extrakt (berechnet) in g/l Sugar free extract (computed) g/l	21,2	OIV-MA-AS2-03A+B	
Titrierbare Säure (als Weinsäure) in g/l Total acidity (as tartaric acid) g/l	6,5	OIV-MA-AS313-01	± 0,3
Titrierbare Säure (als Äpfelsäure) in g/l Total malic acid g/l	5,8	ALVA A9	
Flüchtige Säure (als Essigsäure) in g/l Volatile acidity (as tartaric acid) g/l	0,4	OIV-MA-AS313-02	± 0,2
Freie schweflige Säure (als SO2) mg/l Free sulfur dioxide (as SO2) mg/l	35	OIV/OENO 391/2010	± 10
Gesamte schweflige Säure (als SO2) mg/l Total sulfur dioxide (as SO2) mg/l	249	OIV/OENO 391/2010	± 15
Sinnenprüfung entsprechend (J/N) Sensory analysis	J	Kommission	

Die Kosten begründen sich in den angeführten Gesetzesstellen.

Neben der Verkostung ist das Ergebnis der Analyse wesentlich für die Anerkennung als Qualitätsobstwein.

Sie ist ähnlich aufgebaut wie die Qualitätspyramide für Wein und besteht aus drei Stufen:

- **Most aus Österreich/EU:**
  Dies bildet die Basis der Pyramide und stellt die grundlegende Kategorie dar. Hier gelten die allgemeinen Qualitätsstandards für österreichischen Obstwein; in diese Klasse fällt auch Most aus Konzentrat hergestellt.
- **Most aus einem Bundesland:**
  Diese mittlere Stufe erfordert, dass das Obst aus einem Bundesland stammt. Zudem müssen höhere Qualitätskriterien erfüllt werden als beim klassischen Most aus Österreich.
- **Qualitätsobstwein:**
  Dies ist die Spitze der Pyramide und repräsentiert die höchste Qualitätsstufe. Hier gelten die strengsten Kriterien:
  - Die Herkunft muss aus einer definierten Region, kleiner als ein Bundesland sein.
  - Es gibt einen vorgeschriebenen Prüfprozess, der eine analytische Laborprüfung und eine sensorische Bewertung durch eine amtliche Kommission umfasst.
  - Bei Erfüllung aller Kriterien wird eine staatliche Prüfnummer erteilt.
  - Das Gütesiegel mit dem österreichischen Staatswappen darf oben am Verschluss, die dazu vergebene staatliche Prüfnummer muss auf dem Etikett angebracht werden.

Der Antrag wird mit den Probenflaschen beim Bundesamt für Weinbau eingereicht. Der Most durchläuft zunächst eine analytische Laborprüfung auf Alkoholgehalt, Zucker, Säure, Schwefel und flüchtige Säuren. Anschließend erfolgt eine sensorische Bewertung durch eine sechsköpfige amtliche Kommission. Bei einem positiven Ergebnis wird die staatliche Prüfnummer per Bescheid erteilt.

Diese Qualitätspyramide dient dazu, hohe Standards in der österreichischen Obstweinproduktion zu gewährleisten und den Verbrauchern eine klare Orientierung bezüglich der Qualität und Herkunft des Produkts zu bieten.

8.2 Geeignete Früchte

Neben allen „normalen“ Anforderungen an Verarbeitungsfrüchte sind es bei der Obstweinherstellung einige Punkte, denen ganz besondere Bedeutung zugemessen wird.

8.2.1 Sauberkeit

Der Großteil von Tafelobst wird händisch gepflückt, die Früchte gelangen daher relativ sauber zur Verarbeitung. Bei den großen Streuobstbäumen ist das leider nicht so leicht möglich, häufig werden die Früchte vom Boden händisch oder mechanisch aufgelesen. Fallobst ist durch den Bodenkontakt stärker verschmutzt und hat wesentlich mehr Bakterien und wilde Hefen auf der Fruchtoberfläche. Um diese Verunreinigungen zu entfernen ist es wichtig, die Früchte vor der Verarbeitung gründlich zu waschen und auch auszusortieren. Andernfalls könnten diese zu Gärproblemen und später zu Fehltönen führen. Am besten wäscht man das Obst in einem Wasserbehälter vor der Mühle, wobei die Früchte sich im Wasser bewegen sollten. Bevor das Obst in der Mühle gemaischt wird, sollte es im Elevator noch mit Frischwasserdüsen abgespritzt werden. So wird es optimal gereinigt und ist bereit für die weitere Verarbeitung.

© Steirermost

Herstellervereinigungen wie hier Produkte der Steirermostgruppe waren wesentlich für den Qualitätsaufschwung.

© Georg Innerhofer

Nicht zum Frischkonsum geeignete Mostbirnen erbringen tolle Obstweine.

8.2.2 Zuckergehalt

Der Zuckergehalt vom Ausgangssaft entscheidet wesentlich über den durch die Gärung entstehenden Alkoholgehalt im Obstwein. Je höher der Alkoholgehalt, umso mehr Volumen und Kraft hat der Most am Gaumen und umso besser die Haltbarkeit. Leider steht das Bestreben nach einem kräftigen Obstwein der Idee des alkoholarmen Durstlöschers komplett entgegen.

Die Bäume aus Streuobstbeständen neigen zu Ertragsschwankungen. Der Wechsel aus einem Tragjahr und einem Rastjahr nennt man „Alternanz“. In den Tragjahren bilden die Bäume viele, aber oft kleinere und wenig zuckerreiche Früchte aus. In den Rastjahren „erholt“ sich der Baum und bildet nur wenige oder keine Früchte aus.
Der entstandene Most in den erntereichen Tragjahren hatte demzufolge einen niedrigen Alkoholgehalt mit gerade einmal 5 % vol oder knapp darüber, schmeckte dünn und war wenig haltbar.
Mit der Verwendung neuer Sorten aus Tafelobstplantagen stammenden Früchten stehen jedes Jahr zuckerreiche Früchte zur Verfügung, die Alkoholgehalt bis zu 9 % vol ermöglichen.

© Mostschenke Brunner/Herr Bergmann

Apfelmost aus heimischer Produktion erfüllt durch laufende Kontrolle höchste Qualitätsansprüche.

Äpfel aus …

- Tafelobstanbau weisen Zuckergehalte auf zwischen 10 und 14 °Brix (8,5 bzw. 11,9 °KMW)
- Streuobstanbau (Mostäpfel) weisen je nach Sorte und Ertrag weniger Zuckergehalt auf: 10 °–15 °Brix.
- Mostbirnen haben einen Zuckergehalt zwischen 12 und 15 °Brix.

8.2.3 Säuregehalt

Der Säuregehalt spielt eine wichtige Rolle für den Geschmack, die Qualität und die Haltbarkeit von Obstwein. Je nach verwendeter Obstsorte variiert der natürliche Säuregehalt stark. Idealerweise liegt der Säuregehalt für Obstweine zwischen 5 und 8 g/l bzw. zwischen 5‰ und 8‰.

Liegt der Wert darunter, schmeckt der Obstwein fad und leer. Indirekt bestimmt der Säuregehalt den pH-Wert. Bei pH-Werten über 3,4 sind Obstweine sehr anfällig gegenüber Bakterien, die zu einer weiteren Säurereduktion und Geschmacksverschlechterung führen.

Höhere Säuregehalte verursachen einen harten, säurebetonten Eindruck am Gaumen. Die damit verbundenen tiefen pH-Werte helfen allerdings mit, eine reintönige Gärung zu erzielen.

Bei Kernobstweinen wie Apfelwein macht die Apfelsäure 80–90 % der Gesamtsäure aus. Anders als bei Traubenweinen lässt sich die Säure in Obstweinen nicht einfach durch Zusatz von Entsäuerungskalk verringern. Der zugesetzte Kalk bliebe im Obstwein gelöst und reduziert den Säuregehalt nicht. Um den Geschmack bei Obstweinen aus säurereichen Sorten zu harmonisieren, verleiht man ihnen einen höheren Restzuckergehalt oder cuvetiert sie mit weniger säurereichen Obstweinen.

© Georg Innerhofer

Geeignete Säuren, um den Säuregehalt im Most zu heben.

Ein Beispiel dafür wäre die Mischung eines Obstweins aus Grüner Pichlbirne mit 8–9‰ Säure mit dem einer Speckbirne mit 3–5‰ Säure.

Äpfel aus …
- Tafelobstanbau weisen Säuregehalte auf zwischen 5‰ und 8‰ bzw. 5 g/l bis 8 g/l.
- Streuobstanbau (Mostäpfel, Mostbirnen) können je nach Sorte auch deutlich mehr Säure aufweisen, andere auch deutlich weniger (Bsp. Speckbirne, Schweizer Wasserbirne)

8.3 Herstellung

Sowohl Obstübernahme als auch Zerkleinerung und Entsaften geschieht bei der Obstweinherstellung ganz gleich wie bei der Fruchtsaftherstellung. Die Früchte werden nach der Übernahme gereinigt, gemahlen und gepresst, der Saft anschließend weiter verarbeitet.

8.4 Entschleimen

Unter dem Entschleimen versteht man das Abtrennen der groben Trubstoffe nach dem Pressen. Man erreicht es durch Stehenlassen des Safts in einem geschlossenen Behälter oder durch den Einsatz von Hilfsstoffen wie Enzymen, beschleunigt wird der Vorgang durch Gelatine und Bentonit. Die Trubstoffe setzen sich dabei am Behälterboden ab, der vorgeklärte Saft kann anschließend in den Gärbehälter gepumpt werden. Mit dem Absetzen des Trubs reduziert man auch die Zahl der von den Früchten kommenden wilden Hefen sehr stark. Viele kombinieren diesen Vorgang mit einer Eiweißstabilisierung und einer Korrektur des Gerbstoffgehalts. Diese Maßnahme fördert eine reinere Gärung und trägt somit maßgeblich zur Qualitätssteigerung des Obstweins bei.
- Das Abtrennen durch Sedimentation (Absetzenlassen der Trubstoffe) ohne weitere Zusätze ist die einfachste Art des Entschleimens. Der verbleibende Saft nach dem Abziehen weist noch eine mehr oder weniger starke Trübung auf.
- Wem der Saft noch zu trüb ist, kann mit wenigen Zusätzen (siehe Abschnitt Schönung) die Klärwirkung verbessern und mit anderen Maßnahmen kombinieren. Voraussetzung für ein Wirken der Stoffe ist eine Safttemperatur von mindestens 12 °C.

© Georg Innerhofer

Entschleimen vor der Gärung zur Qualitätssteigerung.

Ablauf des Entschleimens:
- Enzymzusatz
- Einrühren
- 2 Stunden später Bentonit zusetzen
- Mindestens 15 Minuten in Schwebe halten (Rührwerk)
- Gelatine einrühren
- Absetzen lassen
- Abziehen

8.4.1 Enzym

Um ein Absetzen der Trubstoffe zu beschleunigen, ist es notwendig, das fruchteigene Pektin aufzuspalten. Dazu setzt man die gleichen pektinspaltenden Enzyme (Pektinasen) ein wie bei der Klärschönung in blanken Fruchtsäften. Nach dem Aufspalten des Pektins setzen sich die meisten Trubstoffe und mit ihnen die darauf anhaftenden Mikroorganismen ab.

8.4.2 Bentonit

Etwa zwei Stunden nach dem Zusatz der pektinspaltenden Enzyme kann Bentonit zugesetzt werden. Bei einem früheren Zusatz inaktiviert es die Enzyme und verhindert die Pektinspaltung. Bei Bentonit handelt es sich um ein schichtförmig aufgebautes Tonmineral, das durch Vorquellen in Wasser den Schichtabstand ändert. In diesen vergrößerten Schichten lagert das Mineral Eiweiß aus dem Saft an und verhindert damit eine spätere unkontrollierbare Eiweißausscheidung im Getränk.
Der Bentonitzusatz beschleunigt und verbessert das Absitzen der Trubstoffe und erspart eine Eiweißentfernung nach der Gärung.

8.4.3 Gelatine

Schönungsmittel auf Gelatinebasis kommen als pulverförmige bzw. flüssige Präparate in den Handel und sind nach wie vor sehr häufig verwendete Schönungsmittel, vor allem bei Birnenmosten, denn diese weisen meist hohe Gerbstoffgehalte auf. In den letzten Jahren setzt man vermehrt Mittel auf pflanzlicher Basis ein (beispielsweise aus Erbsen) mit ähnlicher Wirkung.

Aufgrund der positiven Ladung reagiert Gelatine unter Flockenbildung mit Gerbstoffen. Dabei entstehen Flocken, die sich mit den Trubstoffen absetzen und den Saft klären. Bentonit erhöht dabei die Schönungswirkung, verbessert das Absetzen des Trubs und sorgt für ein kompaktes Trubdepot.
Je höher der Gerbstoffgehalt des Saftes, umso größer die benötigte Aufwandmenge. Äpfel aus Tafelobstbau benötigen wenig (da wenig Gerbstoff, als Beispiel 7 g Erbigel®/100 l). Im Vergleich dazu benötigen manche Mostbirnensorten das 10- bis 30-Fache davon.

Schönungen zur Geschmackskorrektur bzw. zur Stabilisierung sollten vor der Gärung durchgeführt werden. Einerseits verstärken sie die Klärung und haben weniger Einfluss auf das Aroma, als wenn sie nach der Gärung erfolgen. Zudem bewirken sie eine problemlose und reintönigere Gärung.

Jede Schönung verringert neben dem Gehalt an unerwünschten Stoffen auch die gewünschten Substanzen. Überschönungen durch zu hohe Aufwandmengen führen zu weniger Aroma und fehlendem Körper. Andererseits zeigen zu geringe Dosierungen eben zu wenig Wirkung.

8.5 Einstellen des Zucker- und Säuregehalts

Nach dem Absetzen der Trubstoffe pumpt man den Saft in den Gärbehälter und hat nun noch die Möglichkeit Zucker- und Säuregehalt anzupassen.

8.5.1 Korrektur Zuckergehalt

Bei der Mostproduktion ist es möglich, vor der Gärung Zucker zuzusetzen, um mehr Alkohol und damit mehr Volumen, Kraft und auch Haltbarkeit zu erlangen. Reife Äpfel oder Birnen enthalten üblicherweise genug Zucker für einen hochwertigen Most, ein Aufbessern daher nicht nötig. Säfte aus Steinobst und vor allem aus Beerenobst bessert man vor der Gärung auf. Nach der Gärung darf der Geschmack mit Zucker abgerundet werden, um einen süßen Geschmack zu erhalten. Der rechtliche Rahmen dafür sagt, dass unabhängig vom Zeitpunkt einer Aufbesserung im fertigen Obstwein aus Kernobst ein maximaler Gesamtzuckergehalt von 161 g/l enthalten sein darf. Bei Beeren- und Steinobstwein gilt 246 g/l.

Der Gesamtzuckergehalt im Obstwein setzt sich zusammen aus:

- natürlich enthaltenem Fruchtzucker,
- zugesetzter Zucker vor der Gärung zum Aufbessern und
- zugesetzter Zucker nach der Gärung zum Süßen.

Gesamtzucker (max. 161 g/l) = vorhandener Zucker und in Zucker umgerechneter Alkoholgehalt.

Der vorhandene Alkoholgehalt wird mit dem Faktor 17 multipliziert und ergibt den „rückgerechneten“ Zuckergehalt.

Zum Beispiel:
Apfelmost nach der Gärung 8,2 % vol. und 4 g Restzucker.
*Diesem Most hat einen Gesamtzuckergehalt von (8,2*17 + 4) = 143,4 g. Man dürfte also noch (161 – 143,4) = 17,6 g Zucker vor der Füllung zusetzen.*

Berechnungsbeispiel Aufbesserung:
In der österreichischen Mostherstellung ist die Verwendung von KMW weit verbreitet, auch wenn sie nicht ganz richtig ist. Alternativ lässt sich die wahrscheinliche Alkoholausbeute direkt über den Zuckergehalt errechnen.

Beispielhaft erfolgt die Berechnung des Zuckergehalts im Saft über beide Wege bei einem Apfelsaft mit 50 Öchsle bzw. 10 KMW, bzw. lässt sich mit den gleichen Faktoren der benötigte Zuckergehalt für einen angestrebten Alkoholgehalt errechnen.

Berechnungsbeispiel:
Aus 2000 l (20 hl) Apfelsaft mit 10 KMW bzw. 50 °Oe soll Obstwein mit 7 % vol Alkohol hergestellt werden.

Berechnung Variante KMW

1. Schritt: Berechnung der benötigten KMW
Die Berechnung erfolgt aufgrund des Erfahrungswerts, dass aus 1 °KMW etwa 0,6 % vol. Alkohol entstehen.

$$KMW_{benötigt} = \frac{\% \, Alk_{gewünscht}}{0,6} = \frac{7}{0,6} = 11,7$$

2. Schritt: Berechnung der Zuckermenge
In der Kellerwirtschaft rechnet man die Aufbesserung mit dem Faktor 1,3:
1,3 kg Zucker auf 100 l erhöhen den Zuckergehalt um 1 KMW.

$$kg_{Zucker} =$$
$$(KMW_{gewünscht} - KMW_{vorhanden}) \times hl_{Saft} \times 1,3 =$$
$$(11,7 - 10) \times 20 \times 1,3 = 44 \, kg$$

Um 2000 l Saft von 10 auf 11,7 KMW aufzubessern benötigt man 44 kg Zucker.

Berechnung Variante Öchsle

1. Schritt: Berechnung benötigter Zuckergehalt

Für die Umrechnung von Öchsle auch Zucker verwendet man folgende Faktoren:

- Kernobst (Apfel, Birne): °Oe × 2 = g/l Zucker
- Beeren- und Steinobst-Rohsäfte: (°Oe/4 – 3) × 10 = g/l Zucker

$$Zucker_{benötigt} = \% \, Alk_{gewünscht} \times 17 = 7 \times 17 = 119 \, g/l$$

2. Schritt: Berechnung der Zuckermenge

$$Zucker_{vorhanden} = °Oe \times 2 = 50 \times 2 = 100 \, g/l$$
$$kg_{Zucker} = (Zucker_{benötigt} - Zucker_{vorhanden}) \times l_{Saft}$$
$$= (119 - 100) \times 2000 = 38000 \, g = 38 \, kg$$

Der Unterschied aus den beiden Berechnungen zeigt die Problematik, dass jede auf einem Durchschnitt bezogene Umrechnung ihre Ungenauigkeiten mitbringt.

Eine absolut genaue Vorberechnung ist nicht möglich.

Der Zuckerzusatz erfolgt folgendermaßen:
1. Messen der Saftmenge
2. Abwägen des Zuckers
3. Auflösen des Zuckers in einer Teilmenge
4. Zugabe und Vermischung mit der Hauptmenge

8.5.2 Korrektur Säuregehalt

So manche interessante Obstart bzw. -sorte weist einen Säuregehalt auf, der als nicht passend erscheint. Vor allem alte Sorten aus dem Streuobstbau aber auch neue Intensivobstsorte haben für die Mostherstellung einen zu hohen Säuregehalt, der daraus hergestellte Obstwein wäre nicht harmonisch. Gleiches gilt für Sorten mit einem zu tiefen Säuregehalt, hier muss Säure zugesetzt werden. Um Obstweine im Geschmack frischer erscheinen zu lassen erfolgt meistens vor dem Füllen noch ein Zusatz von Kohlensäure. Ein Ersatz für fehlende titrierbare Säure ist das aber nicht.

Nach etwa 15 Minuten nach dem Einrühren in lauwarmes Wasser ist die Hefe einsatzbereit, erkennbar an der je nach Hefeart unterschiedlich starken Schaumbildung.

Zur Erzielung eines harmonischen Geschmacks ist daher eine Korrektur des Säuregehalts notwendig.

8.5.2.1 Säurereduktion

Trotz hoher Reife haben manche Sorten sehr hohe Säuregehalte, ganz besonders gilt das für alte Sorten aus Streuobstbeständen. Für einen harmonischen Geschmack ist eine Säurereduktion anzustreben.

Biologischer Säureabbau

Eine Reduktion des Säuregehalts durch spontanen „biologischen Säureabbau" – die mikrobiell bedingte Umwandlung von Apfelsäure in Milchsäure – ist nicht empfehlenswert. Dieser Prozess wird durch längeres Stehenlassen des vergorenen, noch ungeschwefelten Obstweins auf der Hefe ausgelöst, bleibt jedoch unkontrollierbar. Häufig entstehen dabei unerwünschte Stoffwechselprodukte der Bakterien, die zu negativen Geschmacksveränderungen und fehlerhaften Obstweinen führen.

Ein gezielter Säureabbau kann mithilfe von Starterkulturen eingeleitet werden. Dennoch kommt es auch hierbei immer wieder zu Fehltönen, die an Joghurt oder Molke erinnern. Derzeit sind Starterkulturen von Bakterien in Erprobung, die keine negativen Geschmacksstoffe ausbilden.

Verschnitt – Cuveétierung

Eine Reduktion des Säuregehaltes durch das Verschneiden von säurereichen mit säureärmeren Obstweinen ist eine einfache Möglichkeit. Gerade in den Regionen mit Tafelobstbau und Streuobstanbau finden sich immer passende Früchte, die schon beim Mitpressen der Säuregehalt harmonisieren. In einigen wenigen Fällen ist auch ein Zusatz von Wasser möglich. Dieser ist zwar in geringem Ausmaß erlaubt, wird aber in der Herstellung von hochwertigem Obstwein nicht eingesetzt, da man mit der Säure auch den Körper bzw. das Volumen reduziert.

Soll die Verringerung gezielt erfolgen bedient man sich einer einfachen Methode zur Ermittlung des Mischungsverhältnisses, dem sogenannten „Mischungskreuz".

Berechnungsbeispiel

- 600 l von einem Obstwein mit einem Säuregehalt von 9,0 ‰ soll durch Verschnitt mit einem säureärmeren Obstwein mit 5 ‰ auf 8 ‰ eingestellt werden.
- Wie viel benötigt man von diesem?

9,0 ‰ ↘ ↗ **3 Teile** ...... **600 l**

8,0 ‰

5,0 ‰ ↗ ↘ **1 Teil** ...... **x l**

- Und jetzt eine Schlussrechnung: 600/3 × 1 = 200 l
- Man benötigt somit 200 l vom zweiten Obstwein, um den Säuregehalt auf 8 ‰ zu verringern.

Verbesserte Doppelsalzentsäuerung

Im Weingesetz nach der Novelle von 1999 ist erstmalig die Methode der „verbesserten Doppelsalzentsäuerung" für Obstwein zugelassen. Sie ist aber aufwändig und wird in Österreich nur selten durchgeführt.

8.5.2.2 Säurezusatz

Bei neueren Sorten ist ein zu hoher Säuregehalt eher die Ausnahme. Sollte der Apfelsaft nach dem Pressen zu wenig Säure abweisen, was bei neuen Obstsorten oft vorkommt, darf man laut Weingesetz (BGBl. I Nr. 141/1999 i.d.g.F.) Säure hinzufügen. Erlaubt dafür sind Zitronensäure, Äpfelsäure und Milchsäure.

Ein etwaiger Säurezusatz soll auf jeden Fall vor der Gärung erfolgen, da der gesenkte pH-Wert einen wichtigen Faktor für eine reintönige Gärung darstellt.

Zitronensäure

ist eine überall verfügbare, relativ günstige Genusssäure und wird in der Lebensmittelherstellung vielfach eingesetzt. Ab Zusatzmengen von 1,5 g/l macht sich die Zitronensäure mit einem spitzem, zitronigen Geschmack bemerkbar. Zitronensäure ist mikrobiologisch nicht 100%ig stabil und kann unter bestimmten Bedingungen von Milchsäurebakterien abgebaut werden.

Äpfelsäure

ist etwas teurer als Zitronensäure und verursacht von den möglichen Säuren den stärksten Säureeindruck. Sie schmeckt zwar fruchtiger ist aber ähnlich hart und spitz wie Zitronensäure und soll daher nur nach Vorproben zugesetzt werden.
Beim biologischen Säureabbau wird Apfelsäure zu Milchsäure abgebaut, sie ist also mikrobiologisch nicht stabil.

Milchsäure

weist einen runden, molligen Geschmack und fügt sich sehr harmonisch in das gesamte Geschmacksbild ein. Im Vergleich zu den anderen Säuren verursacht sie den kleinsten Säureeindruck im Geschmack und kann von Bakterien nicht mehr abgebaut werden.
Bekannt ist sie vor allem als Endprodukt aus dem biologischen Säureabbau. Bei Obstweinen ist dieser eher unerwünscht, da bei spontanem Auftreten von diesem häufig laktische Fehltöne (an Kraut, Joghurt oder Molke erinnernd) entstehen. Reine Milchsäure verursacht keine Fehltöne und kann problemlos zugesetzt werden.

Bei Produkten aus Obst und bei Wein werden unterschiedliche Bezugsgrößen für die Säureangabe verwendet:

- Obst: Säuregehalt „berechnet als Apfelsäure"
- Wein: Säuregehalt „berechnet als Weinsäure"

Gewohnheitsmäßig verwenden die österreichischen Obstverarbeiter Weinsäure als Einheit, auch wenn es nicht ganz richtig ist. Dieser Fehler ist historisch bedingt, weil sich Analysen aus der weinbaulichen Kellerwirtschaft in die Obstwirtschaft verbreitet haben. So erhält man bei der üblichen Tritration mit Blaulauge immer einen Wert, der auf Weinsäure bezogen ist.

In Äpfeln ist Apfelsäure die vorherrschende Säure, während in Wein Weinsäure dominiert. In der Weinherstellung hat sich die Angabe als Weinsäure historisch etabliert. Weinsäure und Apfelsäure haben unterschiedliche molekulare Strukturen und Säurestärken, weshalb in der Angabe zwischen ihnen unterschieden wird. Die Umrechnung zwischen den beiden Säuren führt zu leicht unterschiedlichen Werten.

Zum Aufsäuern um 1 g/l berechnet als Weinsäure benötigt man:

- Zitronensäure 0,85 g/l
- Äpfelsäure 0,89 g/l
- Milchsäure (80 %ig) 1,50 g/l

6 g/l ber. als Weinsäure = (6 × 0,89) = 5,34 g/l ber. als Äpfelsäure

Diese unterschiedlichen Bezugsgrößen können zu Verwirrung führen, wenn man Säuregehalte von Äpfeln und Wein direkt vergleichen möchte. Es ist wichtig, die jeweilige Bezugsgröße zu berücksichtigen, um korrekte Vergleiche anzustellen. Entscheidend ist aber letztendlich der Geschmack des fertigen Produkts.

Berechnungsbeispiel Aufsäuerung:
Aus 2000 l (20 hl) Apfelsaft mit einem Säuregehalt von 4,7 ‰ soll Obstwein mit 6 ‰ hergestellt werden.

$g_{Säure} = (\text{Säure}_{\text{benötigt}} - \text{Säure}_{\text{vorhanden}}) \times \text{l}_{\text{Saft}}$
$= (6 - 4{,}7) \times 2000 = 2600\ g = 2{,}6\ kg$

Um aus dem gegebenen Saft einen Obstwein mit dem gewünschten Säuregehalt zu erhalten, ist der Zusatz von 2,6 kg Säure notwendig. Erfolgt dieser mit Zitronensäure ist noch eine Umrechnung notwendig, bei der die errechnete zuzusetzende Menge korrigiert wird.

$Säurezusatz_{ZS} = Säuremenge_{WS} \times 0{,}85 =$
$2600 \times 0{,}85 = 2{,}210\ kg$

8.6 Schwefeln

An sich erfolgt der Zusatz von schwefliger Säure erst nach der Gärung. Einige Hersteller jedoch schwefeln den Saft schon vor der Gärung mit Aufwandmengen zwischen 20 und 30 mg/l. Die Entscheidung, ob überhaupt und wie stark vor der Gärung geschwefelt wird, hängt von der Qualität und Art der verwendeten Früchte, dem weiteren Ablauf der Verarbeitung und den Zielen des Herstellers ab.
Schon eine leichte Schwefelung hilft, das Wachstum von wilden Hefen oder Bakterien zu unterdrücken und der Reinzuchthefe somit einen entscheidenden Startvorteil zu verschaffen. Das gilt vor allem dann, wenn aus mikrobiologischer Sicht einige doch nicht ganz einwandfreie Früchte zur Verarbeitung gelangt sind. Schwefeldioxid wirkt als Antioxidationsmittel und schützt den Saft vor vorzeitiger Oxidation, was die Qualität des späteren Obstweins verbessern kann.
Eine zu starke Schwefelung kann allerdings auch Gärhefen hemmen und den Start der Gärung behindern. Daher wird vor allem bei Früchten guter Qualität auf eine Schwefelung vor der Gärung verzichtet. Eine möglichst rasch nach dem Abpressen und Entschleimen einsetzende Gärung durch Zugabe von Reinzuchthefe verhindert übermäßige Vermehrung unerwünschter Mikroorganismen und Oxidation. Das zum Schwefeln häufig verwendete Kaliumpyrosulfit (KPS) besteht zu rund 50 % aus dem benötigten SO_2. Verdoppelt man

die benötigte Menge SO_2, erhält man somit den Bedarf an KPS.

Beispiel:
800 l sollen mit KPS auf 20 mg/l geschwefelt werden.
800 x 20 = 16.000 mg SO_2 sind notwendig
16.000 x 2 = 32.000 mg = 32 g KPS
Um 800 l Saft vor der Gärung mit 20 mg/l aufzuschwefeln, benötigt man 32 g KPS.

8.7 Alkoholische Gärung

Unter der alkoholischen Gärung versteht man den durch Hefen verursachten Umbau von Zucker zu Alkohol, CO_2 und Energie.

Alkoholische Gärung

$$C_6H_{12}O_6 \longrightarrow 2\,CH_3CH_2OH + 2\,CO_2 + \text{Energie}$$

Aus 100 g Zucker entstehen etwa 50 g Alkohol und 50 g Kohlendioxid. Dieser Vorgang wird vorwiegend von Hefen durchgeführt, die neben den beiden angeführten Gärungserzeugnissen etliche andere, mehr oder weniger erwünschte Gärungsprodukte (Glyzerin, flüchtige wie Essigsäure, höhere Alkohole usw.) erzeugen.
Durch den Einsatz von Reinzuchthefen soll eine möglichst reintönige Gärung erreicht werden. Diese Hefen gibt es erst seit wenigen Jahrzehnten. Früher war die Gärung den wilden Hefen überlassen und eher eine zufällige Angelegenheit.
Im Gärbehälter sollte man einen Steigraum von mind. 10 % des Behältervolumens freilassen, um ein Überschäumen während der Gärung zu verhindern.

Vor allem während der Gärphase geht vom Kohlendioxid im Keller eine große Gefahr aus. Bei der alkoholischen Gärung entstehen große Mengen von diesem farb- und geruchlosen Gas. Die Intensität des Gärgeruchs erlaubt keinen Rückschluss auf den Gehalt an Kohlenstoffdioxid. Schon bei 1 % vol CO_2 in der Atemluft kann es zu einer Beeinträchtigung der Konzentration und einem erhöhten Unfallrisiko (z. B. Sturz durch Schwindel) kommen. 8–10 % Kohlenstoffdioxid in der Atemluft können rasch zu Bewusstlosigkeit und im schlimmsten Fall zum Tod durch Ersticken führen.
Den besten Schutz stellt der Einsatz von CO_2-Warnanlagen dar, die bei Überschreiten von bestimmten CO_2-Konzentrationen optische oder akustische Warnsignale abgeben. Aus diesem Grund sollte beim Neubau von Kellern auch auf ein gutes Lüftungssystem geachtet werden. Einfache Tests wie der mit einer brennenden Kerze geben keine Sicherheit.

8.7.1 Spontangärung

Auf der Oberfläche von Früchten befinden sich viele Mikroorganismen. Nur ein geringer Anteil (weniger als 5 %) davon sind die von uns gewünschten Gärhefen. Bei der Spontangärung erfolgt der Gärprozess durch die natürlich auf den Früchten und/oder im Keller vorkommenden Hefearten ohne den Zusatz von speziell gezüchteten Hefen.
Die sogenannten wilden Hefen vermehren sich rasch und dominieren die erste Phase der Gärung. Die meisten von ihnen weisen nur eine geringe Alkoholtoleranz auf und sterben nach der ersten Phase der Gärung bereits ab. Die Gärhefe ist im Gegensatz zu vielen Wildhefen sehr alkoholverträglich, setzt sich im Laufe der Gärung durch und beendet im Idealfall die Gärung.

Von der ersten Gärphase bleiben oftmals Stoffwechselprodukte, die unangenehm riechen oder schmecken. Der Einsatz einer Reinzuchthefe ist daher zur Erzeugung von hochwertigen Obstweinen unumgänglich.
Die Idee einer Gärung ohne Zusätze entspricht dem Zeitgeist der unbeeinflussten, natürlich ablaufenden Herstellung und wird deshalb oft und viel für Marketingzwecke verwendet. Weinrechtlich definiert ist der Begriff „Spontangärung" allerdings nicht.

Die Spannbreite dessen, was als „spontan vergoren" bezeichnet wird, reicht vom tatsächlichen Nichtstun und Abwarten bis hin zum Impfen des Ausgangssaftes mit einem vorbereiteten, ohne Hefezusatz gärenden Ansatz. Dieser soll sicherstellen, dass nicht „Funky notes"-produzierende Hefen die Überhand gewinnen und die Gärung nicht stecken bleibt.

8.7.2 Reinzuchthefen

Unter Gärhefen versteht man speziell selektierte Reinhefen, die eine saubere, reintönige Gärung ohne unerwünschte Gärnebenprodukte bewirken. Die am häufigsten eingesetzte Hefe ist der Stamm *Saccharomyces cerevisiae*. Ihr Zusatz bewirkt einen raschen Gärbeginn, diese Hefen sind gärkräftig und robust.
Damit sich die Gärhefen auch sicher durchsetzen, ist es wichtig, diese vor ihrem Zusatz richtig vorzubereiten. Gelangen die selektionierten Hefen in großer Zellzahl in den Saft, unterdrücken sie die Entwicklung der wilden Hefen. Erfolgt der Zusatz zu spät, haben die Wildhefen einen nicht mehr einzuholenden Vorteil und würden die Gärung dominieren. Die notwendige Zugabemenge ist auf der Packung angegeben und liegt zwischen 20 und 30 g/hl.

8.7.3 Hefenährsalz

Alle Früchte enthalten Nährstoffe, die Hefen für die Gärung benötigen. In manchen Jahren kann die Witterung jedoch zu einem Mangel führen. Der Zusatz von Hefenährsalz, wie beispielsweise Diammonphosphat, bringt Abhilfe und stellt sicher, dass die Hefe alle benötigten Nährstoffe in ausreichender Menge zur Verfügung hat. Besonders in der starken Vermehrungsphase benötigt die Gärhefe ausreichend Stickstoff für den Aufbau von Zellmasse. Eine Zugabe von 25 g/hl Hefenährsalz vor der Gärung fördert das Wachstum und die Vermehrung der Hefezellen, was zu einer schnelleren und effizienteren Gärung führt.
Nach Erreichen einer optimalen Zellzahl und während der Hauptgärphase nimmt die Keimzahl kaum noch zu. In dieser Phase muss die Hefe weiterhin ausreichend verfügbaren Stickstoff finden. Gegebenenfalls kann eine zweite Teilgabe vor der stürmischen Gärung erfolgen, wenn dies notwendig ist. Sollten während dieser Gärphase unerwünschte Stoffe entstehen, die an einen Böckser erinnern, können diese meist durch den Zusatz von Hefenahrung korrigiert werden. Im weiteren Verlauf der Gärung sinkt jedoch die Aufnahmefähigkeit der Hefe, weshalb ein zu später Zusatz nach der Hauptgärung wirkungslos wäre. Durch die richtige Anwendung von Hefenährsalzen kann somit eine schnelle und effiziente Gärung gefördert werden, was die Qualität des Endprodukts verbessert.

Eine gut versorgte Hefe produziert während der Gärung weniger unerwünschte Nebenprodukte, was die Reintönigkeit der Produkte erhöht und damit zu einer Qualitätssteigerung führt. Das zeigt sich in Vergleichen deutlich in einer besseren Gesamtbewertung. Der Zusatz von Nährsalzen bringt keinen Nachteil mit sich, weshalb mittlerweile der Zusatz bei Obstweinen empfohlen wird.

8.7.4 Gärtemperatur

Die optimale Gärtemperatur liegt zwischen 15 und 20 °C. Darunter beginnt die Hefe ihre Aktivität zu verlangsamen und die Gärung könnte im Extremfall stecken bleiben, was sich auf die Mostqualität sehr negativ auswirken kann. Kaltgärhefen sind speziell selektionierte Hefestämme, die auch noch bei niedrigen Safttemperaturen von ungefähr 10 °C eine Gärung möglich machen. Bei kalten Gärkellern oder kalten Presssäften macht ihr Zusatz Sinn. Liegt die Temperatur eindeutig zu tief, muss der Saft oder der Gärkeller erwärmt werden, um eine Gärung zu ermöglichen.

Während bei zu niedrigen Gärtemperaturen die Gefahr des „Steckenbleibens" gegeben ist, kommt es bei zu hohen Gärtemperaturen durch eine sehr hohe Gärintensität zu Aroma-

verlusten. Man spricht auch von einem „Ausblasen" des Aromas über den Gärspund.
Bei zu hohen Temperaturen im Saft oder einer zu starken Erwärmung während der Gärung wäre ein Abkühlen sinnvoll. Je nach Behältertyp oder -größe erfolgt eine zusätzliche Kühlung durch einen Doppelmantel außen am Tank oder durch Kühlspiralen bzw. -platten im Inneren. Kleinere Gebinde kann man über die Raumtemperatur vor einer zu großen Erwärmung schützen.

8.7.5 Gärbehälter

Als Gärbehälter eignen sich Behälter aus Edelstahl besonders gut. Sie sind dicht, einfach zu reinigen und zu desinfizieren, geschmacksneutral und daher vielseitig einsetzbar. Größere Edelstahl-Behälter sind zum Kühlen zu bevorzugen. Saubere, gut verschließbare Behälter aus Kunststoff sind ebenfalls geeignet.

8.7.6 Luftabschluss

Während der Gärung wird der Behälter dicht verschlossen. In eine dafür vorgesehene Öffnung setzt man als Verschluss einen Gärspund ein. Dieser sieht entweder wie eine Glocke oder wie ein U-förmiges Rohr aus. Durch seine Bauweise lässt der Gärspund das bei der Gärung entstehende Gas nur durch eine Sperrflüssigkeit nach außen entweichen. Gleichzeitig verhindert er, dass Sauerstoff oder Essigfliegen in den gärenden Saft gelangen können. Als Flüssigkeit im Gärspund benutzt man meist Wasser, eventuell auch Schwefelwasser (Wasser und KPS); einige Kellermeister verwenden auch Vorlauf. Bei „normalem" Wasser im Gärspund soll dieses ab und zu gewechselt werden, um zu verhindern, dass dieses „umfällt" und zu stinken beginnt.
Beim Gärspund kann man auch erkennen, wie intensiv die Gärung verläuft. Je nachdem, wie viel Kohlensäure aus dem Gärspund „blubbernd" austritt, kann auf die Gärintensität rückgeschlossen werden. Diese Beobachtung ermöglicht keinen sicheren Rückschluss darauf, ob die Gärung tatsächlich abgeschlossen ist. Beispielsweise könnte es aufgrund einer zu niedrigen Gärtemperatur zu einer Gärunterbrechung gekommen sein, obwohl noch gärfähiger Zucker enthalten ist. Man sagt: „Die Gärung ist stecken geblieben."
Meistens ist eine zu niedrige Gärtemperatur die Ursache für eine stockende Gärung. Dieser Fehler kann durch rechtzeitige Erwärmung des gärenden Saftes oder des Gärkellers behoben werden.

8.7.7 Gärendebestimmung

Zur Beurteilung des Gärendes kann die Beobachtung des Gärspundes herangezogen werden. Im Fall eines Gärstopps bleibt es im Gärspund „ruhig", obwohl noch gärfähiger Zucker im Behälter vorhanden ist. Eine Gärkurve, also die tägliche Messung des Gärfortschritts, kann helfen, ungewollte Gärstopps zu erkennen bzw. das Gärende festzustellen. Sollte noch gärfähiger Zucker im Obstwein sein, könnte es später zu einer unerwünschten Nachgärung im Tank oder – noch schlimmer – in der gefüllten Flasche kommen.

8.7.7.1 Biegeschwinger

Mit einem Biegeschwinger kann man exakt die Dichte einer Flüssigkeit messen und daraus Zuckergehalt errechnen. Sobald bei der Gärung Alkohol gebildet wurde, ist eine exakte Zuckermessung nicht mehr möglich, das Erstellen einer Gärkurve schon.
Ein Festlegen auf ein Gärende ist nur bei ausreichend Erfahrung mit dieser Methode möglich. Zucker im Saft erhöht die Dichte auf über 1, Alkohol hat eine Dichte deutlich unter 1. Zu Gärbeginn liegt man beispielsweise mit 50 Öchsle bei einer Dichte von 1,050. Im Zuge der Gärung verringert sich durch den abnehmenden Zuckergehalt die Dichte. Bei einem Wert von 0,994 im Obstwein kann man davon ausgehen, dass der Zucker vollständig vergoren ist.

8.7.7.2 Clinitest

Der Clinitest ist ein Schnelltest auf Zuckergehalt. Er ist einfach durchzuführen, weitver-

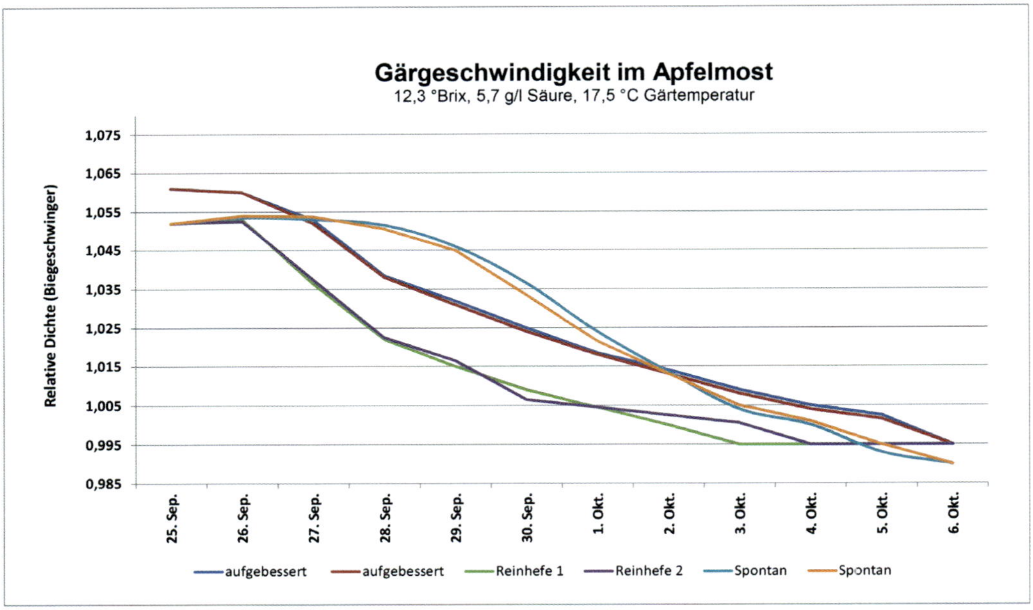

Typischer Gärverlauf beim Apfelmost, hier bei einem Gärvergleich unterschiedlicher Varianten.

breitet, funktioniert rasch und er ist günstig. Der vorhandene Zuckergehalt wird aufgrund des Farbumschlags der Probelösung im Reagenzröhrchen mithilfe einer Farbskala abgeschätzt. Eine ganz exakte Zuckerbestimmung ist damit nicht möglich, allerdings auch nicht notwendig.
Bei hellen Flüssigkeiten ist eine Messung vom Vergärungsgrad relativ einfach. Tabletten in Fläschchen sind, wenn einmal geöffnet, nicht bis zur nächsten Saison haltbar. Einzeln in Folie verpackte Tabletten dagegen sind lange haltbar.

8.7.7.3 Refraktometer und Zuckerspindel

Saccharometer (Spindel) und Refraktometer sind zwar Geräte zur Zuckerbestimmung, eignen sich jedoch nicht zur Feststellung von vergärbarem Restzucker in Jungwein oder Maischefiltrat. Die Spindel misst zwar die Dichte der Flüssigkeit, die aber auch von Alkohol und unvergärbaren Zuckern beeinflusst wird. Das Gärende kann daher mit diesen Geräten nicht zuverlässig bestimmt werden. Das Refraktometer, das auf dem Prinzip der Lichtbrechung basiert, ist für Zucker in Früchten und unvergorenen Säften geeignet. Bei alkoholischen Getränken liefert es jedoch aufgrund der lichtbrechenden Wirkung des Alkohols unbrauchbare, zu hohe Werte. Beispielsweise zeigt es bei einem vollständig vergorenen Apfelwein mit 5 % vol Alkohol fälschlicherweise noch etwa 30 g/l Zucker an.
Für eine genaue Restzuckerbestimmung in vergorenen Getränken sind daher andere Methoden erforderlich.

8.8 Abziehen

Die Gärung dauert etwa zwei Wochen. Danach lässt man die Hefe ein paar Tage absinken und entfernt dann den jungen Most von der Hefe, die sich auf dem Boden abgesetzt hat. Diese Schicht nennt man auch Geläger und beim ersten Abziehen auch „Grobhefe“. Beim Abziehen wird der Obstwein in ein anderes Gefäß gepumpt. In dieser Phase ist der Obstwein sehr anfällig für Oxidation, daher muss das neue

© Georg Innerhofer

Cross-Flow-Anlage, häufig zur Filtration nach dem ersten Abzug eingesetzt.

Gefäß komplett gefüllt werden; das nennt man „raue Fülle".
Solange die Feinhefe noch im Most schwebt, schützt sie ihn vor unerwünschten Veränderungen. Eine Lagerung bzw. Reifung auf der Feinhefe ist gekühlt möglich. Wenn es keine Möglichkeit zum Kühlen gibt, sollte der Most nicht zu lange auf der Hefe liegen. Je wärmer der Most und je geringer der Säuregehalt, desto größer ist die Gefahr eines unerwünschten Säureabbaus.
Sobald die spontane Klärung beginnt, wird der Obstwein von der abgesetzten Feinhefe erneut abgezogen und muss geschwefelt werden.

8.9 (Erst-)Schwefelung

Schwefelung schützt den Wein vor Oxidation und hilft die Frische und die Aromen zu bewahren. Sie bindet zudem unerwünschtes Acetaldehyd, das sich sonst als unangenehmer Alterston bemerkbar machen würde. Darüber hinaus hemmt Schwefel das Wachstum schädlicher Mikroorganismen und trägt so zur Haltbarkeit des Mosts bei.

Die Tage nach dem ersten Abziehen zeigt die Hefe noch Restaktivität. Selbst nach dem festgestellten Gärende schützt noch die Feinhefe vor Oxidation. Ein Aufrühren der Hefe über mehrere Wochen wie bei kräftigen Weißweinen ist bei Obstweinen nicht üblich. Die Erstschwefelung darf erst dann erfolgen, wenn die Hefe mit Sicherheit nicht mehr aktiv ist, und erfolgt mit bis zu 75 mg/l. Spätestens bei beginnendem Klarwerden soll geschwefelt werden.

Beispiel:
1500 l Most sollen mit 75 mg geschwefelt werden:
1500 x 75 x 2 = 225.000 mg
Das entspricht 225 g KPS.

8.10 Klärung und Harmonisierung

Nach der ersten Schwefelung braucht der Most Zeit zum Ruhen und Klären. Was danach passiert, hängt davon ab, wie trüb der Most noch ist und was man mit ihm vorhat.
Wenn man den Geschmack noch verbessern (harmonisieren) möchte, macht man eine Schönung. Beim Einrühren der Schönungsmittel wirbelt man die abgesetzte Hefe wieder auf. Um das zu verhindern, sollte man den Most vorher nochmal abziehen. Wenn keine Schönung mehr nötig ist, kann man den Most gleich filtern, um die Hefe und andere Trubstoffe zu entfernen.

© Georg Innerhofer

Dämpfen vom Filter vor der Sterilfiltration.

© Georg Innerhofer

Vollautomatisches Ausspritzen und Sterilisieren der Flaschen vor dem Füller.

Die Wahl der Filtrationsmethode und der Klärschärfe hängt davon ab, wie klar der Most schon ist. Für recht klaren Most nimmt man einen Schichtenfilter. Ist er noch trüb, benützt man einen Kieselgurfilter. Eine moderne Methode ist der CrossFlow-Filter, der sogar sehr trüben Most in einem Durchgang klärt und von Keimen befreit.
Um bittere Geschmacksnoten zu verringern, verwendet man häufig Gelatine. Als Ersatz dafür haben sich auch andere Mittel wie Kasein, PVPP oder pflanzliche Alternativen wie Erbsenprotein bewährt. Diese Mittel eignen sich vor allem zur Gerbstoffkorrektur, also um unerwünschte Bitterstoffe zu entfernen. Im Vorversuch zeigt sich, welches Mittel die beste Wirkung bringt; das Anstellen von Vorproben ist daher empfehlenswert.
Nach der Gärung soll der Most zweimal abgezogen und dann filtriert werden. Mit Ausnahme der CrossFlow-Filtration sorgt die erste Filtration für ein optisch klares Getränk. Filtriert und geschwefelt lagert der Obstwein im Keller bis kurz vor der Füllung.

8.11 Füllvorbereitung

Der Großteil der heimischen Obstweine kommt in Flaschen gefüllt in Verkehr. Alle genannten Maßnahmen sollen dafür garantieren, dass der Obstwein stabil in der Flasche ist und es zu keinen ungewollten Veränderungen kommt.

8.11.1 Aufschwefeln

Im Zuge der Lagerung verringert sich der Gehalt an SO_2 im Obstwein. Knapp vor der Füllung ist daher der Schwefelgehalt zu messen und auf rund 50 mg/l aufzuschwefeln. Dort liegt auch der Grenzwert, Werte darüber sind nicht anzustreben.
Die Aufschwefelung vor der Abfüllung soll sicherstellen, dass es später in der Flasche zu keinen Fehlentwicklungen durch Mikroorganismen oder Sauerstoff kommt.

Beispiel:
500 l Most sollen vor der Füllung von 30 mg/l auf 50 mg/l, also um 20 mg/l aufgeschwefelt werden.
Man benötigt:
500 x 20 x 2 = 20.000 mg = 20 g KPS

8.11.2 Restsüße verleihen

Zur Füllvorbereitung wird der Most gegebenenfalls noch gesüßt. Die gesetzlich festgelegten Höchstmengen für den Gesamtzuckergehalt sind strikt einzuhalten: Bei Kernobstweinen darf er 161 g/l nicht übersteigen, bei Weinen aus Stein- und Beerenobst liegt die Grenze bei 246 g/l.

Das kann geschehen mithilfe von:

- Kristallzucker
- Fruchtsüße (ein farb-, geruch- und geschmackloses Konzentrat aus Apfelsaft)
- RTK (ein farb-, geruch- und geschmackloses Konzentrat aus Traubensaft)

Kristallzucker stellt die kostengünstigste Option für die Süßung dar. Hierbei wird die berechnete Zuckermenge in einem Teil des Obstweins aufgelöst und anschließend der Gesamtmenge beigefügt. Alternativ können Fruchtsüße oder RTK (Rektifiziertes Traubenmostkonzentrat) direkt eingesetzt werden, erfordern jedoch gründliches Einrühren, um eine gleichmäßige Süße im gesamten Behälter zu gewährleisten. Aufgrund ihrer höheren Kosten finden diese beiden Mittel jedoch weniger Verwendung in der Praxis.

Beispiel:
Ein Apfelmost (Sorte Jonagold, 2000 l) ist mit 7,5 % vol komplett vergoren. Er hat noch 1 g/l Restzucker und er soll vor der Füllung noch einen süßen Geschmack verliehen bekommen. Berechne, wie viel Zucker man dem Most maximal noch zusetzen darf.

$Zucker_{max} = 161 - \%\,vol \times 17 - Restzucker =$
$(161 - 7{,}5 \times 17 - 1) = 32{,}5\ g$

Diesem Most dürfte man noch maximal 32,5 g/l Zucker vor der Füllung zusetzen. Damit fällt er in die Kategorie „lieblich" und nicht „süß". Ein Ausreizen der maximalen Grenzen wird nicht empfohlen, um nicht ungewollt irgendwo eine Grenzwertüberschreitung zu erlangen.

8.11.3 Stabilisierung

Alle Früchte enthalten Eiweiß, das je nach Umgebungsbedingungen wie Temperatur, Säuregrad und Zuckergehalt teilweise löslich ist. Wenn sich diese Bedingungen ändern, weil kurz vor der Füllung noch einmal eine Korrektur von Säure- oder Zuckergehalt geschieht, kann wiederum Eiweiß in der abgefüllten Flasche ausfallen. Dies zeigt sich als beiger Bodensatz, der beim Schütteln der Flasche in Schlieren aufsteigt. Um dies zu verhindern, entfernt man das Eiweiß während der Verarbeitung entweder durch Zugabe von Bentonit oder durch Hochkurzzeiterhitzen des Saftes.
Vor dem Abfüllen kann man den Obstwein einem Wärmetest unterziehen, um zu prüfen, ob noch unerwünschte Eiweißbestandteile vorhanden sind. Dafür wird der Obstwein für zwei bis drei Stunden auf 70 °C erwärmt, dann mehrere Stunden im Kühlschrank gekühlt und anschließend auf Trübung untersucht. Tritt eine Trübung auf, muss vor dem Abfüllen noch eine Bentonitschönung durchgeführt werden.
Birnenweine aus gerbstoffreichen Sorten neigen nach dem Füllen zu Trübungen in der Flasche. Um dies zu verhindern, empfiehlt sich die optimale Aufwandmenge der Schönungsmittel in einem Labor feststellen zu lassen.

Zur Überprüfung der Stabilität kann man selbst einen einfachen Test durchführen:

- Füllen Sie eine Flasche mit dem behandelten Most.
- Stellen Sie diese für einige Stunden in den Kühlschrank.
- Überprüfen Sie anschließend, ob der Most klar bleibt oder sich Trübungen bilden.

Bleibt der Most blank, also ohne sichtbare Trübungen, kann mit der Abfüllung in Flaschen begonnen werden.

8.11.4 Kohlensäure

Im Obstwein ist der Gehalt an Kohlensäure mit ausschlaggebend für einen lebendigen, frischen Geschmackseindruck. Bei sorgsamen Verarbeitungsschritten bis hin zu einer möglichst schonenden Abfüllung bzw. kalten Abfülltemperatur kann bis zu einem gewissen Grad auch die natürliche, bei der Vergärung entstandene Kohlensäure bis in die Flasche erhalten werden.
Bei Obstweinen aus Kernobst sind CO_2-Gehalte von 0,6–0,8 g/l üblich, Werte bis zu 1,0 g/l möglich.
Der Zusatz kann mittels Kohlensäurefritte oder mit einem Carbofresh-Gerät erfolgen.
Die Löslichkeit von CO_2 im Obstwein ist stark temperaturabhängig und steigt mit niedrigeren Temperaturen.

8.11.5 Kaliumsorbat

In Betrieben, die nicht garantiert steril abfüllen können, wird mitunter Kaliumsorbat als Konservierungsmittel bei restsüßen Obstweinen eingesetzt. Dieses Kaliumsalz der Sorbinsäure hemmt Schimmelpilze und Hefen, ist aber gegen Bakterien kaum wirksam. Bis zur Konzentration von mindestens 30 mg/l freiem SO_2 ist es stabil, bei niedrigeren Werten und hoher Keimzahl könnte es eventuell von Bakterien abgebaut werden.
Die Zugabe erfolgt unmittelbar vor der Flaschenfüllung, wobei der gesetzliche Höchstwert bei 200 mg/l Sorbinsäure (entspricht einer Zugabe

von 26,8 g/hl Kaliumsorbat) liegt. Bei restzuckerhaltigen oder nicht vollständig kaltsteril gefüllten Obstweinen empfiehlt sich die Ausnutzung der Höchstmenge. Bei korrekter Kaltsterilfüllung oder beim Abfüllen von vollständig vergorenen Obstweinen ist Kaliumsorbat überflüssig.

8.12 Abfüllung

Beim Abfüllen von Obstweinen ist vor allem darauf zu achten, dass sie möglichst wenig mit Sauerstoff in Berührung kommen und nicht wieder mit Mikroorganismen infiziert werden.

8.12.1 EK/EKS-Filtration

Wesentlich für die Haltbarkeit von kalt gefüllten Obstweinen ist eine möglichst geringe Keimbelastung, im Idealfall Keimfreiheit, erzielt durch EK-Filtration (Entkeimungsfiltration) bzw. EKS-Filtration (Entkeimungsfiltration steril). Letztere ist eine Filtration mit einer noch geringeren Porengröße als bei der EK-Filtration.
Besonders vor der Füllung von restsüßen Produkten ist eine korrekt durchgeführte EK/EKS-Filtration notwendig. Um sicherzugehen, dass keine Keime in die Flasche gelangen, haben viele Betriebe nach der Schichtenfiltration noch eine Kerzen- bzw. Membranfiltration vor dem Füller installiert.
Abgesehen davon ist eine Sterilisation vom Füller sowie eine Flaschensterilisation für die notwendige Sterilität notwendig. Letzteres geschieht entweder durch Dämpfen von Filter, Schlauch und Füller bzw. auf chemischem Weg.

8.12.2 Flaschensterilität

Gereinigte Flaschen sind zwar optisch sauber, aber nicht immer keimfrei. Im Zuge einer kaltsterilen Abfüllung muss man darauf achten, dass neben dem Obstwein auch die Flaschen steril sind. Das ist besonders bei mikrobiologisch anfälligen restsüßen Mosten oder säurearmen Birnenmosten wichtig.
Neuglas gilt als „hüttensteril", sollte dennoch mit sterilem Wasser ausgespritzt werden. Bei gebrauchten Flaschen soll der zeitliche Abstand zwischen der Reinigung und dem Füllen nicht zu groß sein. Es könnte wieder zu Kontakt mit Keimen kommen. Moderne Füllanlagen haben vor dem Füllelement eine Ausspritzeinheit für Flaschen angeordnet. Bei kleinen Mengen kann die Ausspritzung auch händisch erfolgen, größere Geräte arbeiten halb- oder vollautomatisch.

Gut geeignet zum Sterilisieren der Flaschen vor der Füllung sind:

- SO_2
- H_2O_2
- Peeressigsäure
- Ozon

8.12.3 Füllvorgang

Zum Abfüllen sind vor allem Rund- oder Reihenfüller in Verwendung. Bei allen verwendeten Varianten soll der Most ruhig, ohne zu plätschern und möglichst ohne zu schäumen in die Flasche gelangen. Rasches Verschließen der Flaschen nach dem Füllen verhindert übermäßigen Sauerstoffkontakt, Verflüchtigen der Kohlensäure und mögliche Keiminfektion. Der Drehverschluss ist am weitesten verbreitet, ausreichend dicht und kostengünstig.
Moderne Füllanlagen sind sehr leistungsstark und gut ausgestattet. Aufgrund der hohen Kosten für Anschaffung und Wartung gehen viele Hersteller dazu über, ihren Obstwein im Lohnverfahren füllen zu lassen.

8.13 Haltbarkeit

Die Haltbarkeit von Obstwein wird durch eine Vielzahl komplexer Faktoren bestimmt. Entscheidend sind höhere Konzentrationen verschiedener Inhaltsstoffe, die jeweils spezifische Schutzfunktionen erfüllen.
Alkohol wirkt als natürliches Konservierungsmittel, indem er Keimwachstum hemmt. Gerbstoffe, besonders in Birnenweinen, verleihen nicht nur „Körper und Kraft", sondern besitzen auch wichtige antioxidative Eigenschaften. Die

© Georg Innerhofer

Die Angabe der Sulfite ist bei geschwefelten Obstweinen notwendig.

Säure trägt zur Geschmackserhaltung bei und reduziert durch ihren niedrigen pH-Wert das Wachstum unerwünschter Mikroorganismen.

Die Verarbeitungstechnik spielt eine entscheidende Rolle: Eine sorgfältige Sterilfiltration und keimfreie Abfüllung mit minimalem Sauerstoffkontakt sind grundlegend für die Qualitätserhaltung. Bei süßen Obstweinen macht auch ein Zusatz von Sorbinsäure (maximal 200 mg/l) zur Konservierung Sinn, wobei ein genereller Einsatz aufgrund möglicher Aromaveränderungen kritisch zu betrachten ist.

Verpackung und Lagerung beeinflussen die Haltbarkeit ebenfalls maßgeblich. Glasflaschen bieten einen besseren Schutz vor Sauerstoff als Bag-in-Box-Systeme. Eine kühle, dunkle Lagerung verlangsamt den Alterungsprozess und bewahrt Geschmack und Qualität.

8.14 Produktfehler

8.14.1 Essigstich

Der Essigstich in Obstwein macht sich durch einen Geruch nach Nagellackentferner oder Klebstoff (Aceton) sowie durch einen charakteristischen Essiggeruch und -geschmack bemerkbar. Bei weniger intensiven Ausprägungen wird der Most als „flüchtig" bezeichnet. Je nach Obstwein und Empfindlichkeit des Verkosters kann Essigsäure ab einem Gehalt von 0,8 g/l geruchlich und geschmacklich spürbar sein.

Mögliche Ursachen für einen Essigstich liegen in der Verwendung von ungeeignetem, stichigem Ausgangsobst, einer unsauberen Spontangärung oder einem fehlerhaften biologischen Säureabbau. Auch undichte Gärbehälter oder eine Vergärung ohne Gärspund, die Sauerstoffkontakt während der Gärung ermöglicht, können zu erhöhten Gehalten an Essigsäure führen. Obstweine mit einem erhöhten Essigsäuregehalt sind nicht mehr reparierbar und somit nicht verkehrsfähig.

Um einen Essigstich bei Obstweinen zu vermeiden, ist es wichtig, gesundes und unbeschädigtes Obst zu verwenden. Besonders problematisch sind in den letzten Jahren von der Kirschessigfliege befallene Früchte; beschädigte und stichige Früchte sollten rigoros aussortiert werden. Während der Gärung ist ein guter Luftabschluss entscheidend. Eine leichte Schwefelung des Mostes vor der Gärung sowie eine ausreichende Schwefelung nach der Gärung helfen ebenfalls, das Wachstum von Bakterien zu hemmen. Zudem sollte der Wein nach der Gärung schnell kühl gelagert werden, um das Risiko eines Essigstichs erheblich zu reduzieren.

8.14.2 Milchsäurestich

Der typische Geruch und Geschmack nach Sauerkraut, Molke, Joghurt und/oder Butter ist ein eindeutiges Indiz für einen unsauber gelaufenen biologischen Säureabbau. Besonders häufig findet man diesen Fehler in säurearmen Obstweinen mit einem pH-Wert über 3,4.
Die Lagerung auf der Hefe bei warmen Bedingungen ohne Schwefelung fördert die Vermehrung von Milchsäurebakterien. Moste mit geringem Gehalt an freier SO_2 neigen ebenfalls gern dazu.

Die meisten Bakterienarten produzieren während des biologischen Säureabbaus neben der Milchsäure auch unangenehm riechende Stoffe. Scharfe Filtration, Schwefelung und gekühlte Lagerbedingungen stoppen den

Säureabbau. Ein Abbau der Fehlaromen gelingt nur langsam und nicht vollständig. Ein völliges Wiederherstellen des Obstweins ist nicht möglich.

Einfacher als das Entfernen des Milchsäurestichs sind vorbeugende Maßnahmen. Dabei ist es in erster Linie entscheidend, gesundes Obst mit ausreichendem Säuregehalt zu verwenden. Bei säurearmen Mosten sollte eine Säurekorrektur nach dem Pressen erfolgen. Eine schnelle, kontrollierte Gärung bei gemäßigten Temperaturen ist ebenso wichtig wie die Maßnahmen nach der Gärung: Hier sind eine rasche Kühllagerung, das Abziehen von der Hefe, eine ausreichende Schwefelung und eine gründliche Klärung erforderlich.

8.14.3 Böckser

Böckser entstehen durch schwefelhaltige Verbindungen, insbesondere Schwefelwasserstoff (H_2S), die während der Gärung oder Lagerung gebildet werden. Einer der Hauptgründe ist Nährstoffmangel der Hefen. Die Zugabe von Nährsalz normalisiert den Hefestoffwechsel wieder und die Hefe baut den Fehlton wieder ab. Gleich nach der Gärung kann eine Belüftung des Obstweins in leichten Böckserfällen helfen. Dabei pumpt man den Most offen bzw. über eine Art Brause in einen anderen Behälter, ermöglicht damit starken Luftkontakt und verringert bzw. entfernt den Fehler.
Falls die bisher genannten Methoden fehlschlagen, hilft im frühen Stadium meistens eine Behandlung durch die Zugabe von Kupfercitrat oder Kupfersulfat in kleinen Mengen. So liegt die höchste Einsatzmenge von Kupfersulfat bei maximal 0,3 g/hl. Hilfe beim Feststellen der optimalen Zugabemenge liefern Beratungslabore. Erfolgen die Behandlungsversuche zu spät, baut sich der Böckser zum schwer zu bekämpfbaren Mercaptanböckser um.

8.14.4 Pferdeschweiß

Der Pferdeschweiß-Ton, auch als Brettanomyces-Fehler bekannt, äußert sich durch einen süßlich-scharfen, schweißig-ledrigen Geruch im Getränk.
Die Ursachen können mangelnde Saftentschleimung, der Einsatz infizierter oder unsauberer Holzfässer sowie die Aktivität „wilder Hefen" in Verbindung mit Gerbstoffen sein. Ist der Fehler einmal aufgetreten, ist eine nachträgliche Behebung des Problems äußerst schwierig.
Bei Feststellung sollte der Wein sofort abgezogen, steril filtriert und aufgeschwefelt werden. Andere Behandlungsmethoden wie der Einsatz von PVPP oder Kasein führen meist zu starkem Aromaverlust und bringen selten eine echte Verbesserung.
Gründliches Entschleimen des Presssaftes, korrekte Sterilfiltration, tägliche Betriebshygiene, angemessene Schwefelung (auch schon im Presssaft) und vor allem richtige Lagerbedingungen in gut gereinigten Behältern beugen diesem Fehler vor.

8.14.5 Mäuseln

Das „Mäuseln" zeigt sich durch einen unangenehmen Geruch nach Mäuseharn im Obstwein. Dieser Geruch intensiviert sich beim Erwärmen des Getränks.
Die Ursachen dafür sind vielfältig. Er tritt vorwiegend in säurearmen Obstjahren bei überreifem Obst auf, besonders wenn gleichzeitig ein hoher pH-Wert und noch Restzucker vorliegt. Auch die Lagerung von unstabilen und trüben Mosten in zu warmen Kellern trägt zur Entstehung dieses Fehlers bei.

Um das Mäuselns zu verhindern, ist die Aufsäuerung des Presssaftes auf etwa 7‰ oder ein Verschneiden mit säurereichem Saft die sinnvollste Möglichkeit. Ein Gehalt an freiem SO_2 von mindestens 40 mg/l wirkt dem ebenfalls entgegen. Bei säurearmen Restzuckerprodukten ist eine Sterilfüllung mit vorhergehender EKS-Filtration notwendig.
Leider ist eine Behebung des Mäuselns praktisch nicht möglich. Daher ist die Prävention der einzige effektive Weg, um diesen Fehler zu vermeiden.

8.15 Kennzeichnung

Bei der Kennzeichnung von Obstwein/Most sind einige Dinge zu beachten. Die folgenden Punkte sind eine Aufzählung der wichtigsten Punkte und erheben keinen Anspruch auf Vollständigkeit.

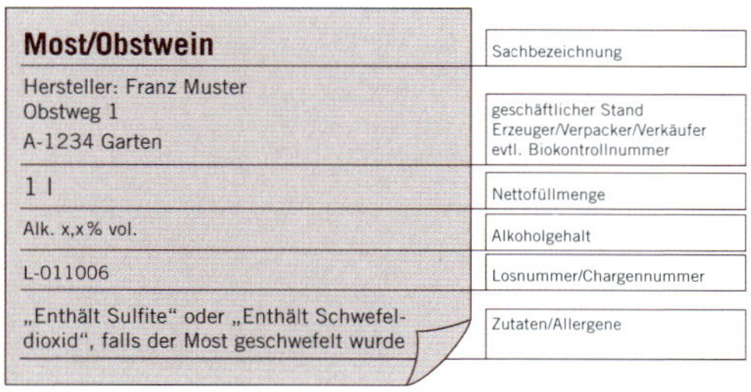

Vor der Gestaltung der Etiketten sollen die derzeit gültigen Bezeichnungsvorschriften auf der Homepage der www.bundeskellereiinspektion.at eingesehen werden.

Bei den am Musteretikett angeführten Kennzeichnungselementen sind folgende Punkte zu beachten:
Beim Alkoholgehalt gilt beim Most eine große Toleranz mit +/– 1 % vol.
Zwei Besonderheiten gelten bei der Adresse. Bei der Postleitzahl ist „A“ für Österreich voranzusetzen und der geschäftliche Stand muss angeben werden. Mögliche Begriffe dafür sind: „Hersteller ...“, „hergestellt durch ...“, „Erzeuger ...“

Bei Obstwein ist die Angabe des Restzuckergehalts nicht Voraussetzung. Wenn, dann erfolgt sie nach folgenden Grenzwerten:

- **extratrocken:** Zuckergehalt < 4 g/l;
- **trocken:** Zuckergehalt < 4 g/l oder bis zu 9 g/l, sofern der Säuregehalt nicht niedriger ist als der Restzuckergehalt;
- **halbtrocken:** Zuckergehalt mehr als trocken und < 18 g/l;
- **lieblich, halbsüß:** Zuckergehalt zwischen 18 g und 45 g/l;
- **süß:** Zuckergehalt > 45 g/l.

8.16 VERSTÄNDNISFRAGEN

1. Was bedeutet „Entschleimen“ bei der Obstweinherstellung und warum wird es durchgeführt?
2. Welche Vorteile bietet der Einsatz von Reinhefen im Vergleich zur Spontangärung?
3. Wie wendet man Reinzuchthefen korrekt an?
4. Unter welchen Bedingungen darf man Obstwein aus Kernobst aufbessern bzw. aufzuckern? Welche Mittel sind in welchem Umfang erlaubt?
5. Welche Methoden gibt es, um das Ende des Gärprozesses zuverlässig festzustellen?
6. Was versteht man unter BSA (biologischem Säureabbau)? Welcher Vorgang läuft dabei ab und wie kann man diesen Vorgang verhindern?
7. Für die Herstellung von 1000 l Apfelmost mit 7,2 % vol Alkohol und 6 ‰ Säure wird Apfelsaft mit 9 °KMW und 5 ‰ Säure (als Weinsäure) verwendet. Wie viel Zucker und Zitronensäure müssen zugegeben werden?
8. 800 l Birnenwein sollen vor der Abfüllung von 30 auf 50 mg/l SO_2 aufgeschwefelt werden. Wie viel Kaliumpyrosulfit (KPS) wird dafür benötigt?
9. Welche Kriterien muss ein Obstwein erfüllen, um als Qualitätsobstwein bezeichnet zu werden? Wie erfolgt die korrekte Kennzeichnung?
10. Welche Maßnahmen kann ein Hersteller ergreifen, um die Haltbarkeit von Obstwein zu verlängern?

Cider

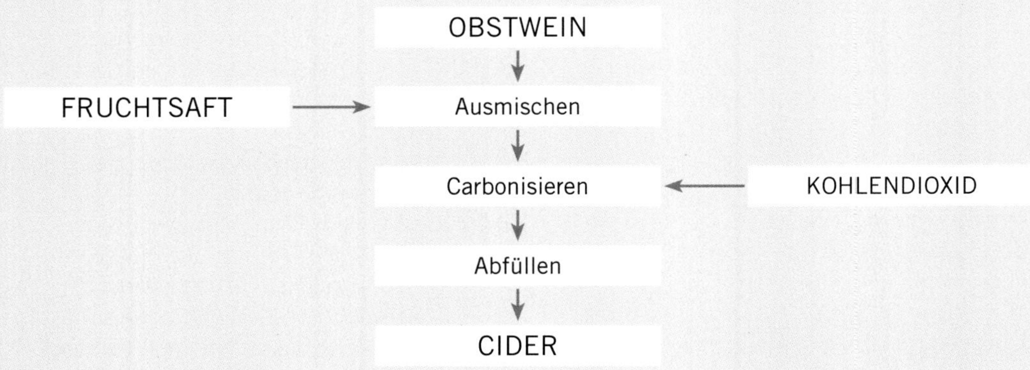

Fruchtschaum-/Perlwein

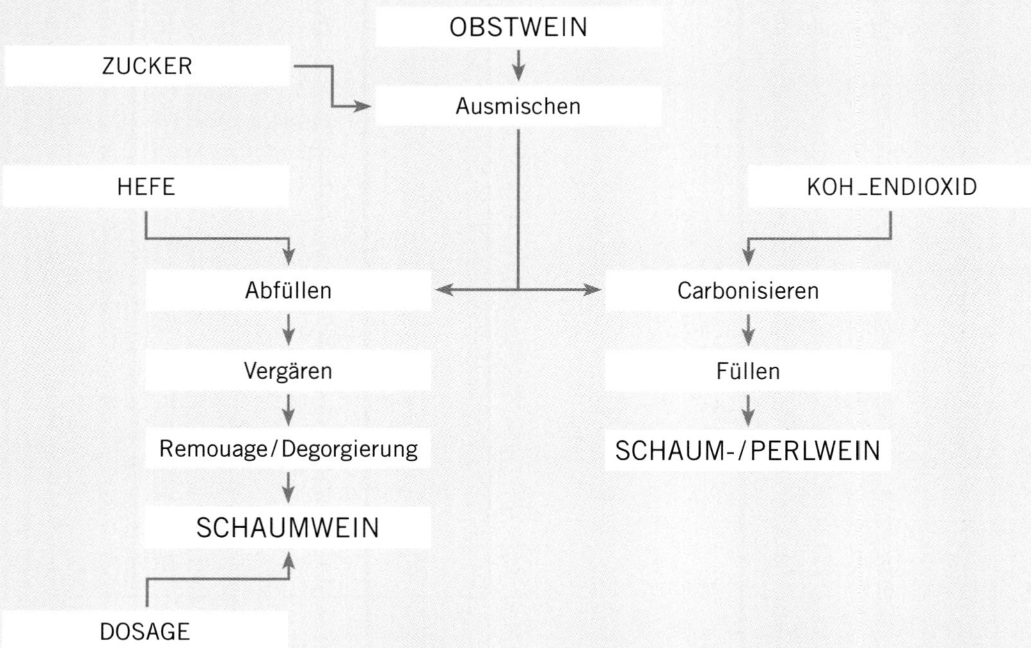

Prickelndes aus Obstwein

Schäumende Weine wie Cider, Schaumwein und Perlwein aus Obstwein oder Most erfreuen sich wachsender Beliebtheit. Obwohl sie in anderen Ländern schon lange etabliert sind, stellen sie hierzulande noch ein relativ neues Segment dar. Besonders Cider, der in Großbritannien als „Cider", in Frankreich als „Cidre" und im spanischen Asturien als „Cidra" bekannt ist, erlebt derzeit einen Aufschwung. Der Begriff „Cider" wird aber auch in manchen Ländern im Sprachgebrauch als Synonym für einen vergorenen Apfelmost verwendet.
Prickelnde Getränke aus Früchten werden hauptsächlich aus Äpfeln hergestellt. Manchmal kommen auch Birnen oder Quitten zum Einsatz. Um eine größere Vielfalt an Farben und Aromen zu erreichen, mischen einige Hersteller ihre Produkte mit Säften oder Weinen aus anderen Obstarten. Diese sprudelnden Obstgetränke gelten als moderne und erfrischende Alternative zu herkömmlichen alkoholischen Getränken.
Die Vielfalt in dieser Produktsparte begeistert sowohl experimentierfreudige Produzenten als auch Konsumenten. Sie schätzen die zahlreichen Möglichkeiten, die diese Getränke bieten. So entwickelt sich eine neue, spannende Kategorie am Getränkemarkt.

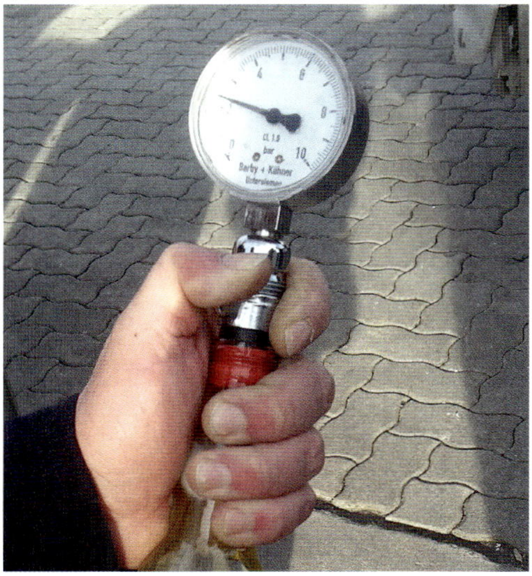

© Karl Menhart

Cider, Perl- oder Schaumweine haben einen Mindest- und/oder Höchstwert beim Druck.

9.1 Definition

Die Definitionen der unterschiedlichen prickelnden Obstgetränke sind in der österreichischen Obstweinverordnung (BGBl. II Nr. 18/2014) zu finden.

9.1.1 Cider

Europaweit ist Cider größtenteils auf nationaler oder regionaler Ebene reguliert, ohne eine übergreifende EU-Verordnung. „Cider" oder auch „Zider" ist ein Getränk, das aus einer Mischung von Fruchtsaft und Obstwein derselben Obstartgruppe hergestellt wird, zum Beispiel Apfelwein mit Birnensaft oder Ribiselwein mit Himbeersaft.

Die einzelnen Obstarten sind nachstehenden Obstartgruppen zuzuordnen:

- Kernobst: Apfel, Birne, Quitte
- Steinobst: Kirsche, Marille, Nektarine, Pfirsich, Weichsel, sämtliche Zwetschken- und Pflaumenarten

- Beerenobst: Brombeere, Erdbeere, Heidelbeere, Himbeere, Holunder, Rote Ribisel/Johannisbeere, Schwarze Ribisel/Johannisbeere, Weiße Ribisel/Johannisbeere, Stachelbeere, Aronia, Vogelbeere, Speierling, Mehlbeere und Elsbeere
- Sonstiges Obst: Alle übrigen Obstarten zählen zum sonstigen Obst.

Cider hat folgende Eigenschaften:
- Alkoholgehalt: bis zu 5 % vol
- Kohlensäureüberdruck: maximal 2,5 bar bei 20 °C
- Gesamtalkoholgehalt (einschließlich des in Alkohol umgerechneten Restzuckers): maximal 8 % vol

„Fruchtcider" erfüllt dieselben Anforderungen, kann aber aus verschiedenen Obstartgruppen hergestellt werden, zum Beispiel Apfelwein mit Himbeersaft.

© Georg Innerhofer

Cider hat in anderen Regionen Europas schon lange Tradition, hier Cider aus der Normandie.

© Georg Innerhofer

Cider aus Südafrika im praktischen Kühlkarton.

© Mausser Most

In Österreich noch nicht so lange auf dem Markt, aber „in".

„Aromatisierter Zider" entspricht ebenfalls diesen Kriterien und kann aus verschiedenen Obstartgruppen erzeugt werden. Zusätzlich wird er mit pflanzlichen Aromen, Würzkräutern oder geschmacksgebenden Nahrungsmitteln aromatisiert, zum Beispiel Apfelwein mit Apfelsaft und Holunderblütenextrakt.

9.1.2 Perlwein

„Obstperlwein" ist Obstwein, der einen vorhandenen Alkoholgehalt von mindestens 5 % vol und in geschlossenen Behältnissen einen Kohlensäureüberdruck von mindestens 1,0 bar und höchstens 2,5 bar bei 20 °C aufweist.

9.1.3 Schaumwein

„Obstschaumwein" ist ein schäumendes Getränk, das auf zwei verschiedene Arten aus Obstwein hergestellt werden kann:
- durch eine zweite alkoholische Gärung von Obstwein
- durch Zusatz von Kohlensäure zu Obstwein

Ein wichtiges Merkmal ist der Kohlensäureüberdruck von mindestens 3,0 bar (bei 20 °C), was beim Öffnen des Behältnisses zum Entweichen von Kohlendioxid führen muss.

9.1.4 Most g'spritzt

Der g'spritzte Most ist in der Obstweinverordnung in der Kategorie „obstweinhaltiges Getränk“ geregelt. Dazu zählen Getränke, die aus Obstwein und allenfalls mit Zusatz von Kohlensäure, Zucker, Fruchtsaft, Fruchtsaftkonzentrat oder Wasser hergestellt wurden. Der Gehalt an vorhandenem Alkohol liegt bei mindestens 1,2 % vol bei einem Grundobstweinanteil von mindestens 50 %.

9.1.5 PetNat

Ein PetNat (Pétillant Naturel) ist ein natürlich prickelnder Schaumwein, der häufig nach der traditionellen Méthode Ancestrale hergestellt wird. Dabei wird der noch gärende Fruchtsaft direkt in Flaschen gefüllt, wo er die Fermentation abschließt. Alternativ kann PetNat durch Zuckerung und Abfüllung des „fertigen“ Obstweins erzeugt werden.
Für PetNat gibt es keine eigenen Vorgaben, je nach Druck in der Flasche erfolgt die entsprechende Zuordnung in der Obstweinverordnung entweder zu Cider, Perlwein oder Schaumwein.

9.2 Ausgangsprodukte

Die Herstellung von prickelnden Getränken aus Früchten erfordert besondere Aufmerksamkeit bei der Auswahl und Vorbereitung des Grundsaftes oder -weins.

Drei Inhaltsstoffe sind dabei von zentraler Bedeutung:

- Zucker
- Säure und
- Gerbstoffe

Der Zuckergehalt im Saft bestimmt den Alkoholgehalt im Obstwein daraus. Für die Cider gilt in Österreich die Alkoholgrenze nach oben hin von 5 % vol, Sorten mit moderatem Zuckergehalt eignen sich daher besonders gut.
Im Falle einer angestrebten zweiten Gärung soll der verwendete Saft nicht zu viel **Zucker** bzw. der Grundwein eher wenig Alkohol aufweisen. Bei dieser zweiten Gärung entsteht zusätzlicher Alkohol, ein Zuviel davon ist unerwünscht. Sorten wie Rubinette, die einen besonders hohen Zuckergehalt haben, sind daher nicht ideal.
Die **Säure** spielt eine entscheidende Rolle für die Qualität und Frische des Schaumweins. Ein höherer Säuregehalt im Grundwein ist erwünscht, da er zur Lebendigkeit und Frische des Endprodukts beiträgt. Dies beginnt bereits bei der Sortenauswahl und setzt sich in der Verarbeitung fort.
Der **Gerbstoffgehalt** ist ein weiterer kritischer Faktor. Die Kombination aus Gerbstoff und Kohlensäure machen das Getränk im Mund sperrig und beeinträchtigt den Trinkfluss. Eine schonende Verarbeitung und Pressung bei der Herstellung des Grundweins helfen, den Gerbstoffgehalt gering zu halten. Im Fall einer Gerbstoffreduktion durch eine Schönung darf man andererseits auch nicht zu viel entfernen, mit dem Gerbstoff gehen auch Aromen und Volumen verloren. In Regionen wie der Normandie oder der Bretagne gibt es sogar Fruchtschaumweine, bei denen ein höherer Gerbstoffgehalt als typisch gilt und erwünscht ist.
Weitere wichtige Aspekte sind ein niedriger Schwefelgehalt im Grundwein, ein geringer Gehalt an Schwermetallen und die Eiweißstabilität.

9.3 Produktion

9.3.1 Cider

Cider ist ein nahezu weltweit verbreitetes, leicht alkoholhaltiges Getränk aus Obstwein, gemischt mit einem Fruchtsaft und mit Kohlensäure versetzt. Wahrgenommen wird Cider als erfrischende Alternative zu Bier und gewinnt langsam an Bedeutung. Größte Bedeutung dabei haben Cider aus Apfelmost und -saft. Der Apfel ist ein günstiges und vielseitiges Ausgangsprodukt für vielerlei Mischungen. Während in Österreich viele Früchte aus dem Tafelobstanbau stammen, gibt es in der Nor-

mandie die Sortengruppen „süß“, „bittersüß“ und „bitter“ bzw. in Großbritannien „sauer“ und „bitterherb“, die für ganz besondere Geschmacksnoten sorgen.
Cider innerhalb der Steinobstarten (Pflaumenwein und -saft) oder der Beeren (Johannisbeerwein und Himbeersaft) sind eher selten zu finden. Mischungen zwischen den Obstartengruppen wie Apfel-Himbeer, Apfel-Johannisbeer, Apfel-Weichsel haben deutlich mehr Verbreitung, sind dann aber der Gruppe „Fruchtcider“ zugehörig.

In Österreich erfolgt die Ciderproduktion vorwiegend durch Carbonisieren einer Obstwein-Fruchtsaft-Mischung. Ein Abfüllen vom gärenden Saft in der Endgärphase mit anschließendem Gärende in der Flasche hat hierzulande fast keine Bedeutung.

Berechnungsbeispiel: Aus 200 l Apfelmost mit 7 % vol und 2 g/l Restzucker soll durch Zusatz von Apfelsaft mit 100 g Zucker (10 KMW oder 50 °Oe) ein Cider mit einem Zuckergehalt von 25 g/l hergestellt werden.

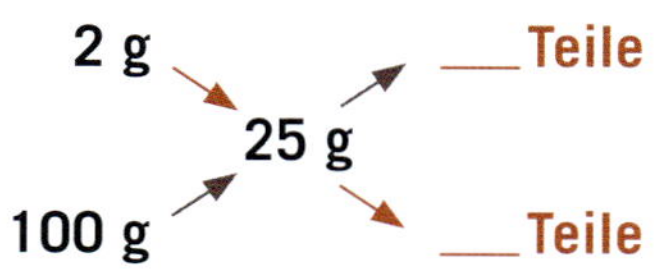

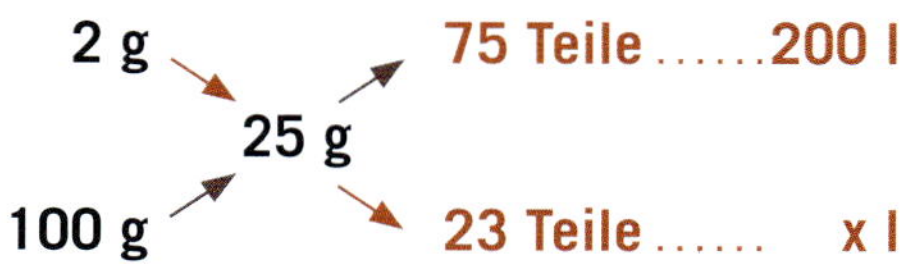

$$\textit{Liter Apfelsaft} = \frac{200}{75} \times 23 = 61{,}3 \textit{ Liter}$$

Somit benötigt man für 200 l Apfelmost 61,3 l Apfelsaft, um die gewünschten 25 g/l Zuckergehalt zu erreichen. Bei dieser Mischung erhält man einen Cider mit zwar 25 g/l Zuckergehalt, bleibt aber über den 5 % Alkohol.

$$\%\,\text{vol Alk}_{Cider} = \frac{Liter_{Most} \times \%\,\text{vol Alk}_{Most}}{Liter_{Cider}} = \frac{200 \times 7}{261{,}3} = 5{,}4\ \%\,vol$$

Der Cider ist mit diesem Alkoholgehalt nicht verkehrsfähig. Bei einem Apfelwein mit nur 6 % vol erreicht man mit der gleichen Rechnung 4,5 % vol und somit ein verkehrsfähiges Produkt.

$$\%\,\text{vol Alk}_{Cider} = \frac{200 \times 6}{261{,}3} = 4{,}5\ \%\,vol$$

Um die gewünschten Werte im Cider zu erreichen, ist daher schon bei der Obstweinherstellung darauf zu achten, den passenden – nicht zu hohen – Alkoholgehalt bzw. Zuckergehalt zu erreichen.

9.3.2 Perlwein

Perlwein enthält weniger Kohlensäure als klassischer Schaumwein. Er positioniert sich auf dem Markt als kostengünstigere und leichtere Option für prickelnden Genuss. Perlweine unterlagen im Gegensatz zu Schaumweinen nicht der Schaumweinsteuer, was sie für Verbraucher finanziell interessanter machte. In Österreich zählt Perlwein zu den Urprodukten, was sie abgabenmäßig im Vergleich zu Schaumweinen begünstigt.

9.3.3 Schaumwein

Getränke mit der Bezeichnung Schaumwein zeichnen sich durch einen Gehalt an Kohlensäure von mehr als 3 bar Überdruck bei 20 °C aus. Zur Herstellung sind derzeit mehrere Methoden verbreitet. Unabhängig von der Methode muss zumindest ein Schritt der Herstellung in einem gewerblichen Betrieb erfolgen.

9.3.4 PetNat

Gegen Ende der Gärung füllt man je nach erwünschtem Druck den gärenden Saft ab. Dabei liegen die Zuckergehalte meistens zwischen 15 und 25 g/l. Die während der Gärung entstehende Kohlensäure bleibt in der Flasche und sorgt für die Perlage. Je nach entstandenem Druck erfolgt die Zuteilung in Perl- oder Schaumwein.

Besonderheiten

- Herstellung: nur ein Gärprozess mit natürlicher Hefe
- Erscheinungsbild: oft trüb, kann aber auch klar sein
- Geschmack: kann von fein und duftig bis zu rustikalen Aromen reichen
- Charakteristik: sehr individuell, von leicht moussierend bis kräftig schäumend

9.4 Carbonisierung

Prickelnde Getränke enthalten Kohlensäure, die auf mehrere Arten ins Getränk gelangen kann. Unabhängig von der Methode rufen kleine, feine Bläschen einen angenehmen Geschmack hervor und gelten als Qualitätskriterium. Qualitativ hochwertige Schaumweine haben eine anhaltende Perlage, die lange im Glas bestehen bleibt. Größere, grobe Bläschen findet man eher in ganz jungen Produkten bzw. in jenen, die durch Imprägnierung hergestellt wurden. Zu viele oder zu große Bläschen können im Mund unerwünscht viel Schaum erzeugen.

9.4.1 Klassische Flaschengärung

Man versetzt einen fertigen Obstwein mit Zucker und anschließend mit einem Hefeansatz und füllt diese Mischung in die Schaumweinflaschen. Aus 4 g/l Zucker entsteht nach vollständiger Vergärung etwa 1 bar Überdruck in der Flasche. Üblich ist ein Zusatz von 24 g Zucker, der 6 bar ergibt.
Das auch als „Liqueur de Tirage“ bezeichnete Gemisch kann auch Zusätze wie Rüttelhilfen enthalten, die später bei der Remuage (dem Rütteln der Flaschen) helfen, die Heferückstände in den Flaschenhals zu befördern. Anschließend werden die Flaschen mit einem Kronkorken verschlossen und zur Gärung und Reifung in den Keller gebracht. Das bei der zweiten Gärung entstehende CO_2 kann nicht entweichen und bindet sich als Kohlensäure im Getränk ein.
Nachdem die Hefe den zugesetzten Zucker in der Flasche vollständig vergoren hat, stirbt sie

© Robert Steidl

Gerätschaft zum Rütteln ganzer Gitterboxen.

© Georg Innerhofer

Abgerüttelter Hefetrub in einer Schaumweinflasche.

ab und beginnt sich aufzulösen. Bei diesem als Autolyse bezeichneten Vorgang entstehen typische Aromen, die als hefig, nussig oder an Brioche erinnernd beschrieben werden; die primären Fruchtaromen werden weniger. Im Geschmack zeigen sich Schaumweine dadurch cremiger, die Kohlensäurebläschen (als „Perlage“ bezeichnet) werden feiner und stabiler.
Nach der Reifung werden die Flaschen kopfüber in Rüttelpulte gestellt, damit die abgestorbene Hefe in den Flaschenhals rutscht. Diesen Vorgang kann man durch Rütteln und Drehen der Flaschen beschleunigen. Was früher aufwendige Handarbeit war, erledigen heute Geräte, die ganze Gitterboxen mit Flaschen auf einmal bewegen können. Wenn sich die Hefe komplett abgesetzt hat, entfernt man sie mit dem nächsten Arbeitsschritt, dem Degorgieren oder Enthefen.
Nach dem Rütteln wird die Flasche kopfüber in ein Kältebad mit etwa –24 °C getaucht und der Hefesatz im Flaschenhals gefriert zu einem Eispfropfen. Beim Öffnen der Flasche schießt der gefrorene Hefepfropfen durch den Überdruck in der Flasche heraus.
Der entstandene Volumenverlust wird mit der sogenannten Dosage, einer Mischung aus Wein, Zucker und SO_2, aufgefüllt. Mit dieser Mischung bestimmt man den endgültigen Geschmack und den Restzuckergehalt.
Bei der Schaumweinherstellung gilt die traditionelle Flaschengärung als teuerstes und hochwertigstes Verfahren. Einerseits weil der Aufwand pro Flasche hoch ist und zweitens, weil der Prozess lang dauert. Bei Obstweinen ist das Verfahren wegen der Kosten weniger bedeutend. Auch steht bei vielen Fruchtschaumweinen das Fruchtaroma im Vordergrund, das bei anderen Verfahren besser erhalten bleibt.

9.4.2 Schaumwein aus erster Gärung

Um ein Getränk mit Gärungskohlensäure zu erhalten, ist eine zweite Gärung nicht zwingend notwendig. Einige Produzenten füllen den noch gärenden Obstsaft kurz vor Abschluss der Gärung in Flaschen ab, um dort die Gärung zu beenden. Der resultierende CO_2-Druck in der Flasche hängt vom Restzuckergehalt zum Zeitpunkt der Abfüllung ab. Ein Gehalt von 4 g/l Zucker ergibt nach der Gärung einen Druck von etwa 1 bar.
Entscheidend ist es, den optimalen Zeitpunkt für die Abfüllung zu wählen, um den gewünschten Druck und die Süße zu erzielen. Es muss beachtet werden, dass die Hefeaktivität in der Endgärphase bereits reduziert ist. Plötzliche Temperaturänderungen, wie das Abfüllen in kalte Flaschen, können zum Absterben der Hefe führen und die Gärung vorzeitig beenden. Um die entstandene Hefe zu entfernen und um ein klares Getränk zu erhalten, kann man auch diese Produkte degorgieren. Alternativ kann der Cider oder PetNat auch mit der Hefe in der Flasche belassen werden, was zu einem komplexeren Geschmacksprofil beitragen kann, aber die Gefahr des Überschäumens beim Öffnen der Flasche mit sich bringt.

9.4.3 Tankgärung

Anders als bei der Flaschengärung findet die zweite Gärung in speziellen Drucktanks statt. Aufwendiges Rütteln und Degorgieren der einzelnen Flaschen entfällt bei diesem Verfahren und macht es deutlich kostengünstiger und schneller. Das Prinzip des zugesetzten Zuckers für eine zweite Gärung bleibt gleich, genauso, dass die entstehende Kohlensäure nicht entweichen kann und für die Perlage sorgt. Nach Gärende kann noch eine Reifezeit im Tank erfolgen. Anschließend wird unter Druck filtriert, mithilfe der Dosage Zucker- und Schwefelgehalt eingestellt und dann im Gegendruckfüller abgefüllt.

9.4.4 Imprägnierverfahren

Das Imprägnierverfahren ist eine einfachere und kostengünstigere Methode zur Herstellung von Schaumwein, da der fertige Grundwein lediglich mit Kohlendioxid angereichert wird. Das geschieht entweder in einem speziellen Drucktank oder direkt vor der Füllung im Durchflussverfahren.

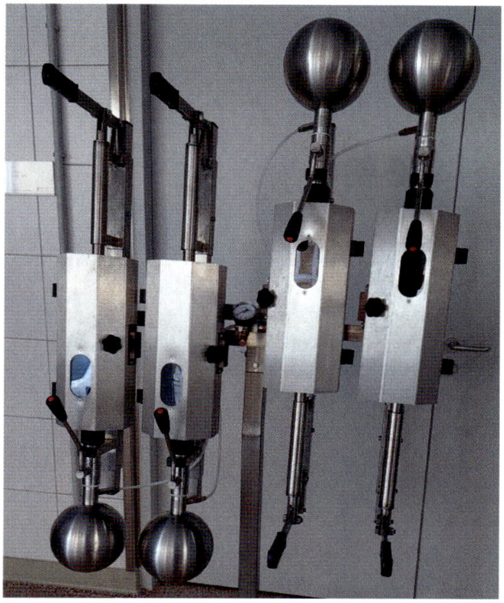

© Georg Innerhofer

Einfaches Gerät zum Carbonisieren in geringem Ausmaß.

Im Drucktank wird dem Ausgangswein auf technischem Weg Kohlendioxid zugesetzt. Das Gas löst sich darin auf und erzeugt die charakteristischen Bläschen. Der Druck im Tank sorgt dafür, dass das Kohlendioxid nicht entweichen kann, sich gleichmäßig im Grundwein verteilt und darin gebunden bleibt.
Moderne Imprägnierverfahren funktionieren auch im Durchfluss. Dabei gelangt die Kohlensäure durch diese speziellen Geräte erst kurz vor bzw. bei der Füllung in den Obstwein hinein.
Allerdings haben die so hergestellten Schaumweine in der Regel nicht die Komplexität, die Feinheit der Perlage und die Langlebigkeit, die man bei traditionell hergestellten Schaumweinen findet. Imprägnierverfahren sind sehr effizient und ermöglichen eine schnelle und deutlich günstigere Produktion. Schaumweine mit imprägnierter Kohlensäure sind im Geschmack deutlich mehr von der Frucht geprägt, sie wirken frischer und aromatischer. Diese feinen Fruchtaromen sind vor allem bei Produkten aus Stein- und Beerenobst erwünscht.

9.5 Abfüllung

Schaumweine werden in Gegendruckanlagen abgefüllt. Dabei ist zu beachten, dass der Druck im Füllsystem (zwischen 5–6 bar) konstant gehalten werden muss, um den Kohlensäuregehalt im Schaumwein zu bewahren.
Der Schaumwein sollte gekühlt abgefüllt werden, idealerweise bei 2–4 °C. Dies reduziert die Schaumbildung in der Flasche und hilft, die Kohlensäure im Wein zu halten. Vor der Füllung wird die Flasche dicht an das Füllelement gepresst, das es abdichtet, und mit CO_2 unter Druck gesetzt.
Anschließend öffnet das Füllventil und der Schaumwein fließt langsam in die Flasche, während das CO_2 kontrolliert entweicht. Bei einigen Methoden wird noch vor dem Verschließen noch eine Dosage hinzugefügt, um den gewünschten Zuckergehalt einzustellen. Anschließend wird die Flasche sofort verschlossen, um Kohlensäureverluste zu minimieren.

© Steirermost

Cider wird häufig in 0,33 l Flaschen abgefüllt.

Achtung: Bei niedrigem Alkoholgehalt und noch aktiven Hefezellen kann sich in der Flasche eine unerwünschte Nachgärung entwickeln. Sicher verhindern lässt sich diese lediglich durch Zusatz von Kaliumsorbat oder einer Nachpasteurisation der verschlossenen Flasche.

9.6 Haltbarkeit

Die Haltbarkeit von Schaumweinen wird durch mehrere Faktoren beeinflusst. Hauptsächlich sind es Inhaltsstoffe wie Alkohol und Säure, aber auch Zuckergehalt und Gehalt an SO_2 spielen eine wichtige Rolle. Eine kühle und dunkle Lagerung der Flaschen trägt wesentlich zur Verlängerung der Haltbarkeit bei.

Die Herstellungsmethode hat ebenfalls einen großen Einfluss: Schaumweine mit traditioneller Flaschengärung zeichnen sich durch eine längere Haltbarkeit aus, da sie länger auf der Hefe gereift wurden. Im Vergleich dazu haben Schaumweine aus Tankgärung eine etwas kürzere Haltbarkeit, während imprägnierte Produkte tendenziell am schnellsten altern. Schaumweine aus Obst weisen generell einen geringeren Alkoholgehalt auf als traubenbasierte Produkte, sie sollten daher früher konsumiert werden. Das gilt ganz besonders für Schaumweine aus Beerenobst, da sie ihre Aromen relativ schnell verändern und zur Bräunung neigen. Sie sind für eine längere Lagerung ungeeignet.

Cider hat einen Alkoholgehalt zwischen 3 und 5 % vol. Bei einem derart niedrigen Alkoholgehalt und einem deutlichen Restzuckergehalt besteht die Gefahr der Nachgärung, selbst wenn bei der Füllung möglichst steril gearbeitet wird. Garantierten Schutz vor Nachgärungen bietet der Zusatz von Kaliumsorbat (max. 26,2 g/hl) bzw. ein Pasteurisieren der gefüllten Flasche in einem Tunnelpasteur.

9.7 Kennzeichnung

Bei der Kennzeichnung von prickelnden Getränken auf Basis von Most sind einige Dinge zu beachten. Die folgenden Punkte sind eine Aufzählung der wichtigsten Punkte und erheben keinen Anspruch auf Vollständigkeit. Vor der Gestaltung der Etiketten sollen die derzeit gültigen Bezeichnungsvorschriften auf der Homepage der www.bundeskellereiinspektion.at eingesehen werden.

- Anders als bei der Sichtfeldregelung für Lebensmittel muss hier im gleichen Sichtbereich platziert sein: Verkehrs- bzw. Sachbezeichnung, Name und geschäftlicher Stand des Herstellers, Nennvolumen, „mit Kohlensäure" versetzt und der Alkoholgehalt in % vol. Die anderen Kennzeichnungselemente können beliebig platziert sein.
- Schaumwein darf selbst be ausreichend hohem Druck nicht als „Sekt" bezeichnet werden. Dieser Begriff ist ausschließlich Schaumweinen aus Weintrauben vorbehalten.
- Die Begriffe „Frizzante" oder „PetNat"sagen lediglich aus, dass es sich um prickelnde Getränke handelt. Als Sachbezeichnung muss ein in der Obstweinverordnung definierter Name dienen. Das kann sein: Cider, Perlwein oder Schaumwein. Angaben des Jahrgangs sind möglich.
- Bei allen Getränken mit zugesetzter Kohlensäure muss auf dem Etikett der Hinweis „mit Kohlensäure versetzt" angeführt sein.
- Bei „g'spritztem Most" darf der Begriff „Spritzer" nicht verwendet werden; „Spritzer" ist Getränken auf Basis von Traubenwein vorbehalten. G'spritzter Most trägt die Sachbezeichnung „Obstweinhaltiges Getränk".
- Achtung bei Angaben der Herkunft der verwendeten Früchte, bei näheren geografischen Angaben gelten spezielle Vorgaben. Bei der Postleitzahl bei der Anschrift des Herstellers ist „A" für Österreich voranzusetzen.

- Bei einem Hinweis auf die traditionelle bäuerliche Herstellung müssen die verwendeten Äpfel und/oder Birnen von landwirtschaftlichen Betrieben stammen. Eine Zugabe von Wasser, Zucker, Fruchtsaftkonzentrat, Süßungsmitteln, Farbstoffen oder sonstigen Zusätzen außer Schwefeldioxid darf nicht erfolgen.
- Perl- und Schaumweine können als mögliche Angabe am Etikett einen Hinweis auf den Restzuckergehalt haben. Dieser hat gemäß den Vorgaben der Bundeskellereiinspektion zu erfolgen. (www.bundeskellereiinspektion.at)
- Schaumweine aus Obst dürfen gemäß der Lebensmittelinformationsverordnung in folgenden Füllmengen (Angabe in Litern) abgegeben werden: 0,1 – 0,2 – 0,375 – 0,75 – 1 – 1,5 – 3.

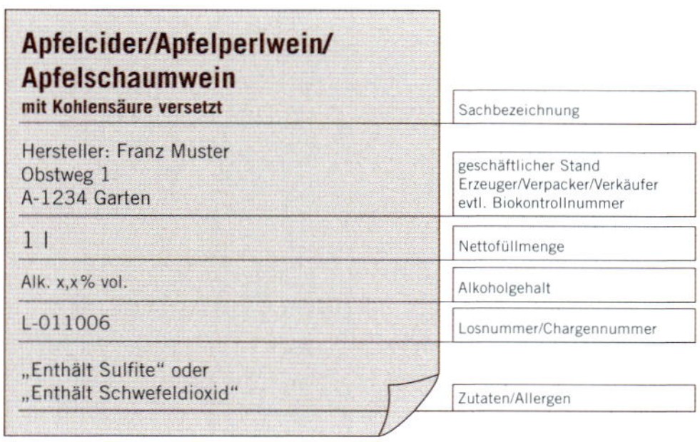

© Georg Innerhofer

Fruchtnektar und Obstschaumwein kann man auch kombiniert genießen.

9.8 VERSTÄNDNISFRAGEN

1. Welche Anforderungen muss ein Getränk erfüllen, um als „Cider" bezeichnet werden zu dürfen?
2. Erkläre den Prozess der Flaschengärung bei der Schaumweinherstellung.
3. Was versteht man unter „PetNat"?
4. Beschreibe die besonderen Anforderungen an einen Grundwein zur Schaumweinherstellung.
5. Erkläre den Unterschied zwischen Perlwein und traditionellem Schaumwein hinsichtlich des CO_2-Gehalts und der Herstellungsmethode.
6. Welche Obstarten werden typischerweise für die Cider-Produktion verwendet und welche Auswirkung hat das auf die Sachbezeichnung?
7. Erkläre die Begriffe „Tirage", „Remouage" und „Degorgieren".
8. Berechne die notwendige Menge Apfelsaft für die Ciderherstellung. Aus 250 l Apfelmost mit 6,5 % vol und 2 g/l Restzucker soll durch Zusatz von Apfelsaft mit 100 g Zucker/l ein Cider mit einem Zuckergehalt von 30 g/l hergestellt werden. Ist das Produkt mit diesem Alkoholgehalt verkehrsfähig?
9. Welche Bedeutung hat die Dosage bei der Schaumweinherstellung und wie beeinflusst sie das Endprodukt?
10. Vergleiche die Methoden zur Kohlensäureanreicherung bei Cider, Perlwein und Schaumwein.

Essig

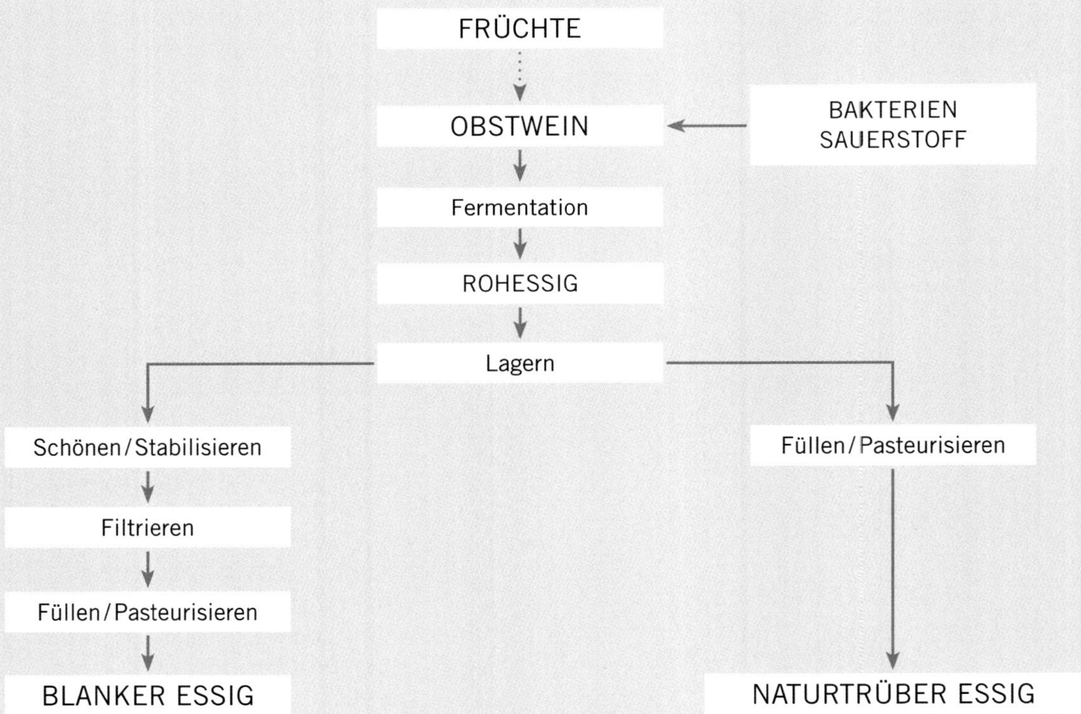

FRÜCHTE
OBSTWEIN
BAKTERIEN
SAUERSTOFF
Fermentation
ROHESSIG
Lagern
Schönen/Stabilisieren
Filtrieren
Füllen/Pasteurisieren
BLANKER ESSIG
Füllen/Pasteurisieren
NATURTRÜBER ESSIG

Essig und Ähnliches

Das Produkt „Essig" ist vielen Kulturkreisen schon seit vielen Jahrhunderten bekannt. Schon früher erkannten die Essighersteller, dass alkoholische Getränke säuerlich werden, wenn man sie lange stehen lässt. So ließ man Wein in halbgefüllten Tonkrügen oder Ziegenschläuchen – seit dem Mittelalter auch in Fässern – bei warmen Temperaturen stehen, bis er sauer geworden war. Essig diente und dient nicht nur als Speisewürze, sondern auch als Basis für Erfrischungsgetränke oder als Konservierungsmittel für eingelegte Früchte oder Gemüse.
Auch wenn Alchimisten bereits im 8. Jahrhundert Versuche unternahmen, Essig zu reinigen und zu konzentrieren, wurde das komplizierte Zusammenspiel zwischen Alkohol, Sauerstoff und Essigsäure erst gegen Ende des 19. Jahrhunderts entschlüsselt. Was bis dorthin ein mehr oder weniger zufällig entstandenes Produkt war, wird heute neben der traditionellen Herstellungsweise in modernsten Produktionsstätten hergestellt.

10.1 Definition

In der Gruppe der „sauren Würzen" sind die zum menschlichen Genuss – insbesondere zum Säuern und Konservieren von Speisen – geeigneten Flüssigkeiten aus Früchten zusammengefasst. Die rechtliche Basis ist der Code Of Practice der FAO (Food and Agriculture Organisation) und in Österreich das Kapitel B8 des Codex Alimentarius Austriacus.
Gärungsessig: entsteht durch eine auf die alkoholische Gärung folgende Essiggärung, die sogenannte doppelte Fermentation. Der derart hergestellte Essig dient als Basis für weitere ähnliche Produkte, die sich durch Säuregehalt bzw. die Herstellungsmethode unterscheiden.
Säureessig: entsteht durch Verdünnen von reiner Essigsäure; hat im Bereich von Fruchtprodukten keine Bedeutung.
Beim Einkauf gibt die Zutatenliste zuverlässig Auskunft über die Zusammensetzung des Essigprodukts.

10.2 Obst- und Weinessig

10.2.1 Rechtliche Grundlagen

Sowohl Obst- als auch Weinessig entstehen durch die doppelte Fermentation und gehören daher, wie auch Gemüseessig und einige weitere Essigarten, zur Gruppe der Gärungsessige. Wesentlich bei der Herstellung dieser Essigarten ist das Einhalten der Grenzwerte bei Säure- und Alkoholgehalt. Beim Alkohol ist der Grenzwert in der bekannten Größe „% vol" definiert, die Säure allerdings nicht, wie in der Weinwirtschaft üblich, mit „berechnet als Weinsäure", sondern mit „berechnet als Essigsäure". Die Umrechnung geschieht mit dem Faktor 0,8.

Obstessig:

- mindestens 5 g/100 ml Säure (5 %)
- weniger als 0,5 % vol Alkohol

Weinessig

- mindestens 6 g/100 ml Säure (6 %)

Beispiel: Wird in einem Apfelessig ein Säuregehalt von 7 % (berechnet als Weinsäure) gemessen, so entspricht dieser Wert (7 × 0,8 =) 5,6 % bzw. 5,6 g/100 ml, berechnet als Essigsäure.

10.2.2 Geeignete Ausgangsprodukte

Trotz der starken oxidativen Reaktion bei der Herstellung bestimmt die Qualität des Ausgangsprodukts die Qualität des Essigs. Neben dem Aroma sind ein fehlerfreier Geruch und Geschmack wesentlich.
Als Ausgangsmaterial für die (Obst-)Weinessigherstellung eignen sich Weine aus zuckerhaltigen, vergärbaren Rohstoffen, also nicht nur aus Früchten und Beeren. Spezialisten vergären heute auch Wildfrüchte und manche sogar Gemüse und stellen dann daraus Essig her.

Der Ausgangswein muss …

- einen ausreichenden, aber nicht zu hohen Alkoholgehalt aufweisen,
- die alkoholische Gärung abgeschlossen haben,
- weitestgehend klar sein und
- sollte nicht geschwefelt sein.

Um den rechtlich geforderten Säuregehalt bei Apfelessig zu erreichen, ist es notwendig, dass der Ausgangsmost einen Alkoholgehalt von ungefähr 6 % vol oder mehr aufweist. Zu hohe Alkoholgehalte hemmen die Essigbakterien. Weine aus Trauben haben üblicherweise mehr als 11 % vol Alkohol und sollten daher vor der Verarbeitung zu Essig auf etwa 8 % vol Alkohol verdünnt werden. Durch die Verdünnung reduziert sich auch die Konzentration einer möglicherweise enthaltenen schwefligen Säure, was die Bakterienaktiviät begünstigt.

Kernobst presst man vor der Gärung und vergärt nur den Saft. Bei rotfarbigen Früchten – vor allem bei roten Beeren – bevorzugt man eine Maischegärung, um möglichst viele Farb- und Geschmacksstoffe aus den Früchten auslaugen zu können. Gegen Gärende oder nach Ende der Gärung presst man die vergorene Fruchtmaische ab.

Berechnungsbeispiel

- 240 l Wein sollen zu Essig verarbeitet werden. Vor der Fermentation soll der Alkoholgehalt von 13 auf 8 % verringert werden.
- Wie viel Wasser benötigt man dafür?

13 % ↘ ↗ **8 Teile** …… **240 l**
8 %
0 % ↗ ↘ **5 Teile** …… **x l**

- Und jetzt eine Schlussrechnung: 240/8 × 5 = 150
- Man benötigt somit 150 l Wasser, um den Alkoholgehalt auf 8 % zu verringern.

Für die Essigbereitung soll der Grundwein weitestgehend klar sein. Es empfiehlt sich daher, nach der Gärung den Wein abzuziehen und grob zu klären. Sollte die Spontanklärung nicht ausreichen, kann eine Schönung zur Klärung eingesetzt und noch vorhandenes Eiweiß mit Bentonit entfernt werden.
Schwefeldioxid hemmt die Entwicklung von Bakterien allgemein und ganz stark die der Essigsäurebakterien. Grundweine mit zu hohem SO_2-Gehalt sollten daher offen umgezogen oder noch stehen gelassen werden, bevor die Bakterien zugesetzt werden.

10.2.3 Essigbakterien

Diese stäbchenförmigen Bakterienarten der Gattungen Gluconobacter oder Acetobacter spielen eine zentrale Rolle in der Herstellung von Essig, da sie die Fermentation von Alkohol zur Essigsäure durchführen.

- **Suboxidanten:** Dazu zählen Gluconobacter, sie können die von ihnen produzierte Essigsäure nicht weiter abbauen.
- **Peroxidanten:** Dazu zählen Acetobacter; sie sind in der Lage, Essigsäure weiter zu Wasser und Kohlensäure abzubauen. Das

Essigsäurebakterien

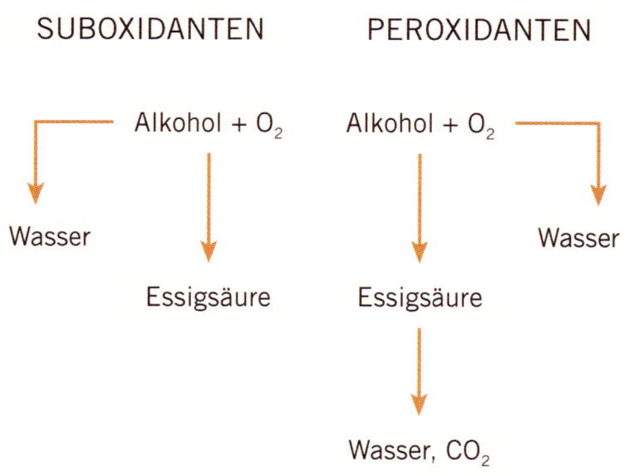

geschieht erst dann, wenn im Fermenter kein Alkohol mehr im Substrat vorhanden ist. Um einen Säureverlust zu vermeiden, sollte der Alkoholgehalt niemals auf null sinken. Es ist wichtig, regelmäßig neuen Alkohol (Substrat) zuzuführen, um diesen unerwünschten Abbau zu verhindern.

Für den oxidativen Vorgang der Umwandlung benötigen beide Gruppierungen Sauerstoff; Essigsäurebakterien sind daher strikt aerobe Organismen. Die ideale Temperatur für ihre Aktivität liegt zwischen 25 und 30 °C. Bei Temperaturen unter 12 °C ist eine Tätigkeit kaum mehr möglich.

10.2.4 „Essigsäuregärung“

Der Umwandlungsprozess von Alkohol zur Säure kann entweder auf natürliche Weise beginnen, indem die Bakterien aus der Luft die Fermentation initiieren, oder kontrolliert durch gezielte Zugabe von Bakterienkulturen stattfinden. Im Rahmen ihres Stoffwechsels bauen Essigbakterien unter der Einwirkung von Luft den vorhandenen Alkohol zu Essigsäure und Wärme um, der sogenannten Essiggärung. Dabei handelt es sich genau genommen nicht um eine Gärung, sondern um einen Oxidationsvorgang, der viel Sauerstoff braucht. Ist zu wenig Sauerstoff für die Bakterien vorhanden, verringert sich ihr Stoffwechselumfang und im Produkt bleibt unerwünschter Restalkohol.

$$\text{Ethanol} \xrightarrow[\text{Essigsäurebakterien}]{\text{Sauerstoff}} \text{Essigsäure}$$

Bedingt durch den hohen Sauerstoffbedarf vermehren sich Essigsäurebakterien auf der Oberfläche des Substrats oder in belüfteter Flüssigkeit.
Lässt man einen (Obst-)Wein an einem warmen Platz unter Luftzutritt stehen, siedeln sich wie von selbst Essigbakterien an. Diese bilden auf der Oberfläche erst eine wasserhelle Haut, die sich anschließend weißlich färbt und bis zu mehreren Zentimetern dick werden kann, die sogenannte Essigmutter. Sie besteht vorwiegend aus Bakterien und einem schleimigen, gelatineartigen Polysaccharid.
Beim einfachen Oberflächenverfahren ist die schleimbildende Aktivität der natürlich vorkommenden (= wilden) Essigbakterien kein Problem. Bei den Schnellessigverfahren mit Trägersubstanzen oder Submerskulturen führen unerwünschte Verschleimungen zu Betriebsstörungen.

Die Bakterien einer Essigmutter sind nicht immer in der Lage, die geforderten 5 % Essigsäure zu erreichen. Mitunter stellen sie ihre Aktivität bei Säuregehalten frühzeitig bei etwa 4 % ein. Daher kommen bei nahezu allen kommerziellen Verfahren Reinzuchtbakterien zum Einsatz. Sie vertragen den Schwefel im Wein besser, arbeiten schneller, bilden weniger unerwünschte Stoffwechselprodukte, können höherprozentigen Alkohol (> 8 % vol) umwandeln und bilden statt dicken Schichten nur unscheinbare Schlieren. Sie sind aber empfindlich gegenüber Temperaturschwankungen und Sauerstoffmangel.
Bei der Umwandlung von Alkohol zu Essigsäure entsteht sehr viel Wärme. Bei Kleinmengen und bei Oberflächenkulturen ist dies kein Problem. Bei größeren Mengen, vor allem bei Submerskulturen mit hoher Umsetzaktivität,

muss gekühlt werden, damit die Temperatur nicht zu stark ansteigt und zum Absterben der Bakterien führt.
Mengenmäßig lässt sich aus der chemischen Formel auch die Menge der entstehenden Essigsäure feststellen. Die derart ermittelten Werte sind allerdings eher rechnerischer Natur. Da der Umbau von Alkohol zur Essigsäure vielen Einflussfaktoren unterliegt, liegt die tatsächlich erzielte Ausbeute darunter.

Alkohol-Essigsäure-Faustregel

Theoretisch:
1 g Alkohol ergibt 1,3 g Essigsäure

Praktisch:
aus 1 % vol Alkohol entsteht 1 % Essigsäure

10.2.5 Herstellungsverfahren

10.2.5.1 „Orleans-Verfahren"

Beim ältesten der heute noch üblichen Verfahren werden Behälter nur so weit gefüllt, dass eine möglichst große Fläche mit Luft in Berührung kommt, und mit Essigbakterien geimpft. Gut geeignet sind dafür liegende Holzfässer, für kleinere Mengen auch bauchige Glasballons. Um den Luftzutritt zu gewährleisten, aber gleichzeitig das Eindringen von Essigfliegen in den Behälter zu verhindern, werden diese mit einem Leinentuch oder einem sehr feinen Drahtgeflecht abgedeckt. Daher stammt auch der zweite Begriff „offenes Verfahren" für diese Herstellungsart.

Nach dem Beimpfen mit den Bakterien vermehren sich diese auf der Oberfläche und bilden eine feine Haut. Neben dem erwünschten *Acetobacter orleansis* hat auch *A. xylinum* – eine schleimbildende Art – große Verbreitung. Anfangs erkennt man die Bakterientätigkeit an der Oberfläche durch das Auftreten kleiner milchig-weißer Punkte, die dann zu einer zusammenhängenden Haut – der Essigmutter – heranwachsen.
Mit fortschreitender Zeit wird diese dicker und schleimig. Manchmal wird die Essigmutter mit der Zeit so schwer, dass sie absinkt. Auf der Oberfläche bildet sich dann wieder eine neue Haut.
Häufig entsteht als erstes Zeichen der Bildung von Essigsäure ein Geruch nach Klebstoff im Behälter. Verursacht wird dieser durch den Essigsäureethylester, einem Zwischenprodukt der Umsetzung von Alkohol zur Essigsäure. Dieser Geruch verliert sich erst, wenn der Essig fertig ist bzw. manchmal auch erst nach einer angemessenen Lagerzeit.
Das Oberflächenverfahren ist nicht aufwendig, daher kostengünstig und eignet sich besonders gut für Kleinmengen. Bei richtiger Pflege, also bei gleich bleibender, warmer Temperatur und regelmäßiger Entnahme von Essig, gefolgt von der Zufuhr von neuem Substrat, kann eine solche Kultur während mehrerer Jahre am Leben erhalten werden und liefert kontinuierlich Essig.
Die Essigbildung verläuft aber sehr langsam und kann viele Wochen bis zu einem Jahr dauern. Beschleunigen kann man das Verfahren durch Einblasen von Luft. Nicht immer sind die Bakterien stark genug, um bei diesem Verfahren den Alkoholgehalt auf den geforderten Gehalt von unter 0,5 % vol bei Obstweinessigen oder noch weiter abzusenken. Eine Kontrolle des Säure- und des Alkoholgehalts vor der Vermarktung ist daher unbedingt notwendig.

10.2.5.2 Spanbildnerverfahren

Beim traditionellen Spanbildner- oder auch Fesselverfahren handelt es sich um einen aufrecht stehenden Behälter, von dessen Innenraum die oberen zwei Drittel mit einem Trägermaterial befüllt sind, auf dem die Essigbakterien anhaften können. Als solches eignen sich beispielsweise Buchenholzspäne, getrocknete Maisspindeln oder Traubenkämme recht gut. Die Bakterien sind an diese Substanz „gefesselt", was auch namensbildend für dieses Verfahren war.

Im untersten Drittel des Behälters befindet sich ein Sammelbecken, aus dem der halbfertige Essig wieder nach oben gepumpt und auf das Trägermaterial aufgebracht wird. Bei manchen Varianten erfolgt das Überfluten der Trägersubstanz über eine Sprüh- oder Brausevorrichtung.
Beim Hinunterrinnen kommt der zukünftige Essig ständig mit den Bakterien auf der Trägersubstanz und Luft in Berührung; der Alkohol wird dabei von den Essigbakterien zu Essigsäure umgewandelt. Im Unterschied zum Oberflächenverfahren, bei dem die Bakterien auf der Oberfläche des Substrats schwimmen, sind sie hier an eine Trägersubstanz gebunden. Die umzusetzende Flüssigkeit ist immer in Bewegung und lässt keine Bildung einer Essigmutter zu. Sollte es dennoch zu einer Verschleimung der Anlage kommen, muss das Trägermaterial gereinigt oder ausgewechselt werden.
Während der gesamten Umsetzdauer müssen die Bakterien mit Frischluft versorgt und die Temperatur kontrolliert werden. Nach etwa ein bis zwei Wochen ist der Prozess abschlossen und ein großer Teil des fertigen Essigs kann entnommen und gegen frischen Obstwein ausgetauscht werden.

10.2.5.3 Acetator- oder Submersverfahren

Das schnellste und effizienteste Verfahren der Essigherstellung ist das Acetator- oder Submersverfahren.
In speziellen Behältern, den sogenannten Acetatoren, schwimmen die Essigbakterien in der Flüssigkeit frei herum, sie sind weder an eine Essigmutter noch an ein Trägermaterial gebunden.

Wesentlich für die Funktionsweise eines Acetators sind:

- ständige Luftzufuhr
- exaktes Temperaturmanagement

Über eigene Injektordüsen werden die Bakterien ständig mit steriler Luft und damit mit dem notwendigen Sauerstoff versorgt. Sie benötigen daher keinen Luftkontakt an der Oberfläche und auch kein Trägermaterial. Fällt aber die Luftzufuhr für längere Zeit aus, ist mit starker Schädigung der Kultur, wenn nicht gar einem Absterben zu rechnen.

© Georg Innerhofer

Großgerät zur Essigherstellung mit Submerskulturen.

© Georg Innerhofer

Kompakter Acetator zur Essigherstellung im Submersverfahren.

Durch intensiven Fermentationsvorgang und hohen Lufteintrag im Acetator kommt es zum Schäumen.

Submersanlagen sind mit einer regelbaren Heizung und Wasserkühlung ausgestattet. Zum ersten Start muss der Obstwein auf die notwendigen 28 °C erwärmt werden. Im laufenden Betrieb entsteht so viel Wärme durch die Umsetzung, dass eine Kühlung eine zu hohe Betriebstemperatur verhindert. Temperaturen über 30 °C führen rasch zu Schäden an den Bakterienkulturen, eine laufende Kontrolle der Temperatur ist daher unbedingt notwendig. Nach Betriebspausen oder bei geschädigten Bakterienkulturen ist ein Neustart mit einer neuen Starterkultur notwendig.

Submerskulturen reagieren auf Veränderungen der Temperatur sehr sensibel, auch beim Substratwechseln sind sie äußerst empfindlich. Die Bakterienkulturen müssen sich bei Änderungen erst an das umzusetzende Substrat anpassen, was einige Zeit dauern kann. Nach der etwas langsameren Anlaufphase geht die Essigbildung wieder sehr rasch vor sich. Unter günstigsten Bedingungen kann etwa alle drei bis vier Tage ein Teil des Essigs entnommen und durch neues Substrat ersetzt werden. Im Idealfall dauert der Umsetzungsprozess nur etwas mehr als einen Tag.
Beim chargenweisen Betrieb darf der Alkoholgehalt im Acetator nicht unter 0,3 % vol sinken. Spätestens bei diesem Alkoholgehalt muss ein Teil des Essigs abgezogen und durch neues Substrat ersetzt werden. Bleiben die Bakterien zu lange ohne ausreichend Alkohol im Acetator, ist es möglich, dass sie die Essigsäure selbst abbauen. Verluste wären die Folge. Die nach der Essigentnahme im Acetator verbleibenden Bakterien dienen als Starterkultur und beimpfen die neue Charge.
Neben „kleinen" Submersanlagen mit Inhalten zwischen 50 und 600 Litern sind auch industrielle Großanlagen erhältlich. Entscheidend ist es, die Größe der Anlage genau auf die Betriebserfordernisse anzupassen, um damit eine kontinuierliche Arbeitsweise ohne Produktionspausen zu ermöglichen.

10.2.6 Lagerung

Frischer Essig ist noch recht aggressiv im Geruch und scharf im Geschmack. Manchmal riecht junger Essig noch nach Klebstoff, ein Geruch, der vom Essigsäureethylester, einem Zwischenprodukt der Umsetzung, ausgeht. Doch schon nach wenigen Wochen Lagerung hat sich der Geschmack etwas harmonisiert, die Klebstoffnoten sind verschwunden und die Aromen deutlich intensiviert. Neben der Klärung und dem Absetzen der Trubstoffe baut der Essig während der Lagerung noch Reste von vorhandenem Alkohol ab, sodass eine Filtration oder eine Erhitzung beim Füllen nicht mehr unbedingt notwendig ist.

Für ein Lagerung von Essig spricht:

- Qualitätsverbesserung
- Spontane Klärung und Stabilisierung
- Abbau von Alkoholresten

Holzfass-Essiglager zur Reifung und Qualitätsverbesserung.

Als Lagergebinde eignen sich Holzfässer recht gut; Essigspezialitäten mit besonders feinen Aromen lagert man in Edelstahl- bzw. Kunststofffässern oder lichtgeschützt in Glasballons. Da die meisten frischen Aromen der Früchte durch den stark oxidativen Umsetzungsprozess schon stark verändert bzw. zerstört wurden, sind weitere Aromaverluste nicht zu erwarten.

Über längere Zeit im Holzfass gelagerter Essig ist stabil hinsichtlich Nachtrübungen oder erneuter Bildung einer Essigmutter bzw. einer Bakterientätigkeit. Die übliche Lagerdauer liegt zwischen wenigen Wochen und kann bis zu mehreren Monaten dauern.

10.2.7 Fertigstellen

Fertig umgesetzt ist Essig dann, wenn der Alkoholgehalt nahezu vollständig abgebaut ist. Je nach Ausgangswein liegt der erzielte Säuregehalt im Essig mehr oder weniger über den geforderten 5 %. Um eine noch vorhandene Schärfe zu reduzieren bzw. um die Ausbeute zu verbessern kann der Essig vor der Füllung erneut verdünnt werden.

Für die Berechnung verwendet man am besten das Mischungskreuz.

Berechnungsbeispiel

- 100 l Essig haben noch einen Säuregehalt von 7,5 %. Das liegt deutlich über dem Grenzwert, schmeckt scharf und soll daher auf 5,5 % verringert werden.
- Wie viel Wasser benötigt man dafür?

7,5 % ↘ ↗ **5,5 Teile ...... 100 l**
5,5 %
0 % ↗ ↘ **2 Teile ...... x l**

- Und jetzt eine Schlussrechnung: $100/5{,}5 \times 2 = 36{,}4$ l
- Man benötigt somit 36,4 l Wasser, um den Säuregehalt auf 5,5 % zu verringern.

Um dem Essig einen besonderen Geschmack zu verleihen, darf man zusetzen:

- Honig (bis zu 100 g Gesamtzucker/l)
- Fruchtsaft (100–150 g Saft/l)
- Pflanzen, Pflanzenteile, Früchte, Gewürze (max. 150 g Abtropfgewicht/l)

Aber Achtung: Durch diese Zusätze reduziert sich der Säuregehalt, die Grenzwerte müssen trotzdem eingehalten werden.

10.2.8 Klärung und Stabilisierung

Das Codexkapitel B8 gibt vor, dass Essig klar sein muss und keine Essigmutter erkennbar sein darf. Für Wein- und Obstessig gibt es die Ausnahme, dass vom Rohstoff stammende Schweb- bzw. Trubstoffe enthalten sein dürfen. Naturtrüber Essig ist somit rechtlich möglich, gilt als gesünder und ist auch häufig auf dem Markt zu sehen. Soll der Essig trüb bleiben, wird er bei passendem Trubgehalt bei Temperaturen um 60 °C heiß in die Flasche gefüllt (pasteurisiert). Dabei inaktiviert man noch vorhandene Bakterien und schützt den Essig vor Ausbildung einer Essigmutter in der Flasche.

Für die Herstellung von klarem Essig bieten sich zwei Möglichkeiten:

- Spontanklärung während der Lagerung
- Schönung und/oder Filtration

Entweder klärt und stabilisiert sich der Essig im Zuge der Lagerung mehr oder weniger von selbst. Trubstoffe bzw. durch Bakterientätigkeit oder pH-Wert-Verschiebungen hervorgerufene Ausscheidungen von Gerbstoffen oder Eiweißstoffen setzen sich dabei mit der Zeit von allein im Lagergebinde ab.
Falls eine entsprechende Lagerzeit nicht möglich ist bzw. die Spontanklärung nicht ausreicht, kann man Trubstoffe durch eine Klärschönung mit anschließender Filtration aus dem Essig entfernen. Im Zuge der Schönung entfernt man auch Inhaltsstoffe wie Eiweiß oder Gerbstoffe aus dem Essig, die im gefüllten klaren Essig eventuell wieder eine Trübung verursachen könnten.

Denn selbst wenn der Ausgangswein mit Bentonit behandelt war, könnte Eiweiß aus der Frucht durch die Verschiebung des pH-Werts oder von Bakterien selbst gebildete instabile Eiweißteilchen später in der Flasche wieder eine Trübung hervorrufen. Ein Entfernen von Eiweiß aus dem Essig durch eine Bentonitbehandlung ist üblich. Ist aufgrund des Ausgangsmaterials noch mit vorhandenen Gerbstoffen zu rechnen (z. B. bei Quitte oder Mostbirne), werden diese und durch eine entsprechende Schönung ausgefällt. Anschließend klärt man den Essig, wenn noch notwendig, durch Filtration.

10.2.9 Haltbarkeit

An sich ist Essig überaus gut haltbar. Als eines der ganz wenigen Lebensmittel kann daher ein Hinweis auf die Mindesthaltbarkeit auf dem Etikett entfallen.

- **Essig muss frei von lebenden Mikroorganismen oder Essigälchen sein.**
- Eine Essigmutter in der Flasche macht den Essig „für den menschlichen Verzehr ungeeignet".
- Entsprechende Lagerzeit, Schwefelung, Sterilfiltration und Heißfüllung sind Schritte, die Bakterienwachstum verhindern.

Die wesentliche Vorgabe ist, dass Essig frei von lebenden Mikroorganismen sein muss. Nach entsprechend langer Lagerung oder einer Heißfüllung ist dieses Kriterium leicht zu erfüllen. Am ehesten könnten sich noch Bakterien im Essig entwickeln, die in der abgefüllten Flasche vorhandenen Restalkohol weiter zu Essigsäure abbauen. Hefen und Schimmel sind unbedeutend. Folgende Faktoren entscheiden über die Haltbarkeit von Essig:

10.2.9.1 Lagerdauer

Durch eine entsprechend lange Lagerung geht der eventuell noch vorhandene (Rest-)Alkohol – und damit die letzte mögliche Nahrungsquelle für Bakterien – verloren. Die Lagerdauer entscheidet somit nicht nur über Qualität, sondern auch über Stabilität und Haltbarkeit.

In entsprechend lang gelagerten Produkten ist nicht mehr mit einer aufkommenden Bakterientätigkeit zu rechnen.

10.2.9.2 Schwefelung

Durch die Schwefelung werden Bakterien stark gehemmt und an ihrer Vermehrung gehindert. Die Schwefelung von Essig im Ausmaß von bis zu 170 mg/l ist erlaubt. Eine mögliche Schwefelung muss auf dem Etikett angeführt werden („Enthält Sulfite"). Bei einem sehr niederen Restalkoholgehalt in heiß gefülltem oder lang gelagertem Essig besteht aber keine Gefahr der Bakterienvermehrung mehr und es kann auf die Schwefelung verzichtet werden. Geschwefelter Essig ist daher eher die Ausnahme.

10.2.9.3 Entkeimungsfiltration

Durch eine Filtration mit entsprechend feinen Filterschichten (EK-Schichten) kann man Bakterien aus dem Essig entfernen. Voraussetzung für eine erfolgreiche Sterilfiltration sind neben dem Filter auch sterile Leitungen, Geräte und Lager- bzw. Füllgebinde. Vor allem kleine oder weniger gut ausgestattete Betriebe tun sich bei der Umsetzung dieser Vorgaben schwer, die Entkeimungsfiltration ist daher wenig verbreitet.

10.2.9.4 Pasteurisation

Im Klein- und Mittelbetrieb hat die Pasteurisation von Essig große Bedeutung. Ähnlich wie bei alkoholfreien Getränken füllt man den Essig heiß ab, verschließt die Flaschen sofort und legt sie für wenige Minuten um. Damit sind mit Sicherheit auch alle Bakterien aus der Flasche und vom Verschluss inaktiviert. Ausreichend ist dabei eine Fülltemperatur von 60 °C.

10.2.10 Fehler

10.2.10.1 Trübungen

Obst- und Weinessige dürfen von den Früchten kommende Schwebstoffe bzw. einen Bodensatz aufweisen. Daher stellen diese keinen Fehler dar.

In Essig, der eigentlich blank sein soll, stellen Trübungen eine deutlich sichtbare Qualitätsminderung dar. Meistens werden sie verursacht durch Eiweiß- und/oder Gerbstoffausfällungen oder die erneute Ausbildung einer Essigmutter.

10.2.10.2 Essigälchen

Gleichzeitig mit der Ausbildung einer Essigmutter können sich an der Oberfläche Essigälchen entwickeln. Mit freiem Auge erscheinen sie als weißliche, knapp 2 mm lange und sich lebhaft bewegende Fäden. Essigälchen benötigen für ihre Entwicklung Sauerstoff, sie finden sich daher häufig am Rand des Gefäßes oder auf einer schwimmenden Schicht wie einer Essigmutter.
Nach ihrem Absterben setzen sich diese kleinen Fadenwürmer am Boden des Gebindes ab, werden aber durch Aufschütteln wieder gut sichtbar. Sie schaden zwar dem Essig nicht, sind aber sehr unappetitlich und müssen vor dem Verkauf entfernt werden.

10.2.10.3 Kahmhefen

Die Kahmhefearten Pichia und Hansenula treten bei Obstweinen als Schädlinge auf und führen zu Qualitätsminderungen. In der Essigherstellung treten Kahmhefen vorwiegend beim Orleans-Verfahren am Beginn als Schädling auf. Ähnlich einer Essigmutter bilden sie auf der Oberfläche einen weißgrauen Belag aus. Während die Essigmutter mit der Zeit sich farblich dem Substrat annähert, behalten Kahmhefen diese helle Farbe bei. Ein ansteigender Essigsäuregehalt hemmt Kahmhefen in ihrer Entwicklung.
Neben der direkt verursachten Qualitätsminderung dient eine Kahmhaut auch als Trägersubstanz für Essigälchen und Maden von Essigfliegen. Im fertigen Essig ist das Auftreten von Kahmhefen nahezu nicht möglich.

10.2.10.4 Essigfliegen

Eine kaum vermeidbare Gefährdung geht von Essigfliegen aus. Diese sind 2–4 mm lang und gelbbraun gefärbt, einige Arten weisen rote Augen und schwarze Hinterleibsringe auf.
Die Essigfliegen (auch Obstfliegen, Taufliegen, Drosophilidae) werden stark vom Geruch von gärenden und faulenden Stoffen angelockt.
Ein Weibchen legt bis zu 360 Eier, aus denen nach 8–21 Tagen die Maden schlüpfen. Die Maden sind weißlich, von gedrungener Gestalt, bis zu 6 mm groß und ernähren sich von Bakterien, Hefen und Schimmelpilzen. Auf der Oberfläche der Essigmutter verderben sie jede Lust an der Essigbereitung und auf späteren Genuss des Essigs.
Mit der Eiablage verschleppen die Fliegen auch genau diese Mikroorganismen, aber auch Essigälchen. Deshalb muss die Öffnung des Gärgefäßes absolut fliegenfest verschlossen sein. Die Betriebsstätten sind, so gut es geht, durch Fliegenfallen oder Insektenschutzgitter vor den Essigfliegen zu schützen.

10.2.11 Kennzeichnung

Als Sachbezeichnung bei Gärungsessig kennen wir:

- Weinessig: hergestellt aus Traubenwein
- Obstessig: hergestellt aus Obstwein
- Gemüseessig: hergestellt aus vergorenem Gemüsesaft/Maische

Der Begriff „Essig" allein ist zu wenig, es braucht die Ergänzung der Obstart (z. B. Apfelessig) bzw. der erwähnten Gruppe. In unmittelbarem Zusammenhang damit muss der Säuregehalt in % angegeben werden. Achtung: Wer selbst die Säure misst, muss den Messwert der Einheit Weinsäure mit 0,8 multiplizieren, um auf die Einheit „berechnet als Essigsäure" umzurechnen.

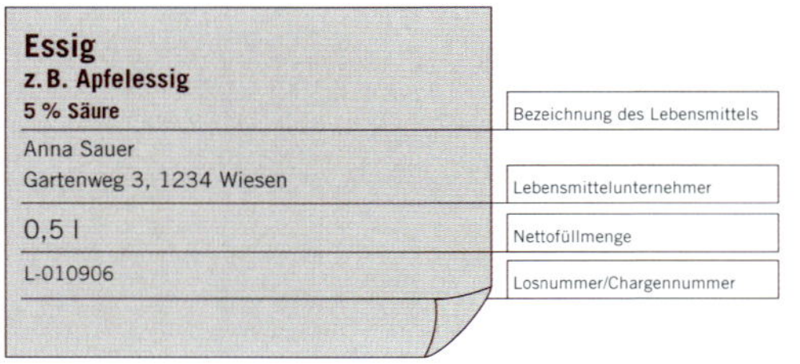

10.3 Balsamessig

10.3.1 Balsamessig

Viele Produzenten von Balsamessig verbinden den traditionellen Weg mit modernen Methoden. Dazu wird fertiger Essig mit eingedicktem Fruchtsaft vermengt. Eine anschließende Lagerung im Holzfass ist nicht Voraussetzung, verbessert aber die Qualität.
Während der Lagerungszeit laugt der Essig die Geschmacksstoffe des Holzes aus und intensiviert den Geschmack des Essigs. Bei diesem Verfahren wird der Essig, wenn erwünscht, mit Zuckercouleur (E 150) als Farbstoff versetzt, um die als typisch angesehene braune Farbe zu erzielen. Dies ist besonders bei günstigeren Produkten der Fall, die keine lange Reifezeit durchlaufen.

10.3.2 Balsamessig nach traditioneller österreichischer Art

Diese Produktkategorie entspricht weitestgehend dem bekannten „Aceto Balsamico Tradizionale di Modena". Dabei wird Fruchtsaft aus ausschließlich österreichischer Rohware auf einen Teil des ursprünglichen Volumens eingekocht und anschließend mit Reinzuchthefe zur alkoholischen Gärung gebracht. Erst dann erfolgt die Essiggärung mittels Essigbakterienkulturen auf den gleichen Säuregehalt wie herkömmlicher Essig. Durch die Lagerung in Holzfässern erhält der Balsamessig sein spezielles Aroma und entwickelt ein ausgewogenes Zucker-Säure-Verhältnis. Eine Lagerzeit von mindestens drei Jahren ist handelsüblich.
Balsamessig nach traditioneller österreichischer Art wird weder Honig, Zucker, Zuckerarten, Fruchtsüße noch rektifiziertes Traubensaftkonzentrat zugesetzt. Färbende Lebensmittel (wie z. B. Karamellzucker), Aromen und Zusatzstoffe werden aufgrund des hohen Qualitätsanspruchs nicht verwendet.

© Georg Innerhofer

Batterie an Fässern zum Aufkonzentrieren und Reifen von Balsamessig nach traditioneller österreichischer Art ohne weitere Zusätze.

10.4 Balsamico

In unserer Wahrnehmung fallen mehrere unterschiedliche Würzflüssigkeiten unter den Begriff „Balsamico". Viele davon haben in Mitteleuropa große Marktrelevanz.

10.4.1 Condimento

In Italien bezieht sich das Wort „Condimento" allgemein auf Würzmittel oder Soßen, die in Küche verwendet werden. Die Herstellung von Condimenti hängt also von der angestrebten Art ab. In Bezug auf Essig handelt es sich – wie beim Balsamessig – um eine Mischung aus Essig und Traubenmost. Dieser Begriff steht vor allem für weißen süßen Essig.

10.4.2 Aceto Balsamico

Balsamessig ohne den Zusatz „di Modena" unterliegt keinen festen Qualitätskriterien. Die Herstellung erfolgt durch Vermengen von Essig mit Traubensaftkonzentrat und Zuckercouleur. Er gilt eher als Massenprodukt und ist in allen Supermärkten günstig zu erwerben.

10.4.3 Aceto Balsamico di Modena

Seit 2009 gilt er in der EU als geschützte geografische Angabe.
Der Balsamessig aus Modena wird aus mindestens 20 % eingedicktem Traubensaft, aus 10 % Weinessig und mindestens zehn Jahre altem

© Georg Innerhofer

Einfache Qualität von Balsamico.

Essig gewonnen. Zur Herstellung sind lediglich sieben Traubensorten zugelassenen, die aber nicht aus Italien stammen müssen. Die Herstellung – besonders das Reifen in den Holzfässern – muss in Italien in der Provinz Modena oder Reggio Emilia stattfinden.

- Vorgeschrieben ist dabei eine Reifezeit von wenigstens 60 Tagen.
- Um die Farbe einzustellen, darf Zuckercouleur zugesetzt werden.
- Die anschließende Abfüllung darf auch in einem anderen Land erfolgen.

Bevor der fertige Aceto Balsamico di Modena nun seinen Namen tragen darf, kontrollieren Prüfer aufs Genaueste die Anbau-, Herstellungs- und Lagerbedingungen und die inhaltliche Zusammensetzung, aber auch Duft, Geschmack und die charakteristische glänzende Farbe des Aceto Balsamico.
Nach bestandener Prüfung erhält das Produkt das Echtheitssiegel „IGP“ („Indicazioni Geografiche Protette“), was dem deutschen Zeichen „g.g.A.“ (geschützte geografische Angabe) entspricht.

10.4.4 Aceto Balsamico Traditionale di Modena/Reggio Emilia

Der traditionelle ursprüngliche Balsamessig ist eine Besonderheit. Seit 2000 gilt er als geschützte Ursprungsbezeichnung und muss recht strenge Auflagen erfüllen. Beispielsweise müssen schon die Trauben aus Modena oder der Reggio Emilia kommen. Außer den Trauben bzw. dem Saft daraus sind keine Zusätze erlaubt. Der Essig muss komplett in der Region für mindestens zwölf Jahre in Holzfässern gereift und in 100-ml-Fläschchen abgefüllt werden. Ein Fläschchen kostet daher oft mehr als 50 €. „Aceto Balsamico Tradizionale di Modena“ hat als Abkürzung ABTM, der Essig aus Reggio hat die Abkürzung ABTRE.

> In Österreich sind alle Bezeichnungen, die an Balsamico angelehnt sind oder an ihn erinnern, nicht gestattet. Begriffe wie „acet/aceto/balsamico“ sind auf Essigetiketten verboten.

Der Aceto Balsamico Tradizionale di Modena unterscheidet sich von allen anderen Essigarten, da es keine erste Gärungsstufe gibt und der Zucker der Traube intakt bleibt. Der Most wird auf offenem Feuer, bei mindestens 80 Grad Hitze, ganz langsam – mindestens aber zwölf Stunden lang – eingekocht. Dabei reduziert sich die Menge um 30–70 %, wobei der Zuckergehalt auf mindestens 30 % ansteigt. Nach etwa sechs Monaten, im Frühling, wird der eingedickte Most zum Reifen in Fässer gefüllt. Als „Starterkultur“ kommt nur ein Teil eines zehnjährigen Essigs dazu. Eine klassische

© Georg Innerhofer

Essiglager für die traditionelle Herstellung von italienischem Balsamico traditionale.

alkoholische Gärung findet nicht statt. Die Arbeit der Fermentierung übernehmen die Essigbakterien in Form der „madre dell'aceto" – der sogenannten Essigmutter.
In diesen Fässern reift der Most bzw. der entstehende Balsamico für die nächsten Jahre. In den Herstellungsgebieten sorgt die starke Sommerhitze in den ungedämmten Lagerhallen für die starke Verdunstung und damit für die Reduzierung der Flüssigkeitsmenge. Im Lauf der Jahre füllt man den Essig in immer kleiner werdende Fässer aus verschiedenen Holzarten um. Das letzte Fass ist das kleinste und enthält den nach mindestens zwölf Jahren Lagerung stark aufkonzentrierten süßsauren Balsamico. Schließlich bleiben aus dem Saft von 100 kg Trauben nur 2,5 l der hochwertigen Essenz übrig.
Der Aceto Balsamico Tradizionale di Modena oder di Reggio Emilia werden zum Garantieren einer hohen Qualität vor der Abfüllung von einem Konsortium einem sensorischen Test unterzogen, bei dem Geruch, Geschmack und Aussehen bewertet werden.

10.5 Balsamicocreme

Mit Balsamicocreme kann man Speisen würzen, verfeinern und/oder dekorieren. Sie enthält einfachen Balsamico, ein Verdickungsmittel und/oder andere Zusatzstoffe und ist daher kein reiner Aceto Balsamico. Balsamicocreme dient eher dem Verzieren von angerichteten Speisen als zur Säuerung.

10.6 Verjus

Es handelt sich dabei um den sauren, unvergorenen Presssaft unreif geernteter („grüner") Weintrauben. Er ist charakterisiert durch seinen Säuregehalt, insbesondere Apfel- und Weinsäure. Darüber hinaus enthält dieser Presssaft erhebliche Mengen an Polyphenolen. Verjus wird als Säureträger überall dort eingesetzt, wo eine frische, fruchtbetonte Säure ohne allzu viel

© Georg Innerhofer

„Aceto Balsamico Tradizionale di Modena" wird nur in 100-ml-Fläschchen vermarktet.

Eigengeschmack erwünscht ist. Im Gegensatz zu Essig oder Zitrone überdeckt Verjus den Geschmack von Speisen und Getränken nicht, sondern stützt diesen sogar.
Die Einsatzmöglichkeiten reichen von Suppen, Soßen, Vorspeisen oder Salaten über Einleggemüse bis hin zu erfrischenden Durstlöschern und Mixgetränken. Daneben bietet Verjus eine regionale Alternative zu Zitronensaft.
Da der Verarbeitungszeitraum mitten in der Spritzperiode liegt, ist auf die Karenzzeit der eingesetzten Pflanzenschutzmittel besonders zu achten. Um Trübungen durch den Ausfall von Weinsäure, Eiweiß und Polyphenolen zu verhindern, können die bei der Herstellung von Fruchtsaft üblichen Verfahren angewendet werden. Eine Haltbarmachung erfolgt in der Regel durch Pasteurisation.
Die verkehrsübliche Bezeichnung lautet „Saft unreifer Trauben", „Saurer Saft unreifer Trauben". Auf den Verwendungszweck („zum Würzen"; „zum Würzen und Säuern") wird in unmittelbarer Nähe zur verkehrsüblichen Bezeichnung hingewiesen. Die zusätzliche Angabe „Verjus" ist möglich, kann aber die verkehrsübliche Bezeichnung nicht ersetzen.

10.7 Essigessenz

Der wesentliche Unterschied zwischen Essig und Essigessenz besteht darin, dass Essigessenz synthetisch hergestellt wird. Hierbei wird der Alkohol nicht mithilfe von Bakterien, sondern ausschließlich auf chemischem Weg oxidiert. In großtechnischen Anlagen entsteht eine chemisch reine Essigsäure, Nebenprodukte wie Formaldehyd und Ameisensäure werden durch Destillieren abgetrennt.
Die entstandene Essenz hat einen Säuregehalt von 60–80 % und ist stark ätzend. Sie wird verdünnt und kommt als Essigessenz (enthält mehr als 15,5 % Essigsäure) auf den Markt, muss aber zur Weiterverarbeitung zu Speiseessig ein weiteres Mal stark verdünnt werden. Da als Ausgangsbasis reiner Alkohol dient, fehlt es der Essigessenz an Aroma und biogenen Substanzen. Synthetisch hergestellte Essigsäure findet in der Küche eher wenig Beachtung, wird jedoch als Reinigungs- oder Entkalkungsmittel eingesetzt.

10.8 Salatwürzen, Saure Würzen

Unter einer Salatwürze versteht man eine Mischung aus verschiedenen Zutaten, die zum Verfeinern von Salaten verwendet wird. Typische Zutaten können beispielsweise Essig, Öl, Senf, Salz, Pfeffer, Zitronensaft, Honig, Knoblauch, Zwiebeln oder Kräuter sein. Eine Holzfasslagerung zur Aromaabrundung ist auch möglich.

Grenzwerte Salatwürze:
- mindestens 1,5 g/100 ml Säure (1,5 %)
- weniger als 0,5 % vol Alkohol

Die genaue Zusammensetzung der Salatwürze variiert je nach Zutaten und Herstellungsart, muss aber mehr als 1,5 g Gesamtsäure (berechnet als Essigsäure) pro 100 ml aufweisen. Die Säure muss mittels Essiggärung aus Obstsaft, Traubenmost oder Gemüsesaft, Wein oder Obstwein sowie Honigwein hergestellt worden sein. Der Gehalt an Essigsäure, ausgedrückt als Gesamtsäure in g/100 ml, wird in ganzzahligen (gerundeten) Zahlen und in unmittelbarem Zusammenhang mit der verkehrsüblichen Bezeichnung als „... % Säure" angegeben. Der Gehalt an Restalkohol beträgt höchstens 0,5 %.
Salatwürzen oder „Saure Würzen" enthalten wie Essig keine vermehrungsfähigen Mikroorganismen. Geruch und Geschmack sind reintönig und entsprechen den verwendeten Rohstoffen.

10.9 VERSTÄNDNISFRAGEN

1. In welchen Regelwerken sind ganz speziell Essig und ähnliche Produkte geregelt?
2. Welche beiden Grenzwerte sind bei Apfel- bzw. Weinessig entscheidend? Gib die beiden in der richtigen Einheit an.
3. Wovon hängt die Umsetzgeschwindigkeit von Essigbakterien ab?
4. Welche speziellen Eigenschaften benötigt der Grundwein zur Essigherstellung?
5. Beschreibe die Unterschiede der drei wichtigsten Herstellungsverfahren von Essig.
6. Erkläre, warum die Essiglagerung ein wichtiger Punkt für Qualität und Haltbarkeit von Essig ist.
7. Warum ist Essig so gut haltbar und wie kann man die Haltbarkeit beeinflussen?
8. Beschreibe den Unterschied zwischen Balsamessig, Balsamico und Balsamicocreme.
9. Welche speziellen Kennzeichnungselemente finden sich auf einem Apfel- oder Weinessigetikett?
10. Beschreibe Herstellung, Eigenschaften und Verwendungsmöglichkeiten von Verjus.

Fruchtlikör

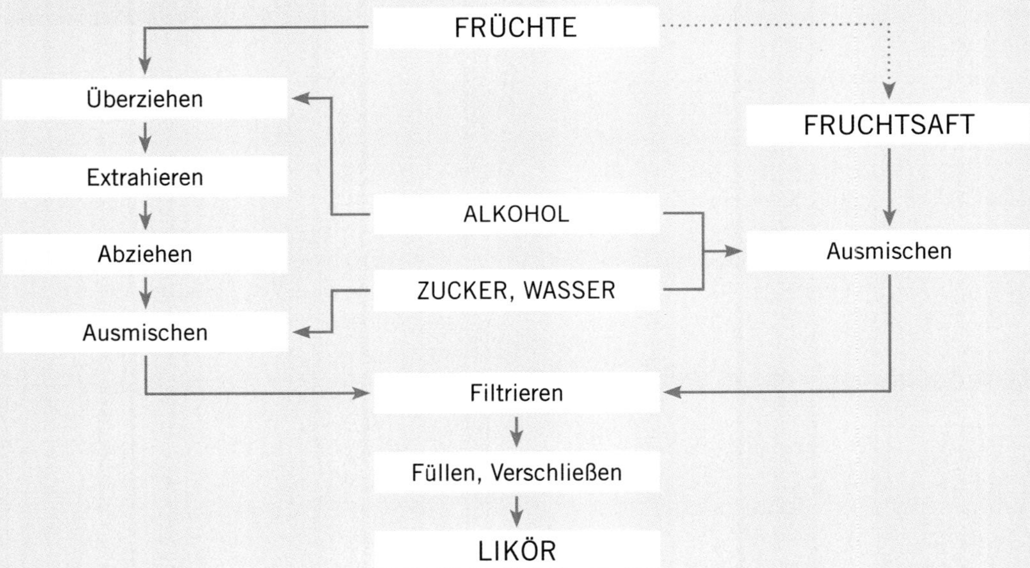

Fruchtliköre

Die Geschichte der Liköre ist geprägt von Höhen und Tiefen. Der Begriff selbst leitet sich vom lateinischen „liquor“ ab, was „Flüssigkeit“ bedeutet. Seine Verbindung zu süßen Getränken geht vermutlich auf Italiener zurück, die 1332 wohlriechende, alkoholische Getränke namens „Liquori“ nach Paris brachten. Nach einer langen Blütezeit haftete den Likören zeitweise ein „süßes, aber angestaubtes“ Image an.

Moderner Fruchtlikör erfüllt folgende Vorgaben:

- Leuchtende, stabile Farbe
- Klarheit
- Volles Aroma
- Harmonisches Zucker-/Säure-/Alkoholverhältnis

© Ulrich Zeni

Moderne Fruchtliköre punkten mit fruchtigem Geschmack und schöner Farbe.

In jüngster Zeit erleben Liköre jedoch eine Renaissance und gewinnen ihr modernes Image zurück. Besonders beliebt sind heute Liköre mit ausgeprägtem Fruchtgeschmack, die weder übermäßig süß noch zu alkohollastig sind. Sie gelten als Trendprodukte und sprechen eine breite Zielgruppe an. Die Palette der verfügbaren Liköre ist mittlerweile äußerst vielfältig, mit einer großen Bandbreite an Geschmacksrichtungen und Farben.

Den stärksten Aufschwung verzeichnen Fruchtliköre, dicht gefolgt von Kräuterlikören und Bittern. Cremeliköre sowie gefärbte und aromatisierte Liköre konnten von diesem Trend bisher weniger profitieren.

11.1 Definition

In der europäischen Spirituosenverordnung Nr. (EU) 2019/787, Punkt 33, wird der Begriff „Likör“ definiert. Im Rahmen dieser Verordnung regelt der österreichische Codex im Kapitel B23 noch weitere Details.
Unter Likören versteht man Spirituosen, die entweder aus Ethylalkohol landwirtschaftlichen Ursprungs (Weingeist) oder aus einem Destillat landwirtschaftlichen Ursprungs (wie Obstbrand) hergestellt werden. Bei der Produktion werden zusätzlich süßende Erzeugnisse wie Zucker und Aromen verwendet. Die Verwendung von Aromen ist dabei näher geregelt.

Die meisten Liköre weisen …

- 15 % vol Mindestalkoholgehalt und
- 100 g/l Mindestzuckergehalt auf.

Nur für wenige Produkte sieht die Verordnung Ausnahmen vor. Bei der Likörbereitung für den Eigenbedarf muss man diese Werte nicht so eng sehen, man erreicht sie dennoch mit den meisten Rezepturen. Vor allem bei Produkten aus/mit Kräutern, grünen Walnüssen oder Bittern erreicht man den Mindestzuckergehalt bei vielen Rezepturen nicht. Sie sind genauso wohlschmeckend, dürfen aber die Bezeichnung Likör nicht tragen; ihre Sachbezeichnung lautet „Spirituose".

11.2 Geeignete Früchte

Besonders gut zur Likörherstellung geeignet sind rote Früchte, die sich durch ein intensives Aroma und stabile Farbstoffe auszeichnen. Beerenobstarten wie Johannisbeeren und Himbeeren bzw. Weichseln (Sauerkirschen) sind aufgrund ihres ausgeprägten Geschmacks und ihrer attraktiven, lang anhaltende Farbe besonders beliebt.

Im Gegensatz dazu eignen sich Früchte wie Erdbeeren, Zwetschken oder Süßkirschen weniger gut für die Likörherstellung. Ihre natürlichen Farbstoffe neigen dazu, sich rasch zu verändern und eine unerwünschte bräunliche Färbung anzunehmen. Zudem sind die Aromen dieser Früchte eher empfindlich und verändern sich rasch.

© Georg Innerhofer

Beeren wie Schwarze Johannisbeeren, Himbeeren oder Brombeeren eignen sich besonders gut zur Likörherstellung.

Eine besondere Herausforderung stellen gelbe oder orange Früchte wie Pfirsiche oder Marillen/Aprikosen dar. Obwohl sie für ihre leuchtende Farbe bekannt sind, sind ihre Farbstoffe nicht wasserlöslich. Dies bedeutet, dass die Farbe im Fruchtfleisch gebunden bleibt und weder durch Mazeration noch durch Pressen in den Saft übergeht. Daher sind Liköre aus diesen Früchten eher blass.

Likör mit Fruchtfleischpartikeln kann zwar eine intensivere Farbe und ein volleres Mundgefühl bieten, neigt jedoch dazu, an der Flaschenwand zu haften. Dies kann bei manchen Verbrauchern auf Ablehnung stoßen.

11.3 Weitere Zutaten

11.3.1 Alkohol

Die Wahl des richtigen Grundalkohols ist ein entscheidender Faktor bei der Likörherstellung. Idealerweise sollte er die Aromen des Likörs unterstützen, ohne selbst in den Vordergrund zu treten. Viele Hersteller, insbesondere Abfindungsbrenner, nutzen für ihre Liköre eigene Destillate. Dabei sind jedoch neben dem Alkoholgehalt einige wichtige Aspekte zu berücksichtigen, um ein hochwertiges Endprodukt zu erzielen.

Laut Definition muss ein Likör mindestens 15 % vol Alkoholgehalt aufweisen, wobei nach oben hin keine strikte Grenze gesetzt ist. Aus sensorischen und kalkulatorischen Gründen liegt der Alkoholgehalt bei Fruchtlikören meist um die 20 % vol, nur selten liegen die Werte deutlich darüber. Kräuter- und Bitterliköre hingegen können durchaus einen höheren Alkoholgehalt aufweisen. Allerdings sollte der Alkoholgehalt – vor allem beim Fruchtlikör – nicht so hoch sein, dass er den Likör scharf macht.

11.3.1.1 Weingeist

Weingeist, auch bekannt als Neutralalkohol oder Primasprit, stellt die reinste Form von Alkohol dar und ist sehr gut für die Likörherstellung geeignet. Er wird hauptsächlich aus

Getreide, Kartoffeln oder durch die Überschussdestillation von Wein gewonnen. Mit einem hohen Alkoholgehalt von etwa 96,4 % vol ermöglicht seine Verwendung einen hohen Fruchtanteil im Likör. Abgesehen von einer leichten Süße und der charakteristischen Schärfe verhält sich Reinalkohol neutral. Diese Neutralität erlaubt es, die Aromen der verwendeten Früchte oder anderen Zutaten optimal hervorzuheben, ohne dass der Geschmack des Alkohols in den Vordergrund tritt. In frisch hergestellten Likören ist anfangs noch ein Geruch nach Sprit vorhanden, der sich aber nach wenigen Tagen oder Wochen legt.

11.3.1.2 Fruchtbrände

Bei der Auswahl des geeigneten Grundalkohols gilt es, die Aromen des Destillats sorgfältig mit denen der Frucht abzustimmen. Dabei kann es vorkommen, dass Brände und Früchte derselben Obstart nicht optimal miteinander harmonieren. Neben den sensorischen Aspekten gilt es, auch die Kosten zu beachten. Brände aus besonderen Obstarten wie einigen Beerenarten sind als solche einfach so teuer, dass ihre Verwendung im Likör nicht rentabel ist.

Bei der Verwendung von Bränden aus anderen Obstarten als der namensgebenden Frucht im Likör ist Vorsicht geboten, damit diese nicht geschmacklich dominieren. So könnte beispielsweise ein intensiver Apfelbrand in einem Himbeerlikör deutlich störend hervortreten und das Himbeeraroma überdecken.

Oft eignen sich weniger intensive Spirituosen besser für die Likörherstellung. Generell sind Brände aus Trauben- oder Fruchtwein weniger aromatisch als solche aus der entsprechenden Fruchtmaische.

Die Verwendung minderwertiger Brände, insbesondere solcher mit Vor- oder Nachlauf oder anderen Geschmacksfehlern, kann die Qualität eines Likörs erheblich beeinträchtigen und sollte daher vermieden werden. Zudem werden Liköre zunehmend auf ihre Inhaltsstoffe kontrolliert. Der Einsatz fehlerhafter Brände lässt sich leicht nachweisen und kann im schlimmsten Fall zu einem Verkaufsverbot führen, etwa bei einem erhöhten Methanolgehalt durch die Verwendung von Nachlauf.

11.3.1.3 Entaromatisierte Brände

Um die Aromaintensität des Grundalkohols zu reduzieren, kann eine Behandlung mit Aktivkohle durchgeführt werden. Die Kohle wird in den Brand eingerührt. Nach ungefähr zwei Tagen hat sie sich am Behälterboden abgesetzt und kann abfiltriert werden.

Bei fehlerfreien Bränden wird eine Aufwandmenge von bis zu 3 g Aktivkohle pro Liter empfohlen. Es ist wichtig zu beachten, dass diese Behandlung lediglich eine moderate Reduzierung der Aromaintensität bewirkt. Ein vollständiges Entfernen des Eigengeschmacks des Brandes ist mit dieser Methode praktisch nicht zu erreichen.

Auch ein Umbrennen von Bränden reduziert das Aroma. Die Kombination aus vorhergehender Kohlebehandlung mit anschließendem Umbrennen ist der effektivste Weg der Aufbereitung für die Likörherstellung.

11.3.1.4 Neutrale Brände

Darunter versteht man Brände, die beinahe genauso neutral sind wie Reinsprit. Hauptsächlich sind das Produkte wie „Ansatzkorn“ oder „Wodka“, die für die Herstellung von feinen Fruchtlikören auch recht gut geeignet sind. Diese Produkte weisen im Verkauf einen Alkoholgehalt von etwa 40 % vol auf. Daher muss bereits mehr als die Hälfte des fertigen Likörs aus diesem Alkohol bestehen, um die gewünschten 20–25 % zu erreichen. Was umgekehrt wiederum bedeutet, dass der Fruchtgehalt im Fertigprodukt unter 50 % liegt. Sie werden vorwiegend bei Fruchtansatzlikören verwendet.

11.3.1.5 Andere

Immer wieder findet man Rezepte, die Inländerrum, Whisky, Weinbrand oder Ähnliches vorgeben. Diese haben selbst einen starken Eigengeschmack und drängen bei einem zu hohen

Anteil das Fruchtaroma in den Hintergrund. Es ist durchaus möglich, zur Geschmacksabrundung einen geringen Anteil aromagebenden Alkohol zuzusetzen. Von der ausschließlichen Verwendung dieser ist aber bei der Herstellung von Fruchtlikören abzuraten.

11.3.2 Zuckerarten

Allen Likören wird, um einen süßen, harmonischen Geschmack zu erzielen, Zucker zugesetzt. Je nach verwendeter Zuckerart ändert sich die Verarbeitung bzw. der Geschmack.
Für die verwendete Zuckermenge gibt es außer dem Mindestwert von 100 g/l keine Richtlinien, lediglich Anhaltspunkte. Durchschnittlich bewegt sich der Zuckergehalt der Fruchtliköre zwischen 120 und 200 g. Entscheidend ist zwar bis zu einem bestimmten Ausmaß die Ausgangsfrucht, aber noch viel mehr der persönliche Geschmack jedes Einzelnen. Was für den einen Likörliebhaber noch als zu wenig süß gilt, kann für andere Genießer bereits unharmonisch süß sein.

11.3.2.1 Kristallzucker

Für die meisten Liköre wird normaler Kristallzucker – Saccharose – verwendet. Dieser ist günstig, überall verfügbar, hat keinen Einfluss auf die Farbe und keinen Eigengeschmack. Aber nur selten wird der Zucker direkt zugesetzt. In kalten alkoholischen Lösungen ist er nur sehr schwer aufzulösen. Ein Aufwärmen der Früchte erleichtert zwar das Auflösen, führt aber bereits zu leichten Aromaverlusten bei empfindlichen Obstarten. Daher erfolgt der Zuckerzusatz meistens in Form einer Zuckerlösung.

11.3.2.2 Flüssigzucker – Zuckersirup

Eine Möglichkeit des flüssigen Zuckerzusatzes ist die Verwendung von Zuckersirup. Dieser kann leicht selbst hergestellt werden.
Bei der Herstellung auf heißem Weg wird der Zucker mit Wasser vermischt und unter Rühren aufgekocht. Bei geringen Zuckerkonzentrationen ist dieser Sirup nicht lagerfähig. Erst wenn auf 2 l Wasser 5 kg Zucker gelöst werden, ist dieser Sirup haltbar und beginnt nicht mehr zu gären bzw. zu schimmeln. Bereits nach wenigen Tagen und vor allem bei tiefen Temperaturen beginnt der Zucker zu kristallisieren. Eine dauerhafte Lagerung ist somit nicht möglich; er sollte daher rasch Verwendung finden.

11.3.2.3 Invertzucker

Invertzuckersirup (72,7 % mas) ist eine farblose, bei Lagerung bei Raumtemperatur vor Kristallisation geschützte mikrobiologisch haltbare Lösung von teilweise invertiertem Rübenzucker. Ein weiterer wichtiger Vorteil liegt in der einfachen Verwendung und Berechnung des Zuckerzusatzes. All diese Eigenschaften machen den Zuckerzusatz mit Invertzucker zur geläufigsten Methode der Flüssigzuckerung.

Rezept für 10 l Invertzucker
- 4,3 l Wasser
- 10 kg Zucker
- 10 g Zitronensäure

Wasser und Zucker werden unter Rühren erhitzt, bis der Zucker restlos gelöst ist. Nun wird die Zitronensäure zugesetzt. Nach zehnminütiger Kochzeit ist so viel Saccharose aufgespalten, dass es zu keiner Kristallisation mehr kommt. Zu langes Kochen führt zu beginnender Bräunung. Nach dem Abkühlen füllt man den Zuckersirup auf 10 l auf, 1 l Sirup enthält nun genau 1 kg Zucker.

1 ml invertierter Zuckersirup (72,7 % mas) enthält genau 1 g gelöste Saccharose, was die Dosierung vereinfacht.

11.3.2.4 Glucosesirup

Glucosesirup, auch als Stärkesirup bekannt, spielt eine bedeutende Rolle in der Likörherstellung, insbesondere zur Beeinflussung der Viskosität. Dieser farblose, konzentrierte Sirup wird aus Mais- oder Weizenstärke gewonnen und besteht hauptsächlich aus Abbauprodukten

der Stärke (Dextrinen). Im Vergleich zu Invertzuckersirup weist Glucosesirup eine höhere Viskosität auf, besitzt jedoch nur etwa ein Drittel von dessen Süßkraft.
Eine spezielle Form ist der sogenannte „Trockenglucosesirup", fachlich korrekt als Trockenglucose bezeichnet. Hierbei handelt es sich um sprühgetrockneten Glucosesirup in Pulverform. Dieses leicht lösliche Pulver ermöglicht es Likörherstellern, die Viskosität des Endprodukts zu erhöhen, ohne das Volumen merklich zu vergrößern. Bereits eine Zugabe von 20–30 g/l reicht aus, um die gewünschte Konsistenzveränderung zu erzielen.

11.3.2.5 Honig

Honig ist ein interessantes Süßungsmittel für Likör, da er nicht nur Süße, sondern auch eine komplexe Aromatik mitbringt. Im Vergleich zu anderen Zuckerarten ist Honig allerdings sehr teuer. Kräftige Honige wie Wald- oder Blütenhonig beeinflussen neben dem Geschmack auch die Farbe.
Als alleiniges Süßungsmittel hat Honig für die meisten Hersteller zu viel Eigengeschmack, aber zur Abrundung ist er gut geeignet. Wichtig dabei ist es, die richtige Sorte und Dosierung zu wählen.

11.3.3 Abrundearomen

Bei der Likörherstellung spielen diese Stoffe eine wichtige Rolle, da sie den Geschmack harmonisieren und verfeinern. Auswahl und Dosierung der verwendeten Stoffe hängt stark vom persönlichen Geschmack ab. Sie runden das Produkt ab und sorgen für die „besondere Note".
Typische Abrundearomen sind Vanille, Zimt, Nelken, Muskatnuss und Zitrusschalen. Ihre Verwendung erfolgt in kleinen Mengen, um die Hauptaromen zu unterstützen und zu ergänzen. Gewürze und Kräuter wie Zimt, Anis, und Kardamom sind besonders beliebt, da sie nicht nur den Geschmack abrunden, sondern auch zusätzliche Tiefe und Komplexität verleihen. Spezielle Spirituosen wie Weinbrand,

© Georg Innerhofer

Honig eignet sich aufgrund von Eigenaroma und Farbe nicht für alle Liköre als Süßungsmittel.

Rum, Inländerrum, Weinbrand und andere können den Geschmack eines Likörs auf vielfältige Weise abrunden und verfeinern.
Aber Achtung: Abrundearomen dürfen *nie* in den Vordergrund treten und die Fruchtaromen verdecken.

11.4 Fruchtansatzlikör

Das Ansetzen von ganzen oder zerkleinerten, nicht entsafteten Früchten ist eine gängige Methode zur Likörherstellung. Dabei werden die vorbereiteten Früchte – ob ganz oder zerkleinert, um die Aromastoffe besser freizusetzen – mit dem passenden Grundalkohol übergossen. Wichtig ist, dass die Früchte in einem verschließbaren Gefäß vollständig mit Alkohol bedeckt sind, um sie vor Oxidation und Schimmelbildung zu schützen. Das Verhältnis von Früchten zu Alkohol variiert je nach Rezept gleich, wie der Zeitpunkt der Zuckerung. Bei manchen Rezepturen erfolgt der Ansatz mit Kristallzucker, andere setzen den Zucker im Anschluss an die Extraktion in Form von Zuckersirup zu.

11.4.1 Niederprozentige Auszüge

Diese Form ist in den meisten Betrieben die übliche Form der Herstellung. Die Auslaugung an Farbe und Geschmack mit einem Ansatz-

alkohol mit rund 40 % vol ist bei den meisten Obstarten durchaus ausreichend. Früchte werden mit Alkohol und Zucker überzogen, oftmals auch schon der Zucker zugesetzt und dann ruhen gelassen. Nach entsprechender Ansatzzeit wird der Fruchtansatz abgezogen und gegebenenfalls filtriert.
Achtung: Der kritische Wert beim Alkoholgehalt für die Haltbarkeit von 15 % vol darf nicht unterschritten werden. Daher muss auch bei einer Frucht- zu Alkoholmischung von 1 : 1 eine Alkoholquelle mit mindestens 40 % gewählt werden, da fruchteigenes Wasser und Zucker den Alkoholgehalt im Zuge der Auslaugung herabsetzt.

11.4.2 Hochprozentige Auszüge

Die Verwendung von hochprozentigem Alkohol (über 60 % vol) bei der Herstellung von Fruchtansatzlikören bietet mehrere Vorteile gegenüber 40%igem Alkohol. Hochprozentiger Alkohol extrahiert Aromastoffe, ätherische Öle und andere geschmacksgebende Substanzen effizienter aus den Früchten. Dies resultiert in einer höheren Aromakonzentration und einem intensiveren Geschmacksprofil des fertigen Produkts. Die Ansatzzeit verkürzt sich erheblich: Während bei 40%igem Alkohol oft mehrere Wochen oder Monate erforderlich sind, kann mit hochprozentigem Alkohol bereits nach wenigen Tagen oder Wochen ein intensiver Auszug erreicht werden. Zudem lösen sich auch bestimmte ätherische Öle besser in höherprozentigem Alkohol, was insbesondere bei Kräuterauszügen zu einer vollständigeren Extraktion der gewünschten Geschmackskomponenten führen kann.

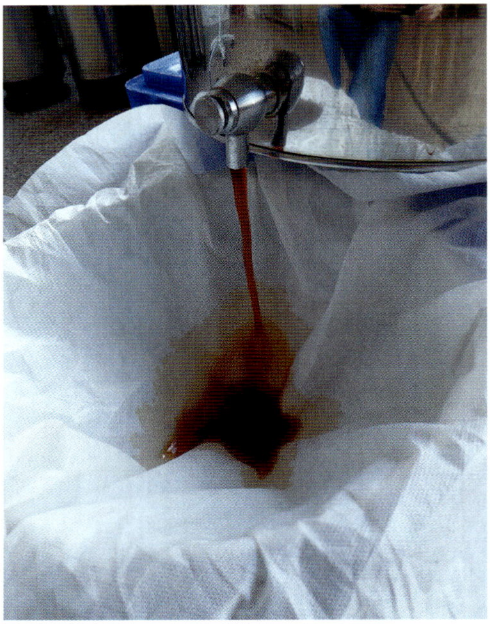

© Georg Innerhofer

Kleinmengen kann man mithilfe eines Tuchs filtrieren (hier Nusslikör).

Besonders verbreitet ist die Ansatzmethode bei Früchten, die sich schwer entsaften lassen, oder bei der Herstellung im kleinen Maßstab. Bei manchen Obstsorten, insbesondere bei Beeren- oder Wildobst, ist auch die Extraktion des marzipanartigen Steintons durch den Ansatz erwünscht.
Ein weiterer wichtiger Faktor ist die Ansatzzeit. Je nach Fruchtsorte und gewünschter Intensität kann sie zwischen einer und mehreren Wochen betragen. Während dieser Zeit sollte der Ansatz an einem kühlen, dunklen Ort gelagert werden, um die Aromaextraktion zu fördern. Fruchtauszüge (mit Ausnahme derjenigen aus grünen Walnüssen) sollten niemals im direkten Sonnenlicht stehen, da intensiver Sonnenlichtkontakt früheres Altern des Likörs und Braunfärbungen mit sich bringt.
Nach Ablauf der Ansatzzeit wird der Likör abgezogen und gegebenenfalls filtriert, um Fruchtfleisch und Trübstoffe zu entfernen. Dann erfolgt die Fertigstellung. Bei exakten Zielvorgaben für Alkohol- und Zuckergehalt werden die notwendigen Korrekturschritte nach durchgeführten Analysen vorgenommen, bei Likören für den Eigenbedarf erfolgen sie nach Geschmack. Abschließend wird der fertige Likör in saubere Flaschen abgefüllt, dicht verschlossen und kühl gelagert. Eine Reifezeit von einigen Wochen kann die Geschmacksentwicklung noch verbessern.

11.5 Fruchtsaftlikör

Bei der Herstellung von Fruchtsaftlikör wird anstelle ganzer Früchte „nur" der Saft daraus verwendet. Um einen hochqualitativen Likör zu erhalten, ist es wichtig, einen aromatischen, farbintensiven und stabilen Saft zu verwenden.

11.5.1 Eigenschaften

Pektin, Gerbstoffe und Eiweiße können unerwünschte Trübungen im Likör verursachen. Das Pektin stammt aus den Früchten und kann je nach Konzentration zu leichten Trubwolken oder sogar in Kombination mit Alkohol zu Gelpfropfen in der Likörflasche führen. Gerbstoff- oder Eiweißtrübungen setzen sich am Flaschenboden ab und werden beim Bewegen der Flasche wolkenartig aufgewirbelt. Bei Traubensaftlikören können Weinsteinkristalle durch Kühlung und Impfung mit Kristallweinstein vor der Likörbereitung ausgefällt werden. Um diese Erscheinungen zu verhindern, müssen die erwähnten Stoffe vor der Herstellung des Likörs aus dem Saft entfernt werden.

Die Vorteile dieser Methode sind vielfältig:

- Der Alkohol-, Zucker- und Fruchtgehalt kann berechnet werden.
- Dadurch kann immer wieder ein gleichwertiger Likör hergestellt werden.
- Für größere Mengen ist die Herstellung einfacher.
- Der Saft kann vor dem Hinzufügen von Alkohol und Zucker geschönt und geklärt werden.

Zunächst wird der Fruchtsaft mit der berechneten Zuckermenge versetzt. Eine einfache Methode ist die Verwendung von Invertzucker. Bei der Verwendung von kristallinem Zucker, kann man den Saft auf etwa 40 °C erwärmen, um das Auflösen des Zuckers zu beschleunigen. In kaltem Fruchtsaft löst sich Zucker viel langsamer auf. Erst wenn der gesamte Zucker gelöst ist, erfolgt der Zusatz von Alkohol.

© Georg Innerhofer

Zum Abpressen der Beeren eignen sich Hydropressen besonders gut.

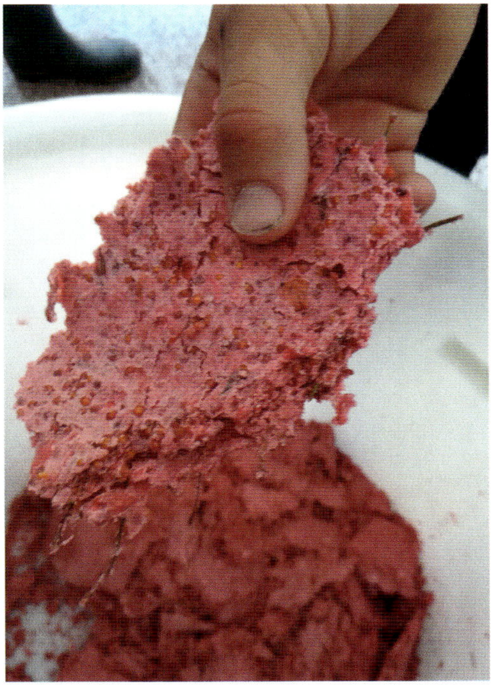
© Georg Innerhofer

Ausbeuten jenseits der 75 % sind mit entsprechender Enzymierung möglich.

Um sicherzustellen, dass in der Flasche keine Trübung entsteht, sollte der Likör nicht sofort nach dem Mischen abgefüllt werden. Es ist vorteilhaft, den Likör für einige Tage kühl zu lagern, um seine Stabilität zu testen, bevor er gefüllt wird.

11.5.2 Berechnung Zutaten

Die Verwendung von Rezepten ist notwendig, um Jahr für Jahr annähernd gleich schmeckende Liköre herzustellen. Bei Fruchtansatzlikören ist es aufgrund der immer unterschiedlichen Zusammensetzung der Früchte nicht möglich, vorgegebene Werte auf Anhieb zu erreichen. Hier muss nach dem Abziehen noch korrigiert werden.
Bei Fruchtsaftlikören lässt sich die Zusammensetzung der Zutaten präziser vorherbestimmen als in Ansatzlikören. Dennoch ist selbst bei richtig durchgeführter Berechnung die gesetzlich vorgeschriebene Genauigkeit der Alkoholangabe von +/– 0,3 % vol nicht unbedingt gewährleistet. Eine Alkoholanalyse vor der Füllung zu einer letzten möglichen Korrektur oder für die richtige Etikettierung ist daher empfehlenswert. Eine Berechnung auf Basis der Massen ist einfacher und genauer durchzuführen als eine über die Volumen der Mischungspartner. Dazu ist es notwendig, den vorhandenen und den erwünschten Alkoholgehalt von % vol auf % mas mithilfe eines Programms oder einer Tabelle (siehe S. 216) umzuwandeln.

Berechnungsbeispiel:
Aus einem Himbeersaft mit 13 °Brix soll ein Likör mit 20 % vol und 150 g/kg Extrakt (was annähernd 150 g/l Zucker entspricht) hergestellt werden. Als Alkoholbasis dient Weingeist mit 96 % vol und der Zuckerzusatz erfolgt mit Zuckersirup mit 60 °Brix.
Die Berechnung des Alkoholgehalts erfolgt in Massenprozent ohne Berücksichtigung der Kontraktion, 96 % vol entsprechen 93,8 % mas, und 20 % vol entsprechen 16,2 % mas. Ziel ist es, ein je nach Bedarf hoch skalierbares Basisrezept für 1 kg Likör zu erstellen.

Bei Ansatzlikören erreicht man gewünschte Werte niemals so genau wie bei Saftlikören.

© Georg Innerhofer

1. Schritt Berechnung Alkohol

$$\textit{Benötigte Alkoholmenge} = \frac{\textit{Alkohol } \%_{gewünscht}}{\textit{Alkohol } \%_{vorhanden}}$$

$$= \frac{16{,}2\,\%\ mas}{93{,}8\,\%\ mas} = 172{,}7\ g\ \textit{Alkohol für 1 kg Likör}$$

Für 1 kg Likör benötigt man 172,7 g vom Grundalkohol.

2. Schritt Berechnung Zucker
Von den angestrebten 1000 g bleiben nach Abzug von 172,7 g für den verwendeten Alkohol noch 827,3 g übrig. Diese verbleibende Menge (in der Formel „Menge alkoholfrei“ genannt), bestehend aus dem Saft und dem Zuckersirup, muss so viel Zucker enthalten, dass nach der Zugabe des Alkohols genau 150 g Zucker in 1 kg der Gesamtmischung vorhanden sind.

1 kg	*150 g*
0,8273 kg	*x g*

$$\textit{Zucker}_{gewünscht} = X = \frac{150 \times 1}{0{,}8273} = 181{,}3\ g$$

In der „Menge alkoholfrei“ müssen demnach 181,3 g Zucker enthalten sein. Mit folgender Formel errechnet man die Zusammensetzung dieser Menge nach notwendiger Menge Fruchtsaft in g und in weiterer Folge daraus die benötigte Menge an Zuckersirup in g.

$$Gramm_{Saft} = \frac{100 \times Zucker_{gewünscht} - (Menge_{alkoholfrei} \times {}^{\circ}Brix_{Zuckersirup})}{({}^{\circ}Brix_{Saft} - {}^{\circ}Brix_{Zuckersirup})}$$

$$Gramm_{Saft} = \frac{100 \times 181{,}3 - 827 \times 60}{13 - 60} = \frac{-31490}{-47} = 670\ g$$

Gramm Saft für 1 Kilogramm Likör = 670 g

Man benötigt 670 g Saft und (827,3 – 670 =) 157,3 g Zuckersirup mit 60 °Brix, um nach Zusatz von Alkohol 1 kg Likör mit den gewünschten Werten zu erhalten. Über die Dichte kann man die benötigten Massen in Volumen umwandeln, was aber auf die Berechnung keinen Einfluss hat.

Rezept:

• 172,7 g Alkohol	0,80848	= 213 ml
• 670,0 g Saft	1,057	= 633,9 ml
• 157,3 g Zuckersirup (60 °Brix)	1,28	= 122,9 ml
• 1000 g Likör	1,040	= 969,8 ml

Im Zuckersirup (60 %ig) sind 157,3 × 0,6 = 94,4 g Zucker enthalten. Hier könnte man theoretisch bei Verwendung von Kristallzucker an Stelle von Zuckersirup auch 94,4 g Kristallzucker und die im Invertzucker enthaltene Wassermenge (157,3 – 157,3 × 0,6) = 62,9 ml Wasser einrühren.

11.6 Likörbereitung mit Grundstoffen und Aromen

Die Herstellung von Likören kann auch aus Fruchtsaftkonzentraten, Auszügen von Gewürzen und Kräutern sowie Aromen erfolgen. Diese kann man entweder einzeln oder schon als gebrauchsfertige Mischungen beziehen. Diese Grundstoffe sind leicht zu dosieren, pektinfrei und filtriert, was bedeutet, dass die daraus gemischten Liköre in der Regel sofort klar sind. Mit einem Alkoholgehalt von mindestens 15 % vol sind viele davon auch nach dem Öffnen bei Raumtemperatur haltbar, andere müssen gleich verbraucht oder tiefgekühlt gelagert werden.

Aromen, die in diesen Mischungen verwendet werden, sind meistens Auszüge oder Destillate aus einzelnen Früchten, Kräutern und Gewürzen. Sie sind in der Regel extraktfrei und farblos, was es ermöglicht, gezielt Einzelaromen in der fertigen Spirituose hervorzuheben. Die Verwendung von vorgefertigten Mischungen kann zwar zu schmackhaften, mitunter aber uniformen Ergebnissen führen.
Obwohl diese Methode eine gewisse Handwerkskunst erfordert, ist sie nicht mit der traditionellen Kunst der Likörherstellung zu vergleichen, bei der frische Zutaten und aufwendige Verfahren im Vordergrund stehen. Daher sind Liköre aus fertigen Basiszubereitungen eher als praktische Alternativen zu betrachten, die eine schnelle und einfache Zubereitung ermöglichen, jedoch nicht die gleiche kreative Herausforderung bieten wie die traditionelle Likörherstellung.

11.7 Fehler

Manchmal schmeckt der Likör nicht so, wie wir uns das vorstellen.
Er kann rein subjektiv empfunden werden als …

- zu süß oder zu wenig süß
- als zu intensiv oder als zu wenig aromatisch
- kräftig gefärbt oder blass
- mild oder scharf

Die Bandbreite angebotener Liköre ist sehr groß und variiert je nach Rezeptur und der Qualität der verwendeten Früchte. Ob und wie stark sie als mangelhaft empfunden werden, ist vielfach subjektiv und liegt im Gaumen des Betrachters. Manche Fehler werden aber objektiv als solche betrachtet.

11.7.1 Fehlaromen

Die häufigsten Fehler in Likören sind Fehlaromen, die aus der Verwendung von falschem oder fehlerhaftem Grundalkohol resultieren. Besonders häufig findet man Vor- oder Nachlauffehler im Likör. Diese Mängel sind sogar in intensiven Fruchtlikören deutlich zu erkennen. Doch selbst ein fehlerfreier Grundalkohol kann als fehlerhaft gesehen werden, wenn er das Aroma dominiert und die fruchtigen Noten im Likör überdeckt. Zudem können unangenehme Gerüche in den Likör gelangen, wenn überreife oder verdorbene Früchte verwendet werden.

11.7.2 Bräunungen

Farbveränderungen in Likören sind häufig Alterungserscheinungen, die aber auch durch andere Faktoren verursacht werden können. Eine zu lange Ansatzzeit der Früchte oder ein Ansatz in direktem Sonnenlicht können ebenso zu unerwünschten Bräunungen führen. Besonders betroffen sind Liköre aus empfindlichen Früchten wie Kirschen, Zwetschken oder Erdbeeren. Diese Veränderungen lassen sich nur schwer vermeiden, weshalb eine dunkle und kühle Lagerung empfohlen wird, um die Qualität und Farbe des Likörs zu erhalten. Durch geeignete Lagerbedingungen kann die Haltbarkeit verlängert und die Attraktivität des Endprodukts bewahrt werden.

© Georg Innerhofer

Bräunungen im Likör sind eine häufige Ursache für geminderte Qualität.

11.8 Haltbarkeit

Die Haltbarkeit von Likören hängt von verschiedenen Faktoren ab und lässt sich nicht einfach in Wochen oder Monaten festlegen. Entscheidend für die mikrobiologische Stabilität sind die Mindestgehalte an Alkohol und Zucker, da beide Substanzen konservierend wirken. Generell gilt: Je höher der Gehalt an Alkohol und Zucker, desto besser ist die Haltbarkeit. Dabei muss jedoch darauf geachtet werden, dass der Geschmack harmonisch bleibt; ein übermäßig süßer oder scharfer Likör ist unerwünscht.
Da Likör nicht durch Keime verderben kann, sind es vor allem der Verlust oder die Veränderung von Farbe und Aroma, die die Haltbarkeit begrenzen. Diese variieren stark je nach verwendeter Obstart. Während Erdbeerlikör bereits nach wenigen Wochen erste Bräunungen aufweisen kann, bleibt ein Likör aus grünen Walnüssen über viele Monate hinweg stabil. Innerhalb der verschiedenen Obstarten sind die Lagerbedingungen entscheidend für die Dauer des ungetrübten Genusses. Kühle und dunkle Lagerbedingungen sind hierbei besonders vorteilhaft.

11.9 Kennzeichnung

Bei der Kennzeichnung von Likören gibt es neben den allgemeinen Kennzeichnungselementen keine speziellen Vorgaben. Die Etikettierung erfolgt nach folgendem Muster. Eine Angabe der verwendeten Zutaten oder die des Nährwerts ist derzeit (noch) nicht erforderlich. Allenfalls enthaltene Allergene sind jedenfalls zu deklarieren.

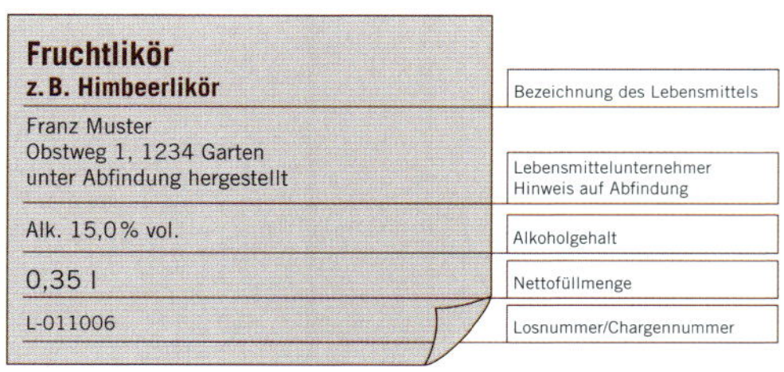

11.10 VERSTÄNDNISFRAGEN

1. Welche gesetzlichen Regelungen betreffen die Herstellung und Zusammensetzung von Likör, und welche zwei wichtigen Grenzwerte werden darin festgelegt?
2. Welche Vor- und Nachteile hat die Verwendung von selbst hergestelltem Alkohol bei der Fruchtlikörherstellung?
3. In welcher Form lässt sich Zucker am einfachsten bei der Likörherstellung verwenden, und wie wird dieses Produkt hergestellt?
4. Welche Rolle spielt Glucosesirup bei der Sirupherstellung, und in welchen Mengen wird er typischerweise eingesetzt?
5. Warum ist es wichtig, dass die Früchte beim Ansetzen vollständig mit Alkohol bedeckt sind?
6. Welche Vorteile bietet die Herstellung von Fruchtsaftlikör im Vergleich zur Ansatzmethode?
7. Warum ist der vollständige Abbau von Pektin im Fruchtsaft vor der Likörherstellung wichtig?
8. Warum ist es vorteilhaft, den Likör nach dem Mischen einige Tage kühl zu lagern, bevor er abgefüllt wird?
9. Welche Aromen oder Gewürze können bei der Herstellung von Fruchtsaftlikör hinzugefügt werden, um den Geschmack zu verfeinern?
10. Wovon hängt die Haltbarkeit eines Likörs ab?

Selbst vollaromatischer Marillenlikör hat nur eine blasse Färbung

Obstbrände

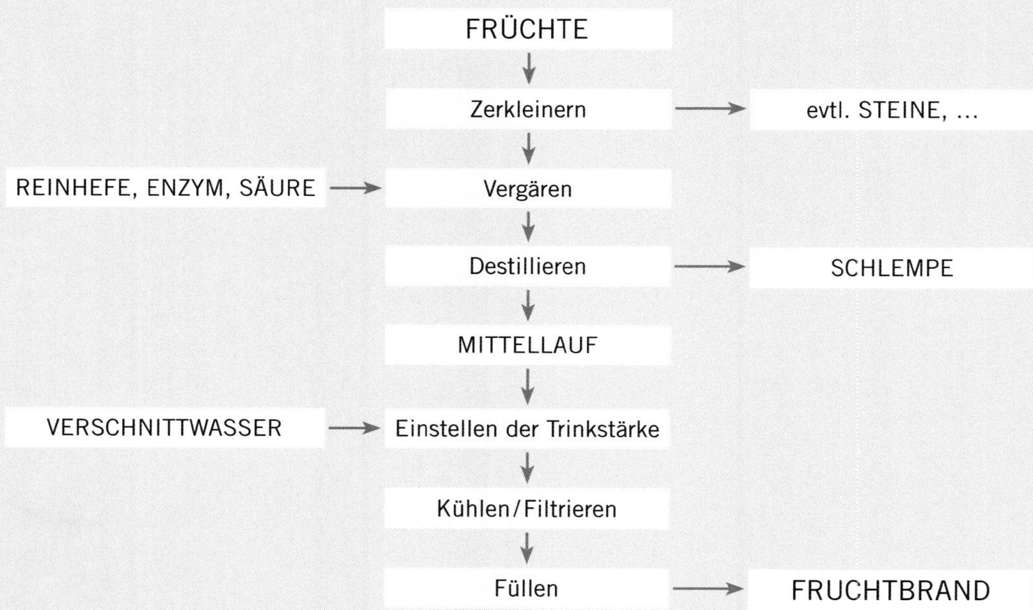
FRÜCHTE
Zerkleinern
evtl. STEINE, ...
REINHEFE, ENZYM, SÄURE
Vergären
Destillieren
SCHLEMPE
MITTELLAUF
VERSCHNITTWASSER
Einstellen der Trinkstärke
Kühlen/Filtrieren
Füllen
FRUCHTBRAND

Obstbrände

Obstbrände, auch allgemein als Brände bezeichnet, werden durch den Prozess der Destillation hergestellt, weshalb sie auch als Destillate bekannt sind. Eine grundlegende Voraussetzung für die Produktion von Bränden ist ein zuckerhaltiger Rohstoff, der zunächst einer alkoholischen Gärung unterzogen wird. In Österreich sind vor allem Früchte wie Äpfel, Birnen, Marillen und Zwetschken sowie Wildfrüchte wie Holunder oder Vogelbeeren verbreitet, die zu Maische verarbeitet und anschließend vergoren werden. Vor allem in den Weinbauregionen findet man auch Destillate aus Produkten aus dem Weinbereich wie Traubenbrand, Branntwein, Weinbrand, Tresterbrand und Gelägerbrand. Bei stärkehaltigen Rohstoffen, wie beispielsweise Getreide oder Kartoffeln, muss die Stärke vor der Gärung in Zucker umgewandelt werden.

Nach Abschluss der Gärung erfolgt der Brennvorgang. Das Prinzip der Destillation besteht darin, dass durch das Erhitzen einer alkoholhaltigen Flüssigkeit im Brennkessel die Siedepunkte mancher Inhaltsstoffe erreicht werden. Diese verdampfen, steigen durch das Geistrohr auf und kondensieren im Kühler zu einem Destillat. Dadurch enthält das Destillat ausschließlich jene Stoffe, die verdampft und anschließend wieder verflüssigt wurden. Nicht flüchtige Bestandteile wie Fruchtfleisch, Stängel und Kerne sowie deren enthaltene Substanzen, wie Fruchtsäuren, Zucker, Gerbstoffe und Farbstoffe, gelangen nicht in das Destillat. Alle Destillate sind nach der Herstellung farblos und enthalten weder Zucker noch Fruchtsäure.

12.1 Definitionen

Edelbrände unterliegen in der Europäischen Union der Verordnung EU 2019/787. In Österreich sind Spirituosen darüber hinaus im Kapitel B23 des Codex Alimentarius Austriacus genauer festgelegt. Auf dem österreichischen Markt spielen insbesondere die folgenden Spirituosen eine bedeutende Rolle:

12.1.1 Obstbrand

Edelbrände oder Obstbrände entstehen durch das Zerkleinern, Vergären und Destillieren von Früchten, wobei der gesamte Alkohol ausschließlich aus dem vergorenen Fruchtzucker stammt. Aufgrund der geringeren Ausbeute an Alkohol aus der Ausgangsfrucht sind sie in der Herstellung kostenintensiver als Produkte, denen Ethanol zugesetzt wird. Zur Herstellung eines Liters Williamsbirnenbrand werden beispielsweise etwa 12–15 kg Birnen benötigt.

Obstbrand muss einen Mindestalkoholgehalt von 37,5 % vol aufweisen und darf …

- nicht gefärbt und
- nicht aromatisiert werden.

Seit dem Inkrafttreten der neuen EU-Verordnung ist eine Zuckerung von Obstbränden bis zu 18 g/l möglich. Derart süße Obstbrände haben in Österreich keine Tradition. Im Codex definierte man daher Kategorien mit geringerem bzw. keinem Zuckerzusatz.

Je nach Bezeichnung teilt man die Gruppe der Obstbrände in …

- Obstbrand: möglicher Zuckerzusatz von bis zu 18 g/l
- Obstbrand-Edelbrand: Zuckerzusatz von bis zu 4 g/l
- Österreichischer Qualitäts-Obstbrand: ohne jeglichen Zuckerzusatz

12.1.2 Schnaps

Unter dem Begriff „Schnaps" verstehen auch heute noch viele Konsumenten das Getränk, das zu 100 % den Alkohol aus der Frucht erhält. Tatsächlich aber verbergen sich hinter dem Begriff Schnaps mit Reinalkohol versetzte Brände. Die Zusatzbezeichnung „Spirituose" muss auf dem Etikett angebracht sein. Der Mindestgehalt an Edelbrand beträgt darin 33 %, der Rest darf aus industriell hergestelltem Reinalkohol bestehen.
Praktisch kann man sich das so vorstellen, dass 1 l Williams Birnenbrand und 2 l Wodka zusammen 3 l Williamsschnaps (Spirituose) ergeben.

Schnaps:

- Zusatzbezeichnung Spirituose
- Mindestens 33 % Obstbrandanteil
- Nicht aromatisiert
- Nicht gefärbt
- Mindestalkoholgehalt 35 % vol
- Zuckerzusatz bis zu 18 g/l

Österreichischer Qualitätsobstschnaps enthält mindestens 50 % Obstbrand und darf nicht gezuckert werden. Die Aufmachung der Produkte soll eine klare Unterscheidung zum Obstbrand deutlich machen und eine Irreführung oder Täuschung der Kunden vermeiden.

12.1.3 Geist

Als Geist sind Destillate definiert, die aus genau vorgegebenen, unvergorenen Obstarten und Weingeist (96%ig) hergestellt werden. Ihr charakteristisches gemeinsames Merkmal ist, dass sie bei Vergärung eine nur geringe Alkoholausbeute ergeben oder dass ihr Aroma im Zuge des Einmaischens und Vergärens nachteilig beeinträchtigt würde.

Geist:

- nicht aromatisiert und
- nicht gefärbt
- Mindestalkoholgehalt 37,5 % vol
- Zuckerzusatz bis zu 10 g/l

12.1.4 Spirituose

Die Verordnung EU 2019/787 definiert derzeit 44 verschiedene Spirituosensorten. Werden die festgelegten Anforderungen erfüllt, darf der dort genannte Name als Sachbezeichnung verwendet werden. Andernfalls ist ausschließlich der Begriff „Spirituose" als Sachbezeichnung zu nutzen.

12.2 Geeignete Früchte

Früher wurde die Schnapsbrennerei oft als Mittel zur Verwertung von überschüssigen oder unbrauchbaren Früchten betrachtet. Im Lauf der Zeit wandelte sich jedoch diese Praxis hin zu einer gezielten Verarbeitung hochwertiger Rohstoffe. Heute gehören die Zeiten, in denen Abfallobst in der Brennerei verwendet wurde, längst der Vergangenheit an. Neben den allge-

© Georg Innerhofer

Vollreife, aber nicht überreife Williamsbirnen sind bestens geeignet.

meinen Anforderungen sind besonders der Reifegrad und das Aroma der Früchte von großer Bedeutung.
Manche Obstsorten besitzen zwar als Frischfrucht ein intensives Aroma, können jedoch im Destillat diese Aromadichte nicht vollständig wiedergeben. Selbst vollreife Früchte mit zufriedenstellender Ausbeute garantieren nicht automatisch einen qualitativ hochwertigen Obstbrand.

© Georg Innerhofer

Kirschenquirl zum Aufmixen von kleinfruchtigem Steinobst.

12.3 Einmaischen

Um eine rasche und problemlose Gärung zu erzielen, muss das Obst zur „Maische" zerkleinert werden. Große Fruchtstücke bzw. ganze Fruchtstücke verhindern eine vollständige Vergärung. Fein vermahlene Maischen gären leicht an und sind leicht zu pumpen. Falls gewünscht lassen sich Kerne (Steine im Steinobst), Stängel und Teile vom Kerngehäuse mit Passiermaschinen entfernen.

12.3.1 Kernobst

Zum Zerkleinern von Kernobst eignen sich am besten Rätzmühlen. Die hauptsächlich aus Edelstahl gefertigten Mühlen sind unempfindlich gegenüber den Fruchtsäuren, sind leicht zu reinigen und langlebig.
Je nach Obstart und gewünschter Maischekonsistenz kann die Feinheit der Zerkleinerung durch das entsprechend feine Sieb angepasst werden. Die Mühle zerkleinert die Früchte einheitlich fein, ohne dabei die Kerne zu beschädigen.

12.3.2 Steinobst

Umgangssprachlich findet man im Inneren einer Zwetschke oder Marille einen „Kern". Im Fachjargon bezeichnet man diesen aber als Stein, daher auch die Bezeichnung „Steinobst". Beim Zerkleinern von Steinobst ist darauf zu achten, die Kerne/Steine unversehrt zu lassen. Werden sie aufgebrochen bzw. beschädigt, kommt es zum Freisetzen von Amygdalin, das

© Georg Innerhofer

In wenigen Minuten kann man mit dem Kirschenquirl bis zu 200 Liter Steinobst fein zerkleinern, ohne die Steine dabei zu zerstören.

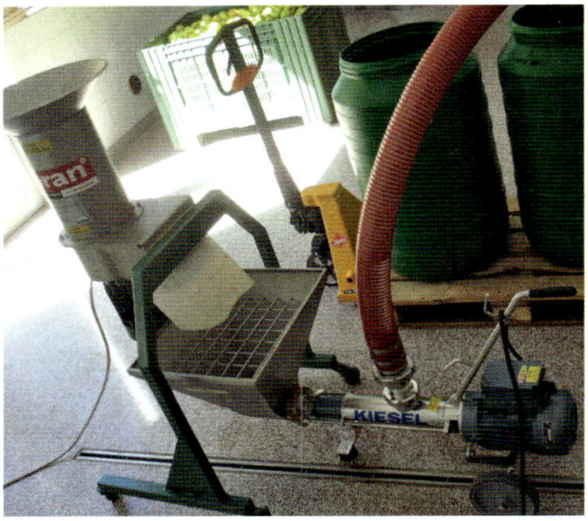

© Georg Innerhofer

Mohnopumpe mit Trichteraufsatz zum Einmaischen von kleinen Früchten.

in der Maische Benzaldehyd freisetzt und im späteren Destillat den sogenannten Steinton erzeugt. Dieser an Marzipan erinnernde Duft und Geschmack wird von vielen Liebhabern von Edelbränden geschätzt, solange er nicht zu stark in den Vordergrund tritt. Entscheidend für die Intensität des Geschmacks sind neben dem Einmaischen die Standzeit der Maische und das eventuelle Mitbrennen der Steine.
Neben dem Benzaldehyd entsteht in geringen Mengen Blausäure. Vergiftungserscheinungen durch die Blausäure selbst sind bei den üblicherweise vorgefundenen Konzentrationen nicht zu befürchten. Sie gilt aber als Ausgangsstoff von Ethylcarbamat, einem krebserregenden Stoff, und ist daher unerwünscht.
Technisch ist bei geringen Maischemengen das Einstampfen der Früchte mit dem Aufbrechen der Haut bereits ausreichend. Quetschwalzen haben geringe Bedeutung, klassische Obstmühlen würden zu viele Kerne zerstören und eignen sich daher nur bedingt. Steinobst lässt sich auch mit speziellen Rühreinrichtungen einfach aufmixen. Ähnlich einem großen Stabmixer werden die Früchte zerkleinert, die Kerne dabei aber nicht zerstört.
Ebenfalls in der Praxis bewährt hat sich der Einmaischtrichter auf der Monopumpe. In der Pumpe transportiert eine Förderschnecke die Früchte weiter, wo sie dann zwischen Rotor und Stator gequetscht und gleichzeitig in den Gärtank gepumpt werden.

12.3.3 Beerenobst

Brände aus Beerenobst stellen die Brenner nicht nur kostenmäßig vor eine Herausforderung. Auch im Zuge der Verarbeitung haben so manche ihre Eigenheiten.
Bei Obstarten wie Holunder, Vogelbeeren oder auch Johannisbeeren müssen beim Einmaischen die Stielgerüste abgerebelt werden. Andernfalls lösen sich während der Gärung krautig-grün bis bitter schmeckende Stoffe in der Maische, die später teilweise auch ins Destillat übergehen. Für diesen Arbeitsgang bedient man sich der Abbeermaschinen (Reblern), die in Weinbaubetrieben Verwendung finden.
Bei Erdbeeren versuchen die Brenner, durch ein Auspassieren der Kerne (richtigerweise Nüsschen) unerwünschte Aromen aus dem Destillat fernzuhalten. Bei vor allem wild wachsenden Obstbarten, wie zum Beispiel der Vogelbeere, findet man im Brand einen Steinton. Dieser entstammt der Kombination von einer großen Anzahl an kleinen Kernen in der Frucht und der geringen Alkoholausbeute.

12.4 Maischezusätze

Als Hersteller von Edelbränden darf man den Maischen die in Folge genannten Stoffe zusetzen. Nicht erlaubt ist der Zusatz von Zucker zur Verbesserung der Ausbeute. Die Spirituosenverordnung (VO EU Nr. 2019/787) definiert eindeutig, dass der Alkohol in Obstbränden nur aus der Vergärung von fruchteigenem Zucker stammen darf.
Der Zusatz folgender Stoffe zu Obstmaischen ist erlaubt, aber nicht zwingend erforderlich. Sie gewährleisten das Erreichen einer Mindestqualität der Maische und verhindern Fehlgärungen. Auch ohne diese Zusätze kann man sehr gute Maischequalitäten erzielen, muss jedoch das Risiko von Fehlgärungen in Kauf nehmen.

12.4.1 Wasser

Die optimale Konsistenz der Maische ist entscheidend für einen erfolgreichen Gärprozess. Eine zu dickflüssige Maische kann Probleme bei der Vergärung verursachen. Daher empfiehlt es sich, ausreichend Wasser beizumischen, bis die Maische leicht rührfähig wird. Dies ist besonders bei Früchten mit trockenen Maischen, wie sie aus manchen Apfel- oder Birnensorten entstehen, sowie bei Quitte, Mispel oder Vogelbeere von großer Bedeutung. Beim Hinzufügen des Wassers sollte die Temperatur beachtet werden. Kaltes Wasser ist zu vermeiden. Stattdessen sollte lauwarmes Wasser verwendet werden, um die Maische auf eine ideale Temperatur von etwa 20 °C zu bringen. Diese Temperatur bietet optimale Bedingungen für den Gärprozess und fördert die Aktivität der Hefen.

12.4.2 Reinhefe

Der Zusatz von Reinzuchthefe ist bei Obstmaischen besonders wichtig. Die auf den Früchten natürlich vorkommenden Hefen sind nicht immer in ausreichender Menge vorhanden oder nicht leistungsfähig genug, um eine optimale Vergärung zu gewährleisten. Reinzuchthefen hingegen sind speziell gezüchtet und bieten mehrere Vorteile:
Selektionierte Gärhefen beginnen rasch mit der Gärung und verdrängen unerwünschte Mikroorganismen. Unter kontrollierten Bedingungen minimieren sie die Gefahr von Off-Flavors oder unerwünschten Nebenprodukten. Die speziellen Brennereihefen haben eine hohe Gärkraft, vergären den Zucker der Früchte vollständig und sorgen somit für eine optimale Ausbeute.
Spontangärungen lassen sich nicht immer verhindern. Vor allem bei sehr warm geernteten Früchten im Sommer kommt es ohne die Möglichkeit einer Maischekühlung sehr rasch zu einem Gärbeginn durch den natürlich vorkommenden Hefebesatz. Nicht immer entstehen daraus reintönige bzw. vollständig durchgegorene Maischen. Einbußen bei Ausbeute bzw. der Qualität sind die Folge.

12.4.3 Säure

Der pH-Wert spielt eine entscheidende Rolle bei der Vergärung von Obstmaischen. Die meisten Früchte weisen natürlicherweise einen pH-Wert zwischen 3 und 4 auf. Bei pH-Werten über 3,4 können sich unerwünschte Bakterienarten vermehren.
Um eine kontrollierte und reintönige Gärung zu gewährleisten, empfiehlt sich der gezielte Einsatz von Säuren während des Einmaischens. Dieser Prozess, bekannt als „Vergärung unter Säureschutz", unterbindet effektiv das Wachstum von schädlichen Milch- und Buttersäurebakterien.
Für den Säurezusatz eignen sich spezielle Säuremischungen oder einzelne Säuren wie

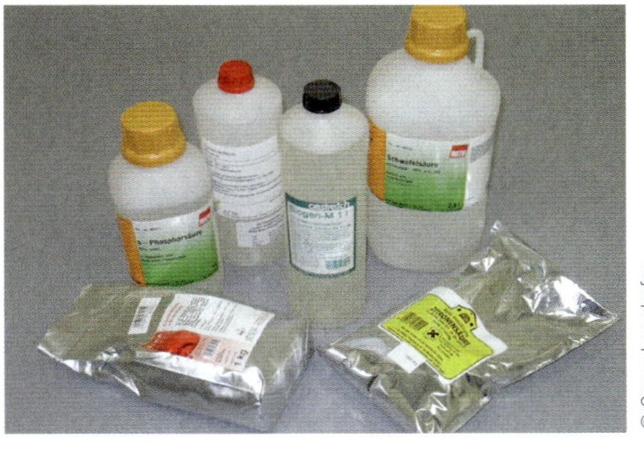

© Georg Innerhofer

Geeignete Säuren, um die pH-Werte in einer Maische abzusenken.

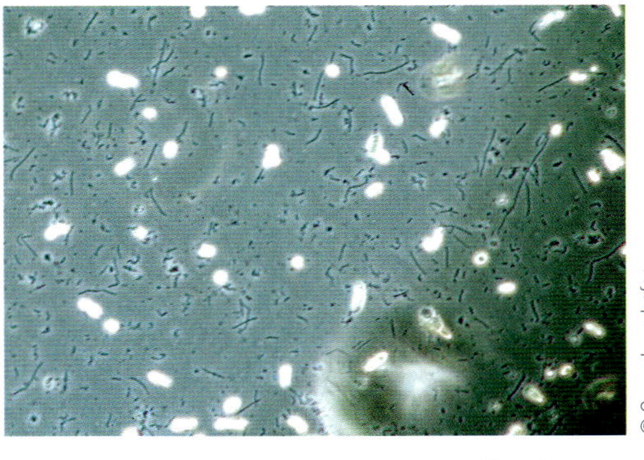

© Georg Innerhofer

Unangesäuerte Birnenmaische. Neben eiförmigen weißen Hefezellen sind viele unerwünschte Bakterien (Stäbchen und Kokken) zu erkennen.

Achtung auf den Steigraum beim Befüllen des Gärbehälters! Zu viel Maische im Behälter birgt die Gefahr des Übergehens.

Phosphorsäure oder Milchsäure. Die genaue Dosierung sollte anhand der pH-Messung ermittelt werden, um den optimalen Bereich von 3,0–3,4 zu erreichen. Durch die gezielte pH-Wert-Absenkung kann die Stabilität der Maische gegenüber schädlichen Bakterien über einen längeren Zeitraum gewährleistet werden.

Besonders wichtig ist der Säureschutz bei …

- wenig sauren Obstarten
- Fallobst
- Maischen, die nicht unmittelbar nach der Gärung gebrannt werden können

12.4.4 Enzyme

Die bei Maischen zugesetzten Enzyme bauen Pektin ab (pektolytische Enzyme). Dieses ist die Kittsubstanz zwischen den Zellen und ein Abbau macht die Maische flüssiger, die Gärung verläuft rascher und vor allem das Handling der Maische wird um vieles einfacher. Viele Brenner verzichten auf diesen Zusatz, da die Maische auch ohne Enzymbeimengung ausreichend flüssig und aufgeschlossen ist.

12.4.5 Hefenährsalze

Ein häufig verwendetes Nährsalz, das Phosphor und Stickstoff liefert, ist Diammonphosphat. Es unterstützt das Hefewachstum und fördert somit eine starke Hefepopulation. Manche Hefenährsalze enthalten zusätzlich weitere Nährstoffe wie Stickstoff oder auch Vitamine. Vor allem in schwer vergärbaren Maischen, wie zum Beispiel der Vogelbeere oder Heidelbeere, hilft die Verwendung zusätzlicher Hefenahrung, um eine reibungslose Gärung ohne unerwünschten Gärstopp zu erzielen. Bei den meisten Obstarten zum Brennen ist ein Zusatz normalerweise nicht notwendig.

12.5 Gärung

Während der Gärung erfolgt die Umwandlung von Zucker in Alkohol durch Hefe. Daneben entstehen Kohlendioxid und Wärme. Weitere Stoffwechselprodukte wie andere Alkohole, Säuren, Aldehyde und viele andere entstehen nur in untergeordnetem Ausmaß.
Die optimale Gärtemperatur liegt bei 15–20 °C. Ist die Maische zu kalt, wird sie nicht oder nur verschleppt beginnen zu gären. Währenddessen könnten kälteverträgliche Mikroorganismen bereits aktiv sein und die Maischequalität verringern. Darum ist es wichtig, nicht zu kaltes Obst zu verarbeiten, da in diesem Fall auch der Zusatz von Reinhefe nichts bewirken könnte.
Während der Gärung entsteht CO_2. Dieses ist 1,5-mal schwerer als Luft und sammelt sich daher am Boden der Gärräume. Das heißt, dass in diesen Räumen ohne Entlüftung oder ohne Durchzug Erstickungsgefahr besteht. Ein-

Kahmhefe auf der Oberfläche einer Maische verringert immer die Qualität und die Ausbeute beim Brennen.

maliges Umrühren ganz am Beginn der Gärung schadet nicht, es beschleunigt die Gärung. Während der Gärung bzw. nach Gärende ist ein weiteres Umrühren nicht mehr notwendig. Ganz im Gegenteil, ein Öffnen des Gärbehälters sorgt für unerwünschten Lufteintrag und fördert die Bildung von Kahmhefen vor dem Brennen. Diesen von Hefen gebildeten weißen Belag auf der Oberfläche findet man häufig. Kahmhefen ernähren sich von Kohlenhydraten der Maische und geben Stoffwechselprodukte wie Acetaldehyd und Essigsäure an die Maische ab. Dort verteilen sie sich in der Flüssigkeit und sorgen für Aromaeinbußen bzw. zu Ausbeuteverlusten durch erhöhte Vorlaufmengen. Ein Abschöpfen allein ist nicht ausreichend, um ihren schädlichen Einfluss zu verhindern. Sie sorgen immer für eine Verringerung der Qualität.
Die Gärdauer beträgt in etwa ein bis drei Wochen. Bei leicht vergärbaren Obstarten, korrektem Zusatz von Reinhefe und entsprechender Gärtemperatur sollte es mit der Endvergärung keine Schwierigkeiten geben. Kommt es aufgrund zu tiefer Temperaturen zu einem vorübergehenden Gärstopp, kann die Gärung durch Anwärmen der Maische wieder angekurbelt werden.
Nach Möglichkeit sollte die Maische sofort danach gebrannt werden. Maischestandzeiten verbessern die Qualität nicht, eher kommt es zu Qualitätsverlusten.

12.6 Brenngeräte

Für die Herstellung von Obstbränden oder Destillaten benötigt man ein Brenngerät, einen Brennkessel. Diese gibt es in verschiedenen Größen und Bauarten. Trotz der unterschiedlichen Ausführungen folgt der Aufbau aller Brenngeräte einem Grundprinzip.
Brenngeräte bestehen aus einer …

- **Brennblase**, in die man die Maischen einfüllt, eine
- **Heizvorrichtung** erwärmt die Maische, wodurch diese zu kochen beginnt. Über den

© Georg Innerhofer

Moderne Brennanlage aus Kupfer, mit Edelstahl ummantelt.

- **Helm** gelangt der Dampf in das
- **Geistrohr**, das die Verbindung zum
- **Kühler** darstellt, wo der Dampf wieder kondensiert und als Destillat austritt.

Die Wahl der Bauart des Brenngeräts hängt stark von der Philosophie und den Vorlieben des Brenners ab. Die Qualität der hergestellten Brände hat keinen unmittelbaren Zusammenhang mit der Art des verwendeten Brenngeräts. Mit der entsprechenden Erfahrung und Sorgfalt kann man selbst mit einfachen alten Brenngeräten hervorragende Produkte gewinnen. Andererseits ist es aber auch möglich, mit modernsten Brennanlagen deutlich fehlerhafte Brände herzustellen.
Moderne Brennkessel bestehen hauptsächlich aus Kupfer. Kessel, die vollständig aus Edelstahl gefertigt sind, haben sich nicht durchgesetzt. Brenngeräte mit Edelstahloberfläche sind meist aus Kupfer und aus Gründen der Reinigbarkeit oder Optik mit Edelstahl ummantelt.

Kupfer ist leicht zu bearbeiten, hat eine gute Wärmeleitfähigkeit und ist beständig gegenüber Fruchtsäuren. Es bindet negative Geschmackskomponenten und verhindert so, dass diese in den Brand gelangen.
Als Energiequelle dienen entweder Holz, Öl, Gas oder Strom. Die Verwendung von Dampf ist für Abfindungsbrenner in Österreich nicht gestattet. Man findet dampfbeheizte Anlagen daher nur bei gewerblichen Anlagen. Der zum Brenngerät gehörige Kühler besteht fast immer aus Edelstahl, da Edelstahlkühler leichter zu reinigen sind als Kupferkühler und ebenfalls eine gute Wärmeleitfähigkeit besitzen.

12.6.1 Ohne Verstärkereinrichtung

Ganz einfache Geräte alter Bauart hatten noch kein Wasserbad, man sprach von der Direktbefeuerung. Dabei hatte die Feuerstelle unmittelbaren Kontakt zum Kupferkessel; dickflüssige Maischen neigten daher immer zum Anbrennen. Die neueren Modelle haben einen doppelwandigen Wasserbadkessel. Dabei erhitzt das Heizmedium ein Wasserbad rund um die Brennblase. Durch einen dampfbasierten Überdruck im Wasser sind in diesem Wasserbad Temperaturen von bis zu 110 °C möglich, was ein Anbrennen der Maische nahezu gänzlich verhindert. Die Kessel hatten zum Entleeren entweder eine Kippvorrichtung oder einen Ablaufhahn, wobei Letzteres zu empfehlen ist.
Seit dem Beitritt Österreichs zur EU dürfen Abfindungsbrenner in Österreich auch mit Geräten mit Verstärkereinrichtung ihre Brände herstellen. Diese Geräte bestehen aus Brennblase, Helm, Geistrohr, Kühler und einem Verstärker.

© Georg Innerhofer

Traditionelles Gerät schon mit Ablaufhahn zum Entleeren.

© Georg Innerhofer

Alte Bauart, bei der die Brennblase zum Ausleeren wie ein Topf aus dem Brenngerät gehoben werden muss.

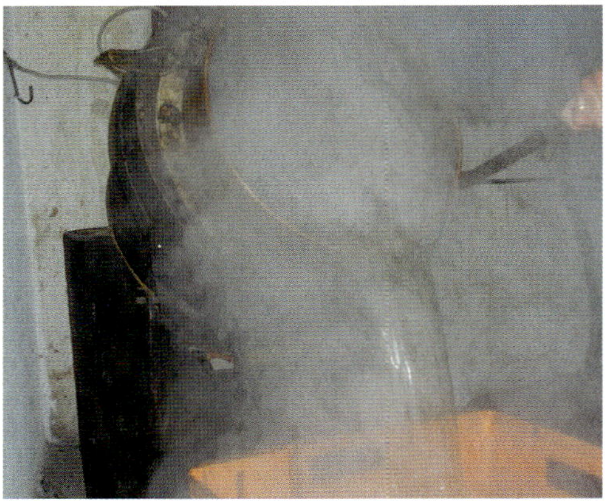

© Georg Innerhofer

Bei Geräten zum Kippen besteht die Gefahr einer Verbrennung beim Entleeren.

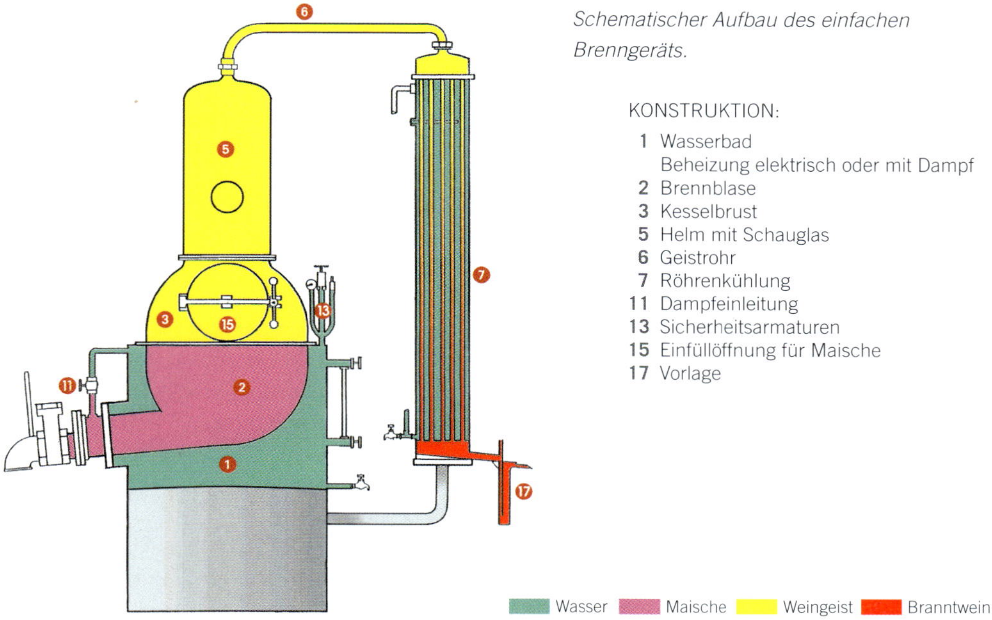

Schematischer Aufbau des einfachen Brenngeräts.

KONSTRUKTION:

1 Wasserbad
Beheizung elektrisch oder mit Dampf
2 Brennblase
3 Kesselbrust
5 Helm mit Schauglas
6 Geistrohr
7 Röhrenkühlung
11 Dampfeinleitung
13 Sicherheitsarmaturen
15 Einfüllöffnung für Maische
17 Vorlage

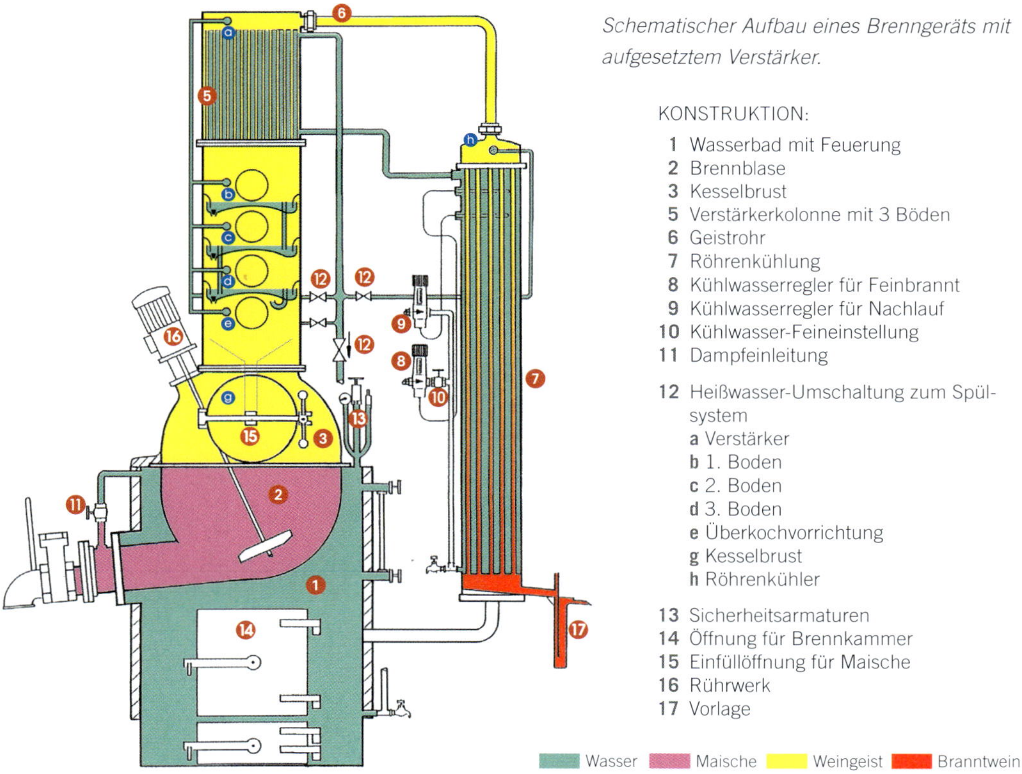

Schematischer Aufbau eines Brenngeräts mit aufgesetztem Verstärker.

KONSTRUKTION:

1 Wasserbad mit Feuerung
2 Brennblase
3 Kesselbrust
5 Verstärkerkolonne mit 3 Böden
6 Geistrohr
7 Röhrenkühlung
8 Kühlwasserregler für Feinbrannt
9 Kühlwasserregler für Nachlauf
10 Kühlwasser-Feineinstellung
11 Dampfeinleitung

12 Heißwasser-Umschaltung zum Spülsystem
a Verstärker
b 1. Boden
c 2. Boden
d 3. Boden
e Überkochvorrichtung
g Kesselbrust
h Röhrenkühler

13 Sicherheitsarmaturen
14 Öffnung für Brennkammer
15 Einfüllöffnung für Maische
16 Rührwerk
17 Vorlage

12.6.2 Mit Verstärkereinrichtung

Vor dem EU-Beitritt Österreichs war dieses Brennverfahren ausschließlich gewerblichen Brennereien vorbehalten.
Der wesentliche Unterschied zu den anderen Bauelementen ist, dass an diesem Brenngerät ein „Verstärker" oder auch eine „Kolonne" angebracht ist. Ob dieser den Helm des Brenngeräts ersetzt und direkt aufgebaut oder als separater Bauteil ausgeführt ist, spielt dabei keine Rolle. Die Entscheidung für eine bestimmte Bauart hängt entweder von der Überzeugung des Brenners oder den räumlichen Gegebenheiten ab. Brenngeräte mit aufgesetztem Verstärker benötigen deutlich höhere Räume.
Beim Brennen selbst gibt es einen anderen, im Betrieb wesentlichen Unterschied: In einer Kolonne steigen die Dämpfe aus der Maische auf und werden dort gereinigt. Die Verstärkereinrichtung besteht normalerweise aus mehreren Verstärkerböden und einem Wasserkastendephlegmator. In diesen beiden Bauteilen erfolgt die Auftrennung der Bestandteile nach ihren Siedepunkten.
Mithilfe der Reinigungs- bzw. Trennwirkung in der Verstärkerkolonne kann in nur einem Brennvorgang Vor- und Nachlauf abgetrennt und der fertige Brand aus der Maische gewonnen werden.

© Georg Innerhofer

Brenngerät mit seitlich angebautem Verstärker.

Die Trennvorgänge in der Kolonne sind:

12.6.2.1 Rektifikation

Die sogenannten Verstärkerböden, je nach Bauart auch Rektifikations- oder Siebböden genannt, sind waagerechte Ebenen in einer Destillationskolonne und entscheidend für die Trennung der verschiedenen Bestandteile des Destillats. Jeder dieser Böden ist mit Sieben oder Glocken ausgestattet, die den aufsteigenden Dampf mit der herabfließenden Flüssigkeit des oberhalb angebrachten Dephlegmators intensiv in Kontakt bringen. Dieser Vorgang ermöglicht wiederholtes Verdampfen und Kondensieren, wodurch die einzelnen Bestandteile noch effektiver getrennt werden.
Stoffe mit geringer Flüchtigkeit kondensieren in der Flüssigkeit, während leichter flüchtige Substanzen in höherer Konzentration weiter zum nächsten Boden aufsteigen. Diese Art der Trennung wird als Rektifikation bezeichnet.
Auf diese Weise lässt sich der Vorlauf in der Kolonne gut aufkonzentrieren und damit mengenmäßig ziemlich gering ausfallen. In weiterer Folge werden aber Nachlaufkomponenten

© Georg Innerhofer

Aktiver Verstärkungsboden mit intensivem Kontakt von aufsteigendem Dampf, Flüssigkeit im Boden und herabrinnendes Kondensat.

lange zurückgehalten, was ebenfalls die Ausbeute verbessert.
Über spezielle Überläufe fließt die kondensierte Flüssigkeit in der Kolonne dem aufsteigenden Dampf entgegen, was als Rücklauf bezeichnet wird. Die Anzahl und die Bauweise der Verstärkerböden bestimmen maßgeblich die Effizienz der Destillation. Eine größere Anzahl an Böden führt zu einer besseren Trennung und somit zu einem höheren Alkoholgehalt sowie einer gesteigerten Reinheit des Destillats.

12.6.2.2 Dephlegmation

Der Dephlegmator ist ein mit Wasser gefüllter Kühlbehälter, der normalerweise ganz oben in der Destillationskolonne oder am höchsten Punkt des Brennapparats installiert ist. Seine Hauptfunktion besteht darin, Teile des Dampfes zu kondensieren und die Temperatur des Dampfes zu kontrollieren. Je kälter das Wasser im Dephlegmator ist, umso mehr schwer flüchtige Bestandteile aus dem Dampf kondensieren und fließen als Rücklauf zurück zu den Böden, während der restliche, höher konzentrierte Dampf weiter ins Geistrohr aufsteigt.
Die Temperaturkontrolle im Dephlegmator erfolgt durch die Wasserzufuhr vom Kühler her über die Kühlwasserautomatik. Je mehr Wasser durch den Kühler fließt, desto kühler wird es im Dephlegmator.
Brenngeräte neuester Bauart verfügen über einen eigenen Dephlegmator-Wasserkreislauf und ermöglichen eine exakte Kontrolle und Steuerung der Temperatur im Dephlegmator. Niedrigere Temperaturen bewirken an den Kontaktflächen mehr Kondensation schwer flüchtiger Bestandteile und erhöhen den Alkoholgehalt im weiterströmenden Dampf.
Zusammen tragen Dephlegmation und Rektifikation dazu bei, die Qualität des Destillats zu verbessern, indem sie unerwünschte Bestandteile entfernen und die Konzentration der gewünschten Alkohole und Aromastoffe erhöhen.
Die Kunst des Brenners ist es nun, das richtige Ausmaß der Verstärkung in diesen beiden Einrichtungen richtig zu treffen.

© Georg Innerhofer

Der Röhrendephlegmator ist ein mit Röhren durchzogener Wasserkasten, in denen der Dampf aufsteigt. Je nach Wassertemperatur kondensiert mehr oder weniger Dampf und rinnt als Rücklauf wieder nach unten.

- Ein Zuviel an Verstärkung führt zu sehr sauberen, hochprozentigen, aber tendenziell aromaschwächeren Destillaten.
- Zu wenig Verstärkung bringt zwar aromatischere Brände, aber weniger Ausbeute, da vor allem Nachlaufbestandteile früher in den Mittellauf gelangen.

Es gibt keine Einstellungen der Verstärkereinrichtungen, die für alle Brenngeräte oder Maischearten gelten. Damit gibt es kein Brennen nach Rezept und die Qualität des Endprodukts hängt auch immer stark vom Geschick des Brennmeisters ab.

12.6.3 Kontinuierlicher Betrieb

Wenn es darum geht, sehr große Maischemengen in kurzer Zeit zu brennen, kommen kontinuierlich arbeitende Brenngeräte zum Einsatz. Im Unterschied zu den anderen bisher angeführten Geräten haben diese einen ständigen Maischezufluss und laufenden Destillatabfluss.

Zur Gewinnung von Spitzenprodukten sind diese Geräte eher nicht geeignet. Das auf diese Art produzierte Destillat entspricht annähernd einem Rohbrand aus der klassischen Roh- und Feinbrandherstellung und wird daher in den meisten Fällen anschließend mit einer diskontinuierlichen Anlage feingebrannt.

12.7 Brennverfahren

Eine Brennmaische besteht aus flüchtigen und nicht flüchtigen Stoffen. Während die flüchtigen Stoffe verdampfen, verbleiben die anderen nach dem Brennvorgang in der Brennblase.

- Flüchtige Stoffe sind: Wasser, Alkohole wie Ethanol oder Methanol, andere Alkohole, Aromastoffe, Essigsäure; nur sie gelangen bei der Destillation in den Kühler.
- Nicht flüchtig sind: Schalenteile, Kerne, Stiele, Zucker, Fruchtsäuren.

Ziel des Brennvorgangs ist es, aus der mit nur wenigen Volumenprozenten leicht alkoholhaltigen Maische einen hochprozentigen, reintönigen Alkohol zu gewinnen. Durch Abtrennen der unangenehm riechenden und schmeckenden Fraktionen im Vor- und Nachlauf entsteht ein genussfähiges Destillat.

12.7.1 Doppelbrandverfahren

Dieses Brennverfahren wird bei allen Brenngeräten angewendet, die über keine Verstärkungseinrichtung verfügen. Bei Brenngeräten mit Verstärkern kann mit richtig geschaltetem Dampfweg auch doppelt gebrannt werden, wird es aber meistens nicht.

12.7.1.1 Raubrand

Beim ersten Destilliervorgang entsteht der sogenannte Raubrand. Dieser Arbeitsschritt dient vorwiegend der Entgeistung der Maische und einer Alkoholgehalterhöhung. Dabei wird nicht in Vor- und Nachlauf und Herzstück getrennt, sondern alles in einem Behälter gesammelt.

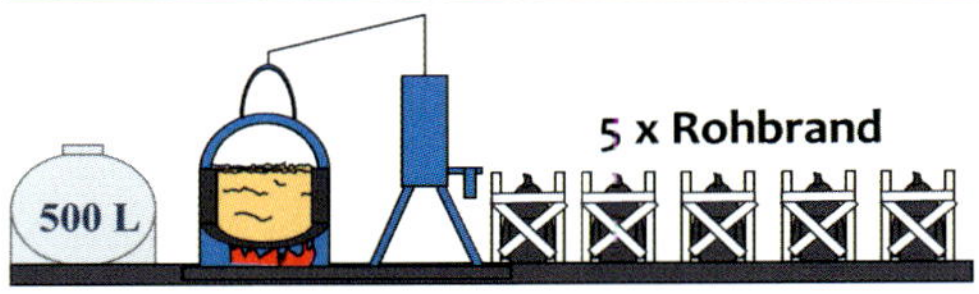

© Georg Innerhofer

Nach etwa vier oder fünf Rohbränden hat man so viel Rohbrand gesammelt, um einen Feinbrand durchführen zu können.

Beträgt der Alkoholgehalt des ablaufenden Destillats noch etwa 10 %, so bricht man den Brennvorgang ab. Der Raubrand ist fast immer trüb, hat einen Alkoholgehalt um etwa 25 % vol und ist nicht zum Genuss geeignet. Aus 100 l Maische entstehen ja nach Alkoholgehalt zwischen 15 und 25 l Raubrand. Man benötigt daher mindestens drei oder vier Raubrände, um genug Flüssigkeit für einen Feinbrand zu haben.

12.7.1.2 Feinbrand

Der Feinbrand wird unterteilt in die drei Fraktionen Vorlauf, Mittellauf und Nachlauf.

© Georg Innerhofer

Beim nächsten Brenndurchgang fraktioniert man das Destillat aus den Rohbränden in Vor-, Mittel- und Nachlauf.

12.7.2 Kolonnenbrennverfahren

Im Gegensatz zum traditionellen Doppelbrandverfahren kann die Destillation in diesem Fall in einem einzigen Durchgang erfolgen. Um eine gleichmäßige Erwärmung der Maische zu gewährleisten, sind Rührwerke besonders nützlich. Ein langsames Erhitzen ist dabei von großer Bedeutung, um die Abtrennung des Vorlaufs präzise durchzuführen.
Die Auftrennung in die drei Fraktionen – Vorlauf, Mittellauf und Nachlauf – kann bereits im ersten Brennvorgang erfolgen. Die Feinjustierung der Wasserbadtemperatur sowie der

© Georg Innerhofer

Beim Brennen mit einer Verstärkungseinrichtung fraktioniert man bereits beim ersten Brennvorgang.

Destillationsgeschwindigkeit und die Ausgestaltung der Verstärkerböden haben dabei einen wesentlichen Einfluss auf die Ausbeute und die Qualität des Endprodukts.

12.8 Brennvorgang

Der Brennvorgang gleicht einem Spiel der Temperaturen. Richtig durchgeführt ist das Brennen eine Tätigkeit, die viel Fingerspitzengefühl und Erfahrung erfordert und sich nicht in ein Rezept pressen lässt.
Beim Doppelbrandverfahren beginnt man mit dem Rohbrand. Dieser kann zügig destilliert werden, um den Prozess zeiteffizient zu gestalten. Anders verhält es sich beim Feinbrand, der den stärker qualitätsbestimmenden Teil des Brennvorgangs darstellt. Hier ist Geduld gefragt, denn nur ein langsames Aufheizen bzw. Brennen ermöglicht es, die Vorlaufmenge möglichst gering zu halten und somit die Qualität und Ausbeute zu optimieren.
Die Steuerung der Destillationsgeschwindigkeit erfolgt hauptsächlich über die Heizleistung. Bei Kolonnenanlagen kommt zusätzlich die Verstärkungseinrichtung ins Spiel, die weitere Einflussmöglichkeiten bietet.
Es gilt, eine perfekte Balance zu finden:

- Eine zu langsame Destillation kann die Erhaltung und Frische der Aromen beeinträchtigen,
- während eine zu schnelle Destillation die saubere Trennung der Fraktionen erschwert.

Beim Kolonnenbrennen hält man die Aufheizphase kurz, um Zeit zu sparen. Jedoch ist es entscheidend, die Heizleistung rechtzeitig zu reduzieren, kurz bevor der Vorlauf zu tröpfeln beginnt. Dies trägt dazu bei, auch hier die Vorlaufmenge klein zu halten und die wertvollen Aromen zu bewahren.
Der Mittellauf soll beständig aus dem Kühler laufen, keinesfalls zu schnell, weil dann schon relativ früh Nachlaufkomponenten mitgerissen werden. Während des Mittellaufs sollte sich die Alkoholspindel in der Vorlage relativ stabil auf einen Wert einpendeln, der langsam abfällt. Gegen Ende des Mittellaufs kommt es zu einem schnelleren Absinken des Alkoholgehalts; der Punkt zur Nachlaufabtrennung ist nun meistens schon erreicht. Wie weit man den Nachlauf noch weiter abdestilliert, obliegt dem Brennmeister. Mangels sinnvoller Verwertungen dafür beenden viele den Brennvorgang mit Beginn des Nachlaufs.

Relativ neu ist die Möglichkeit der Prozesskontrolle über die Leitfähigkeitsmessung im Destillat. Sie beruht auf dem Prinzip der je nach Zusammensetzung unterschiedlichen elektrischen Leitfähigkeit von Flüssigkeiten. Während des Destillationsprozesses ändert sich die Zusammensetzung des Destillats dauernd, was zu Veränderungen in der elektrischen Leitfähigkeit führt.
Diese Veränderungen sind messbar und geben Aufschluss über …

- den Verlauf der Destillation
- die Konzentration verschiedener Komponenten im Destillat
- die wahrscheinliche Qualität des Endprodukts

Durch die kontinuierliche Messung der Leitfähigkeit während des Brennvorgangs können Brenner wichtige Informationen über die Qualität des Destillationsprozesses erhalten und diesen entsprechend steuern. Erste Ergebnisse konnten auch klar aufzeigen, wie wichtig eine langsame Aufheizphase für den späteren Destillationsverlauf ist. Inwieweit sich die Leitfähigkeitsmessung zur automatisierten Nachlaufabtrennung eignet, ist derzeit noch Inhalt von Forschungsprojekten.

© Georg Innerhofer

Die richtige Brenngeschwindigkeit ist ein wichtiger Punkt für ein Qualitätsprodukt.

© Georg Innerhofer

Vorlauf kann man leichter abtrennen, wenn man ihn fraktionsweise sammelt und auf etwa 40 % vol einstellt.

12.9 Fraktionen beim Brennen

Ganz egal, mit welchem Verfahren destilliert wird, erfolgt beim Brennen ein Abtrennen der unerwünschten Komponenten. Ganz leicht flüchtige Stoffe bilden den Vorlauf, schwer flüchtige den Nachlauf. Für eine hohe Qualität des Endprodukts ist ein exaktes Abtrennen dieser beiden Fraktionen von entscheidender Bedeutung.

12.9.1 Vorlauf

Beim Erhitzen der Maische verdampfen zuerst die am leichtesten flüchtigen Stoffe, die als Vorlauf abgetrennt werden. Wenn der Kessel jedoch zu schnell und zu stark erhitzt wird, verdampfen viele verschiedene Substanzen gleichzeitig, was eine saubere Trennung zwischen Vorlauf und Mittellauf (dem sogenannten Herzstück) erschwert. Schlechte Maischequalität kann zudem die Menge des Vorlaufs erhöhen. Da sich in den ersten Fraktionen jedoch viele wichtige Aromen befinden, führt eine größere Vorlaufmenge nicht nur zu Ausbeute-, sondern auch zu Aromaverlusten.
Der Vorlauf enthält die am leichtesten flüchtigen Bestandteile der Maische, wie Acetaldehyd und Ethylacetat und erinnert im Geruch an Klebstoff oder Nagellackentferner. Manche Personen empfinden diesen Geruch und süßlichen Geschmack sogar als angenehm, in Fachkreisen gilt er eindeutig als Brennfehler. Die Menge des Vorlaufs hängt vor allem von der Qualität der Maische ab. Darüber hinaus beeinflussen die Obstqualität, die Heizintensität und das Alter der Maische die abzuscheidende Vorlaufmenge. Schlechtes Obst, zu starkes Erhitzen und eine lange Lagerung der möglicherweise kahmigen Maische wirken sich daher negativ auf die Ausbeute und Qualität aus.

12.9.2 Mittellauf

Der Mittellauf wird auch das Herzstück genannt und beginnt je nach Brennverfahren zwischen 70 % und knapp 90 % vol und wird dann bis auf etwa 60 oder 80 % vol gebrannt. Dann erfolgt die Abtrennung zum Nachlauf hin. Gemäß der VO EU 2019/787 darf der Mittellauf maximal 86 % vol aufweisen.

12.9.3 Nachlauf

Bereits im Mittellauf sind erste Nachlaufkomponenten vorhanden, jedoch in einer so geringen Menge, dass das Aroma dadurch nicht negativ beeinträchtigt wird. Ganz im Gegenteil, in geringen Mengen wirken sich diese Stoffe sogar positiv aus.
Mit fortschreitender Destillation steigt der Anteil dieser Komponenten im ablaufenden Destillat kontinuierlich an. Maßgeblich bestimmt der Gehalt an höheren Alkoholen und Fettsäuren Geruch und Geschmack dieser Fraktion. Irgendwann erreicht man den Punkt, an dem die stets ansteigende Konzentration dieser

© Georg Innerhofer

Spätestens wenn die Spindel in der Vorlage schneller aufzusteigen beginnt, ist auf den Trennpunkt zum Nachlauf hin zu achten. Gewissheit erlangt man nur durchs Verkosten.

Substanzen so hoch ist, dass sie als unangenehm erscheinen. Geruch und Geschmack weisen einen unsauberen, bitteren, derben und/oder fauligen, am Gaumen auch kratzig-scharfen Geschmack auf. Diese Fraktion ist nicht mehr für den Genuss geeignet, man bezeichnet sie als Nachlauf. Ein exaktes Abtrennen vom Nachlauf ist für eine hohe Brandqualität wesentlich.

Die Abtrennung von Vor- und Nachlauf kann nur über Verkosten erfolgen. Es gibt keine festen Werte, die ein Abtrennen nach Volumenprozent, Destillatmenge, Temperatur oder anderen Faktoren ermöglichen. Die hier angeführten Punkte helfen nur, den Zeitpunkt zu erkennen, ab wann man aufpassen muss, um die Trennpunkte durch Verkosten festlegen zu können.
Es wird zwar an Methoden zur automatisierten Abtrennung vor allem auf Basis der Leitfähigkeitsmessung geforscht, derzeit erscheinen sie jedoch noch nicht ausreichend praxisreif. Für Vor- und Nachlauf gibt es keine sinnvolle Verwertung, sie eignen sich nicht für Konsumzwecke.

Nur als Richtwert: 100 l Apfelmaische ergeben durchschnittlich:

- 0,2–0,5 l Vorlauf
- 2,5–4 l Mittellauf (mit über 80 % vol)
- und dann Nachlauf

12.10 Lagerung

12.10.1 Lagerung klarer Produkte

Auch wenn manche Destillate jung getrunken werden, da sie ansonsten an Aroma verlieren, sollten sie zumindest zwei bis drei Monate noch nicht auf Trinkstärke gebracht gelagert werden. Diese Lagerung erfolgt üblicherweise hochprozentig und soll nicht in zu kalten Räumen erfolgen. Günstig wäre eine Temperatur um 15 °C. Durch die hohe Inhaltsstoffkonzentration entstehen noch eher aromabeeinflussende Reaktionen zwischen Alkoholen, Säuren oder Aldehyden als in den eingestellten Bränden. Mitunter sind es aber auch Überlegungen aus der Betriebsphilosophie, die die Lagerbedingungen vorgeben (Gewölbekeller, Dachboden …).
Als Lagergefäße sind geeignet: Behälter aus Edelstahl, aus Steingut und aus Glas (Ballons).

© Georg Innerhofer

Lagerung von Edelbränden lichtgeschützt entweder in Glasballons oder Fässern.

Bei der Verwendung von Kunststoffbehältern ist darauf zu achten, dass diese lebensmittelecht und alkoholbeständig sind. Alkohol ist ein sehr gutes Lösungsmittel und könnte aus nicht geeigneten Kunststoffbehältern Stoffe lösen, die einen Fehlgeschmack verursachen.

12.10.2 Lagerung im Holzfass

Holzfasslagerung beschleunigt die Reifung von Obstbränden und verleiht ihnen charakteristische Aromen. Hauptsächlich werden Eichenfässer verwendet, aber auch Esche, Kastanie oder Akazie finden Verwendung. Das Toasting der Fässer – ein kontrolliertes Ausbrennen der Innenseite – beeinflusst die Aromaintensität und Farbentwicklung maßgeblich. Man unterscheidet zwischen „Light Toasting", „Medium Toasting" und „Heavy Toasting". Je stärker das Toasting, umso stärker der Einfluss auf den Brand.

Für die Holzfasslagerung eignen sich besonders Obstbrände mit robusten Aromen wie Apfel-, Zwetschken-, Trester- oder Hefebrände. Brände mit feinen Aromen, beispielsweise aus Williams Birne, Quitte oder Beerenobst, sind weniger geeignet. Es sollten ausschließlich fehlerfreie Brände eingelagert werden, da Qualitätsmängel auch nach der Lagerung erkennbar bleiben. Die Einlagerung erfolgt idealerweise bei einem Alkoholgehalt von etwa 60 % vol, was ein optimales Verhältnis zwischen Verdunstung und Aromaextraktion gewährleistet.
Die Fässer mit erhöhtem Luftkontakt fördern den Reifeprozess. Während der Lagerung lösen sich zusätzlich aus dem Holz Geruchs-, Geschmacks- und Farbstoffe, die dem Brand sein charakteristisches Profil verleihen. Während aus dem Holz gelöste Vanillenoten, Eugenol und Eichenlacton für aromatische Veränderung sorgen, bewirken die Tannine ein Farbveränderung von Hellgelb bis hin zu Bernsteinfarben und geben dem Brand mehr Dichte und Körper.
Einen wichtigen Einfluss hat dabei die Fassgröße, sie bestimmt über das Verhältnis Inhalt zu Oberfläche. Je größer das Fass ist, umso weniger Oberfläche steht dem Inhalt gegenüber. Das hat Auswirkungen sowohl auf den Verdunstungsverlust, der in kleinen Fässern deutlich höher ist, aber auch auf die Auslaugung der fasstypischen Inhaltsstoffe. Hier ist es genau umgekehrt: Je größer das Fass, umso geringer die abgegebenen Mengen bezogen auf den Fassinhalt.

Eine kontinuierliche Qualitätskontrolle während des Lagerungsprozesses ist unerlässlich. Um unerwünschte Oxidation zu vermeiden, sollen die Fässer vollgefüllt und regelmäßig daraufhin kontrolliert werden.
Der optimale Entnahmezeitpunkt ist erreicht, wenn die Holznote deutlich erkennbar ist, ohne die Fruchtaromen zu überdecken. Eine allgemein empfohlene Lagerdauer gibt es nicht, tendenziell werden jüngere und kleinere Fässer weniger lang belegt als ältere, größere Fässer. Manche Whiskys oder Cognacs reifen bis zu 20 Jahre lang im Fass. Eine zu lange Lagerung führt zu unharmonischen Geschmacksprofilen. Die Entscheidung über den richtigen Zeitpunkt erfordert Erfahrung und regelmäßige Verkostungen.

12.11 Einstellen der Trinkstärke

Je nach Brennverfahren haben die Mittelläufe einen Alkoholgehalt zwischen 60 und 85 % vol. Bei diesen Alkoholkonzentrationen sind sie nicht genießbar und müssen daher vor dem Genuss erst mit Wasser auf Trinkstärke eingestellt werden. Diese ist so zu wählen, dass der Alkohol die Fruchtaromen nicht überdeckt, der Brand aber auch nicht dünn und wässrig schmeckt.
Pauschale Empfehlungen hinsichtlich einer optimalen Trinkstärke können nicht gegeben werden, sie liegen bei „normalen" Obstbränden zwischen 39–43 % vol, bei manchen Produktarten auch noch darüber. Spezielle holzfassgelagerte Brände, zur Zigarre passende Destillate

oder die sogenannten „Strong Spirits" liegen mit bis zu 60 % klar darüber.
Zur Berechnung der benötigten Wassermenge muss bekannt sein:

- Menge Mittellauf
- Alkoholkonzentration

Je genauer diese Werte vorliegen, umso leichter und genauer lässt sich der angestrebte Wert erreichen. Ungenauigkeiten entstehen vor allem durch Fehler in der Alkohol- und Mengenbestimmung des Mittellaufs.
Nicht immer erreicht man auf Anhieb genau den gewünschten Wert. Erfahrungsgemäß treten kleine Fehler schon vor der Berechnung bei der Alkoholmessung oder Volumenbestimmung im hochprozentigen Mittellauf auf. Daher ist es empfehlenswert, den Brand fürs Erste annähernd zur gewünschten Trinkstärke zu verdünnen, um dann mit einem zweiten Verdünnungsschritt den endgültigen Wert einzustellen. Ein weiterer Fehler kann durch Volumenveränderung des Alkohols entstehen. Das Molekül Ethanol verändert seine Größe je nach Konzentration. Dieses Zusammenziehen, auch „Kontraktion" genannt, bewirkt, dass der Verschnitt aus 100 l Alkohol und 100 l Wasser nicht 200, sondern nur 193 l mit 52 % vol ergibt. Diese Volumenänderung des Alkohols verhindert eine genaue Berechnung über die Volumina bzw. mittels Mischungskreuz.

12.11.1 Mengenfeststellung

In den meisten Brennereien lagern die Brände in Edelstahlkannen oder Glasballons. Deren Inhalt muss daher vor dem Einstellen der Trinkstärke ausgelitert oder gewogen werden, wobei Letzteres der wesentlich einfachere Weg ist. Nur wenige Brenner verfügen über Lagerbehälter mit ausreichend genauer Füllstandsanzeige.

12.11.2 Alkoholmessung

Egal ob im hochprozentigen Bereich oder nach dem Einstellen der Trinkstärke, ist die Bestimmung des Alkoholgehalts ein wichtiger Punkt.

Die beiden wichtigsten Methoden sind:

- Senkwaage (Aräometer, Spindel)
- Biegeschwinger

Beide Methoden basieren auf einer Dichtebestimmung. Extraktstoffe in der Probe können daher die Messung beeinflussen und den Wert verfälschen. Bei holzfassgelagerten, gezuckerten Proben oder Likören ist daher Vorsicht geboten. Hierbei ist es nicht möglich, mit der Spindel oder dem Biegeschwinger die Werte mit der geforderten Genauigkeit zu bestimmen.

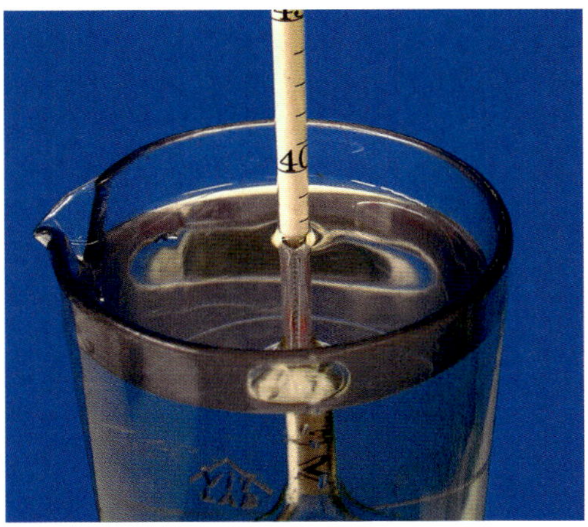

© Georg Innerhofer

Alkoholgehaltmessung mittels Senkwaage.

© Georg Innerhofer

Alkoholgehaltmessung mittels Handbiegeschwinger.

Ethanol-Wasser-Gemische								
Dichte(20) [g/ml]	**Gew%-Ethanol**	**Vol%-Ethanol**	**Dichte(20) [g/ml]**	**Gew%-Ethanol**	**Vol%-Ethanol**	**Dichte(20) [g/ml]**	**Gew%-Ethanol**	**Vol%-Ethanol**
1,00000	0	0	0,94662	35	41,9	0,87158	69	76,0
0,99813	1	1,3	0,94473	36	43,0	0,86920	70	76,9
0,99629	2	2,5	0,94281	37	44,1	0,86680	71	77,8
0,99451	3	3,8	0,94086	38	45,2	0,86440	72	78,6
0,99279	4	5,0	0,93886	39	46,3	0,86200	73	79,5
0,99113	5	6,2	0,93684	40	47,4	0,85958	74	80,4
0,98955	6	7,5	0,93479	41	48,43	0,85716	75	81,2
0,98802	7	8,7	0,93272	42	49,51	0,85473	76	82,1
0,98653	8	10,0	0,93062	43	50,6	0,85230	77	83,0
0,98505	9	11,2	0,92849	44	51,6	0,84985	78	83,8
0,98361	10	12,4	0,92636	45	52,6	0,84740	79	84,6
0,98221	11	13,6	0,92421	46	53,7	0,84494	80	85,4
0,98084	12	14,8	0,92204	47	54,7	0,84245	81	86,2
0,97948	13	16,1	0,91986	48	55,8	0,83997	82	87,1
0,97816	14	17,3	0,91766	49	56,8	0,83747	83	87,9
0,97687	15	18,5	0,91546	50	57,8	0,83496	84	88,7
0,97560	16	19,7	0,91322	51	58,8	0,83242	85	89,5
0,97431	17	20,9	0,91097	52	59,8	0,82987	86	90,2
0,97301	18	22,1	0,90872	53	60,8	0,82729	87	91,0
0,97169	19	23,3	0,90645	54	61,8	0,82469	88	91,8
0,97036	20	24,5	0,90418	55	62,8	0,82207	89	92,5
0,96901	21	25,7	0,90191	56	63,8	0,81942	90	93,2
0,96763	22	26,9	0,89962	57	64,8	0,81674	91	94,0
0,96624	23	28,1	0,89733	58	65,8	0,81401	92	94,7
0,96483	24	29,2	0,89502	59	66,8	0,81127	93	95,4
0,96339	25	30,4	0,89271	60	67,7	0,80848	94	96,1
0,96190	26	31,6	0,8904	61	68,6	0,80567	95	96,7
0,96037	27	32,7	0,88807	62	69,6	0,8028	96	97,4
0,95880	28	33,9	0,88574	63	70,5	0,79988	97	98,1
0,95717	29	35,1	0,88339	64	71,5	0,79688	98	98,7
0,95551	30	36,2	0,88104	65	72,4	0,79383	99	99,3
0,95381	31	37,4	0,87869	66	73,3	0,79074	100	100,0
0,95207	32	38,5	0,87632	67	74,2			
0,95028	33	39,6	0,87396	68	75,1			
0,94847	34	40,7						

Tabelle zur Umwandlung der üblichen Konzentrationsangaben der Alkohol-Wasser-Gemische.

12.11.3 Berechnung Verschnittwassermenge

Aus den beiden Werten Alkoholgehalt und vorhandene Menge Mittellauf lässt sich nun die benötigte Wassermenge errechnen. Dazu stehen mehrere Möglichkeiten zur Verfügung.

12.11.3.1 Verschnitttabelle

Aus den festgestellten Werten heraus lässt sich mithilfe der Tabelle auf Seite 218 die benötigte Wassermenge errechnen. In der Tabelle ist die Kontraktion schon mit einberechnet. Basis für eine exakte Berechnung ist der Alkoholgehalt in Volumenprozent und Menge Mittellauf in Liter. In der Spalte links aufgetragen ist der Alkoholgehalt des Mittellaufs, in den Spalten nach rechts der gewünschte Alkoholgehalt. Am Schnittpunkt der beiden Alkoholwerte liest man die benötigte Wassermenge für 100 l Destillat ab.

Beispiel: 10 l Mittellauf mit 80 % vol sollen auf 40 % vol eingestellt werden. Aus der Tabelle ist der Wert von 104 abzulesen. Somit benötigt man:

$$Wassermenge = \frac{Verdünnungszahl}{100} \times Liter_{Mittellauf}$$

$$= \frac{104}{100} \times 10 = 10{,}4 \; l \; Wasser$$

12.11.3.2 Programme/APPs

Alternativ zur Berechnung mit der Verdünnungstabelle kann mithilfe von Programmen die benötigte Wassermenge ermittelt werden. Im Internet findet man viele Seiten oder Programme, die diese Berechnung durchführen. Viele berücksichtigen die Kontraktion vom Alkohol nicht, der erhaltene Wert ist ungenau.

Einfacher Test:
Man berechnet wie im vorigen Beispiel die Wassermenge um 10 l Mittellauf mit 80 % vol auf 40 % vol einzustellen. Beim Ergebnis „10 l" erfolgt keine Berücksichtigung der Kontraktion, das Ergebnis ist ungenau. Das richtige Ergebnis müsste „10,39" oder „10,4" lauten.

Oberfläche vom Programm der ehemaligen Eidgenössischen Alkoholverwaltung zum Ermitteln der Verschnittwassermenge.

Die derzeit für Kleinbrennereien beste App stammt von der ursprünglichen Schweizer Alkoholverwaltung. Sie dient zur Ausbeuteerrechnung, aber auch – oder vor allem – zur Berechnung der Verschnittwassermenge. Die App ist gratis und heißt „calco", findet sich im App Store oder Play Store, muss ansonsten über ein Suchprogramm gefunden und heruntergeladen werden.

12.11.4 Wasserqualität

Wasser zum Herabsetzen auf Trinkstärke soll …

- geruchs- und geschmacksneutral sein und
- wenig Härtebildner beinhalten.

Die Einheit der Wasserhärte ist Millimol pro Liter (mmol/l). Die alte Einheit der Grade deutscher Härte (°dH) ist immer noch weitverbreitet. Bei der Umrechnung von 1 °dH entspricht das 0,1783 mmol/l.

MISCHUNGSTABELLE FÜR DIE HERABSETZUNG VON BRANNTWEINEN

Destillat (% vol)	37,5	38	39	40	41	42	43	44	45	46	47	48	49	50	51
95	160,3	157,1	150,7	144,5	138,6	133,0	127,6	122,5	117,6	112,9	108,4	104,1	99,9	96,0	92,2
90	145,8	142,7	136,6	130,8	125,2	119,9	114,7	110,0	105,3	100,9	96,6	92,5	88,5	84,7	81,2
85	131,5	128,6	122,8	117,3	112,0	107,0	102,2	97,7	93,3	89,1	85,0	81,2	77,4	73,9	70,5
80	117,4	114,6	109,2	104,0	99,1	94,3	89,7	85,5	81,3	77,4	73,5	70,0	66,4	63,1	59,9
79	114,5	111,9	106,5	101,4	96,5	91,8	87,3	83,1	79,0	75,1	71,3	67,8	64,3	61,0	57,8
78	111,7	109,1	103,7	98,7	93,9	89,2	84,8	80,6	76,6	72,8	69,0	65,5	62,1	58,8	55,7
77	108,9	106,3	101,0	96,0	91,3	86,7	82,3	78,2	74,2	70,5	66,7	63,3	59,9	56,7	53,6
76	106,1	103,5	98,3	93,4	88,7	84,2	79,9	75,8	71,9	68,2	64,5	61,1	57,8	54,6	51,5
75	103,3	100,7	95,6	90,8	86,1	81,7	77,4	73,4	69,5	65,9	62,2	58,9	55,6	52,4	49,4
74	100,5	97,9	92,9	88,1	83,5	79,2	74,9	71,0	67,1	63,6	60,0	56,7	53,4	50,3	47,3
73	97,7	95,1	90,2	85,5	80,9	76,7	72,4	68,6	64,8	61,3	57,7	54,5	51,2	48,2	45,2
72	94,9	92,4	87,5	82,9	78,4	74,2	70,0	66,2	62,5	59,0	55,5	52,3	49,1	46,1	43,2
71	92,1	89,6	84,4	80,2	75,8	71,6	67,5	63,8	60,1	56,7	53,2	50,0	46,9	43,9	41,1
70	89,3	86,8	82,1	77,6	73,2	69,1	65,1	61,4	57,7	54,4	50,9	47,8	44,7	41,8	39,0
69	86,5	84,1	79,4	75,0	70,7	66,6	62,7	59,0	55,4	52,1	48,7	45,6	42,6	39,7	36,9
68	83,7	81,3	76,7	72,3	68,1	64,1	60,2	56,6	53,0	49,8	46,5	43,4	40,4	37,6	34,8
67	80,9	78,6	74,0	69,7	65,5	61,6	57,8	54,2	50,7	47,5	44,2	41,2	38,3	35,5	32,8
66	78,2	75,9	71,4	67,1	63,0	59,1	55,4	51,9	48,4	45,2	42,0	39,0	36,2	33,4	30,8
65	75,4	73,1	68,7	64,5	60,4	56,6	52,9	49,5	46,1	42,9	39,8	36,8	34,0	31,3	28,7
64	72,6	70,3	66,0	61,9	57,8	54,1	50,4	47,1	43,7	40,6	37,5	34,6	31,8	29,2	26,6
63	69,8	67,6	63,3	59,3	55,3	51,6	48,0	44,7	41,4	38,3	35,3	32,4	29,7	27,1	24,5
62	67,0	64,9	60,7	56,7	52,8	49,2	45,6	42,3	39,1	36,1	33,1	30,3	27,6	25,0	22,5
61	64,3	62,1	58,0	54,1	50,2	46,7	43,1	39,9	36,8	33,8	30,8	28,1	25,4	22,9	20,4
60	61,5	59,4	55,3	51,5	47,7	44,2	40,7	37,5	34,5	31,5	28,6	25,9	23,3	20,8	18,3
59	58,7	56,7	52,7	48,9	45,2	41,7	38,3	35,2	32,2	29,3	26,4	23,8	21,2	18,7	16,3
58	56,0	53,9	50,0	46,3	42,6	39,2	35,9	32,8	29,8	27,0	24,2	21,6	19,0	16,6	14,2
57	53,2	51,2	47,3	43,7	40,1	36,7	33,5	30,4	27,5	24,7	22,0	19,4	16,9	14,5	12,2
56	50,5	48,5	44,7	41,1	37,6	34,3	31,1	28,1	25,2	22,5	19,8	17,2	14,8	12,4	10,2
55	47,7	45,8	42,0	38,4	35,0	31,8	28,7	25,7	22,9	20,2	17,5	15,1	12,6	10,3	8,1
54	45,0	43,0	39,3	35,8	32,5	29,3	26,3	23,3	20,6	17,9	15,3	12,9	10,5	8,2	6,1
53	42,2	40,3	36,7	33,2	30,0	26,8	23,9	21,0	18,3	15,6	13,1	10,7	8,4	6,2	4,1
52	39,5	37,6	34,1	30,7	27,5	24,4	21,5	18,7	16,0	13,4	10,9	8,6	6,3	4,2	2,0
51	36,7	34,9	31,4	28,1	24,9	21,9	19,1	16,3	13,7	11,1	8,7	6,4	4,3	2,1	
50	34,0	32,2	28,8	25,5	22,4	19,5	16,7	14,0	11,4	8,9	6,5	4,3	2,2		
49	31,2	29,5	26,2	23,0	19,9	17,1	14,3	11,7	9,1	6,7	4,4	2,2			
48	28,5	26,8	23,5	20,4	17,4	14,6	11,9	9,3	6,8	4,5	2,2				
47	25,8	24,1	20,9	17,8	14,9	12,1	9,5	7,0	4,5	2,3					
46	23,0	21,4	18,3	15,3	12,4	9,7	7,1	4,7	2,3						
45	20,3	18,7	15,7	12,7	9,9	7,3	4,7	2,3							
44	17,6	16,0	13,0	10,0	7,4	4,9	2,4								
43	14,9	13,3	10,4	7,6	5,0	2,5									
42	12,2	10,7	7,8	5,1	2,6										
41	9,5	8,0	5,2	2,6											
40	6,8	5,3	2,6												
39	4,1	2,7													
38	1,4														

Die Tabelle gibt die Anzahl Liter Wasser an, welche zu 100 l des Branntweines zuzusetzen sind, um die gewünschte Branntweinstärke zu erhalten.

Als Wert für die unbedenkliche Verwendung bei der Wasserhärte gelten 4 °dH (deutsche Härte), das entspricht 4 °dH × 0,1783 = 0,7132 mmol/l.

Die Entscheidung, ob Quell- oder Brunnenwasser für die Spirituosenherstellung geeignet ist, hängt ganz entscheidend von der Wasserhärte ab. Eine vorhergehende, jährlich durchgeführte Analyse der Wasserhärte und -qualität ist daher unerlässlich. Hartes Wasser, das einen hohen Anteil an Härtebildnern enthält, kann zu Trübungen im Destillat führen. Diese Trübungen können sich erst nach der Filtration im bereits abgefüllten Produkt ausbilden, was die Qualität deutlich beeinträchtigt. Bei entsprechender Qualität spricht nichts gegen die Verwendung von betriebseigenem Quell- oder Brunnenwasser.
Brenner, die nicht über weiches Wasser verfügen, setzen zum Enthärten Ionentauscher ein, die eine kostengünstige Herstellung von enthärtetem Wasser ermöglichen. Es ist jedoch wichtig zu beachten, dass diese Anlagen je nach Gehalt an Härtebildnern regelmäßig regeneriert werden müssen.

12.11.5 Trübung

Viele Obstbrände bilden nach dem Einstellen auf Trinkstärke eine Trübung aus. Das geschieht auch bei Verwendung von geeignetem Verschnittwasser und hat nichts mit falscher Vorgehensweise zu tun. Die Stärke der entstehenden Trübung ist vom Gehalt der schwer löslichen Stoffe abhängig.
Alkohol ist ein effektives Lösungsmittel und kann bei hohen Konzentrationen Substanzen wie Fette oder Terpene im Obstbrand auflösen. Wenn der Alkoholgehalt zur Einstellung der Trinkstärke auf unter 50 % vol reduziert wird, entsteht ein Wasserüberschuss. Dies führt dazu, dass zuvor in hochprozentigem Alkohol gelöste Stoffe ausfallen und eine Trübung verursachen. Früher, als Filtrationstechniken noch nicht weitverbreitet waren, stellte das einen wesentlichen Grund dafür dar, Brände mit einem höheren Alkoholgehalt – typischerweise knapp über 50 % vol – zu belassen. Diese Praxis half, die Klarheit und Stabilität des Endprodukts zu bewahren.
Sollte heute beim Einstellen auf die gewünschte Trinkstärke von rund 40 % vol keine Trübung auftreten, so heißt das allerdings nicht, dass der Brand auf Dauer stabil ist. Die Löslichkeit vieler potenzieller Trübungsbildner ist neben dem Alkoholgehalt auch von der Temperatur abhängig. Um alle instabilen Stoffe sicher auszuscheiden, werden Brände daher prinzipiell gekühlt und filtriert. Durch das Absenken der Temperatur sinkt die Löslichkeit noch weiter und in den meisten Fällen trüben sich die Brände noch stärker ein.
Je tiefer dabei die Temperatur, umso mehr Inhaltsstoffe fallen aus und werden bei der Filtration abgetrennt. Abkühlen auf weniger als –10 °C wirkt sich fast immer negativ auf die Aromatik aus, da manche der ausfallenden Stoffe aromabildend sind. Praxisüblich ist eine Kühldauer von einigen Tagen in einem Kühlhaus bei 1–4 °C.
Kühltemperatur und -dauer stellen daher einen Kompromiss aus Aromaverlust und Stabilität dar und müssen vom Brenner selbst bestimmt werden.

12.12 Filtration

Um alle Trübungsbildner sicher aus dem Destillat entfernen zu können, muss dieser Arbeitsschritt durchgeführt werden, solange der Obstbrand noch gekühlt ist. Mit dem Erwärmen gingen einige der Stoffe wieder in Lösung und könnten später einmal wieder für eine leichte Trübung sorgen.
Damit die Brände in der Flasche sicher keine Trübung mehr ausbilden, werden sie vor der Filtration gekühlt und anschließend in kaltem Zustand filtriert. Erwärmt sich der Brand vor der Filtration wieder, gehen manche der Trubpartikel wieder in Lösung und können später wieder für Instabilität sorgen.

Je nach Bedarf werden zur Filtration eingesetzt:
- Trichterfilter
- Kerzenfilter oder
- Schichtenfilter

Auf dem Markt befinden sich auch Filtersysteme auf Aktivkohlebasis, die ohne vorhergehende Kühlung eingesetzt werden können. Die Praxiserfahrungen mit diesen Filtern sind unterschiedlich, bei manchen Produkten traten angeblich Aromaverluste auf.

12.13 Abfüllung

Edelbrände dehnen sich bei höheren Temperaturen erheblich aus und ziehen sich bei niedrigen Temperaturen merklich zusammen. Daher ist beim Abfüllen auf die richtige Temperatur zu achten. Werden die Brände sehr kalt und die Flaschen gleichzeitig bis zum Rand gefüllt, kann eine Temperaturerhöhung dazu führen, dass sich beim Erwärmen der gefüllten Flasche der Brand so stark ausdehnt, dass sich der Griffkorken löst oder im Extremfall bei fest geschlossenen Schraubverschlüssen die Flasche platzt.

Zum Abfüllen von Bränden sind die möglichen Flaschengrößen vorgegeben. Gemäß der Lebensmittelinformationsverordnung (LMIV, VO EU Nr. 1169/2011) sind für Spirituosen im Füllmengenbereich zwischen 100 ml und 2000 ml ausschließlich folgende Nennfüllmengen (in ml) zulässig:
100 — 200 — 350 — 500 — 700 — 1000 — 1500 — 1750 — 2000

Zum Verschließen von Bränden sind derzeit drei Systeme am meisten verbreitet:
- Griffkork
- Schraubverschluss
- Glasverschluss (Vinolok)

12.4 Haltbarkeit

Obstbrände sind aufgrund ihres Alkoholgehalts mikrobiologisch sicher stabil. Dennoch kommt es, abhängig von der gebrannten Obstart, dem Alkoholgehalt, der Art der Lagerung (Licht- und Sauerstoffkontakt und Temperatur) zu einer langsamen Qualitätsminderung. Tendenziell werden Brände mit der Zeit milder, verlieren aber ihre feinen Fruchtaromen. Sie können daher nicht unbegrenzt gelagert und genossen werden.
Brände mit einem filigranen Aroma, wie es so manche Beeren zeigen, eignen sich weniger für eine lange Lagerung. Eher robust sind Brände aus Steinobst mit erkennbarem Steinton, denn dieser ändert sich im Lauf der Jahre nicht. Ab besten haltbar sind holzfassgelagerte Brände. Sie haben durch die lange Lagerung im Holzfass mit ständigem Sauerstoffkontakt das Aroma schon so weit geändert, dass es in der Flasche nur noch zu geringen Veränderungen kommt.

12.15 Fehler im Destillat

12.15.1 Trübungen durchs Verdünnen

Trübungen durch das Herabsetzen des Alkoholgehalts im Edelbrand zählen zu alltäglichen Erscheinungen. Durch Verlust der Löslichkeit fallen manche Stoffe beim Einstellen auf Trinkstärke aus und bilden eine Trübung. Da diese leicht durch Filtration zu entfernen sind, sollten im verkaufsfertigen Destillat keine Trübungen mehr zu sehen sein.

12.15.2 Ausfall von Härtebildnern

Flockenartige Ausscheidungen am Boden des Gebindes weisen auf Ausscheidungen von Härtebildnern, vorwiegend auf Kalk hin. Die Flocken können zwar durch Filtration entfernt werden, was aber keine Garantie für eine dauerhafte Stabilität darstellt.
Gelöste Calciumionen sind nicht durch Filtration entfernbar und könnten auch nach dem

Filtrieren erneut zu Flockenbildung führen. Die entsprechende Wahl des Verschnittwassers verhindert Ausscheidungen von Härtebildnern.

12.15.3 Vorlauffehler

Den Geruch und/oder Geschmack nach Vorlauf findet man in vielen Destillaten; sie entstehen durch unzureichendes Abtrennen der Vorlaufkomponenten. Häufig zeigt sich Vorlauf stechend und aggressiv in der Nase, süßlich und an Lösungsmittel oder Klebstoff erinnernd auch am Gaumen.

Bereits in der Maische kann man durch sauberes Arbeiten und den Einsatz von Reinhefen die Ausbildung der Vorlaufkomponenten gering halten. Wilde Hefen bilden im Zuge ihres Stoffwechsels auch Essigsäure, die sich während der Maischestandzeit zu Essigsäureethylester umwandelt, dem allseits bekannten „Uhu-Ton". Vorlaufbehaftete Brände können nur durch nochmaliges Brennen mit exakter Vorlauftrennung gereinigt werden. Dabei geht neben vielen Fruchtaromen auch ein Teil der Ausbeute verloren.

12.15.4 Nachlauffehler

Ähnlich dem Abtrennen des Vorlaufs ist das richtige Abscheiden der Nachlaufkomponenten ein wesentliches Qualitätskriterium.
Im Brand äußert sich Nachlauf durch faulige, dumpfe, an den Geruch der kalten, leeren Brennblase erinnernde Aromen, die den Brand auch als sehr voll und gehaltvoll erscheinen lassen. Anfangs im Glas vielleicht noch sehr aromatisch, drängen sich die dumpfen Aromen rasch in den Vordergrund und verdrängen die Fruchtaromen. Geruch und Geschmack nach Nachlauf ist nicht einer einzelnen Substanz zuzuordnen. Vielmehr ist es die Gruppe der Fuselöle oder der höheren Alkohole, die den Fehlgeschmack verursachen.
Brände mit Nachlaufcharakter können nur durch Umbrennen gereinigt werden. Dabei gehen auch viele Aromen und mit etwas Alkohol auch etwas Ausbeute verloren.

12.15.5 Schimmelton

Schimmelnoten gelangen nur durch Destillation verschimmelter Früchte oder Maische bzw. durch verschimmeltes Gerät oder Schläuche ins Destillat. Im Geruch sind schwache Schimmelnoten nur schwer festzustellen, am ehesten machen sie sich am hinteren Teil des Gaumens bemerkbar. Sie hinterlassen dort einen unangenehmen, deutlich an Schimmel erinnernden Geschmack.
Ein Wiederherstellen des Brandes ist nicht möglich, der Schimmelgeschmack kann lediglich durch eine Behandlung mit Aktivkohle vermindert werden. Dabei gehen neben den unerwünschten Komponenten auch Aromen verloren.

12.15.6 Acroleinstich

Der Acroleinstich ist ein stechend scharfer Geruch, der die Schleimhäute der Nase stark angreift und Tränen hervorruft. Vergleichbar ist dieser mit dem Geruch von frisch geriebenem Kren (Meerrettich). Dieser Fehlton entsteht durch die Tätigkeit von Bakterien und ist erst bei der Destillation feststellbar. Acrolein ist vorrangig eine Vorlaufkomponente, findet sich aber in allen anderen Fraktionen auch so stark, dass Brände mit starkem Acroleinstich nicht verkehrsfähig sind.
Lagerung oder starkes Belüften verringert die Intensität, aber ein völliges Wiederherstellen des Destillats ist nicht möglich. Saubere Früchte und das Ansäuern der Maische lassen keine Bakterientätigkeit in der Maische zu; ein Acroleinstich wäre somit sicher zu verhindern.

12.15.7 Essigstich

Der Essigstich im Brand stammt aus dem Brennen einer essigstichigen Maische. Die Essigsäure entstammt der Tätigkeit von Milchsäurebakterien oder wilden Hefen während der Gärung oder von Essigsäurebakterien, die schon die Früchte oder die Maische infiziert haben.
Bereits im Geruch als sauer erkennbar, häufig auch mit dem Essigsäureethylester (Uhu-Ton)

kombiniert, macht die Essigsäure den Brand auch am Gaumen sauer.
Ein Wiederherstellen des Brandes ist nur durch Anheben des pH-Werts auf etwa 5,8 mit Kalk oder Natronlauge und anschließender neuerlicher Destillation möglich. Mit deutlichen Aroma- und Alkoholverlusten ist dabei zu rechnen.

12.15.8 SO_2-Stich

Beim Destillieren von Maischen oder Obstweinen, die schwefelige Säure enthalten, geht diese im Zug der Destillation über und findet sich im Destillat wieder. Flüchtig wird dabei nicht nur die freie schwefelige Säure, sondern auch die gebundene. Schon geringe Mengen in der Brennblase konzentrieren sich zu einem deutlichen Schwefelstich im Brand auf, der zwar hauptsächlich im Vorlauf vorkommt, aber auch den Mittellauf ungenießbar macht.
Gleich wie beim Essigstich ist ein Wiederherstellen des Brandes nur durch Anheben des pH-Werts auf etwa 5,8 mit Kalk oder Natronlauge und anschließender erneuter Destillation möglich. Mit einem deutlichen Aroma- und Alkoholverlust ist dabei zu rechnen.

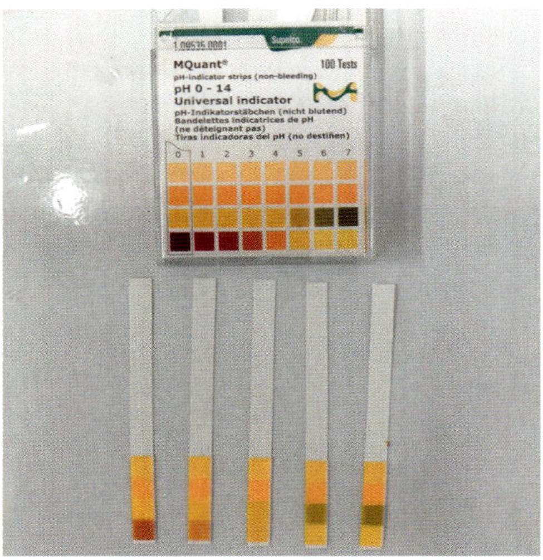

© Georg Innerhofer

Indikatorstreifen zum Messen vom pH-Anstieg durch Zusatz von Natronlauge im Most.

Alternativ dazu kann man schweflige Säure durch Zusatz von H_2O_2 im Rohbrand zur nichtflüchtigen Schwefelsäure aufoxidieren und den Fehler im Brand damit vermeiden. Anschließend muss zur Entfernung der dabei gebildeten Schwefelsäure umgebrannt werden.
Voraussetzung dafür ist eine genaue Bestimmung des Gehalts an gesamter schwefliger Säure und ein Einrühren des Wasserstoffperoxids spätestens am Tag vor dem Brennen.
Bei Verwendung von 30%igem Peroxid vermindern 15 ml/hl Destillat dessen (zuvor ermittelten) Gesamt-SO_2-Gehalt um etwa 100 mg/l.

12.16 Kennzeichnung

Die Vorgaben für Etiketten von Edelbränden sind eher einfach.
Am ehesten ist die nicht korrekte Kennzeichnung des Alkoholgehalts ein Grund zur Beanstandung. Der Alkoholgehalt ist durch eine Ziffer mit nicht mehr als einer Dezimalstelle anzugeben. Ihr ist das Symbol „% vol“ anzufügen. Das Wort „Alkohol“ oder die Abkürzung „Alk.“ darf dieser Angabe vorangestellt werden. Die Toleranz für die Angabe ist mit +/– 0,3 % vol recht gering. Zusätzliche Angaben wie „mindestens“ oder „über“ sind nicht gestattet.
Eine Besonderheit für Abfindungsbrenner ist, dass sie die Art ihres Brennrechts auf dem Etikett anführen müssen. Brennberechtigte mit anderen Brennrechten benötigen das nicht.
Der Hinweis kann erfolgen als zum Beispiel „Abfindungsbrand“, „unter Abfindung hergestellt“ oder „Abfindungsbrennerei“.

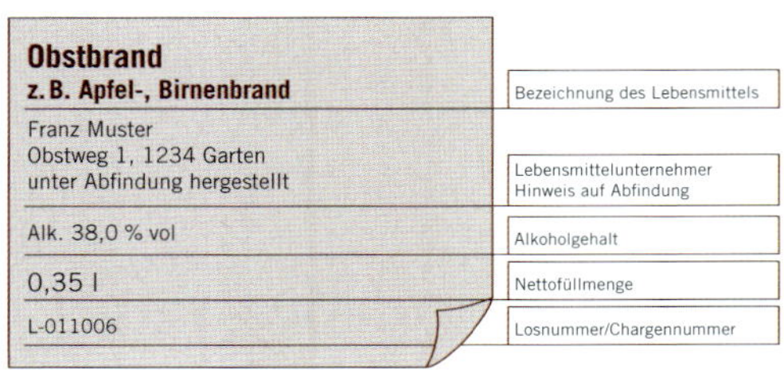

12.17 VERSTÄNDNISFRAGEN

1. Beschreibe die Unterschiede zwischen Brand, Schnaps, Geist und Spirituose.
2. Worauf sollte man beim Einmaischen von Steinobst besonders achten?
3. Welche Zusätze können bei Obstmaischen verwendet werden und aus welchen Gründen ist deren Einsatz sinnvoll oder notwendig?
4. Wie lässt sich der Gärverlauf einer Obstmaische bis zur vollständigen Vergärung positiv beeinflussen?
5. Erläutere den Brennvorgang des Doppeltbrennens Schritt für Schritt.
6. Was versteht man unter den Begriffen Rektifikation und Dephlegmation?
7. Welche Kriterien sollten bei der Auswahl eines Obstbrandes für die Holzfasslagerung berücksichtigt werden und wie wählt man das passende Fass dazu aus?
8. Berechne mithilfe der Verdünnungstabelle die Menge an Verschnittwasser, 20 l Mittellauf von 85 % vol auf 40 % vol herabzusetzen.
9. Wodurch entsteht die Trübung beim Einstellen der Trinkstärke, und welche Methoden gibt es, um diese zu beseitigen?
10. Wie kann man den Alkoholgehalt von Obstbränden exakt feststellen und worauf ist dabei besonders zu achten?

Traditionell eingemauertes, saniertes Brenngerät als funktionierender Blickfang.

Dörrobst

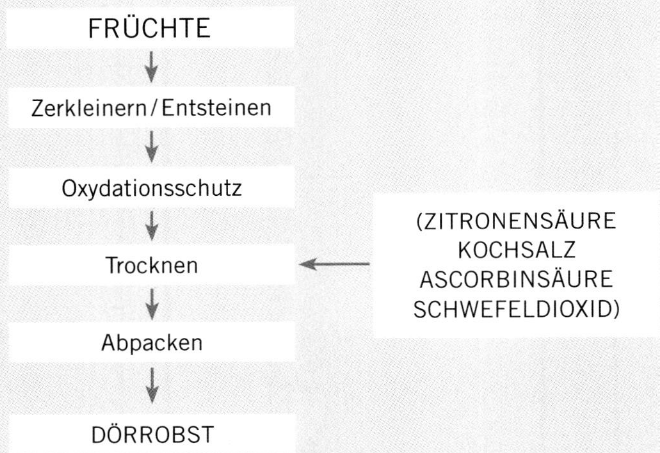
FRÜCHTE
Zerkleinern / Entsteinen
Oxydationsschutz
Trocknen
Abpacken
DÖRROBST
(ZITRONENSÄURE
KOCHSALZ
ASCORBINSÄURE
SCHWEFELDIOXID)

Dörrobst – Trockenobst

Lebensmittel zu trocknen ist eines der ältesten Haltbarmachungsverfahren. Der konservierende Effekt beruht beim Dörren auf der Verringerung des im Lebensmittel frei zur Verfügung stehenden Wassers; Mikroorganismen verlieren dadurch die entscheidende Lebensgrundlage. Im Gegensatz zu anderen Konservierungsmethoden akzeptiert man beim Dörren große Veränderungen in Aussehen, Geruch und Geschmack der Früchte. Verglichen mit der Ausgangsfrucht sind Dörrfrüchte geschrumpft, dunkler und fester.
Die meisten unserer heimischen Früchte bestehen zu etwa 80–90 % aus Wasser. Beim Trocknen geben die Früchte durch Wärmeeinwirkung und Luftzirkulation Feuchtigkeit bis zu einem Restfeuchtegehalt zwischen 7 und 20 % ab. Durch die Hitzeeinwirkung verändern sich ernährungsphysiologisch wichtige Stoffe und Aromakomponenten.
Die nach dem Trocknen übrig bleibenden Inhaltsstoffe wie Kohlenhydrate, Mineral- und Ballaststoffe konzentrieren sich durch den Wasserentzug auf. Dörrobst gilt daher auch als „Basenspender“ bei der Ernährung und als gesunder und energiereicher Snack für zwischendurch.

© Georg Innerhofer

(Traditionell) getrocknete Früchte verändern sich durchs Trocknen stark.

13.1 Definition

Das Österreichische Lebensmittelbuch enthält in Kapitel B4 „Obst“ detaillierte Vorgaben zur Herstellung und Beschaffenheit von Trockenobst. Hier wird Dörrobst wie folgt definiert:
„Trockenobst (Dörrobst) wird aus frischem, gesundem Obst von entsprechendem Reifegrad durch wesentliche Verminderung des Wassergehalts hergestellt, wodurch die Lebensbedingungen für Mikroorganismen ungünstig beeinflusst werden.“
Daneben sind keine speziellen Vorgaben definiert. Die allgemeinen Richtlinien zur Lebensmittelsicherheit und -hygiene müssen eingehalten werden.

13.2 Geeignete Früchte

Die Kriterien für die Auswahl der geeigneten Früchte ist nahezu gleich wie bei allen anderen Verarbeitungsprodukten; gesund, reif, sauber und frisch sollen die Früchte sein. Gut zum Trocknen geeignete Früchte haben zusätzlich einen hohen Anteil an verwertbarem Fruchtfleisch. Sorten mit hohem Anteil an Kerngehäuse beim Kernobst, mit einem hohen Steinanteil beim Steinobst und solche mit vielen Samen pro Frucht beim Beerenobst sind nicht so gut geeignet bzw. müssen diese vor dem Trockenvorgang speziell behandelt werden.

© Georg Innerhofer

Mostbirnen mit vielen Steinzellen sind nicht besonders gut zum Trocknen geeignet, da diese Steinzellen in den „Kletzen" überhandnehmen.

© Georg Innerhofer

Zwetschken mit Gummifluss sind nicht geeignet.

Äpfel, Birnen, Zwetschken und Marillen sind mit wenigen Ausnahmen gut zum Trocknen geeignet. Durch Spätfrost oder Insektenstiche hervorgerufene krüppelfruchtige Exemplare eignen sich weniger, da diese Stellen nach dem Trocknen extrem hart und ungenießbar sind. Gleiches gilt für Birnensorten mit einem sehr hohen Anteil von Steinzellen. Zwetschken mit Gummifluss in der Frucht werden vor dem Trocknen ausgeschieden. Bei den Trauben eignen sich kernlose Sorten besser als die anderen. Getrocknete Beeren generell finden sonst eher in Tees oder Müslis Verwendung und nur selten für den Frischgenuss.

13.3 Zerkleinerung

Zur Herstellung von Trockenobst werden in etwa gleich große Früchte verwendet. Unterschiede in der Größe bzw. Dicke führen zu unerwünschten Unterschieden im Trocknungsgrad. Die Gleichmäßigkeit der Stücke ist für die Qualität des Endprodukts mit entscheidend. Um ein vom Aussehen und vom Trocknungsgrad her einheitliches Produkt zu erhalten, ist es daher unbedingt notwendig, eine Größensortierung der Früchte vor Beginn der Verarbeitung durchzuführen.
Bei Äpfeln und Birnen wird vor einer Zerkleinerung das Kerngehäuse ausgestochen. Ob man sie auch schält, ist Geschmackssache; manche Hersteller bzw. Konsumenten bevorzugen geschälte, andere die nicht geschälten Früchte. Äpfel werden vorwiegend in 4–8 mm dicke Scheiben geschnitten (zur Gewinnung von Apfelchips auch dünner) oder in Spalten aufgeteilt. Bei Birnen, die man im Ganzen trocknet, ist ein Entfernen der Schale oder des Kerngehäuses nicht möglich bzw. nötig.
Größere Früchte vom Steinobst werden vor dem Trocknen entkernt. Zum Entkernen von Pfirsichen, Zwetschken oder Marillen teilt man diese in der Mitte und entfernt dann den Stein. Die Fruchthälften können wieder zusammengefügt werden, meistens aber werden sie voneinander getrennt getrocknet. Ein Auflegen der Schnittfläche nach oben verhindert ein zu starkes Ver-

© Georg Innerhofer

Schälen führt zu erheblichen Ausbeutverlusten.

Gerät zum Schälen und in Scheiben schneiden von Äpfeln.

schmutzen des Dörrapparats durch Abtropfen. Kirschen oder kleinfruchtige Zwetschkensorten findet man auch mit Stein auf dem Markt. Der Verzehr von im Ganzen getrockneten Früchten mit Stein ist etwas mühsam, sodass ein Entkernen für sie empfohlen wird.
Während Kernobst mit Ausnahme von kleinen Birnen und das meiste Steinobst vor dem Trocknen zerkleinert wird, trocknet man Beeren häufig als Ganzes. Eine gezielte Zerkleinerung von Beeren ist fast nicht möglich, ein Vermusen und starkes Tropfen beim Trocknen wären die Folgen.

13.4 Vorbehandlung

Eine gezielte Vorbehandlung der Früchte ist ein entscheidender Schritt im Trocknungsprozess. Sie dient nicht nur dazu, unerwünschte Braunfärbungen zu verhindern, sondern reduziert auch Enzymaktivitäten und Keimzahlen in den Früchten, was den späteren Trocknungsvorgang beschleunigt und die Qualität des Endprodukts verbessert.

- **Farbveränderungen,** insbesondere Bräunungen, sind für uns am deutlichsten sichtbar. Diese entstehen jedoch nicht ausschließlich durch enzymatische Prozesse, sondern auch durch nicht enzymatische Reaktionen. Ein bekanntes Beispiel hierfür ist die Maillard-Reaktion, die auf rein chemischem Weg zu Braunfärbungen führt. Die Intensität dieser Reaktion wird maßgeblich durch den Zuckergehalt der Früchte, die Temperatur, die Erhitzungsdauer und den pH-Wert beeinflusst.
- **Mikroorganismen** spielen ebenfalls eine wichtige Rolle bei der Qualitätserhaltung. Hefen und Bakterien lassen sich durch den Trocknungsvorgang leicht deaktivieren, aber Schimmelpilze können selbst bei geringsten Wassermengen noch gedeihen. Sie verursachen nicht nur direkten Verderb, sondern führen auch indirekt Veränderungen von Konsistenz, Geschmack und Farbe in den Früchten herbei. Dies geschieht durch die Ausscheidung von Enzymen, die unerwünschte Veränderungen bewirken. Je mehr aktive Enzyme vorhanden sind, desto intensiver fallen diese Veränderungen aus. Daher ist es von großer Bedeutung, den anfänglichen Keimgehalt der zu verarbeitenden Früchte möglichst gering zu halten, da dies die Inaktivierung der verbleibenden Keime erleichtert.

13.4.1 Chemisch

Die verbreitetsten Vorbehandlungen sind Tauchen oder Besprühen der Früchte. Zu beachten ist, dass sich mit jedem Tauchvorgang die Konzentration der Tauchlösung durch austretenden Fruchtsaft verringert. Für regel-

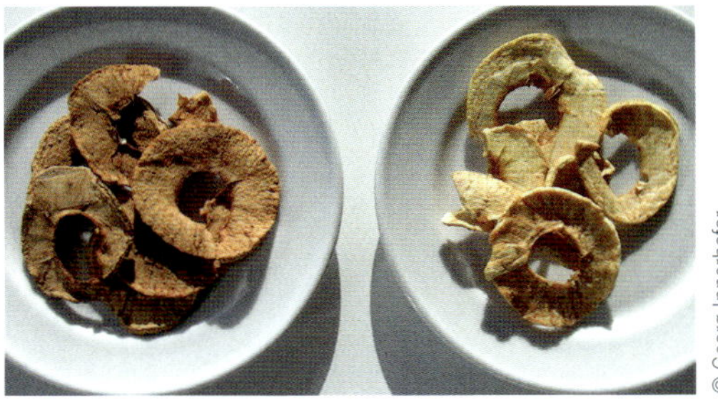

Rechts vorbehandelte helle Chips, links fast zu dunkle Chips.

mäßige Nachdosierung des Wirkstoffs bzw. den Austausch der Lösung ist daher zu sorgen.
Für die Herstellung der Tauchlösung oder Sprühlösung kommen Kochsalz, Zitronensäure, Ascorbinsäure und schweflige Säure infrage.

- **Kochsalz** verwendet man in der Regel in Form einer 1-%-Lösung, in die man die Früchte für etwa zwei Minuten taucht. Salz hat dabei eine bleichende Wirkung auf die Früchte, wirkt sich auch auf den Geschmack aus und wird daher selten verwendet.
- **Zitronensäurelösungen** verringern nicht enzymatische Bräunungen durch Absenken des pH-Werts. Die verwendeten Konzentrationen reichen von 0,5%ig hin bis 2,5%ig. Je höher die Dosierung, umso besser die Wirkung, allerdings intensiviert sich auch der saure Geschmack auf der Frucht.
- **Ascorbinsäure** verhindert die nicht enzymatischen Bräunungen recht effektiv und bewirkt eine starke Aufhellung der Früchte. In Konzentrationen bis zu 5 g/l sind Tauchzeiten bis zu 5 Minuten üblich. Rotschalige Früchte färben sich nach dem Tauchen in mehr als 1%iger Ascorbinsäurelösung an der Oberfläche rosa.
- **Schweflige Säure** verhindert Bräunung am wirkungsvollsten. Äpfel oder Marillen bleiben nach dem Tauchen in eine SO_2-Lösung farblich nahezu unverändert hell. Die verwendeten Konzentrationen der SO_2-Lösung reichen von 0,05 % bis hin zu 0,5 %, je stärker, umso kürzer die Tauchzeit. Größere Betriebe verfügen für die Schwefelung über eigene Kammern, in denen die Fruchtstücke mit SO_2 begast werden. Bei den eingesetzten Dosierungen ist ein Verweis auf die Schwefelung bereits in der Sachbezeichnung als „geschwefelt" vorgesehen. Ein Tauchen in schweflige Säure hemmt Enzyme und gleichzeitig Mikroorganismen, neben der farbstabilisierenden hat die schweflige Säure auch konservierende Wirkung.

© Georg Innerhofer

Aufbringen des Oxydationsschutzes entweder durch Tauchen oder wie hier durch Besprühen.

Am gebräuchlichsten sind im landwirtschaftlichen Betrieb Lösungen von Ascorbinsäure oder Zitronensäure. Der Einsatz der schwefligen Säure ist, was den Oxidationsschutz anbelangt, der effizienteste, wird aber wegen der allergenen Wirkung des SO_2 auf den menschlichen Organismus und der Gefahr der Geschmacksbeeinflussung so gut es geht vermieden.
Mit Ausnahme vom Blanchieren sind alle chemischen Maßnahmen in der Zutatenliste anzuführen, beispielsweise „Antioxidans Zitronensäure".

13.4.2 Thermisch

Gängigste Methode der thermischen Vorbehandlung ist das Blanchieren. Früchte oder Fruchtstücke werden dabei entweder mit Körben in kochendes Wasser getaucht oder in speziellen Geräten bedampft. Je nach Obstart und Größe der Früchte dauert das Blanchieren zwischen einigen Sekunden und wenigen Minuten (bei Quitten bis zu 10 Minuten). In den erhitzten Fruchtstücken reißen die Zellen auf, der spätere Trocknungsvorgang wird dadurch beschleunigt.
Zwetschken und Pflaumen haben auf der Oberfläche eine Wachsschicht, die die Verdunstung des Wassers behindert. Durchs Erhitzen wird diese Schicht zerstört. Man erreicht in weiterer Folge eine höhere Trocknungsgeschwindigkeit. Sowohl die Ausgangskeimzahl im Obst als auch die Intensität der enzymatischen Bräunungen werden durch das Blanchieren reduziert. Keinen Einfluss zeigt der Erhitzungsschritt auf die nicht enzymatischen Bräunungen. In der Praxis wird häufig eine Kombination aus

chemischer und thermischer Vorbehandlung angewandt. Ein gängiges Verfahren ist beispielsweise das Eintauchen der Früchte in eine heiße Zitronensäurelösung. Diese Methode nutzt sowohl die keimtötende Wirkung der Hitze als auch den niedrigen pH-Wert der Säure, um Enzyme zu inaktivieren und Mikroorganismen abzutöten. Zusätzlich wirkt die Zitronensäure pH-Wert senkend und verlangsamt somit die Bräunung der Fruchtstücke.
Bei manchen Früchten ist der Erhalt der frischen Fruchtfarbe auch nicht durch ausgeklügelte chemische Vorbehandlungen möglich. Leichte Braunfärbungen von gedörrten Früchten werden von den Kunden akzeptiert; vorbeugende Maßnahmen bzw. das Führen einer Zutatenliste sind dann nicht notwendig.

13.5 Eigentliches Trocknen

13.5.1 Einflussfaktoren

Eine effiziente Trocknung von Früchten erfordert eine sorgfältige Abstimmung verschiedener Parameter. Anzustreben ist ein Verfahren, bei dem mit möglichst wenig Energieaufwand ein optimaler Massentransport von der Feuchtigkeit aus dem Inneren an die Oberfläche der Früchte und von dort aus weiter in die Luft zu erreichen ist.

Nur die optimale Kombination von Fruchtstückgröße, Lufttemperatur, Luftfeuchtigkeit und Luftbewegung ermöglicht es, ein hochwertiges Produkt bei gleichzeitig effizienter Nutzung der eingesetzten Energie zu erzielen.

- Der Einfluss der **Fruchtgröße** ist recht einfach nachzuvollziehen. Je kürzer der Weg ist, den das Wasser zurücklegen muss, desto schneller erfolgt die Trocknung. Aus diesem Grund trocknen kleinere Fruchtstücke in der Regel schneller als größere. Wesentlich für einen einheitlichen Trocknungsgrad ist die Verwendung von gleich großen Früchten oder Fruchtstücken.

- Die **Temperatur** der Trocknungsluft hat insofern einen Einfluss auf die Trocknungsdauer, als dass sie entscheidend für das Ausmaß der Aufnahmefähigkeit der Luft für Wasserdampf ist. Mit steigender Temperatur kann die Luft mehr Wasserdampf aufnehmen. Warme und möglichst trockene Luft besitzt daher die größte Aufnahmekapazität für Feuchtigkeit. Eine Reduktion der Luftfeuchte vor dem Einblasen bietet somit eine Möglichkeit zur Leistungssteigerung. Das Ausmaß des Feuchtigkeitsübergangs von den Früchten in die Luft ist entscheidend für die Effizienz der eingesetzten Energie. Im Idealfall verlässt die Luft den Trockner mit einer möglichst hohen relativen Luftfeuchtigkeit, was auf eine optimale Ausnutzung ihrer Aufnahmekapazität hindeutet. Zu niedrige Temperaturen führen zu unnötig langen Trocknungszeiten, während die zu hohen Temperaturen kontraproduktiv sein können. Sie könnten zum Verkleben der Zellzwischenräume an der Oberfläche der Früchte führen, was die für eine rasche Diffusion notwendigen Wege blockieren und die Trocknungsgeschwindigkeit verringern würde.
  Der weitverbreitete Grundsatz „Je höher die Temperatur, desto besser der Trocknungseffekt" ist daher nur bedingt richtig. Vielmehr ist es wichtig, bei der Wahl der Temperatur einen ausgewogenen Mittelweg zu finden, um minimale Qualitätsverluste bei gleichzeitig angemessenem Energieverbrauch zu erreichen.

- Die **Luftbewegung bzw. -geschwindigkeit** im Trockner spielt eine wichtige Rolle für den Abtransport der Feuchtigkeit. Bleibt die feuchte Luft im Trockner und wird nicht oder zu langsam aus dem Gerät geblasen, entwickeln die Früchte eine unerwünschte schwammige Konsistenz. Eine zu hohe Luftgeschwindigkeit im Gegensatz dazu führt zu ungesättigter Luft und damit zu einem ineffizienten Prozess.

- Eine ausgewogene **Luftverteilung** im Trockner ist unerlässlich, um eine gleichmäßige Trocknung zu gewährleisten. Ventilatoren und Luftumlenkbleche sorgen für eine ausreichende und gleichmäßige Luftumwälzung und -verteilung.

13.5.2 Trocknungsphasen

Der Trocknungsprozess von Früchten lässt sich in zwei wesentliche Phasen unterteilen, die sich hinsichtlich der Temperatur und Trocknungsgeschwindigkeit deutlich unterscheiden:

13.5.2.1 Phase 1: Oberflächentrocknung

Die erste Erwärmungsphase spielt eine entscheidende Rolle im Trocknungsprozess der Früchte. Während dieser Zeit durchdringt die Wärme das Fruchtfleisch vollständig, was Voraussetzung für ein zügiges Trocknen ist. Andernfalls würde sich der Trocknungsvorgang erheblich in die Länge ziehen.
Eine gleichmäßige Temperaturverteilung in den Fruchtstücken ist dabei von großer Bedeutung, da sie einen einheitlichen Trocknungsfortschritt gewährleistet. In dieser Phase beginnt das Wasser, gleichmäßig durch die feinen Kapillaren der Frucht von innen nach außen zu verdunsten.

Charakteristisch für diese Phase sind ...

- eine konstante Oberflächentemperatur
- ein deutlicher Kühleffekt an der Fruchtoberfläche, wodurch diese merklich kühler als die Umgebungsluft bleibt
- die Möglichkeit, höhere Trocknungstemperaturen als in der zweiten Phase zu verwenden
- eine Dauer von etwa ein bis maximal zwei Stunden, bis die Frucht im Inneren erhitzt ist und die Kapillaren zu brechen beginnen

Es ist jedoch wichtig, die Temperatur in dieser Phase sorgfältig zu kontrollieren. Eine zu hohe Erhitzung kann dazu führen, dass das Wasser an der Oberfläche schneller verdunstet, als es aus dem Inneren nachgeliefert werden kann. Verkrustungen würden die Kapillaren verstopfen und die Trocknungsgeschwindigkeit stark reduzieren. Letztendlich bliebe Feuchtigkeit in der Frucht eingeschlossen, was das Risiko für mikrobiellen Verderb erhöht.

13.5.2.2 Phase 2: Innere Trocknung – Feuchtigkeitstransport

In der zweiten Phase diffundiert Wasser aus dem Inneren der Fruchtstücke durch bereits trockene Kapillaren nach außen. An der Oberfläche verdunstet es, die Feuchtigkeit wird von der umgebenden Luft aufgenommen und weggeführt, wodurch die Frucht im Inneren nach und nach trocknet. Je wärmer und je trockener die Luft im Trockner, umso mehr Wasser kann die Luft aufnehmen und umso rascher trocknen die Früchte.

Charakteristisch für diese Phase sind ...

- eine deutlich geringere Trocknungsgeschwindigkeit im Vergleich zur ersten Phase
- eine direkte Abhängigkeit der Trocknungsdauer von der Größe/Dicke der Fruchtstücke
- eine zunehmende Verlangsamung des Trocknungsprozesses, da das Wasser immer weitere Wege in der Frucht zurücklegen muss
- ein allmählicher Anstieg der Oberflächentemperatur der Früchte

Um übermäßige Bräunungsreaktionen und Aromaverluste zu vermeiden, ist eine angepasste Fruchtvorbereitung und Temperatursteuerung essenziell. Während zu Beginn der Trocknung noch ein deutlicher Temperaturunterschied zwischen Luft und Trockengut besteht, nähert sich die Temperatur der Früchte oder Fruchtstücke im Lauf der Zeit der Lufttemperatur an.
Zur Qualitätssicherung wird die Temperatur in der zweiten Trocknungsphase bei großen Fruchtstücken um bis zu 10 °C abgesenkt.
Für die meisten Früchte hat sich eine Trockentemperatur von etwa 60 °C, maximal 65 °C in dieser zweiten Phase als optimal erwiesen. Diese Temperaturanpassung hilft, unerwünschte Bräunungen und Geschmacksein-

bußen zu minimieren, während gleichzeitig eine effektive Trocknung gewährleistet bleibt.
Eine sorgfältige Überwachung und Steuerung beider Phasen ist entscheidend für die Produktion hochwertiger getrockneter Früchte mit optimaler Textur, Farbe und Geschmack.
Bei kleinen Früchten oder dünnen Fruchtstücken wie beispielsweise Apfelchips besteht die Gefahr der Verkrustung außen und bleibender Feuchtigkeit im Inneren nicht. Sie werden ohne Temperaturverringerung bei gleich bleibender Temperatur getrocknet.

Beschleunigter Trockenvorgang ist möglich durch …

- dünne oder kleine Fruchtstücke
- höhere Anfangstrockentemperatur bei höherer Luftfeuchtigkeit
- ausreichende gleichmäßige Luftumwälzung
- Einblasen „trockener" Luft

Der erwünschte Trocknungsgrad ist in der Regel dann erreicht, wenn die Früchte eine lederartige, zähe Konsistenz erreicht haben. Apfelchips sind bei der Entnahme aus dem Trockner noch biegsam. Nach dem Abkühlen sollten sie knackig, aber nicht zu hart sein. Zur genauen Bestimmung dieses Zeitpunkts gehört viel Erfahrung. Er lässt sich nicht in Stunden oder Temperaturen festlegen, da fast jede Charge unterschiedliche Eigenschaften aufweist und daher unterschiedliche Zeiten benötigt. Um festzustellen, ob die getrockneten Früchte schon haltbar sind, ist es ratsam, den a_W-Wert zu messen. Bei Werten unter 0,6 ist nicht mehr mit einer Schimmelbildung bzw. der Vermehrung von anderen Keimen zu rechnen.

13.5.3 Geeignete Geräte

13.5.3.1 Kammertrockner

Die geeignetsten Geräte zur Herstellung von Trockenobst sind Kammertrockner, auch Hordentrockner genannt. Kleinere Ausführungen haben im Inneren Leisten, auf denen die Trockensiebe (Horden) wie Laden geführt werden. Größere Geräte sind so gebaut, dass ein fahrbares Regal mit diesen Horden befüllt und dann zum Trocknungsvorgang ins Gerät geschoben wird. Beheizt werden Trockner meistens durch elektrische Heizelemente. Eingebaute Ventilatoren sorgen für die notwendige Luftzirkulation. Luftleitbleche verteilen die Warmluft gleichmäßig im Gerät. Je besser die Luftumwälzung im Gerät erfolgt, um so einheitlicher ist der Trocknungsgrad der Früchte.
Bei den größeren Geräten wird in solche mit horizontaler und solche mit vertikaler Luftumwälzung unterschieden. Erstere trocknen das Obst langsamer, aber gleichmäßiger, und der Abstand zwischen den einzelnen Horden kann größer gehalten werden. Geräte mit vertikaler Luftumwälzung arbeiten schneller, aber nicht so gleichmäßig.
Vor allem kleine Geräte (Haushaltsdörrer) haben manchmal eine unzureichende Luftumwälzung. Um einen einheitlichen Trocknungsgrad der Früchte zu erreichen, muss man diese während des Trocknens umlegen bzw. die Reihenfolge der Siebeinsätze ändern.

Dörrofen mit Einschubladen aus Holz.

Die Trockensiebe oder Horden bestehen aus einem Rahmen und einem siebförmigen Gitter aus Edelstahl oder aus einem Gitter mit Teflonüberzug. Beide Materialien verhindern weitgehend ein Ankleben des Obstes. Gitter ermöglichen den Luftkontakt auch nach unten hin. Flach auf einer undurchlässigen Schicht wie einem Blech aufgelegt, kleben die Früchte an und trocknen durch die erschwerte Luftzirkulation im Gerät langsamer.

13.5.3.2 Bandtrockner

Ein Bandtrockner ist eine große Trocknungsanlage, bei der Früchte oder Teile davon auf einem Förderband durch verschiedene Temperaturzonen transportiert werden. Sie sind von ihrer Bauart her aufwendiger als Kammertrockner und ermöglichen eine kontinuierliche Trocknung von Früchten. Die große Trockenfläche im Gerät ermöglicht eine effiziente und energiesparende Trocknung.
Bei dem kontinuierlichen Trocknungsprozess wird ständig das zu trocknende Obstgut dünnlagig verteilt auf das oberste Band eines mehrstufigen Systems gelegt. Am Ende jedes Bandes fallen die Fruchtstücke auf das darunterliegende Band, das in die entgegengesetzte Richtung läuft. Dies sorgt dafür, dass das Material gut durchmischt und effizient durch das System transportiert wird.
Die Geschwindigkeit der Bänder wird so eingestellt, dass das Trockengut genug Zeit hat, um den gewünschten Trocknungsgrad zu erreichen, bevor es am Ende des letzten Bandes ausgeschüttet wird. Moderne Geräte besitzen die Möglichkeit, die Bandgeschwindigkeit zu regulieren, und erlauben damit eine präzise Kontrolle über die Trocknungszeit und damit über die Endfeuchte des Produkts. Je nach Bauweise besteht die Möglichkeit, Restwärme oder Abwärme zu nutzen und damit den Trocknungsprozess für Obst energieeffizienter zu gestalten.

© Georg Innerhofer

Gefriergetrocknete Erdbeeren verändern sich in Farbe und Form nahezu nicht.

13.5.3.3 Gefriertrocknung

Die Gefriertrocknung, auch als Lyophilisation bekannt, ist ein Verfahren, bei dem Wasser direkt aus dem gefrorenen Obst entfernt wird, ohne dass es zwischenzeitlich flüssig wird. Dieser direkte Übergang vom festen in den gasförmigen Zustand wird auch als Sublimation bezeichnet. Technisch gesehen ist das Gefriertrocknen eine aufwendige und energieintensive Methode, man erhält am Ende getrocknete Früchte mit vielen positiven Eigenschaften in Bezug auf Qualität und Haltbarkeit.

Zunächst werden die frischen Früchte ganz belassen oder je nach Größe und Art in Stücke geschnitten. Die vorbereiteten Früchte werden dann schockgefroren, typischerweise bei Temperaturen um –40 °C. Dieser Schritt ist entscheidend, da dabei nur kleine Eiskristalle entstehen und damit die Zellstruktur der Früchte erhalten bleibt. Form, Farbe und Nährstoffe des Obstes bleiben weitgehend erhalten.
Der eigentliche Trocknungsprozess beginnt mit dem Absenken des Drucks in der Vakuumkammer. Das führt dazu, dass das gefrorene

Wasser in den Früchten direkt vom festen in den gasförmigen Zustand übergeht und dabei der Umgebung Wärmeenergie entzieht. Um eine konstante Temperatur in der Apparatur zu gewährleisten, muss exakt die Wärmemenge hinzugefügt werden, die bei der Sublimation benötigt wird.

Hierbei wird auf etwa 10 % des ursprünglichen Wassergehalts reduziert. Nach Ende dieser Phase wird die Temperatur allmählich erhöht, um den Sublimationsprozess zu unterstützen. Im Endprodukt verbleiben schließlich zwischen 1 und 5 % Restfeuchte.

Gefriertrocknung zusammengefasst in drei Schritte:

- Gefrieren: Einfrieren der Früchte auf Temperaturen unter –40 °C
- Primärtrocknung: Starke Druckreduktion (Vakuum) und das gefrorene Wasser sublimiert.
- Sekundärtrocknung: Leichtes Erhitzen entfernt restliches, gebundenes Wasser.

Normale Trocknung und Gefriertrocknung führen zu deutlich unterschiedlichen Texturen bei Früchten. Bei der herkömmlichen Trocknung verbleibt etwas Restfeuchtigkeit in den Früchten, was zu einer weichen Konsistenz führt. Gefriergetrockneten Früchten hingegen wird das Wasser vollständig entfernt, was zu knusprigen und sehr leichten Fruchtstücken bei gleichzeitiger Bewahrung wichtiger Inhaltsstoffe und der ursprünglichen Form bzw. Farbe führt.

Sie behalten etwa 95 % ihrer Nährstoffe und können bei richtiger Verpackung und Lagerung jahrelang haltbar sein. Im Gegensatz zu herkömmlich getrockneten Früchten entfällt die Vorbehandlung. Gefriergetrocknete Früchte enthalten daher keine Zusatzstoffe und behalten mehr von ihrem natürlichen Geschmack und ihrer Textur.

13.6 Haltbarkeit

Für die Haltbarkeit von getrockneten Früchten sind mehrere Faktoren entscheidend:

- Wassergehalt (a_W-Wert)
- Verpackung
- Lagerbedingungen

Richtig getrocknete Früchte sind aufgrund ihres geringen **Wassergehalts** sehr lange haltbar, da schädliche Organismen sich ohne Wasser kaum vermehren können. Vereinfacht ausgedrückt: Je weniger Wasser in den Früchten verbleibt, umso besser sind sie haltbar. Genau genommen ist nicht der absolute Wassergehalt entscheidend, sondern der Gehalt an verfügbarem Wasser, angegeben als „a_W-Wert“. Beide Werte stehen aber in einem engen Zusammenhang.

© Georg Innerhofer

Durchsichtige Verkaufsverpackung mit unterschiedlichen getrockneten Obstarten.

Entscheidend für die weitere Haltbarkeit sind **Verpackung** und Lagerungsbedingungen. Luftdichte Behälter oder Vakuumverpackungen verlängern die Haltbarkeit, indem sie das Eindringen von Feuchtigkeit und Sauerstoff verhindern. Knackig getrocknete Apfelchips beispielsweise verlieren nach einigen Tagen bei feuchter Umgebungsluft ihre Konsistenz und werden ledrig und zäh. Im Extremfall nehmen getrocknete Früchte wieder so viel Feuchtigkeit auf, dass in ihnen wieder ausreichend Wasser für Mikroorganismenwachstum verfügbar ist. Die Wahl der richtigen Verpackung ist somit entscheidend für die Haltbarkeit von Trockenfrüchten. Durchsichtige, geklebte Kunststoffbeutel sind für die langfristige Lagerung ungeeignet, während aluminiumbedampfte, undurchsichtige Beutel besseren Schutz bieten. Oft beeinflussen Marketingüberlegungen die Wahl des Verpackungsmaterials, was nicht immer positiv für die Haltbarkeit ist. Dies kann zu einem Konflikt zwischen ansprechender Präsentation und Produktqualität führen.
Lagern sollte man Trockenfrüchte möglichst kühl, trocken und dunkel. Damit die gefüllten Packungen auch für Motten, Käfer und sonstige Schädlinge unerreichbar bleiben, ist es günstig, sie in Lagerboxen aus Kunststoff oder Metall zu lagern. Stimmen a_W-Wert, Verpackung und **Lagerbedingungen**, so sind getrocknete Früchte ohne Weiteres über viele Monate hindurch haltbar.

13.7 Produktfehler

13.7.1 Schädlinge

Vorratsschädlinge sind Organismen, die Vorräte und Lebensmittel schädigen oder ungenießbar machen. Bei Dörrobst relevante Schadinsekten verursachen Fraßschäden und verunreinigen Lebensmittel durch Häutungsreste, Kot und Spinnfäden. Da eine direkte Bekämpfung oft schwierig ist, erweisen sich vorbeugende Schritte als effektiver. Wichtige Maßnahmen umfassen strikte Hygiene in Produktions- und Lagerbereichen, geeignete Lagergebinde und -temperaturen sowie die Installation von Schutzgittern an Fenstern.

Präventive Maßnahmen sind daher am effektivsten:

- Regelmäßige gründliche Reinigung aller Lager- und Produktionsbereiche
- Verwendung luftdichter Behälter aus Glas oder Metall zur Lagerung von Dörrobst
- Installation von Insektengittern an Fenstern und Türen
- Regelmäßige Inspektion der Lagerbestände
- Schulung der Mitarbeiter zur frühzeitigen Erkennung von Befallsanzeichen

Befallene Packungen müssen entsorgt werden. Bei starkem Befall wird empfohlen, die Verpackungen zu erhitzen oder einzufrieren, um alle Entwicklungsstadien der Schädlinge abzutöten. Diese Methoden sollen einen Wiederbefall verhindern, indem sichergestellt wird, dass keine lebensfähigen Insekten oder Eier in den Abfall gelangen.

13.7.1.1 Motten

Dörrobst-, Mehl- und Dattelmotten sind weltweit verbreitete Kleinschmetterlinge und bedeutende Schädlinge in der Lebensmittelindustrie, besonders in der Dörrobstherstellung. Sie legen etwa 200 kaum sichtbare Eier nahe potenzieller Nahrungsquellen. Ihr Entwicklungszyklus dauert 30–60 Tage. Die mobilen Larven haben einen ausgeprägten Geruchssinn und können Verpackungen durchdringen. Die bis zu 20 mm langen Raupen sind das einzige nahrungsaufnehmende Stadium. Nach der Verpuppung leben erwachsene Motten etwa drei Wochen und legen erneut Eier. Jährlich entstehen meist zwei Generationen. Ein Befall wird oft erst durch umherfliegende Motten, Fraßspuren, Gespinstfäden oder Kotkrümel erkannt. Die direkte Bekämpfung ist schwierig; Pheromonfallen können zur Überwachung eingesetzt werden, verhindern aber nicht vollständig die Ausbreitung.

© Georg Innerhofer

Dörrobstmotte mit Made.

13.7.1.2 Backobstmilben

Milben sind die kleinsten bekannten Vorratsschädlinge mit einer Größe von nur 0,5 mm. Sie sind weitverbreitet und problematische Schädlinge an Trockenfrüchten. Mit freiem Auge sind sie als helle Punkte auf den Früchten sichtbar, während ihre genaue Erkennung eine Lupe oder ein Mikroskop erfordert. Sie sind eiförmig, milchig weiß mit schwach rötlichen Beinen und Mundwerkzeugen. Ihr Körper hat vier Beinpaare und ist nur schwach gegliedert.

Backobstmilben benötigen Nährmedien mit hohem Zuckergehalt. Ihre Entwicklungsdauer beträgt bei 25 °C und optimaler Ernährung nur ein bis zwei Wochen, während sie bei 5–15 °C mehrere Wochen benötigen. Entwicklungsstopp tritt bei Temperaturen unter 0–3 °C und über 35 °C sowie bei relativer Feuchte unter 70 % ein. Unter günstigen Bedingungen kann sich ihre Population innerhalb von wenigen Wochen um ein Vielfaches vergrößern.

Befallene Früchte wirken ekelerregend, können allergieauslösend sein und sind somit zu entsorgen. Nach der Entsorgung befallener Produkte ist eine gründliche Reinigung der Lagerungsbereiche wichtig, um eine erneute Ausbreitung zu verhindern.

13.7.1.3 Getreideplattkäfer

Der Getreideplattkäfer, auch Schmalkäfer genannt, hat in den letzten Jahren als Schädling in Haushalten und Produktionsstätten, auch bei getrockneten Früchten, an Bedeutung gewonnen. Der dunkelbraune, bis zu 3 mm lange Käfer hat einen flachen Körper und gezahnte Halsschilde. Seine Vermehrung erfordert hohe Temperaturen, optimal knapp über 30 °C, wobei die Entwicklung vom Ei zum Käfer etwa drei Wochen dauert. Unter 18 °C wird die Entwicklung gehemmt.

Käfer und Larven sind sehr beweglich, dringen in kleinste Ritzen ein und ernähren sich von kohlenhydratreichen Produkten wie Dörrobst, Getreide und Nüssen. Eine direkte Bekämpfung auf Lebensmitteln ist nicht möglich, daher ist Prävention wichtig. Der Käfer ist empfindlich gegen Trockenheit und Frost. Gekühlte Lagerung und Behälter aus Glas oder Metall helfen bei der Vorbeugung. Befallene Produkte sollten sofort entfernt und vernichtet werden. Verdächtige Waren können durch mehrtägige Tiefkühllagerung vom Käfer befreit werden.

13.7.2 Schimmelpilze

Der Verderb von Dörrobst durch Schimmel ist eher selten. Schimmelpilze benötigen zu ihrer Entwicklung ausreichend Feuchtigkeit. Durch ausreichenden Wasserentzug der Früchte verliert der Schimmelpilz eine seiner Lebensgrundlagen.

Kommt es zur typischen Ausbildung eines Schimmelrasens auf der Oberfläche von getrockneten Früchten, so ist das ein deutlicher Hinweis auf einen zu hohen Feuchtigkeitsgehalt. Dieser entstammt entweder einem zu geringen Trocknungsgrad oder der nachträglichen Feuchtigkeitsaufnahme durch falsche Lagerbedingungen. Angeschimmelte Früchte sind nicht mehr genussfähig und müssen entsorgt werden.

13.7.3 Braunfärbung

Bräunungen beim Trocknen sind ein natürlicher Vorgang, der durch enzymatische und nicht enzymatische Reaktionen während des Trocknungsprozesses entsteht. Hohe Trocknungstemperaturen und lange Dörrzeiten fördern diese Reaktionen. Sie sind in der Regel kein Zeichen für mindere Qualität oder Verderb, sondern eher als Indikator für unbehandelte, natürlich getrocknete Früchte zu sehen. Einmal aufgetretene dunkle Färbungen von getrockneten Früchten sind irreversibel. Ungewollte Bräunungen sind nur durch entsprechende Vorbehandlung zu verhindern.

13.8 Kennzeichnung

Die Kennzeichnung von Trockenobst erscheint unkompliziert. Neben den allgemeinen Vorgaben für die Kennzeichnungselemente gibt es keine besonderen produktspezifischen Angaben. Ein besonderes Hervorheben der Trocknungsmethode (z. B. gefriergetrocknet) muss nicht, kann aber erfolgen.
Zu achten ist auf eine mengenmäßige Zutatendeklaration gemäß der QUID-Regelung. Werden zwei getrocknete Obstarten gemischt und in der Sachbezeichnung angegeben (oder durch Bilder hervorgehoben), so muss deren %-Anteil angegeben werden. Beispiel: Bei „Erdbeer-Himbeer-Mix gefriergetrocknet“ hat die Deklaration der Zutaten so zu erfolgen: „Zutaten: Erdbeeren 60 %, Himbeeren 40 %“.

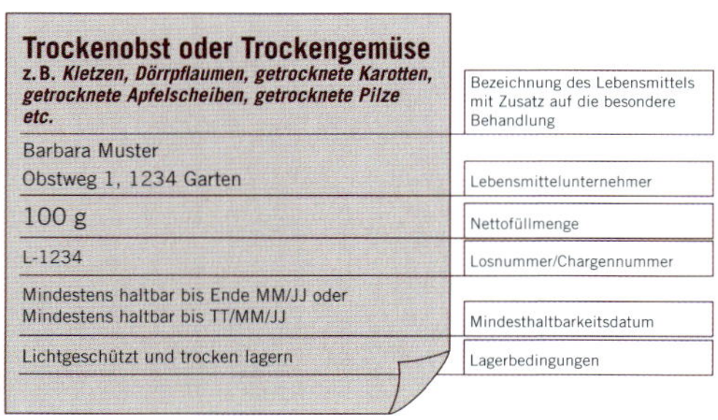

Wird Trockenobst geschwefelt, muss Schwefeldioxid mit der Klassenbezeichnung in der Zutatenliste angegeben werden: „Konservierungsstoff: Schwefeldioxid“ oder „Antioxidationsmittel: Schwefeldioxid“.

13.9 VERSTÄNDNISFRAGEN

1. Warum ist es wichtig, das Obst vor dem Trocknungsprozess sorgfältig vorzubereiten und zu sortieren?
2. Welche zwei Gerätearten kommen bei der Herstellung von Dörrobst zum Einsatz? Beschreibe eines davon im Detail.
3. Warum ist eine Vorbehandlung bei bestimmten Früchten vor dem Trocknen notwendig, und wie wird sie durchgeführt?
4. Welche Bedeutung hat die Temperatur während des Dörrvorgangs von Obst?
5. Inwiefern beeinflussen Lufttemperatur, -feuchtigkeit und -führung den Trocknungsprozess?
6. Welche zwei Phasen gibt es beim traditionellen Trocknen von Obst? Erläutere die Abläufe in diesen Phasen.
7. Welche Vorteile bietet die Gefriertrocknung im Vergleich zu herkömmlichen Trocknungsmethoden?
8. Was kannst du über die Dörrobstmotte berichten?
9. Von welchen Faktoren hängt die Haltbarkeit von Dörrobst ab?
10. Welche optimalen Lagerbedingungen sollte man für Dörrobst beachten?

Kompott / Dunstobst

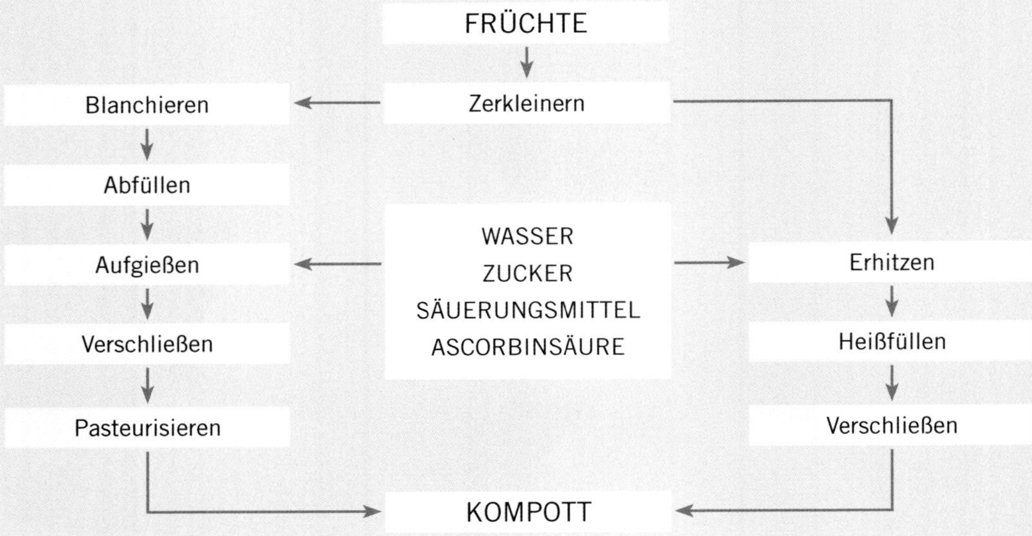

Fruchtmus / Röster

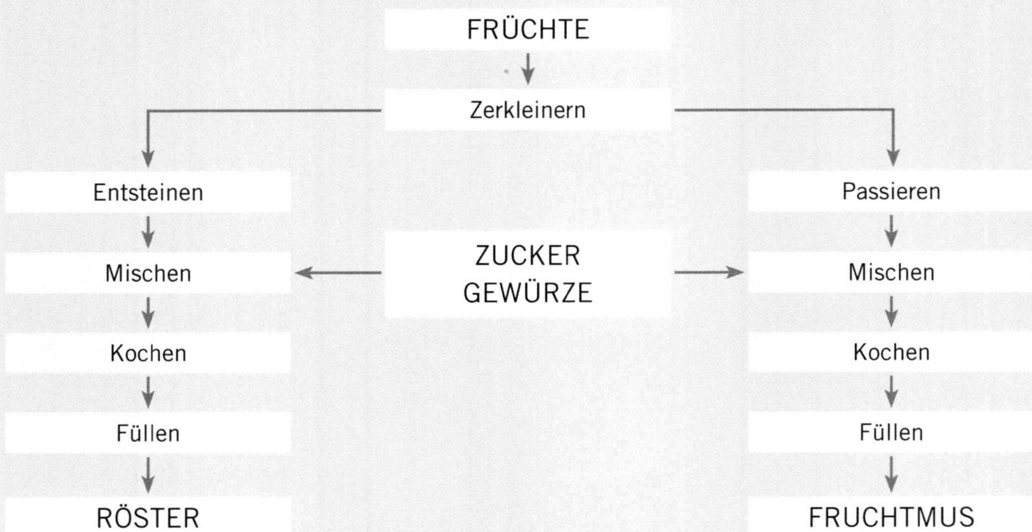

Obstkonserven

Heute gebräuchliche Obstkonserven sind Fruchtzubereitungen wie Kompott, Mus, Fruchtmark oder Röster in Gläsern oder Dosen aus ganzen oder zerkleinerten Früchten. Es gibt sie mit oder ohne Aufguss. Ohne Aufguss kommen beispielsweise Apfelmus oder Zwetschkenröster in den Handel. Bei Konserven mit einer Aufgusslösung unterscheidet man in gezuckerten und ungezuckerten Aufguss. Ein ungezuckerter Aufguss (Wasser) führt zu „Dunstobst". Meistens überzieht man die Früchte mit einer zuckerhaltigen Aufgusslösung und verschließt sie anschließend dicht.
Vor dem Aufkommen der Tiefkühltechnik waren Konserven die bevorzugte Methode, um Obst zu konservieren. Typisch für die Obstkonserve ist, dass die Ware ohne Zugabe von Konservierungsstoffen – mit der möglichen Ausnahme von Zucker –, allein durch Erhitzen, haltbar gemacht wird. Dies kann durch Pasteurisieren des Obstes, also durch eine kurzfristige Erhitzung auf eine Kerntemperatur von circa 80 °C erfolgen. Etwas weniger schonend ist die alternativ mögliche Sterilisation bei Temperaturen über 100 °C. Die Konserven sind sofort verzehrfertig und ohne weiteren Energieaufwand lagerfähig – im Gegensatz zu Tiefkühlfrüchten, die ständig Energie benötigen und erst aufgetaut und zubereitet werden müssen.

14.1 Definitionen

Hinsichtlich der Herstellung bzw. der Zusammensetzung der in diesem Kapitel behandelten Lebensmittel gibt es keine EU-weit gültige Richtlinie. Die Lebensmittelinformationsverordnung (LMIV) – Verordnung (EU) Nr. 1169/2011 – regelt die Kennzeichnung von Lebensmitteln, einschließlich Obstkonserven wie Kompott und Fruchtmus. Auf nationaler Ebene gibt es detailliertere Regelungen. Das Kapitel B5 des Österreichischen Lebensmittelbuchs (Codex Alimentarius Austriacus) enthält spezifische Definitionen und Anforderungen für verschiedene Obsterzeugnisse, einschließlich Kompott und Röster.

- **Kompotte** sind genussfertig eingekochte Früchte oder Fruchtteile in einer zuckerhaltigen Aufgusslösung aus Wasser, Fruchtsaft oder Wein. **Dunstobst** im Gegensatz dazu hat eine zuckerfreie Aufgusslösung und als Zutat für Backwaren Bedeutung. Der Zusatz von Gewürzen ist üblich.
- **Obstmus** ist ein Erzeugnis aus frischen oder tiefgefrorenen Früchten, die durch Passieren oder andere mechanische Verfahren zerkleinert wurden. Es kann mit oder ohne Zuckerzusatz hergestellt werden. Die Konsistenz ist löffelfähig und das Produkt enthält keine ganzen Fruchtstücke.
- **Fruchtmark:** Fein zerkleinerte Früchte, bei denen der nicht genießbare Teil, wie Stiele oder Kerne/Steine, schon abgetrennt wurde, bezeichnet man als Fruchtmark. Dieses dient oft als Basis für andere Produkte oder direkt als Beilage zu entsprechenden Gerichten.
- **Röster** ist ein Obsterzeugnis, das durch Einkochen von frischen oder tiefgefrorenen Früchten hergestellt wird. Im Gegensatz zum Mus enthält der Röster noch erkennbare Fruchtstücke und hat eine festere Konsistenz. Typischerweise wird er mit Zucker ein-

gekocht, kann aber auch ohne Zuckerzusatz hergestellt werden, muss aber mehr als 20 °Brix aufweisen.

- **Powidl** ist eine spezielle Art von Pflaumenmus, das traditionell aus der Zwetschkensorte „Hauszwetschke“ hergestellt wird. Es zeichnet sich durch eine sehr dunkle Farbe und eine dickflüssige, fast pastöse Konsistenz aus. Powidl wird mit oder ohne Zusatz von Zucker oder anderen Süßungsmitteln hergestellt und durch langes Einkochen auf mindestens 53 °Brix (bei Zuckerzusatz auf 58 °Brix) konzentriert. Der Zuckerzusatz ist dabei auf maximal 300 g/kg limitiert.

14.2 Geeignete Früchte

Die Hauptzutaten für Obstkonserven sind Früchte und je nach Produkt keine bzw. eine mehr oder weniger gezuckerte Aufgusslösung. Zusätzlich können Säuerungsmittel und Stoffe zur Geschmacksabrundung verwendet werden. Der Zusatz von Farbstoffen ist produktabhängig geregelt, wobei einige Früchte im Zuge der Produktion gefärbt werden dürfen. Informationen dazu sind den jeweiligen Verordnungen zu entnehmen. Für konventionelle Obstkonserven ist der Zusatz von Konservierungsmitteln nicht gestattet.

Kirschen werden häufig zu Kompott verarbeitet.

Erdbeeren verlieren im Kompott rasch ihre Farbe.

Bei der Auswahl der Früchte für die Konservenherstellung gelten besondere Anforderungen, die sich je nach geplantem Produkt unterscheiden. Für Kompotte, bei denen Teile der Frucht oder die ganze Frucht erhalten bleiben, sind andere Ansprüche erforderlich als für zerkleinerte Früchte. Gut geeignet für die Herstellung von Kompott sind feste, optisch einwandfreie Früchte, die beim Einkochen nicht zerfallen und ein intensiv ausgebildetes Aroma besitzen. Sichtbare Schäden an den Früchten sollten nicht vorhanden sein, da diese bis zum fertigen Produkt sichtbar bleiben können. Zudem sollten die verarbeiteten Früchte möglichst einheitlich groß sein, da Abweichungen sowohl bei ganzen als auch bei geteilten Früchten stören können.
Für Kompott aus Äpfeln oder Birnen werden gelbschalige Sorten bevorzugt. Rotschalige Früchte sollten vor der Verarbeitung geschält werden, um unerwünschte Verfärbungen zu vermeiden. Steinfruchtige oder von Insekten angestochene Birnen sind ungeeignet, da ihre Steinzellen bzw. die deformierten Stellen auch beim Erhitzen nicht aufweichen und den Geschmack beeinträchtigen können.
Zum Schälen von Marillen und Pfirsichen empfiehlt es sich, diese für wenige Sekunden in kochendes Wasser zu tauchen und anschließend kalt abzuschrecken, so lässt sich die Schale leicht abziehen. Nach dem Schälen sollten die Früchte mindestens halbiert und

entkernt werden. Sich nicht vom Stein lösende Zwetschken oder Pflaumen können nur als ganze Frucht eingekocht werden.
Für Süß- und Sauerkirschen gibt es sowohl Varianten mit als auch ohne Stein. Mit dem Stein eingekochte Früchte entwickeln ein intensiveres Aroma, während entsteinte Früchte in der weiteren Verwendung bequemer sind. Beeren wie Himbeeren oder Erdbeeren eignen sich hingegen weniger zum Einkochen stückiger Produkte, da sie zerfallen und unansehnlich werden.

UNTERSCHIEDLICHE PRODUKTE NACH ART DES AUFGUSSES

Produkt	Aufgussflüssigkeit	Zusätze
Obstmark	Kein Aufguss	Zucker, Säure, Gewürze
Fruchtmus, Röster	Kein Aufguss Wasser	Zucker, Säure, Gewürze
Dunstobst	Kein Aufguss Wasser	Säure, Gewürze
Kompott	Kein Aufguss Wasser, Fruchtsaft	Zucker, Säure, Gewürze

Wenn die Früchte im Zuge der Verarbeitung zu Mus oder Röster zerkleinert werden, sind sichtbare Schäden wie Fruchtdeformationen, Verfärbungen oder Druckstellen tolerierbar, solange diese den Geschmack nicht beeinflussen.

14.3 Weitere Zutaten

14.3.1 Zucker

Mit Ausnahme von Dunstobst werden Obstkonserven gezuckert. Das dazu gebräuchlichste Süßungsmittel ist Kristallzucker. Teilweise kann man alternativ zum üblichen Kristallzucker auch Gelierzucker – ein Gemisch aus Zucker, Zitronensäure und Pektin – verwenden. Dieser hat wegen der enthaltenen Zitronensäure eine farbstabilisierende Wirkung und das Quellen des Pektins bewirkt eine sämige Konsistenz der Aufgusslösung.

Für die Herstellung von Produkten mit speziellen ernährungsphysiologischen Eigenschaften, wie zum Beispiel bei diabetikergeeigneten oder bei kalorienreduzierten Lebensmitteln, benötigt man andere Süßungsmittel.

14.3.2 Säuerungsmittel

Zur Geschmacksharmonisierung oder zur pH-Absenkung werden Säuerungsmittel zugesetzt. Die gängigsten Säuerungsmittel sind Zitronensaft bzw. Zitronensäure. Seltener sind es Weinsäure oder Essig. Der Zusatz von Ascorbinsäure wirkt farbstabilisierend und hat wegen der üblich niedrigen Zusatzmengen keine säuernde Wirkung.

14.3.3 Abrundearomen

Der Zusatz von sogenannten Abrundearomen ist weitverbreitet. Häufig verwendet werden Fruchtauszüge, Gewürze, Liköre oder Weine. Diese dürfen weder im Geruch noch im Geschmack in den Vordergrund treten.

14.4 Kompott/Dunstobst

Als Faustregel bei Kompotten gilt, dass die Aufgusslösung die doppelte Zuckerkonzentration aufweisen soll, wie sie im Endprodukt gewünscht wird. Erreicht wird die Endkonzentration nach etwa zwei- bis dreiwöchiger Lagerung, je nach Größe der Fruchtstücke. Erst dann ist die Zuckerkonzentration zwischen Früchten und Aufgusslösung komplett ausgeglichen.

14.4.1 Zerkleinern und Blanchieren

Nach der Auswahl und Reinigung der Rohware erfolgt in der Regel das Zerkleinern und Blanchieren der Früchte für das Kompott. Hierbei kommen spezielle Schneidgeräte zum Einsatz, um die Früchte je nach Größe ganz, halbiert oder geviertelt zuzubereiten. Gegebenenfalls werden die Früchte auch entkernt.

© Georg Innerhofer

Zerkleinerte und blanchierte Birnen werden mit Aufgusslösung überzogen.

Das Blanchieren ist besonders wichtig für harte Früchte, da es mehrere Vorteile bietet: Es reduziert die Keimzahl, inaktiviert pflanzliche Enzyme, weicht die Früchte auf und treibt die im Pflanzengewebe eingeschlossene Luft aus. Die Blanchierzeit variiert je nach Produkt und Obstart und liegt üblicherweise zwischen weniger als einer Minute und zehn Minuten. Die häufigste Methode ist das Wasserblanchieren, bei dem die Früchte in einem Korb in heißes Wasser getaucht werden. In größeren Betrieben wird oft Dampfblanchieren eingesetzt, da hier höhere Temperaturen verwendet werden, was die Blanchierzeit verkürzt.
Nach dem Blanchieren können zu Bräunungen neigende Früchte wie Apfel- und Birnenspalten in eine 0,2%ige Zitronensäurelösung getaucht werden, um unerwünschte Verfärbungen zu verhindern. Bei manchen Früchten empfiehlt es sich, sie vor dem Blanchieren zu schälen oder ganze Früchte mehrmals mit einem spitzen Gegenstand einzustechen, um ein Aufplatzen der Fruchthaut zu vermeiden. Nach diesen Schritten werden die blanchierten Früchte schließlich in Gläser oder Dosen abgefüllt. Der beim Blanchieren entstandene Saft eignet sich zudem gut als Basis für die spätere Aufgusslösung.

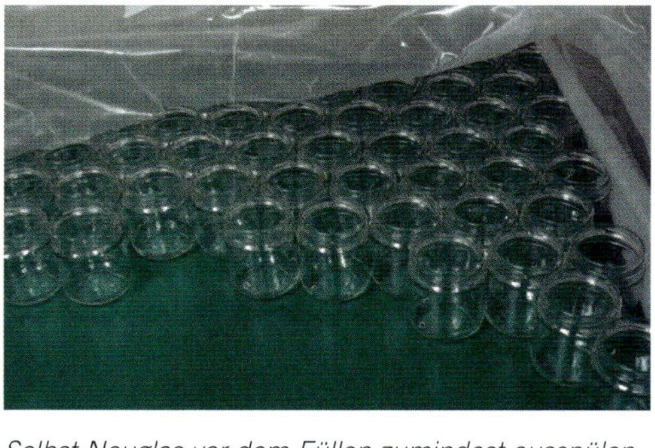

© Georg Innerhofer

Selbst Neuglas vor dem Füllen zumindest ausspülen.

14.4.2 Abfüllen

Das Abfüllen von Kompottfrüchten ist ein wichtiger Schritt in der Herstellung, der oft manuell erfolgt, um Deformationen zu vermeiden. Dies gilt besonders für größere Fruchtstücke, während kleine oder zerkleinerte Früchte auch maschinell abgefüllt werden können. Die Früchte werden eng in Gläser geschichtet und mit einer Zuckerlösung übergossen, die zuvor durch Erhitzen von Wasser und Auflösen von Zucker hergestellt wurde.
Es gibt zwei Hauptverfahren für das Abfüllen: das Heißfüllverfahren und die Kaltfüllung. Beim Heißfüllverfahren, das sich für feste Früchte und kleines Steinobst eignet, werden die blanchierten oder vorgekochten Früchte heiß in die Gläser gefüllt. Dies reduziert eingeschlossene Luft, verhindert Aufsteigen und erhält die Farbe besser. Die Kaltfüllung hingegen ist schonender für Beerenobst und größere Fruchtstücke. Hierbei werden die Früchte nach dem Blanchieren abgekühlt und dann in die Gläser gefüllt.
Ein wichtiger Aspekt beim Abfüllen ist der Kopfraum, der bis zu 8 % des Füllvolumens betragen sollte, um Wärmeausdehnung zu ermöglichen. Das Füllgewicht wird durch das Abtropfgewicht der Früchte bestimmt und sollte einheitlich sein. Beim manuellen Füllen sollte das Glas mehrmals aufgestoßen werden, um die Früchte zu verdichten. Automatische Fülleinrichtungen verfügen über Rüttler oder Stampfer für diesen Zweck.
Theoretisch können saftreiche Obstarten auch ohne zusätzliche Aufgusslösung verarbeitet werden, indem sie schichtweise mit Zucker

in Gläser gefüllt und im eigenen Saft gekocht werden. Diese Methode kann jedoch die Form der Früchte beeinträchtigen und wird daher seltener angewendet.

14.4.3 Haltbarmachen

Bei der Haltbarmachung von Kompott oder Dunstobst spielt die Anwesenheit von Fruchtstücken eine entscheidende Rolle. Anders als bei Saft, Essig oder Obstwein müssen nicht nur Mikroorganismen auf der Fruchtoberfläche, sondern auch Enzyme im Fruchtinneren inaktiviert werden. Daher ist die Temperatur im Inneren der Früchte besonders wichtig, vor allem bei großen Fruchtstücken oder ganzen Früchten. Eine zu kurze Erhitzungsphase könnte Keime und Enzyme nur unzureichend inaktivieren.
Die Pasteurisation des verschlossenen Gebindes ist die wichtigste Methode zur Haltbarmachung von Kompott. Nach dem Befüllen und Verschließen werden die Gläser von außen erhitzt. Ohne genaue Temperatursteuerung erhitzt man, bis erste Bläschen im Glas aufsteigen, was bei etwa 80 °C Füllguttemperatur geschieht. Anschließend hält man die Temperatur für 20–30 Minuten, je nach Festigkeit und Größe der Früchte. Diese Haltezeit ist notwendig, um auch das Fruchtinnere ausreichend zu erhitzen. Danach kühlt man die Gläser ab, um Qualitätsverluste zu minimieren. Für größere Mengen empfiehlt sich eine temperaturgesteuerte Erhitzung. Dabei kommen Autoklaven zum Einsatz, die ähnlich wie Schnellkochtöpfe funktionieren. In diesen Druckbehältern werden die Lebensmittel durch Heißwasserberieselung und gleichzeitige Rotation erhitzt, was eine schnelle und gleichmäßige Wärmeverteilung gewährleistet. Moderne Messsysteme ermöglichen eine präzise Steuerung von diesem Erhitzungsschritt.
Selbst wenn bereits blanchierte Früchte mit heißer Aufgusslösung übergossen werden, ist eine Nachpasteurisation der verschlossenen Gläser notwendig, um die Inaktivierung aller Keime sicherzustellen. Nur bei Gläsern, die mit kochend heißer Fruchtzubereitung befüllt wurden, kann ein mehrminütiges Auf-den-Kopf-Stellen ausreichen, vorausgesetzt, es werden luftdichte Verschlüsse wie Twist-Off-Deckel verwendet. Dennoch ist eine Nachpasteurisation auch hier empfehlenswert.
Um Bräunungen empfindlicher Früchte wie Birnen im fertigen Kompott zu verhindern, wird der Aufgusslösung Ascorbinsäure zugesetzt. Gelierzucker für zuckerreduziertes Einkochen enthält sehr oft Konservierungsmittel, die die Haltbarkeit auch im Kompott garantieren.

Erhitzen kann im Wasserbad oder wie hier im Dampfgarer erfolgen.

14.5 Fruchtmus/Fruchtmark/Röster/Powidl

14.5.1 Geeignete Obstarten

Für die Herstellung von Fruchtmus eignen sich grundsätzlich alle heimischen Früchte. Besonders beliebt ist Apfelmus, während im alpinen Raum das sogenannte „Hollermandl“, ein Mus

aus Holunder, eine wichtige Rolle spielt. Auch andere Früchte wie Erdbeeren, Brombeeren, Himbeeren und Sauerkirschen – einzeln oder als Mischung – ergeben erfrischende und aromatische Fruchtmuse oder -marken.
Bei der Apfelmusherstellung bevorzugt man gelb- oder grünschalige Äpfel mit gelbem Fruchtfleisch. Rotschalige Sorten können durch ihre Farbstoffe zu unerwünschten Verfärbungen führen. Dieses Problem lässt sich oft durch Schälen der rotfruchtigen Sorten vollständig beheben oder zumindest reduzieren.
Eine besondere Form von Mus ist der Röster, der hauptsächlich aus Steinobst wie Zwetschken, Pflaumen oder Marillen hergestellt wird. Seine Konsistenz liegt zwischen der von Kompott und Mus. Viele Hersteller achten darauf, dass im fertigen Produkt noch erkennbare Fruchtstücke enthalten sind, was dem Röster seine charakteristische Textur verleiht.

14.5.2 Verarbeitung

Bei der Verarbeitung der Früchte ist es vor dem Abtrennen der Feststoffe wie Stängeln, Kernen bzw. Steinen oder festen Schalenbestandteilen empfehlenswert, die Früchte zu blanchieren und zu zerkleinern. Zum anschließenden Passieren verwendet man ein Sieb mit 0,75 mm oder 1,5 mm Lochdurchmesser. Das Mus von

© Georg Innerhofer

Mus lässt sich im kleinen Maßstab händisch füllen.

kalt zerkleinerten und passierten Früchten neigt zum Bräunen, rasches Verarbeiten ist daher besonders wichtig. Bei der Verarbeitung von leicht oxidierenden Früchten kann Zitronensäure oder Ascorbinsäure zugesetzt werden, um die Bräunungsreaktionen zu verlangsamen.
Zur Herstellung von Röster werden entsteinte und grob zerkleinerte bzw. halbierte Früchte erhitzt, nach Belieben gezuckert und gewürzt und mehr oder weniger musig zerkocht. Die Herstellung von klassischem Zwetschkenröster erfolgt ohne Wasserzusatz. Die Kochzeit ist dabei wesentlich für die Konsistenz, je länger gekocht wird, umso dickflüssiger wird das Produkt. Röster wird heiß abgefüllt und verschlossen oder, wenn notwendig, im Gebinde nachpasteurisiert.
Für ein Mus aus Beeren werden diese von ihrem Stielgerüst oder von den Kelchblättern befreit, blanchiert und anschließend passiert.
Beim Hollermandl werden je nach Region die abgerebelten Holunderbeeren mit Äpfeln, Zwetschken oder anderen Früchten gemischt, anschließend aufgekocht und ebenfalls heiß abgefüllt. Der Zusatz von Gewürzen ist üblich, diese sollen aber nie vordergründig werden.

14.5.3 Abfüllen

Musig-breiige Produkte füllt man meistens heiß ab. Die Behälter werden dabei mit dem heißen Füllgut möglichst randvoll gefüllt und anschließend verschlossen.
Das Abfüllen kann von Hand oder maschinell erfolgen, je nach der Betriebsgröße und der Art des Produkts. Zum Abfüllen eines pastösen oder breiigen Produkts wie Fruchtmus oder -mark eignen sich Kolbenfüller recht gut. In diesen Maschinen wird das Füllgut in einen Messzylinder gesogen, anschließend die genau dosierte Menge vom Kolben in die Gebinde gedrückt. Beim manuellen Befüllen der Gläser ist es sinnvoll, einen Fülltrichter oder Ähnliches zu verwenden. Zuckerreste außen am Glasrand könnten den Verschluss verkleben und das Öffnen erschweren, sie sollen daher entfernt werden.

© pixabay jaymethunt

Kirschen in Dosen gefüllt, werden anschließend mit Aufgussflüssigkeit überzogen, verschlossen und dann erhitzt.

Bei der Heißfüllung kann man die Behälter möglichst voll machen, da sich das Füllgut beim Erkalten wieder zusammenzieht. Um bei manchen Produkten sicherzugehen, dass keine Luft im Kopfraum verbleibt, wird diese im Großbetrieb mit Dampf ausgeblasen. Bei richtiger Abfüll- und Verschlusstechnik bildet sich im Kopfraum des Behälters ein Unterdruck aus.

14.5.4 Haltbarmachung

Für das Erreichen der Haltbarkeit gelten die gleichen Grundsätze von Pasteurisation und Heißfüllung. Neben ausreichender Produkttemperatur zur sicheren Inaktivierung von Mikroorganismen und Enzymen im Produkt, dürfen auch im Gebinde und am Verschluss keine keimfähigen Zellen verbleiben.
Fruchtmus oder Röster wird meistens im Zuge der Herstellung erhitzt, mehrere Minuten lang heiß gehalten und anschließend auch gleich bei Temperaturen von rund 80 °C abgefüllt. Um die notwendige Deckelsterilität zu erreichen ist auch ein zweiter Pasteurisationsschritt im heißen Wasserbad oder Luftstrom möglich.

14.6 Haltbarkeit

Wesentlich für eine ausreichende Pasteurisation sind eine dichte Verpackung und ein dichter Verschluss. Korrekt hergestellte Obstkonserven sind über mehrere Monate, manche sogar jahrelang haltbar. Das gilt nicht für alle Produkte und schon gar nicht für alle Obstarten. Die Haltbarkeit bestimmt sich somit neben der fehlerfreien Herstellung auch durch die Art des Produkts und der verwendeten Obstart.
Erdbeeren, Zwetschken, Süßkirschen oder Marillen beispielsweise neigen stark zum Bräunen und Verändern des Aromas. Ein Kompott aus Marillen beispielsweise lässt sich kaum ein Jahr lang in Gläsern ohne deutlichen Qualitätsverlust lagern. Erdbeeren verlieren innerhalb weniger Monate ihre leuchtende rote Farbe.

14.7 Fehler

Die Haltbarkeit von Obstkonserven bestimmt sich durch eine ausreichende Pasteurisation und einen luftdichten Verschluss, der ein nachträgliches Eindringen von Verderbnis erregenden Mikroorganismen verhindert. Ein mikrobiologischer Verderb von Obstkonserven ist demzufolge auf zweierlei Ursachen zurückzuführen:

14.7.1 Unterpasteurisation

Gärung oder Schimmelbildung in einem original verschlossenen Behältnis deuten darauf hin, dass Keime die Pasteurisation überlebt haben. Dies kann verschiedene Ursachen haben:

- Zu niedrige Temperaturen während der Pasteurisation
- Zu kurze Haltezeiten bei der Erhitzung
- Ungleichmäßige Wärmeverteilung im Pasteurisationsprozess
- Besonders widerstandsfähige Mikroorganismen

Bei einer Unterpasteurisation ist es meist nur eine Art von Mikroorganismen, die den Verderb verursachen. Hefen treten nur bei erheblicher Unterpasteurisation oder gänzlich fehlender Wärmebehandlung auf. Eine alkoholische Gärung trotz dichten Verschlusses ist ein deutliches Zeichen für schwerwiegende Mängel im Pasteurisationsprozess.

14.7.2 Undichtigkeit

Ein dichter Verschluss schließt die Reinfektion aus und ermöglicht monatelange Haltbarkeit. Nur undichte Behälter können nach erfolgtem Erhitzen von Mikroorganismen infiziert und verdorben werden. Als Verderbniserreger in undichten Behältern kommen zwar eine ganze Reihe von Mikroorganismen infrage, meistens sind es aber Hefen, die eine Gärung verursachen, oder Schimmelpilze, die an der Oberfläche einen Schimmelrasen ausbilden.
Bei der Verwendung von Glasdeckeln müssen diese und das Glas unversehrt sein, poröse Gummidichtungen dürfen nicht verwendet werden. Unabhängig von der Art der Befüllung bildet sich nach dem Abkühlen im verschlossenen Behälter ein Unterdruck. Der Normaldruck der Luft drückt den Deckel auf das Glas und sorgt damit für einen dichten Verschluss. Liegt ein Glasdeckel lose auf und hält nicht fest am Glas, so war dieses entweder nicht dicht, oder es kam durch Unterpasteurisation zu Mikroorganismenvermehrung mit Gasbildung und damit zum Verlust des Unterdrucks. Lose Deckel sind daher Zeichen von verdorbenem Inhalt.
Twist-Off-Deckel sind auch ohne Druck von außen dicht, sie halten auch bei verdorbenem Füllgut noch fest. Mit Twist-Off-Deckeln verschlossene Gläser lassen als deutliches Zeichen für einwandfreien Inhalt beim Öffnen ein typisches Knacken hören. Mögliche Ursache für undichten Verschluss sind Fehler im Gläserrand oder ein Überdrehen beim Verschließen.

14.8 Kennzeichnung

Neben den hier vorgestellten Vorgaben sind für Österreichische Produkte im Codexkapitel B5 weitere Details über die Angabe von Fruchtgehalten und Zuckerangaben definiert, die hier nicht alle angeführt werden können.

14.8.1 Obstmus oder -mark

Beim Obstmus gibt es keine Besonderheiten bei der Kennzeichnung, außer dass der Fruchtgehalt direkt unter der Sachbezeichnung oder in der Zutatenliste definiert sein muss. Bei Mark gelten die gleichen Vorgaben für die Etikettierung.

Obstmus, Röster oder Mark **z. B. Apfelmus** **Fruchtanteil 80 %**	Bezeichnung des Lebensmittels
Franz Muster Obstweg 1, 1234 Garten	Lebensmittelunternehmer
500 g	Nettofüllmenge
L-011006	Los-/Chargennummer
Mindestens haltbar bis Ende MM/JJ oder Mindestens haltbar bis TT/MM/JJ	Mindesthaltbarkeitsdatum
Nach dem Öffnen gekühlt aufbewahren und bald verbrauchen	Temperatur und Lagerbedingungen
Zutaten: Äpfel (80 %), Zucker, Antioxidationsmittel: Ascorbinsäure	Zutaten

14.8.2 Kompott

Ein besonderes Kennzeichnungsmerkmal bei Kompott ist der Fruchtgehalt, der in Form vom Abtropfgewicht im Vergleich zur Aufgussflüssigkeit deklariert wird. Als Aufgussflüssigkeit bei Kompotten geht es um Wasser, wässrige Zuckerlösungen oder Fruchtsäfte, sofern diese Aufgussflüssigkeit gegenüber den wesentlichen Bestandteilen der Zubereitung nur eine untergeordnete Rolle spielt und für den Kauf nicht ausschlaggebend ist.

Fruchtkompott /Dunstobst **z. B. *Birnenkompott***	Bezeichnung des Lebensmittels
Franz Muster Obstweg 1, 1234 Garten	Lebensmittelunternehmer
500 g Abtropfgewicht: 350 g	Nettofüllmenge
L-011006	Los-/Chargennummer
Mindestens haltbar bis Ende MM/JJ oder Mindestens haltbar bis TT/MM/JJ	Mindesthaltbarkeitsdatum
Nach dem Öffnen gekühlt aufbewahren und bald verbrauchen	Temperatur und Lagerbedingungen
Zutaten: Birnen, Wasser, Zucker, Zitronensaft	Zutaten

14.9 VERSTÄNDNISFRAGEN

1. Welche Produkte sind unter der Bezeichnung Obstkonserve zusammengefasst? Nenne die Unterschiede.
2. Was versteht man unter dem Begriff „Blanchieren“ und warum ist dieser Schritt bei der Konservenherstellung wichtig?
3. Beschreibe die besonderen Anforderungen für Früchte, die zu Kompott verarbeitet werden sollen.
4. Welche Besonderheiten sind beim Füllen von Kompotten zu beachten?
5. Warum ist es wichtig, bei der Konservenherstellung einen Kopfraum im Glas zu lassen?
6. Welche speziellen Anforderungen gibt es für Äpfel, die zu Mus verarbeitet werden sollen?
7. Welche Süßungsmittel und welche Säuerungsmittel werden bei der Konservenherstellung verwendet?
8. Beschreibe die Verarbeitungsschritte von der Frucht zum Röster.
9. Wovon hängt die Haltbarkeit einer Obstkonserve ab?
10. Wie kann es zum Verderb einer Obstkonserve kommen?

Im Kompottglas lassen sich viele Obst und Gemüsearten haltbar machen.

Qualitätssicherung

In der Lebensmittelverarbeitung allgemein spielt die Qualitätssicherung eine entscheidende Rolle für die Sicherheit und Zufriedenheit der Verbraucher. Dieses Kapitel widmet sich den wesentlichen Aspekten der Lebensmittelqualitätssicherung, die sicherstellen, dass Produkte sowohl gesetzeskonform als auch von hoher Qualität sind.
Dazu gehören ...

- die korrekte Lebensmittelkennzeichnung,
- die analytische Überprüfung der Inhaltsstoffe,
- die sensorische Bewertung der organoleptischen Eigenschaften sowie
- die strikte Einhaltung von Hygieneauflagen.

Gemeinsam bilden diese Elemente ein umfassendes System zur Gewährleistung der Lebensmittelsicherheit und -qualität, das sowohl den Anforderungen der Verbraucher als auch den gesetzlichen Vorgaben gerecht wird. Im Folgenden werden diese Bereiche näher definiert und deren Bedeutung erklärt.

15.1 Kennzeichnung

Alle in den Verkehr gebrachten Lebensmittel, ob verkauft oder verschenkt, müssen gemäß den geltenden Bestimmungen gekennzeichnet werden. Die VO (EU) Nr. 1169/2011, kurz „LMIV" (Lebensmittelinformationsverordnung), regelt die allgemeinen Kennzeichnungselemente für Lebensmittel in der Europäischen Union. Fehler in der Kennzeichnung sind der häufigste Grund für Beanstandungen bei Lebensmitteln von handwerklich hergestellten Produkten.

Neben den allgemeinen Vorgaben gibt es für viele Lebensmittel aufgrund ihrer Herstellungsweise oder Zusammensetzung zusätzliche spezielle Kennzeichnungsvorschriften.

Die Kennzeichnung muss ...

- direkt auf der Verpackung oder einem fest verbundenen Etikett angebracht sein,
- gut sichtbar und lesbar sein,
- dauerhaft und leicht verständlich sein,
- vollständig und unverdeckt präsentiert werden.

Durch die korrekte Kennzeichnung wird sichergestellt, dass Verbraucher alle notwendigen Informationen über ein Lebensmittel erhalten und fundierte Kaufentscheidungen treffen können.

Bitte beachten Sie: Die in diesem Kapitel zur Lebensmittelherstellung und -kennzeichnung bereitgestellten Informationen sind rein informativ und erheben keinen Anspruch auf Vollständigkeit. Aufgrund der Komplexität und des Umfangs des Themas kann dieses kleine Kapitel nur einen Überblick geben. Es liegt in der Verantwortung jedes Lebensmittelherstellers, vor dem Inverkehrbringen seiner Produkte für eine korrekte und vollständige Kennzeichnung gemäß den aktuellen gesetzlichen Bestimmungen zu sorgen. Trotz sorgfältiger Recherche kann der Autor keine Haftung für die Richtigkeit und Vollständigkeit der hier präsentierten Informationen übernehmen.

15.1.1 Bezeichnung des Lebensmittels

Die Bezeichnung des Lebensmittels – früher „Verkehrsbezeichnung“ oder „Sachbezeichnung“ genannt – ist eine Beschreibung des Lebensmittels, die die Art des Produkts und dessen charakteristische Merkmale angibt. Im Gegensatz zum Produktnamen, der fantasievoll sein darf, bleibt die Bezeichnung des Lebensmittels sachlich, zum Beispiel „Obstweinhaltiges Getränk“ oder „Spirituose“.

Jedes verpackte Lebensmittel – jede Fertigpackung – muss daher eine Bezeichnung tragen. Diese Bezeichnung soll ...

- an gut sichtbarer Stelle stehen,
- gut lesbar sein und
- eine vorgegebene Mindestschriftgröße einhalten.

Außerdem darf sie nicht durch andere Angaben oder Bildzeichen oder sonstiges eingefügtes Material verdeckt oder undeutlich gemacht oder getrennt werden.
Für viele Lebensmittel ist die Bezeichnung in einer Rechtsvorschrift geregelt, zum Beispiel für Fruchtsaft, Likör oder Konfitüre. Falls keine Bezeichnung vorgeschrieben ist, wird das Lebensmittel mit seiner verkehrsüblichen oder – falls es auch diese nicht gibt – mit einer beschreibenden Bezeichnung versehen (zum Beispiel „Chutney – feine Würzsoße“).

15.1.2 Name und Anschrift

Durch Namen und Anschrift des Erzeugers oder Verpackers oder Verkäufers muss zurückverfolgt werden können, in wessen Verantwortung das Produkt vermarktet wird. Es muss die postalische Zustellbarkeit gewährleistet sein, d. h. Name, Straße, Hausnummer, PLZ und Ort sind anzugeben. Die Angabe einer Homepage und/oder einer Facebook-Adresse ist nicht ausreichend!

15.1.3 Nettofüllmenge

Die Angabe der Füllmenge ist auf dem Etikett bei flüssigen Lebensmitteln in Liter (l), Zentiliter (cl) oder Milliliter (ml), bei anderen in Kilogramm (kg) oder Gramm (g) anzugeben. Die Prägung der Nettofüllmenge im Glas ist für eine korrekte Kennzeichnung grundsätzlich nicht ausreichend.

Die Ziffernhöhe der Nennfüllmenge ist nach Packungsgröße festgelegt:

- bis 200 g 3 mm
- > 200–1000 g 4 mm
- > 1000 g 6 mm

15.1.4 Haltbarkeitsdatum

Als Haltbarkeitsdatum ist jenes Datum anzugeben, bis zu dem die Ware „sicher“ ist und ihre spezifischen Eigenschaften behält. Das Mindesthaltbarkeitsdatum legt der Hersteller fest. Die Haltbarkeit eines Produkts ist von Faktoren abhängig wie: verwendete Rohstoffe, Herstellungsbedingungen, Technologie der Haltbarmachung, Hygiene, Verpackungsart und Lagerung. Nur bei wenigen Lebensmitteln gibt es eine Ausnahme von der verpflichtenden Angabe der Haltbarkeit. So ist bei Essig, Getränken mit einem Alkoholgehalt von 10 % vol oder mehr bzw. bei Produkten aus dem Weingesetz die Angabe eines Mindesthaltbarkeitsdatums nicht erforderlich.

Je nach Art des Lebensmittels gibt es ein ...

- Mindesthaltbarkeitsdatum: bei Lebensmitteln, bei denen ein Überschreiten keine unmittelbare Gefahr für die Gesundheit des Konsumenten darstellt.
- Verbrauchsdatum bei sehr empfindlichen Lebensmitteln, die nach Ablauf der angegebenen Frist eine Gefahr für die Gesundheit des Konsumenten darstellen.

Der Hersteller garantiert mit dem **Mindesthaltbarkeitsdatum** (MHD) bei einem Lebensmittel, dass es bei ordnungsgemäßer Lagerung mindestens bis zu diesem Zeitpunkt alle vorgegebenen Eigenschaften behält.
Das Überschreiten des Mindesthaltbarkeitsdatums heißt nicht, dass das Produkt nicht

mehr genießbar ist. Überprüft man das Produkt mit allen Sinnen auf seine Beschaffenheit, sein Aussehen und seinen Geruch und bemerkt keine Auffälligkeiten, kann es somit auch nach Überschreiten des MHD noch problemlos verzehrt werden. Fälschlicherweise vermuten viele Konsumenten, dass das Lebensmittel zu dem angegebenen Zeitpunkt entsorgt werden muss, weil es „abgelaufen" ist.

Die Angaben können lauten:

- **„mindestens haltbar bis TT/MM":** Die Angabe des Mindesthaltbarkeitsdatums auf den Tag und den Monat genügt bei einer Haltbarkeit des Produkts von weniger als drei Monaten;
- **„mindestens haltbar bis Ende MM/JJ":** Die Angabe von Monat und Jahr genügt bei einer Haltbarkeit zwischen drei und 18 Monaten. Diese Angabe wird bei den meisten Produkten aus Früchten verwendet und macht auf jeden Fall zusätzlich die Angabe der Losnummer erforderlich. Bei Angabe auf den Tag genau kann die Angabe einer Losnummer entfallen. Achtung: „mindestens" muss bei allen Varianten ausgeschrieben werden.

Bei Lebensmitteln aus Obst handelt es sich eher um unproblematische Lebensmittel hinsichtlich der Gefahr für die Gesundheit des Konsumenten. Wir haben hier eine relativ große Zeitspanne zwischen dem Ablauf des MHD bzw. beginnenden Qualitätseinbußen und einem wirklichen Verderb. Apfelsaft, Pfirsichnektar oder Marillenkonfitüren sind oft Monate nach Ablauf immer noch tadellos genießbar. Das **Verbrauchsdatum** im Gegensatz dazu ist sicherheitsrelevant. Bei leicht verderblichen Waren wie zum Beispiel rohem Fleisch, Faschiertem und Fisch muss ein Verbrauchsdatum („zu verbrauchen bis") angegeben werden. Im Gegensatz zum Mindesthaltbarkeitsdatum gelten Produkte, die dieses Datum überschritten haben, nicht mehr als sicher und genießbar.

Zwischen eintretenden Qualitätseinbußen und dem Verderb des Lebensmittels mit einer Gefahr für die Gesundheit des Konsumenten liegt bei ihnen in der Regel nur eine relativ kurze Zeitspanne. Meistens geht diese Gefährdung von Bakterien aus, die in der Obstverarbeitung glücklicherweise nur bei wenigen Produkten eine Rolle spielen.

15.1.5 Alkoholangabe

Der Alkoholgehalt ist bei Getränken ab einem Alkoholgehalt von 1,2 % vol und auf eine Kommastelle genau anzugeben. Die Abweichung vom tatsächlichen Alkoholgehalt darf bei Obstwein maximal +/– 1 % vol betragen, bei Spirituosen maximal +/– 0,3 % vol und bei Getränken mit Früchten oder Pflanzenteilen maximal +/– 1,5 % vol. Die Angabe hat „xx,x % vol" zu lauten, der Angabe der Maßzahl können die Buchstabenfolgen „alc.", „Alkohol" oder „Alk." vorangestellt werden.

15.1.6 Losnummer

Die Losnummer ist eine frei wählbare Ziffern- oder Buchstabenkombination, mit „L" beginnend. Der Hersteller soll daraus eindeutig die Produktionscharge ableiten können, um im Fall eines Fehlers die betroffene Charge aus dem Verkehr nehmen zu können (Chargenbuch). In der Praxis bewährt sich je Produktionseinheit eine Kombination aus Buchstaben und/oder

© Georg Innerhofer

Die Chargennummer muss nicht am Etikett sein, hier auf den Schraubverschluss aufgedruckt.

Zahlen, die auf das Herstellungsdatum rückschließen lässt, zum Beispiel „L140506". Die Angabe der Losnummer kann entfallen, wenn das Mindesthaltbarkeitsdatum auf den Tag genau angeben wird (z. B. „mindestens haltbar bis 31.10.2023").

15.1.7 Temperatur und Lagerbedingungen

Hinweise auf Temperatur- und Lagerbedingungen gehören auf das Etikett, wenn diese wichtig für die Haltbarkeit des Produkts sind. Der Hinweis „nach dem Öffnen gekühlt aufbewahren" ist dann anzuführen, wenn die Haltbarkeit sonst sehr eingeschränkt wäre. Zusätzlich geeignet ist der Hinweis „... und bald verbrauchen".

15.1.8 Zutaten

Unter dem Titel „Zutaten" sind alle Stoffe anzugeben, die bei der Herstellung verwendet wurden und in irgendeiner Form im Endprodukt enthalten sind. Die Zutaten müssen in absteigender Reihenfolge ihres Gewichtsanteils aufgeführt werden. Die Hauptzutaten stehen also am Anfang, Zutaten mit geringeren Mengen am Ende der Liste. Angegeben müssen die Zutaten mit ihrer rechtlich vorgeschriebenen Bezeichnung werden. Für wertbestimmende Zutaten oder bildlich auf dem Etikett dargestellten Zutaten muss der prozentuale Anteil angegeben werden, zum Beispiel der Anteil von Marillen im Fruchtaufstrich.

Angabe der Zutaten in der Reihenfolge der verwendeten Mengen, bei Zusatzstoffen ist die Funktionsklasse anzugeben.

Die Angabe eines Zusatzstoffs in der Zutatenliste sollte folgendermaßen erfolgen:

- Zuerst wird die Funktionsklasse (z. B. Süßungsmittel, Farbstoff, Konservierungsstoff) genannt.
- Danach folgt entweder die spezifische Bezeichnung des Zusatzstoffs oder seine E-Nummer.

Zum Beispiel: „Geliermittel Pektin" oder Geliermittel E 440"

E-Nummern sind Codes, die in der Europäischen Union für Lebensmittelzusatzstoffe vergeben werden. Sie ermöglichen eine einheitliche und sprachunabhängige Kennzeichnung von Zusatzstoffen wie Farbstoffen, Konservierungsmitteln und Geschmacksverstärkern in verarbeiteten Lebensmitteln. Nummern gibt es sowohl für chemisch hergestellte Zusatzstoffe, aber auch für ganz natürliche wie eben für Pektin. Diese Nummern helfen Verbrauchern, die enthaltenen Zusatzstoffe schnell zu identifizieren und deren Funktion zu verstehen.
Bei Bränden, Spirituosen und Likören ist die Angabe der Zutaten nicht erforderlich, weil deren Alkoholgehalt über 1,2 % vol beträgt. Verwendete Zutaten sind bei Produkten aus dem Weingesetz noch nicht auf dem Etikett anzuführen. Auf jeden Fall zu kennzeichnen sind aber Allergene.

15.1.9 Weitere Vorgaben

15.1.9.1 Schriftgröße

Kleinbuchstaben müssen mindestens 1,2 mm hoch sein (bei Produkten mit einer Oberfläche von weniger als 80 cm² reichen 0,9 mm Schriftgröße). Als Musterbuchstabe dient dabei das kleine „x" der jeweiligen Schriftart. Spezielle Vorgaben für die Schriftgröße gelten für Füllmenge und bei Produkten aus der Obstweinverordnung für den Alkoholgehalt.

15.1.9.2 Sichtfeldregelung

Als Sichtfeld gelten alle Oberflächen einer Verpackung, die von einem einzigen Blickpunkt

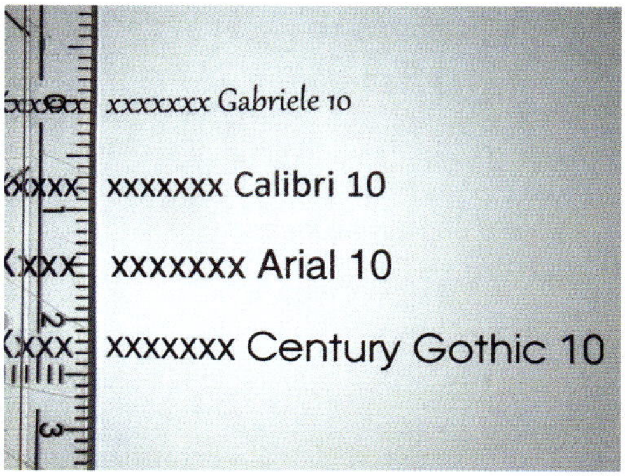

© Georg Innerhofer

Die Mindestschriftgröße lässt sich nicht in Schriftgrößen angeben, da diese nach Schriftart stark variieren.

aus (ohne Drehen von Packung, Glas oder Flasche) gelesen werden können. Im selben Sichtfeld, d. h. auf einen Blick erfassbar, müssen sein:

- Bezeichnung des Lebensmittels
- Nettofüllmenge
- Alkoholgehalt (wenn vorhanden)

15.1.9.3 QUID-Regelung

Die Abkürzung QUID steht für Quantitative Inhaltsstoff Deklaration. Das Ziel dabei ist es, den Anteil der wertbestimmenden Bestandteile ausloben zu müssen. Sie soll eine Hilfestellung für Konsumenten sein, um den „wahren“ Wert des Produkts zu erkennen.

Erzeugnisse aus einer Obstart

Wenn eine Zutat in der Produktbezeichnung genannt oder auf dem Etikett bildlich hervorgehoben wird, muss ihr prozentualer Anteil angegeben werden.

Beispiel: Marillen-Fruchtaufstrich
Zutaten: Marillen (70 %), Zucker, Geliermittel: Pektin

Beispiel: Marillenkonfitüre
Die prozentuale Angabe kann entfallen, weil bereits eine andere Bestimmung – hier die Konfitürenverordnung – eine Angabe vorsieht. „Zutaten: Marillen, Zucker, Geliermittel: Pektin“
Und beliebig auf dem Etikett platziert: „Hergestellt aus xx g Marillen je 100 g“

Zweifrucht-Erzeugnisse

Bei Erzeugnissen mit zwei Obstarten in der Bezeichnung müssen diese mengenmäßig in der Zutatenliste deklariert werden. Die Frucht mit dem höheren Anteil ist vor der anderen zu nennen.
So ist beispielsweise beim „Marillen-Pfirsich-Fruchtaufstrich“ bei entsprechender Rezeptur die Zutatenliste wie folgt zu gestalten:
Zutaten: Marille 50 %, Zucker, Pfirsich 20 %, Geliermittel: Pektin

Mehrfrucht-Erzeugnisse

Werden drei oder mehr Obstarten gemischt, sind diese unter dem Punkt „Zutaten“ in absteigender Reihenfolge ihres Mengenanteils anzugeben. Die %-Angabe ist nicht notwendig.
Zutaten: Marillen, Zucker, Pfirsich, Apfel, Geliermittel: Pektin

15.1.9.4 Allergenkennzeichnung

Allergene sind Substanzen, die bei manchen Menschen Reaktionen aufgrund Allergien oder Unverträglichkeiten auslösen können. Das Immunsystem erkennt diese Stoffe als „körperfremd“ und reagiert zum Schutz des Organismus.

© Georg Innerhofer

Gemäß QUID-Deklaration erfolgt eine Mengenangabe der wertbestimmenden (oder hervorgehobenen) Zutat.

Die 14 kennzeichnungspflichtigen Hauptallergene

Von den vielen möglichen Allergenen wurden 14 als besonders relevant für den Lebensmittelsektor identifiziert und müssen gekennzeichnet werden. Dazu gehören:

- Glutenhaltige Getreide (z. B. Weizen, Roggen, Gerste, Hafer, Dinkel, Kamut)
- Eier
- Milch (einschließlich Lactose)
- Fisch
- Krebstiere
- Soja
- Erdnüsse
- Schalenfrüchte (z. B. Mandeln, Haselnüsse, Walnüsse, Pistazien)
- Sellerie
- Senf
- Sesam
- Schwefeldioxid und Sulfite
- Lupinen
- Weichtiere

In der Zutatenliste müssen diese Allergene hervorgehoben werden, beispielsweise durch Fettdruck oder farbliche Hinterlegung. Wenn keine Zutatenliste vorgesehen ist oder das Allergen nicht aus der Bezeichnung des Lebensmittels hervorgeht, muss der Hinweis „enthält ##" verwendet werden. Bei Produkten wie Most, die Schwefeldioxid enthalten, erfolgt die Kennzeichnung mit „enthält Sulfite".

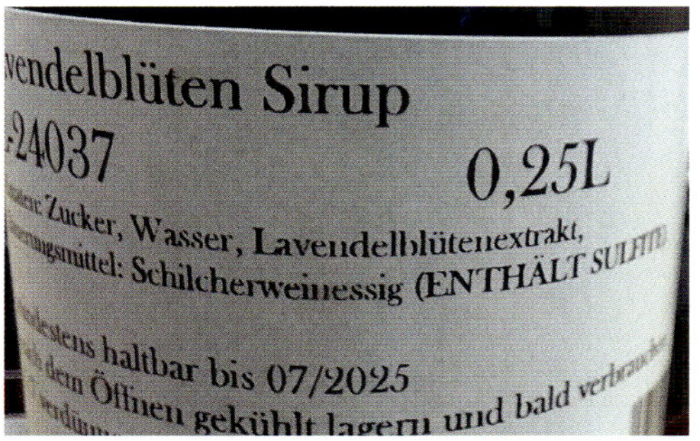

© Georg Innerhofer

Achtung auf Allergene aus der Verwendung von Zutaten, hier Sulfite aus dem Essig stammend.

15.1.9.5 Bio-Kennzeichnung

Wird ein Produkt als „Bio" ausgelobt, sind folgende Angaben im selben Sichtfeld zu machen:

- der Kontrollstellencode,
- die Herkunftsbezeichnung und
- das EU-Bio-Logo (Größe: mindestens 9 mm hoch und 13,5 mm breit)

Der Kontrollstellencode muss direkt über der Herkunftsbezeichnung stehen. Bei Bioprodukten ist die Kennzeichnung der Biozutaten erforderlich, zum Beispiel durch ein „*" bei der jeweiligen Zutat samt Hinweis: „aus biologischer/ökologischer Landwirtschaft; aus biologischem/ökologischen Landbau/Anbau".

15.1.9.6 Nährwertkennzeichnung

Die Nährwertkennzeichnung ist laut VO EU Nr. 1169/2011 grundsätzlich verpflichtend, es gibt jedoch wichtige Ausnahmen. Unverarbeitete Produkte aus einer Zutat sowie handwerklich hergestellte Lebensmittel, die in kleinen Mengen direkt oder über lokale Einzelhändler an Endverbraucher verkauft werden, sind von dieser Pflicht befreit. Dies betrifft die meisten Direktvermarktungsprodukte, unabhängig vom Vertriebsweg (Ab-Hof-Verkauf, Bauernläden, Märkte, lokale Supermärkte, Hauszustellung). Entscheidend ist der regionale und punktuelle Vertrieb.

Produkte von Direktvermarktern, die landesweit, im Ausland oder über den Großhandel vertrieben werden, fallen nicht unter diese Ausnahme. Die Nährwertkennzeichnung wird auch verpflichtend, wenn nährwertbezogene Angaben gemacht werden (z. B. „ohne Zusatz von Zucker") oder das Produkt mit Vitaminen oder Mineralstoffen angereichert wurde.
Wenn eine Nährwertkennzeichnung erfolgt, muss sie den Vorgaben der EU-Verordnung entsprechen. Sie umfasst sieben Pflichtangaben: Energie (kJ, kcal), Fett, gesättigte Fettsäuren, Kohlenhydrate, Zucker, Eiweiß und Salz. Diese Angaben müssen tabellarisch

dargestellt werden und basieren auf Durchschnittswerten aus Analysen oder anerkannten Berechnungen.

15.1.9.7 Nicht gestattete Angaben

Unzulässige Angaben auf Etiketten, Werbematerialien und Homepages:

Irreführende oder täuschende Angaben:
Informationen zu Produkten dürfen Konsumenten nicht in die Irre führen oder täuschen. „Zur Irreführung geeignet" bedeutet in der Praxis „unrichtige Information". Eine Täuschung liegt vor, wenn Lebensmittel mit falschen Angaben über Art, Beschaffenheit, Eigenschaften, Zusammensetzung, Menge, Haltbarkeit, Ursprung, Herkunft oder Herstellungs-/Gewinnungsart angeboten oder vermarktet werden.

Krankheitsbezogene Angaben:
Es ist verboten, Lebensmitteln vorbeugende, behandelnde oder heilende Eigenschaften zuzuschreiben. Beispiel für eine unzulässige Angabe: „xxx hilft bei Halsschmerzen."

Gesundheitsbezogene Angaben:
Grundsätzlich sind gesundheitsbezogene Angaben verboten (z. B. „stärkt das Nervensystem", „unterstützt den normalen Stoffwechsel"). Ausnahme: Verwendung ist erlaubt, wenn sie der EG-ClaimsVO (EU) VO Nr. 1924/2006 entsprechen, zugelassen und in die Listen nach Art. 13 und 14 eingetragen sind.

Werbung mit Selbstverständlichkeiten:
Es darf nicht mit Eigenschaften geworben werden, die alle vergleichbaren Lebensmittel aufweisen. Unzulässig sind Angaben, die eine vermeintliche Besonderheit hervorheben, die tatsächlich Standard ist, zum Beispiel der Hinweis „ohne Zuckerzusatz" auf einem Apfelsaft-Etikett.

15.1.10 VERSTÄNDNISFRAGEN

1. Was versteht man unter der „Bezeichnung des Lebensmittels" und welche allgemeinen Richtlinien gelten für die Kennzeichnung?
2. Nenne mindestens fünf Pflichtangaben, die auf einem Etikett eines verpackten Lebensmittels vorhanden sein müssen.
3. Wie muss das Mindesthaltbarkeitsdatum (MHD) auf einem Lebensmittel angegeben werden? Gib ein Beispiel.
4. Was ist der Unterschied zwischen dem Mindesthaltbarkeitsdatum und dem Verbrauchsdatum?
5. Welche Informationen müssen in der Zutatenliste eines Lebensmittels enthalten sein und in welcher Reihenfolge werden die Zutaten aufgeführt?
6. Erkläre den Begriff „Nettofüllmenge" und in welchen Einheiten sie üblicherweise angegeben wird.
7. Wie erfolgt die Allergenkennzeichnung und welche Allergene müssen laut EU-Verordnung besonders gekennzeichnet werden? Nenne mindestens fünf Beispiele für kennzeichnungspflichtige Allergene.
8. Was versteht man unter der Nährwertkennzeichnung und welche Nährstoffe müssen dabei mindestens angegeben werden?
9. Wie muss der Name oder die Firma und die Anschrift des Lebensmittelunternehmers auf der Verpackung angegeben werden?
10. Wer vergibt die Losnummer und welche Bedeutung hat diese?

15.2 Analytik

Im Laufe des Herstellungsprozesses, bei der Entwicklung von Rezepturen und im Rahmen der Vermarktung ergibt sich immer wieder der Bedarf an einfachen, unkomplizierten Analysen. Aus Zeit- und Kostengründen ist es nicht immer möglich oder sinnvoll, externe Untersuchungsstellen zu beauftragen. Glücklicherweise können viele dieser Untersuchungen mit einfacher Ausrüstung, grundlegendem Fachwissen und etwas Übung direkt im eigenen Betrieb durchgeführt werden. Dies ermöglicht es den Produzenten, schnell und flexibel auf die Anforderungen ihres Produktionsprozesses zu reagieren und gleichzeitig die Qualität ihrer Erzeugnisse sicherzustellen.
Besonders wichtig ist die Messung von:

- Zucker
- Säure
- Alkohol
- Schwefelige Säure
- pH-Wert

15.2.1 Angabe Zuckergehalt

Zucker spielt eine wichtige Rolle in Früchten und ist zugleich ein bedeutender Zusatzstoff bei der Obstverarbeitung. Die Messung des Zuckergehalts ist an verschiedenen Punkten des Herstellungsprozesses von großer Wichtigkeit. Sie hilft dabei, das Ende der Gärung zu bestimmen, den zu erwartenden Alkoholgehalt vorauszusagen oder einzuschätzen, wie lange ein Produkt haltbar sein wird.
In verschiedenen Regionen werden unterschiedliche Maßeinheiten für den Zuckergehalt verwendet. Für jede Situation und Anforderung stehen mehrere Methoden zur Verfügung, um den Zuckergehalt zu ermitteln. Je nach Produktionsphase und Zweck gilt es, die am besten geeignete Methode anzuwenden.

15.2.1.1 Zuckergehalt

In Österreich sind mit °KMW, °BRIX und °Öchsle mehrere Einheiten zur Angabe des Zuckergehalts verbreitet.

°Klosterneuburger Mostwaage

Die Klosterneuburger Mostwaage (°KMW) ist eine Maßeinheit zur Bestimmung des Zuckergehalts in Traubensäften, die besonders im Weinbau und damit in den Weinbaugebieten Bedeutung hat. Sie wurde im 19. Jahrhundert von Freiherr von Babo, dem ersten Direktor der höheren Bundeslehranstalt mit Bundesamt für Wein- und Obstbau in Klosterneuburg, entwickelt. Ähnlich wie die Brix-Skala basiert °KMW auf der Trockensubstanzmessung, bezieht sich jedoch spezifisch auf den Fruchtzuckergehalt. 10 °KMW entsprechen dabei 10 g Zucker in 100 g Fruchtsaft.
Die Besonderheit der von Babo entwickelten Mostwaage liegt darin, dass sie den mutmaßlichen Gehalt an zuckerfreiem Extrakt von vornherein abzieht. Dies führt dazu, dass die angezeigten Werte nur bei einem Zuckergehalt von etwa 20 % und einem Gehalt an zuckerfreiem Extrakt von 3 % genau stimmen. Bei höherem Zuckergehalt zeigt die Waage zu niedrige, bei geringerem zu hohe Werte an.
Gemäß ihrer Definition erfolgt die Verwendung der °KMW bei Traubensaft. Berechnungen bei Produkten aus anderen Früchten sind zwar nicht weniger genau als auf Basis von Brix oder Öchsle, aber eben nicht korrekt.

°Brix

Die Brix-Skala wird in der Lebensmittelindustrie zum Messen des Trockensubstanzgehaltes von Obst, Gemüse, Säften und anderen alkoholfreien Getränken sowie in der Zuckerindustrie verwendet. Grad Brix ist eine Maßeinheit, die den Gehalt an gelösten Feststoffen in einer wässrigen Lösung angibt. Diese Stoffe sind in Summe vor allem unter dem Begriff „Trockensubstanz“ bekannt. Diese besteht vorwiegend aus Zucker, daneben sind noch andere Substanzen wie Säuren, Phenole, Farbstoffe, Aromastoffe, Polysaccharide und viele mehr im Fruchtsaft gelöst.
In der kleinstrukturierten Obstverarbeitung hingegen fand die Brix-Skala, die aus der Verarbeitungsindustrie stammt, weniger Anwendung.

Vor allem in den Weinbauregionen dominiert in der Praxis die KMW-Skala. Die unterschiedliche Verwendung der Maßeinheiten in verschiedenen Bereichen der Lebensmittelverarbeitung führt heute gelegentlich zu Verwirrung bei der Wahl der richtigen Angabe.

°Öchsle

Grad Öchsle (°Oe) ist eine Maßeinheit, die aus dem Weinbau stammt und das Mostgewicht des Traubenmostes, also des unvergorenen Traubensaftes, angibt. Die Skala beruht darauf, dass die Dichte des Mostes je nach gelöstem Zuckergehalt größer ist als die von Wasser. Sie gibt an, um wie viel Gramm ein Liter Most schwerer ist als ein Liter Wasser. So bedeuten 80 °Oe zum Beispiel, dass die Dichte des Mostes 1,080 kg/l beträgt.

- 1 °KMW entspricht 1 g Zucker in 100 g Flüssigkeit.
- 1 °Brix entspricht 1 g Trockensubstanz in 100 g Flüssigkeit.
- 1 °Oe entspricht einem Mehrgewicht von 1 g/l Most im Vergleich zu Wasser.

15.2.1.2 Umrechnungen der Mostgewichte

Zum Umrechnen gibt es genaue Formeln, die aber in der Praxis keine Bedeutung haben. Im Großen und Ganzen rechnet man mit Faustzahlen oder verwendet Tabellen.

°Öchsle = °KMW × 5
°Öchsle = °Brix × 4

Bei Apfel- und Birnensaft
°Oe × 2 = g/l Zucker

Bei Traubensaft und Nektar
(°Oe/5 + 1) × 10 = g/l Zucker

Bei Beeren- und Steinobst
(°Oe/4–3) × 10 = g/l Zucker

°Brix	Dichte 20°/20°C	° Oechsle	Baumégrade	Klosterneuburger Grade
1	1,00389	4	0,56	1,3
2	1,00779	8	1,12	2,0
3	1,01172	12	1,68	2,8
4	1,01567	16	2,24	3,6
5	1,01965	20	2,79	4,4
6	1,02366	24	3,35	5,2
7	1,02770	28	3,91	5,9
8	1,03176	32	4,46	6,9
9	1,02586	36	5,02	7,7
10	1,03998	40	5,57	8,5
11	1,04413	44	6,13	9,3
12	1,04831	48	6,68	10,1
13	1,05252	53	7,24	11,0
14	1,05677	57	7,79	11,9
15	1,06104	61	8,34	12,7
16	1,06534	65	8,89	14,4
17	1,06968	70	9,45	14,3
18	1,07404	74	10,0	15,2
19	1,07844	78	10,55	16,0
20	1,08287	83	11,10	16,9
21	1,08733	87	11,65	17,7
22	1,09183	92	12,20	18,6
23	1,09636	96	12,74	19,5
24	1,10092	101	13,29	20,3
25	1,10551	106	13,84	20,9
26	1,11014	110	14,39	21,9
27	1,11480	115	14,93	22,8
28	1,11949	119	15,48	23,6
29	1,12422	124	16,02	24,4
30	1,12898	129	16,57	25,3
31	1,13378	134	17,11	26,1

Tabelle zur Umrechnung unterschiedlicher Mostgewichtsangaben und der Dichte untereinander.

15.2.1.3 Zuckerspindel

Für eine Messung mit der Zucker- oder Extraktspindel benötigt man neben dieser einen Zylinder, der groß genug ist, damit diese darin schweben kann, ohne am Rand anzustoßen, und genügend durchmischte und gegebenenfalls filtrierte Probenflüssigkeit. Die aus Glas gefertigten Messgeräte sind mitunter sehr filigran und brechen leicht, sorgsames Arbeiten ist daher wichtig. Die Spindel sollte vorsichtig in die Flüssigkeit eingetaucht werden, bis keine Luftblasen mehr daran haften. Je nach Dichte der Probe taucht die Spindel mehr oder weniger tief ein.
Auf der Spindel kann die Ableseskala in °Öchsle, °KMW (Klosterneuburger Mostwaage) oder °Brix (%-Saccharose) angegeben sein. Das Messergebnis wird am Hals der Spindel abgelesen; in der Regel erfolgt dies an der unteren Skala, es sei denn, es ist eine „obere Ablesung“ angegeben.

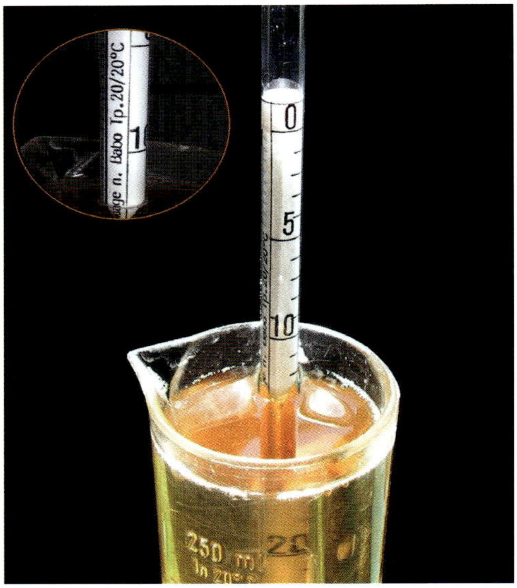

Senkwaage (Spindel, Aräometer) zum Feststellen des Zuckergehalts.

Die ideale Temperatur für die Messung liegt bei 20 °C; bei größeren Abweichungen kann das Ergebnis ungenau sein, weshalb eine Korrekturtabelle hilfreich sein kann. Nach der Messung sollten die Spindel und das Messgefäß gründlich mit Wasser gereinigt und zum Trocknen abgestellt werden.
Beachtet man diese Punkte, ist eine genaue Messung mit der Spindel möglich. Nachteilig ist die große benötigte Probenmenge und die etwas unpraktische Arbeitsweise im Vergleich zu anderen Methoden.

15.2.1.4 Refraktometer

Ein Refraktometer ist ein Gerät zur Messung des Zuckergehalts in Flüssigkeiten. Es nutzt die unterschiedliche Lichtbrechung von zuckerhaltigen Lösungen. Das Gerät ist klein und leicht zu transportieren. Deshalb verwenden es viele Obst- und Weinbauern zum Messen des Zuckergehalts ihrer Früchte direkt in den Anlagen oder beim Arbeiten im Keller. Es wird außerdem genutzt, um den Trockensubstanzgehalt in Konfitüre oder Gelee bzw. den Restwassergehalt im Honig zu bestimmen.

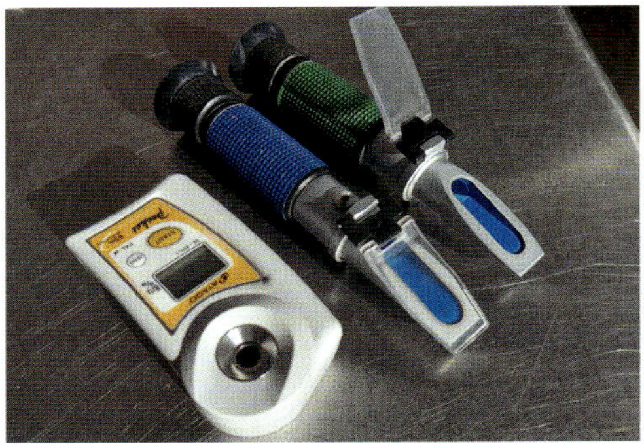

Refraktometer, Messen des Zuckergehalts durch Lichtbrechung.

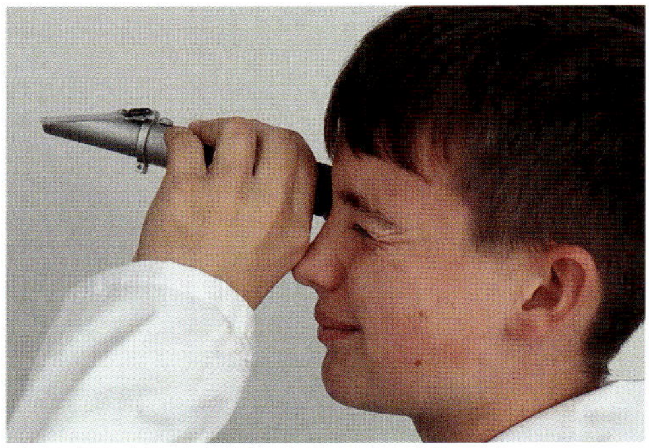

Blick durch das Refraktometer gegen das Licht.

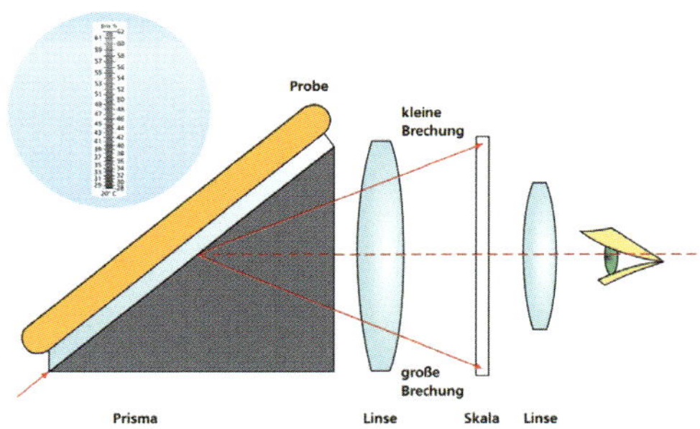

Funktionsprinzip Refraktometer

Bei der Benutzung eines Refraktometers gibt es einige wichtige Punkte zu beachten. Zunächst öffnet man den Deckel des Geräts. Dann gibt man ein paar Tropfen der zu messenden Flüssigkeit auf die Messfläche. Die Flüssigkeit sollte möglichst klar sein. Beim Durchschauen sieht man eine Grenzlinie zwischen einem hellen und einem dunklen Bereich. An dieser Linie liest man das Messergebnis ab. Je mehr Trubstoffe in der Flüssigkeit sind, desto schwieriger wird die Ablesung. Die Grenze zwischen hell und dunkel wird dann unscharf. Refraktometer sind für eine Messtemperatur von 20 °C ausgelegt. Sie funktionieren zur Zuckerbestimmung nur bei Flüssigkeiten ohne Alkohol. Vorhandener Alkohol würde das Messergebnis verfälschen. Daher eignet sich ein Refraktometer nicht zur Bestimmung des Restzuckergehalts in vergorenen Produkten.

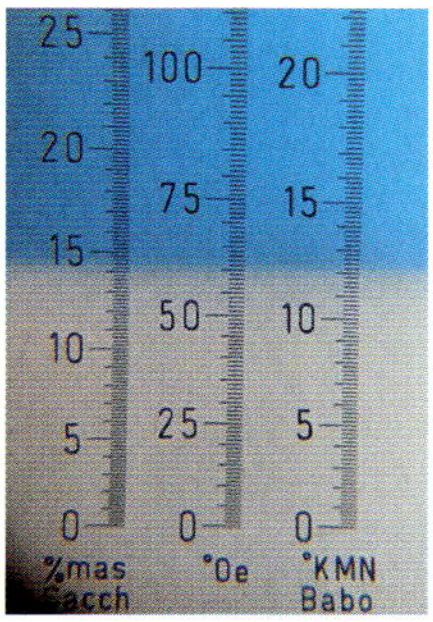

© Georg Innerhofer

Ablesung an der Hell-Dunkel-Kante.

15.2.1.5 Clinitest

Zur Bestimmung der Endvergärung wird die Clinitestmethode angewendet. Neben einer Messtablette benötigt man lediglich ein Glasröhrchen und eine Pipette zur Dosierung der Probe. Ein ml Wein oder Filtrat aus einer Maische reagiert in einem Glasröhrchen unter selbstständigem Aufschäumen und -kochen miteinander. Entsprechend dem Farbumschlag kann der vorhandene Gehalt an Restzucker abgelesen werden.

Die Methode ist zwar äußerst einfach, günstig und doch ausreichend genau, wenn nur kontrolliert werden soll, ob sich noch vergärbarer Zucker in einer Flüssigkeit (Most oder Maische) befindet. Das Vergleichen mit der Farbskala führt zu keinem ganz exakten Messergebnis, sodass auch bei genauem Ablesen der Gehalt an Restzucker um 1–2 g/l schwanken kann. Mit einiger Übung kann man mit dem Clinitest schnell und günstig bestimmen, ob sich noch vergärbarer Zucker in einer Probe befindet oder nicht.

Die früher in Glasfläschchen angebotenen Tabletten sind aufgrund der Empfindlichkeit gegenüber Feuchtigkeit und der damit reduzierten

© Georg Innerhofer

Clinitest, mit 1-ml-Probe und einer Tablette, die Flüssigkeit kocht auf und ändert die Farbe.

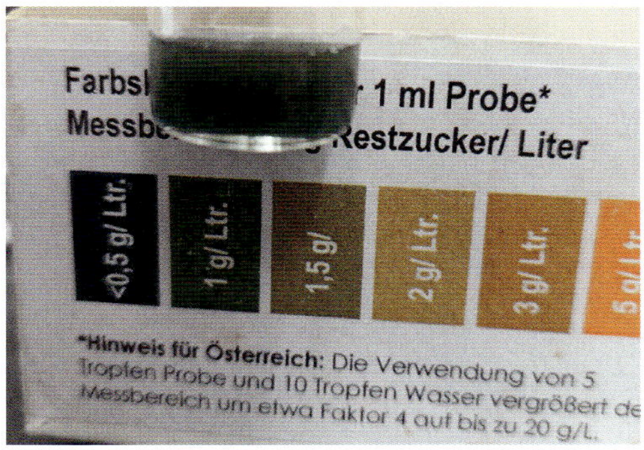

© Georg Innerhofer

Anhand der Skala schätzt man den Restzuckergehalt ab.

Haltbarkeit nicht mehr auf dem Markt. Heute sind sie einzeln in Folie verschweißt erhältlich und haben eine längere Haltbarkeit.

15.2.1.6 Zuckerbestimmung nach Dr. Rebelein

Für die Durchführung dieser Analyse benötigt man neben zweier Glasbüretten einen Satz Chemikalien, einen Brenner (Gas oder Infrarot) und zumindest eine Pipette. Die Grundausstattung an Geräten und Reagenzien ist mit vergleichsweise hohen Anfangskosten verbunden,

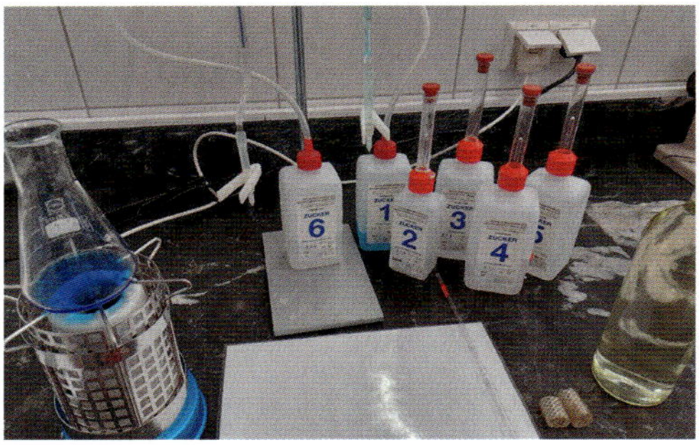

© Georg Innerhofer

Ausrüstung für Zuckerbestimmung nach Dr. Rebelein.

allerdings kann auch Most, Wein oder Likör mit dieser Apparatur auf den Zuckergehalt hin untersucht werden. Die Zuckerbestimmung wird nicht von anderen Inhaltsstoffen beeinflusst. Die Analyse nach Dr. Rebelein ist die aufwendigste der hier angeführten und bedarf einiger Übung, sie erbringt aber recht genaue Ergebnisse.
Für die Bestimmung nach Dr. Rebelein muss die Probeflüssigkeit einigermaßen klar sein. Wie bei einem Kochrezept erfolgt anschließend der Zusatz der notwendigen Reagenzien, bis schließlich nach der Titration der Zuckergehalt auf einer Skala abgelesen werden kann. Vorsicht ist bei sehr süßen Proben geboten, da die Messmethode nur für Zuckergehalte zwischen 0 und 30 g/l ausgelegt ist. Bei höherem Zuckergehalt in der Probe muss entsprechend verdünnt werden.
Proben wie Sirup oder Likör, die Kristallzucker (Saccharose) enthalten, müssen speziell aufbereitet werden, damit alle enthaltenen Formen von Zucker bestimmbar werden.

15.2.1.7 Biegeschwinger

Mit einem Biegeschwinger-Gerät lässt sich über die Dichte einer Flüssigkeit sehr genau der Zuckergehalt ermitteln. Für die Messung benötigt man neben dem Messgerät nur wenige Milliliter einer recht klaren Probenflüssigkeit. Die größte Messgenauigkeit hat das Gerät in unvergorenen Flüssigkeiten. Alkohol hat eine geringere Dichte als Wasser und verfälscht den Messwert. Eine genaue Zuckerbestimmung ist daher nur in unvergorenen Säften möglich.

Manche Obstweinhersteller verwenden den Biegeschwinger für die tägliche Dichtemessung im gärenden Obstwein. Der Verlauf und die Geschwindigkeit der Dichteabnahme geben Auskunft über den Gärverlauf und ermöglichen die Erstellung einer Gärkurve. Der Restzuckergehalt lässt sich nicht ablesen, aber anhand der Dichte kann der geübte Produzent erkennen, ob die Gärung schon fertig ist oder nicht.

15.2.2 Säuregehalt

15.2.2.1 Angabe Säuregehalt

Bei der Bestimmung des Säuregehalts wird die gesamte titrierbare Säure in einer Flüssigkeit gemessen. Die Methode ist bei den meisten Varianten ähnlich: Zu einer Flüssigkeit (Saft, Most oder Essig) unbekannten Säuregehalts wird so lange Lauge bekannter Stärke bis zu einem bestimmten Punkt zugesetzt. Dieser Endpunkt kann entweder mithilfe eines Farbumschlags (Indikator) oder eines pH-Meters bestimmt werden. Aus dem Verbrauch der Lauge lässt sich der Säuregehalt der Probe errechnen.
Früchte enthalten in der Regel mehrere Säuren. An sich richtet sich die Angabe der Säure nach dem untersuchten Produkt. Wein enthält vorwiegend Weinsäure, die Angabe erfolgt daher in g/l Weinsäure. In Obst ist die Apfelsäure vorwiegend. Theoretisch müsste die Säure daher in g/l Apfelsäure angegeben werden. Gleiches gilt für manches Beerenobst mit der Zitronensäure. Weil es aber einfacher ist, erfolgen landläufig die Angaben der titrierbaren Säure, berechnet als Weinsäure.
Für alle Bestimmungen der gesamten titrierbaren Säure gilt, dass Kohlensäure vor allem bei jungem Obstwein den Messwert verfälschen kann. Sie wirkt sauer und erhöht dadurch den Bedarf an Lauge bei der Titration. In spritzigen Getränken kann der Wert bis zu 0,8 g/l erhöht sein. Die Kohlensäure kann relativ leicht durch Erhitzen (nicht Kochen!), Filtrieren oder starkes Schütteln aus der Probenflüssigkeit entfernt werden.

Ascorbinsäure wirkt zwar auch sauer, sie wird aber – wenn überhaupt – in so geringen Dosen eingesetzt, dass sie den Wert nur minimal verändert.

15.2.2.2 Blaulauge

Für die Säurebestimmung mit der Blaulauge benötigt man nur wenig Ausstattung. Die einfachste Form ist ein Glasröhrchen mit einer Skala darauf, etwas aufwendiger die Variante mit der Lauge in einer Glasbürette.

Die Blaulauge ist, wie der Name schon sagt, eine blaue Lauge bekannter Stärke. Aus der Menge der bis zum Farbumschlag benötigten Titrierlösung kann somit auf die Säuremenge der Probe rückgeschlossen werden. Nachdem die Kohlensäure aus der Probe entfernt wurde, setzt man unter ständigem Schwenken oder Umrühren die Blaulauge zu.

Am Beginn der Titration nimmt die Probe die Blaulauge komplett auf und bleibt gelb, färbt sich aber mit ansteigendem Zusatz der Blaulauge olivgrün und schließlich blaugrün. Der Endpunkt der Titration ist bei der Farbe Blaugrün erreicht. Mit einiger Erfahrung lässt sich der Umschlagpunkt recht gut erkennen. Bei stark gefärbten Proben hilft entweder ein Indikatorpapier oder ein pH-Meter, diesen Neutral- bzw. Umschlagpunkt festzustellen.

Die Blaulauge soll gut verschlossen gelagert und möglichst frisch verarbeitet werden. Durch die Lagerung verändert sich der Indikator, Farbveränderungen sind nicht mehr so deutlich zu erkennen. Die Konzentration der Lauge selbst ändert sich nur geringfügig. Am Etikett ist daher auch ein Mindesthaltbarkeitsdatum angeführt.

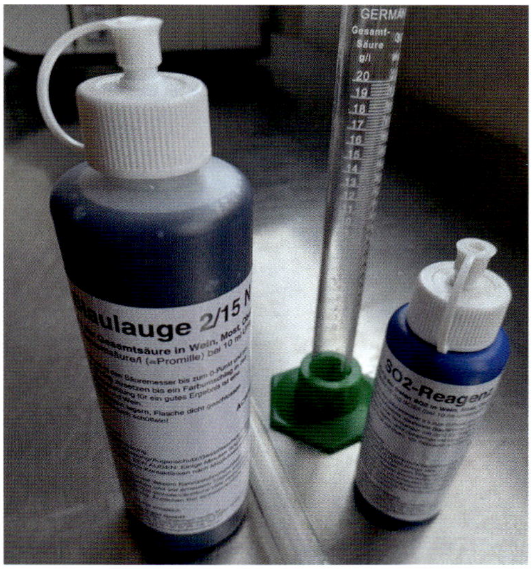

© Georg Innerhofer

Blaulauge und SO_2-Reagenz zur vereinfachten Bestimmung von titrierbarer Säure und freiem SO_2

In den Handel kommt Blaulauge in zwei Konzentrationen:

- 1/3 n Lauge verwendet man bei 25 ml Probe,
- 2/15 n bei einer Probenmenge von 10 ml.

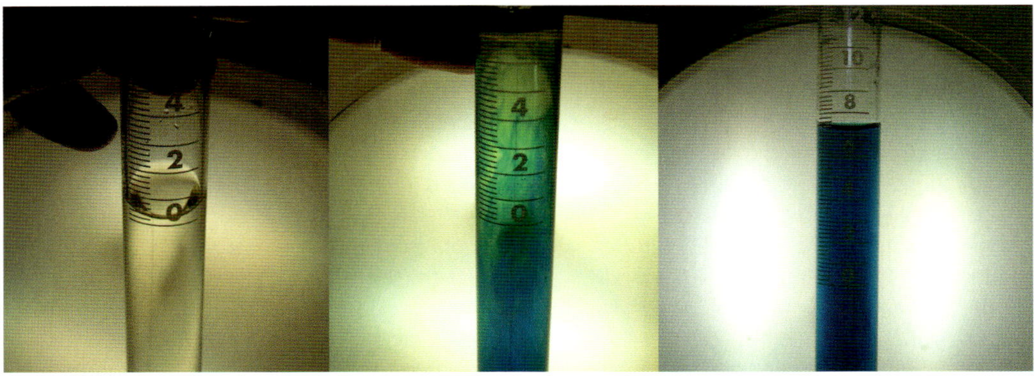

© Georg Innerhofer

Beim Umschlagpunkt auf Blau liest man den Wert an der Skala ab, dieser entspricht dem Säuregehalt in g/l.

Titration der Gesamtsäure mit 1/3 n Blaulauge:

1. In der Probe enthaltene Kohlensäure entfernen;
2. 25 ml Probe in 200 ml Erlenmeyer-Kolben pipettieren;
3. mit 1/3 n Blaulauge bis zum Neutralpunkt (Farbumschlag von Grün auf Blau) titrieren.
4. Der Bürettenwert gibt die Gesamtsäure in g/l an.

Bei der weniger konzentrierten 2/15-n-Blaulauge und 10 ml Probenflüssigkeit zeigt der auf der Skala vom Röhrchen abgelesene Wert beim Umschlagpunkt den Säuregehalt in g/l, berechnet als Weinsäure an.

Beispiel:
Bei einem Blaulaugenverbrauch von 7,3 ml bis zum Umschlagpunkt (blaugrüne Färbung) beträgt der Säuregehalt des untersuchten Weins 7,3 g/l titrierbare Säure, berechnet als Weinsäure.

15.2.2.3 Natron- oder Kalilauge

Natron- bzw. Kalilauge ist gleich wie die Blaulauge eine Lauge einer bekannten Konzentration. Für Bestimmungen der titrierbaren Säure in Fruchtsaft oder Obstwein verwendet man eine 0,1-n-Lauge. Daneben benötigt man ein Messgefäß, eine Pipette oder besser eine Bürette, um die Lauge der Probenflüssigkeit zudosieren zu können.
Gemessen wird der Verbrauch an Lauge, der 10 ml Probenflüssigkeit auf pH 7,0 bringt bzw. bei der Verwendung von Bromthymolblau als Indikator eine Blaufärbung in der Probe hervorruft. Bromthymolblau als Indikatorflüssigkeit ist billiger als ein pH-Meter und für die meisten Bestimmungen ausreichend genau. Erst wenn große Genauigkeit gefragt ist oder bei dunklen Probeflüssigkeiten, sind pH-Meter zum Bestimmen des Titrationsendpunkts notwendig. Bei der Verwendung von 0,1-n-Lauge ist es notwendig, den Verbrauch bei 10 ml mit 0,75 zu multiplizieren, um den Wert, berechnet als Weinsäure, zu erhalten.

Beispiel:
bis pH 7 Verbrauch 9,6 ml Natronlauge
9,6 × 0,75 = 7,2 g/l Säure, berechnet als Weinsäure

Besonderheit bei Essig:
Essig hat mit mindestens 5 % (oder 50 g Säure/l), berechnet als Essigsäure, einen im Vergleich zu Obstwein fast 10-mal so hohen Säuregehalt (bis 6–8 g/l berechnet als Weinsäure). Wird Essig nach den bisher erwähnten Methoden auf Säure hin untersucht, würde das einen Verbrauch an Natronlauge oder Blaulauge von 50–80 ml bedeuten. Um Essig titrieren zu können, verwendet man daher eine 10-mal stärkere Lauge, eine 1-n-Lauge. 10 ml Essig (ohne Kohlensäure) werden mit dieser Lauge titriert und der Verbrauch gemessen. Aus diesem errechnet man den Gehalt an Säure als Essigsäure, indem man den Wert mit 0,6 multipliziert.

Beispiel:
bis pH 7 Verbrauch 7,5 ml 1-n-Lauge
7,5 × 0,75 = 5,625 % Säure, berechnet als Weinsäure
5,625 × 0,8 = 4,5 % Säure, berechnet als Essigsäure – oder die beiden Rechnungen zusammengefasst
7,5 × 0,6 = 4,5 % Säure, berechnet als Essigsäure

Man kann näherungsweise auch den Essig 1 : 9 verdünnen (10 ml Essig mit 90 ml destilliertem Wasser auf 100 ml auffüllen). Damit erreicht man in diesen 100 ml Probeflüssigkeit etwa den Säuregehalt eines Obstweins, entnimmt die erforderliche Probenmenge davon und führt eine Säurebestimmung entweder mit Blaulauge oder Natronlauge 0,1 n durch.
Wichtig dabei ist, dass der Wert als Weinsäure, berechnet noch mit dem Faktor 0,8, auf Essigsäure umgerechnet wird. Diese Methode kann eine Exaktmethode nicht ersetzen, sie ist aber geeignet, um näherungsweise den Gehalt an Essigsäure feststellen zu können.

Beispiel:
Tirtration vom verdünnten Essig, 7 ml Verbrauch bis zum Umschlagpunkt ergibt den Wert berechnet als Weinsäure, eine Umrechnung mit Faktor 0,8 auf Essigsäure ist erforderlich.
*7 * 0,8 = 5,6 g/l im verdünnten Essig, was einem Gehalt von 56 g/l oder 5,6 % im Essig bedeutet.*

15.2.3 Alkoholgehalt

15.2.3.1 Angabe Alkoholgehalt

In Getränken mit einem Alkoholgehalt über 1,2 % vol muss dieser auf dem Etikett angegeben werden. Andere Lebensmittel als Getränke haben diesen Hinweis in der Zutatenliste. Die Lebensmittelinformationsverordnung EU Nr. 1169/2011) sieht vor, dass die Angabe in „% vol" erfolgen muss. Dem Wert kann „alc." oder „Alk." vorangestellt werden, andere Varianten sind nicht gestattet.
Z. B.: Apfelbrand mit 39,5 % vol.
Speziell bei Obstbränden und Likören ist eine hohe Genauigkeit der Messung wichtig, die Angabe auf dem Etikett muss mit +/– 0,3 % vol genau erfolgen. Bei Obstweinen liegt der Toleranzbereich bei +/– 1 % vol sehr weit.

Alkoholhaltige Flüssigkeiten wie Wein, Obstwein oder Likör enthalten neben Alkohol und Wasser noch viele andere Stoffe, die die Dichte beeinflussen. Eine direkte Alkoholbestimmung über die Dichte mit der Senkwaage oder einem Biegeschwinger ist nur bei reinen Alkohol-Wasser-Gemischen – also beispielsweise bei Obstbränden – möglich. Bei allen anderen Getränken nicht. Um bei ihnen den Alkoholgehalt durch Dichtemessung feststellen zu können, müssen sie zuerst destilliert werden. Durch diesen Schritt werden alle nichtflüchtigen Inhaltsstoffe abgetrennt, es verbleibt ein Gemisch von Alkohol und Wasser.

15.2.3.2 Dichtemessung mit vorhergehender Destillation

Für diese Methode benötigt man eine Probedestillationsapparatur mit einer Heizquelle und dazugehörige Glaskolben. Man versetzt eine exakt bemessene Probenmenge (z. B. 100 ml) mit etwas Wasser und wenigen Tropfen einer Antischaumlösung und destilliert diese ab. Neben den klassischen Glasdestillationsapparaturen sind im Handel sogenannte Wasserdampfdestillierer erhältlich, die den Destillationsvorgang vereinfachen und verkürzen.
Das erhaltene Destillat muss ziemlich genau auf 20 °C temperiert werden und dann mit destilliertem Wasser auf das ursprüngliche Probenvolumen aufgefüllt werden. Bei unserer Angabe werden die 100 ml Probe überdestilliert und das erhaltene Destillat mit destilliertem Wasser wieder auf 100 ml aufgefüllt.
Somit enthält es nun die gleiche Alkoholkonzentration wie die Ausgangsflüssigkeit, und alle anderen, die Dichte beeinflussenden Stoffe sind abgetrennt. Das so entstandene Alkohol-Wasser Gemisch kann mit einer Alkoholspindel oder einem Biegeschwinger auf den Alkoholgehalt hin untersucht werden.

Senkwaagen (Aräometer)

Üblicherweise wird der Alkoholgehalt mit Senkwaagen (= Aräometer, in Folge Spindel) gemessen. Beim Messen wird die Dichte des Alkohol-Wasser-Gemischs über die Eintauchtiefe der Spindel bestimmt. Die Dichte eines Obstbrands ergibt sich aus dem Verhältnis der enthaltenen Menge Alkohol und Wasser.

Für eine exakte Messung sind mehrere Faktoren entscheidend:

- Sowohl das Messgefäß als auch die Spindel müssen absolut sauber sein, um Verfälschungen zu vermeiden.
- Die meisten Spindeln sind aus Glas gefertigt. Präzisionsgeräte verfügen über einen großen Schwimmkörper und eine fein unterteilte Skala mit kleinem Messbereich, was ein genaues Ablesen ermöglicht. Spindeln mit

einer Skala von 0–100 % vol ermöglichen keine genaue Messung.

- Der zu messende Brand muss exakt die Eichtemperatur der Spindel aufweisen, üblicherweise 20 °C. Abweichungen können zu signifikanten Messfehlern führen.
- Um Ablesefehler zu vermeiden, sollte die Ablesung auf Augenhöhe erfolgen.

© Georg Innerhofer

Biegeschwinger Standgerät

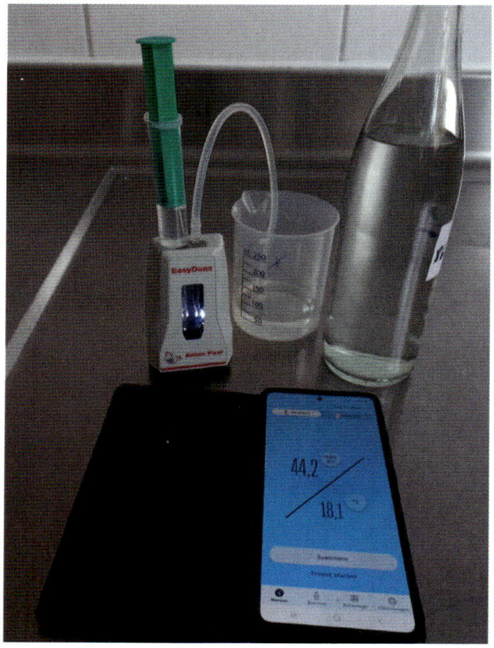

© Georg Innerhofer

Vereinfachter Biegeschwinger mit einer APP und dem Handy als Display.

Nach dem Eintauchen in die Messflüssigkeit soll man wenige Minuten bis zur Ablesung vergehen lassen. Luftbläschen können entweichen, die Eintauchtiefe und das Thermometer pendeln sich auf den richtigen Wert ein. Ein wesentlicher Faktor dabei ist die **Temperatur der Messflüssigkeit**. Bei Messspindeln haben die neuen Präzisionsalkoholometer meistens im unteren Teil des Schwimmkörpers ein Thermometer.
Mithilfe der Temperatur und einer Korrekturtabelle kann der exakte Alkoholgehalt auch bei anderen Messtemperaturen als 20 °C genau bestimmt werden. Auf manchen Geräten sind neben dem Thermometer Korrekturfaktoren angegeben, die allerdings nur Näherungswerte und keine genauen Angaben liefern. Wenn nicht anders am Hals der Spindel vermerkt, erfolgt die Ablesung stets unten.

Biegeschwinger

Biegeschwinger sind Geräte, die die Dichte von Flüssigkeiten messen können. Aus der Dichte der Probe lässt sich der Alkoholgehalt genau errechnen. Eine direkte Alkoholbestimmung ist nur in 100%igen Destillaten wie in Obstbränden möglich. Doch selbst holzfassgelagerte oder gezuckerte Brände müssen wie Liköre oder Obstweine vor der Bestimmung destilliert werden, um die störenden Stoffe zu entfernen.
Moderne Biegeschwinger messen neben der Dichte auch die Probentemperatur und korrigieren den Messwert automatisch. Diese Variante der Messung ist die genaueste verbreitete Methode.
Im Gegensatz zur Spindel benötigen Biegeschwinger nur geringe Probenmengen und ermöglichen eine unkomplizierte und rasche Bestimmung.

15.2.3.3 Alkoholbestimmung nach Dr. Rebelein

Für die Alkoholbestimmung nach Dr. Rebelein benötigt man die vorgeschriebenen Reagenzien, Büretten und Gefäße. Die Methode ist für Personen, die schon mit Rebelein-Analysen geübt sind, einfach durchzuführen. Nachteile dieser Methode sind, dass für die Untersuchungen ein relativ hoher Aufwand an Zeit und Chemikalien notwendig sind. Noch dazu sind die benötigten Chemikalien teuer, zum Teil ziemlich aggressiv (Salpetersäure), begrenzt haltbar und die Flüssigkeit nach erfolgter Bestimmung als Sondermüll (Bariumchlorid) zu entsorgen. Aus diesem Grund hat die Bestimmung so gut wie keine Bedeutung mehr.

15.2.3.4 Vinometer

Das Vinometer ist ein einfaches Glasgerät mit einer Kapillare, an der eine Skala angebracht ist. Je nach Ausführung des Geräts reicht die Skala von 0–15 oder 20 % vol Alkohol. Die Messung des Alkoholgehalts in zuckerfreiem Wein oder Obstwein funktioniert damit recht rasch und annähernd genau. Bei Likören ist aufgrund des hohen Zuckergehalts keine Alkoholmessung mit dem Vinometer möglich.

15.2.3.5 Ebullioskop

Die wohl älteste Methode zur Alkoholbestimmung ist die mittels Ebullioskop, auch Malligand-Gerät genannt. Sie beruht auf dem Prinzip der Siedepunktbestimmung von Wein oder Most. Alkohol hat einen niedrigeren Siedepunkt als Wasser. Je mehr Alkohol in einer Flüssigkeit enthalten ist, umso tiefer der Siedepunkt. Die Bestimmung ist umständlich, zeitaufwendig, nicht wirklich genau und hat daher keine Bedeutung mehr.

15.2.4 Schweflige Säure

Bei der Messung von schwefliger Säure über die Bestimmung der reduzierenden Substanzen werden auch andere Stoffe mitgemessen, die ähnlich wirken. Man nennt diese Stoffe zusammen „Reduktone“.
Neben der schwefligen Säure beeinflussen vor allem Gerbstoffe und Vitamin C (Ascorbinsäure) das Messergebnis stark. Gerbstoffe können das Ergebnis um bis zu 10 mg/l verfälschen. Vitamin C kann sogar noch stärker stören. Wenn man zum Beispiel 150 mg Vitamin C pro Liter Obstwein zusetzt, sieht es bei der Messung so aus, als wären 50 mg schweflige Säure pro Liter im Wein – auch wenn gar keine echte schweflige Säure drin ist.

15.2.4.1 Freies SO_2 mittels SO_2-Reagenz

Die Bestimmung des freien SO_2-Gehalts mittels einer speziellen Reagenzlösung ist eine schnelle und unkomplizierte Methode, die lediglich ein Glasröhrchen und das Reagenz erfordert. Diese Methode liefert in der Regel ausreichend genaue Ergebnisse, wobei die Messgenauigkeit mit zunehmendem Alter und je nach Lagerungsbedingungen der Lösung abnimmt. Frisch angesetzte und kühl sowie dunkel gelagerte Lösungen gewährleisten zuverlässigere Messwerte.

Für diese Analyse können die gleichen speziellen Messröhrchen verwendet werden, die auch bei der Säurebestimmung mit Blaulauge zum Einsatz kommen. Das Verfahren besteht darin, die Probenflüssigkeit bis zur untersten Markierung in das Röhrchen zu füllen und anschließend so lange SO_2-Reagenz hinzuzufügen, bis eine etwa 25 Sekunden anhaltende Blaufärbung auftritt. Eine spätere Entfärbung ist für das Messergebnis nicht relevant.
Der Verbrauch in ml, multipliziert mit 10, ergibt den Gehalt an freiem SO_2 in mg/l. Diese Methode eignet sich hervorragend für eine schnelle Einschätzung des Gehalts an freier schwefeliger Säure.

15.2.4.2 Freies SO_2 nach Dr. Rebelein

Das Analysenpaket für die Schwefelbestimmung nach Dr. Rebelein enthält eine Glasbürette und alle notwendigen Reagenzien. Nach entsprechender Übung liefert diese Methode recht genaue Ergebnisse. Angebrochene Reagenzien sollten nicht zu lange gelagert werden, sie könnten an Wirksamkeit verlieren und damit die Werte verfälschen.

Die Bestimmung der freien SO_2 nach Dr. Rebelein ist recht genau.

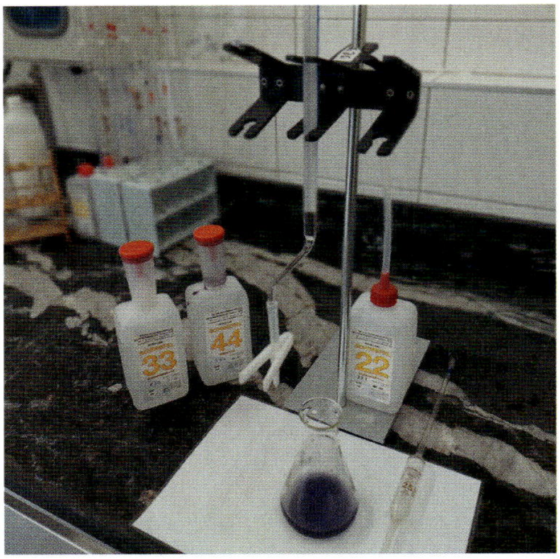

© Georg Innerhofer

Ausrüstung für die Messung freier SO_2 nach Dr. Rebelein.

Bei der Titration des freien SO_2 wird nach folgender Methodik vorgegangen:

1. 25 ml Untersuchungsflüssigkeit in Erlenmeyer-Kolben pipettieren, dabei Pipettenspitze in Bodennähe des Kolbens an dessen Wandung anlegen, circa 10–15 Sekunden nach Ablauf Pipette ausblasen und abstreifen.
2. Je 10 ml „Schwefel 33" und „Schwefel 44" zugeben.
3. Mit „Schwefel 22" und Bürette 25 ml, Zusatzskala „0–100 mg freies SO_2/l" titrieren, bis eine leichte Blaufärbung für etwa 30 Sekunden bestehen bleibt.
4. An der Skala 0–100 mg/l den Gehalt freies SO_2 in mg/l ablesen.

15.2.4.3 Gesamtes SO_2

Eine Bestimmung vom gesamten SO_2 kann in den meisten Fällen im Betrieb unterbleiben, weil jede Form von zugesetzter SO_2 als gesamt SO_2 im Getränk verbleibt.
Ausgenommen davon ist lediglich das vor der Gärung zur Hemmung wilder Hefen und Oxidationsreaktionen zugesetzte SO_2. Von dieser Schwefelgabe verbleibt nur ein geringer Anteil tatsächlich im Obstwein.

15.2.5 pH-Wert

Der pH-Wert dient als chemischer Indikator für den Säuregrad einer Substanz. Eine Skala von 0–14 wird verwendet. Der Neutralpunkt liegt bei pH 7, Werte darunter gelten als sauer, je tiefer, umso saurer. Werte darüber weisen auf alkalische oder basische Eigenschaften hin. Heimische Obstarten und auch die meisten der aus ihnen produzierten Lebensmittel sind sauer. Ihr pH-Wert liegt, beginnend bei sehr sauren Früchten wie Roten Johannisbeeren, bei weniger als 3 und reicht bis zu einem Wert von höher als 4 bei wenig sauren Früchten wie Birnen oder Holunderbeeren.

Der pH-Wert ist Grundlage vieler Abläufe bei der Fruchtverarbeitung und auch bei Analysen, außerdem hat er einen starken Einfluss auf wichtige Prozesse der Getränkebereitung:

- Schönungsmittelwirkung (z. B. Bentonit)
- Enzymaktivität (z. B. Oxidasen)
- Wirkung der schwefligen Säure
- Selektion von Mikroorganismen
- Stoffwechsel von Milchsäurebakterien
- Gelierfähigkeit von Pektin bei Marmeladen

15.2.5.1 Teststreifen

pH-Werte lassen sich schnell und ausreichend genau mit Teststreifen mit einem Indikatorbereich bestimmen. Indikatoren sind spezielle Farbstoffe, die je nach pH-Wert ihre Farbe verändern. Die Messung erfolgt, indem man den Streifen in die zu untersuchende Flüssigkeit

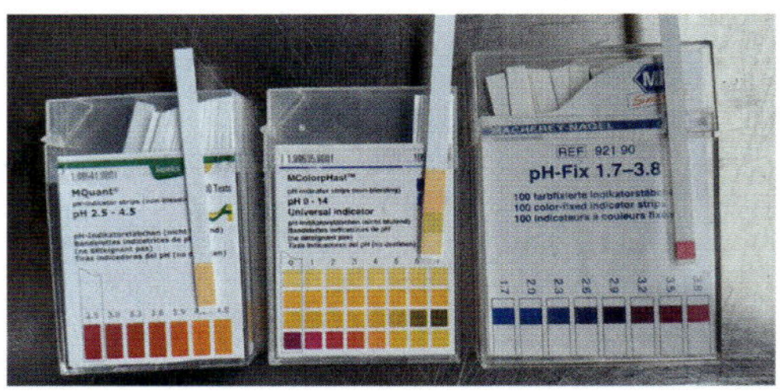

© Georg Innerhofer

Teststreifen ermöglichen eine rasche, günstige und in den meisten Fällen ausreichend genaue Bestimmung des pH-Werts.

eintaucht und anschließend die Farbveränderung mit einer Vergleichsskala, die oft auf der Verpackung abgedruckt ist, abgleicht.
Die Genauigkeit der Messung kann durch individuelle Farbwahrnehmung oder stark gefärbte Probeflüssigkeiten beeinträchtigt werden, was eher zu einer Schätzung statt zu einer präzisen Bestimmung des pH-Werts führt. Trotz dieser Einschränkung sind diese Teststreifen aufgrund ihrer einfachen Handhabung und zufriedenstellender Genauigkeit als Schnelltests sehr beliebt und weitverbreitet.
Es gibt verschiedene Arten von Indikatorpapieren: Universalindikator-Papiere decken den gesamten pH-Bereich von 0–14 ab, während Spezialpapiere einen engeren Bereich mit höherer Ablesegenauigkeit abdecken.

15.2.5.2 pH-Meter

Präzise Messergebnisse bieten pH-Meter, vorausgesetzt, sie werden ordnungsgemäß gewartet. Die meisten pH-Meter haben ihre größte Messgenauigkeit einer Probentemperatur von 20 °C, gute Geräte verfügen über eine automatische Temperaturkorrektur.
Die Elektroden dieser Geräte unterliegen einem natürlichen Alterungsprozess, der auch bei Nichtbenutzung fortschreitet und zu einer verminderten Messgenauigkeit sowie zu verlängerten Ansprechzeiten führt. Verschmutzungen können diesen Effekt noch verstärken.
Mit zunehmendem Alter der Elektroden wird eine regelmäßige Kalibrierung, also das Angleichen des Anzeigewerts an einen bekannten Standardwert, immer wichtiger. In professionellen Labors ist eine tägliche Kalibrierung üblich. Hierfür kommen Pufferlösungen mit definierten pH-Werten zum Einsatz. Diese zeichnen sich durch ihre Stabilität aus und behalten ihren pH-Wert auch bei geringfügiger Verunreinigung bei.
Neben der regelmäßigen Kalibrierung ist die richtige Lagerung der pH-Elektroden von großer Bedeutung. Um ein Austrocknen zu verhindern, das den Genauigkeitsverlust beschleunigen würde, sollten die Elektroden bei längerer

Mit einem pH-Meter stellt man den pH-Wert genau fest.

Nichtbenutzung in einer speziellen Aufbewahrungslösung (meist eine 3-n-KCl-Lösung) gelagert werden. Für kürzere Arbeitspausen eignet sich auch eine verdünnte Pufferlösung mit einem pH-Wert von 7. Diese Maßnahmen tragen wesentlich zur Erhaltung der Messgenauigkeit und Verlängerung der Lebensdauer der pH-Meter bei.

15.2.6 Andere „Analytik"

15.2.6.1 FTIR-Analyse

FTIR steht für Fourier-Transform-Infrarot-Spektroskopie. Die Methode basiert auf der Absorption von Infrarotstrahlung durch Moleküle. Jedes Molekül absorbiert Infrarotstrahlung bei charakteristischen Frequenzen. Diese spezifische Absorption erzeugt ein einzigartiges Absorptionsspektrum für jedes Molekül, welches wiederum zur Identifikation der Moleküle in einem Getränk dient. Die Zusammensetzung eines Getränks als einzigartige Kombination unterschiedlicher Moleküle führt zur Einzigartigkeit des entstandenen Spektrums. Aus diesem lässt sich im Umkehrschluss die Zusammensetzung der Probe ermitteln.
Diese Methode ermöglicht es also, die chemische Zusammensetzung von Getränken zu analysieren, indem man die charakteristischen Absorptionsmuster der enthaltenen Moleküle untersucht. FTIR-Geräte messen alle IR-Wellenlängen gleichzeitig und erzeugen ein vollständiges Spektrum. So können mehrere Inhaltsstoffe mit nur einer einzigen Messung

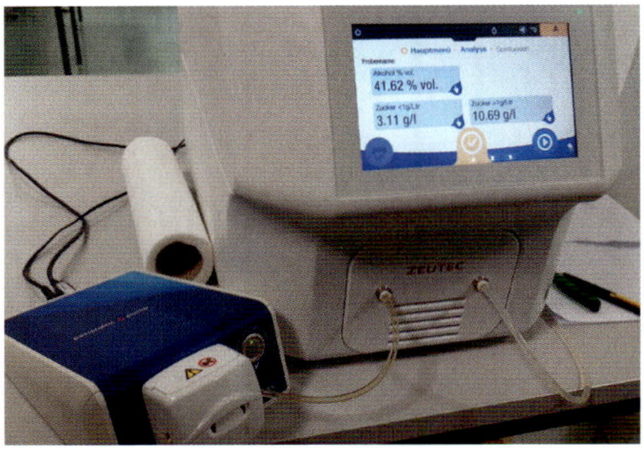

© Georg Innerhofer

Modernes Messgerät, das mittels Infrarot den Alkohol- und Zuckergehalt misst.

analysiert werden. Innerhalb kürzester Zeit lassen sich mit dieser Methode relativ günstig pH-Wert, Alkoholgehalt, mehrere Zucker und mehrere Säuren ermitteln.
Vereinfacht formuliert: Die Geräte erzeugen im nicht sichtbaren Infrarotbereich ein „Bild" des Getränks und können anhand bereits vorhandener Vergleichsbilder ähnlicher Getränke (zum Beispiel trockener Weißwein aus der Südsteiermark) die Mengen einzelner Substanzen bestimmen. Je mehr „Vergleichsbilder" in Form von anders gemessenen Werten zur Verfügung stehen, desto genauer wird die Methode.

15.2.6.2 CDR Wine Lab

Das CDR Wine Lab ist ein Gerät, das es Kellermeistern ermöglicht, relativ unkompliziert in die Enzymatik einzusteigen.
Für dieses Gerät gibt es Testkits für etwa 25 verschiedene Parameter, die für die Weinanalytik relevant sind. Dazu gehören einfache Messungen wie die der titrierbaren Säure, sowie komplexere Analysen wie Milchsäure, Äpfelsäure, flüchtige Säure, Alkohol, Phenole und verschiedene Stickstoffanalysen vor der Gärung. Diese Analysen sind in der Regel auf anderem Weg nicht so leicht im Betrieb durchzuführen.
Das Display des Geräts führt den Benutzer durch den Analyseprozess. Je nach Methode erhält man Testkits per Versand, die in der Regel eine Haltbarkeit von etwa 18 Monaten ab Herstellungsdatum aufweisen; bei Versand reduziert sich diese auf etwa 12 Monate. Die meisten Testpackungen müssen gekühlt gelagert werden, um genaue Ergebnisse zu gewährleisten.

15.2.6.3 Staatliche Prüfnummer

Natürlich ist die Verleihung der Staatlichen Prüfnummer keine Analysenmethode, aber viele Messwerte vom Prüfnummernbescheid ersetzen Analysen im Betrieb. Mit dem Prüfnummernbescheid erhält man ein umfangreiches Paket an Analysendaten von einem Qualitätsobstwein.

15.2.7 VERSTÄNDNISFRAGEN

1. Warum eignen sich Refraktometer bzw. Zuckerspindel nur bedingt, um das Gärende festzustellen?
2. Definiere die Einheiten °Brix, °Öchsle und °KMW und zeige die Unterschiede auf.
3. Wie führt man eine korrekte Säuremessung in Apfelmost mit 1/3 n Blaulauge durch?
4. Wo liegt die Besonderheit bei der Säurebestimmung in Essig?
5. Wie kann man den Alkoholgehalt im Likör feststellen?
6. Wie erfolgt eine korrekte Messung von freier schwefliger Säure nach Dr. Rebelein in Apfelmost?
7. Welche Methoden zum Feststellen des pH-Werts kennst du?
8. Was versteht man unter einer FTIR-Analyse?
9. Wo können bei der Alkoholbestimmung mittels Biegeschwinger bei Spirituosen Fehler auftreten?
10. Welche Inhaltsstoffe im Most können die Messung der Schwefligen Säure beeinflussen bzw. den Messwert verfälschen.

15.3 Grundlagen Sensorik

Als Sensorik bezeichnet man jene Sparte der Lebensmittelherstellung, bei der geschulte Prüfer anhand von festgelegten Kriterien Produkte wie Wein, Säfte, Spirituosen oder Apfelchips … bewerten oder beschreiben. Sie müssen dabei objektiv vorgehen; persönliche (subjektive) Meinungen oder Vorlieben der Prüfer dürfen dabei keinen Einfluss auf das Ergebnis zeigen.
Mithilfe modernster Gerätschaften können Stoffe im Mikro- oder sogar Nanogrammbereich gemessen werden. Doch geben selbst die besten Analysen nur Auskunft über die Zusammensetzung, nicht aber über das Aroma, das aus dem Zusammenwirken aller Inhaltsstoffe entsteht. Sensoriker geben Auskunft über den Geruch und Geschmack. Und das ist letztendlich das Wichtigste für Hersteller und Konsumenten.

15.3.1 Entwicklung

Lebensmittel mit gutem Geschmack sind gefragter als andere. Vor vielen Jahren war allerdings deren Verfügbarkeit wichtiger als der Geschmack. Erst mit steigendem Wohlstand und der allgemeinen Verfügbarkeit von Lebensmitteln gewann der Geschmack an Bedeutung. Heute beschäftigt sich die Sensorik mit der Entwicklung, der Beschreibung und der Bewertung von Lebensmitteln mit unseren Sinnesorganen. Sensoriker finden sich in großen Firmen in Produktentwicklung, Produktion, Qualitätskontrolle, Qualitätssicherung, Marketing und Forschung.

15.3.2 Sinneseindrücke

Während es heute möglich ist, mit modernen Geräten die Inhaltsstoffe eines Produkts genauestens zu analysieren, sagen die derart ermittelten Werte nur wenig über sensorische Eigenschaften aus. Um Aussagen über Typizität, Intensität, Charakter, Reife, Harmonie oder über Fehler treffen zu können, ist eine Geschmacksanalyse unbedingt notwendig.

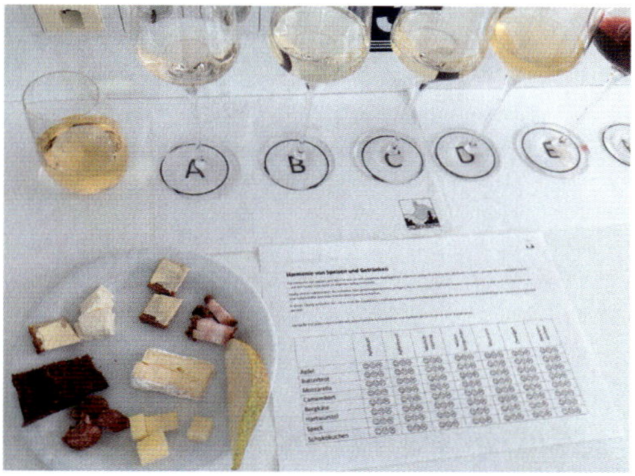

© Georg Innerhofer

Die Harmonie von Speisen und Getränken kann man relativ einfach testen.

Das Messinstrument Mensch ist in dieser Hinsicht noch nicht durch Geräte ersetzbar. Damit dieser „Mensch" funktioniert, muss sowohl er als auch sein Umfeld bestimmte Voraussetzungen erfüllen.
Jeder von uns, der über funktionierende fünf Sinne und über ein dazugehöriges, die Reize auswertendes Rechenzentrum – ein Gehirn – verfügt, erfüllt im Grunde genommen diese Voraussetzungen. Wir alle haben sie, nur sind diese Voraussetzungen unterschiedlich stark ausgebildet und vor allem unterschiedlich stark trainiert. Somit kann jeder ein guter Verkoster werden, der es auch möchte.

Die Grundlage für eine sensorische Beurteilung sind die fünf Sinneseindrücke.

15.3.2.1 Sehsinn

Der Mensch nimmt seine Umwelt besonders ausgeprägt über die Augen wahr. Visuelle Reize werden aufgenommen und im Gehirn zu Farben, Formen, Bewegungen und schließlich Information verarbeitet – ein „Eindruck" der Realität entsteht.
Die Regenbogenhaut des Auges funktioniert wie die Blende eines Fotoapparats und kann sich unterschiedlich weit öffnen. Dadurch reguliert sie die Intensität eines einfallenden Lichtstrahls. Rezeptorzellen auf der Netzhaut wandeln das Licht in elektrische Nervenimpulse

um. Über die beiden Sehnerven gelangen die Impulse an die Sehzentren im Gehirn, das aus der Summe der übertragenen Nervenimpulse das Bild erzeugt.

Beim Verkosten von Lebensmitteln werden hier bereits erste positive bzw. negative Informationen vermittelt. Der Mensch hat Assoziationen, die automatisch mit dem Gesehenen verbunden werden, d. h., es wird ständig ein Abgleich mit bereits Gesehenem vorgenommen. Zum Beispiel: Eingelegte Gurken sind sauer, eingelegte Chilis sind scharf, intensiver rot gefärbte Erdbeeren sind süßer …

TYPISCHE FARBTÖNE	
Leichte Weine/ Moste:	*Eher grünlich, helles Gelb, blass*
Traminer, Prädikatsweine, Altweine:	*Gelblich, goldgelb, intensiv*
Grauburgunder:	*Kupferfarben, intensiv*

Die Farbe eines Getränks kann uns schon sehr viel verraten und weckt in uns automatisch eine Erwartung. Zum Beispiel werden Weine mit einer abweichenden Farbe anders bewertet. Diese Wahrnehmung muss nicht immer mit der Wirklichkeit übereinstimmen.
Menschen kaufen mit den Augen. Gekauft wird, was schön aussieht bzw. schön angerichtet wird. Der Geschmack spielt dabei häufig eine untergeordnete Rolle. Das Auge unterliegt aber auch der optischen Täuschung und ist relativ leicht zu täuschen.

15.3.2.2 Gehörsinn

Wenn wir hören, nimmt unser Ohr Schallwellen auf und übersetzt sie in Nervenimpulse, die das Gehirn interpretiert. Die für das Hören wichtigsten Frequenzen von 2500–5000 Hertz (1 Hertz = 1 Schwingung pro Sekunde) werden im Außenohr verstärkt. Dabei erreichen die Luftschwingungen, die durch Geräusche erzeugt werden, das Trommelfell und versetzen es in Vibrationen.
Diese werden erst zum Mittelohr und von dort zum Innenohr weitergegeben. Die Schwingungen werden in Signale umgesetzt und an das Gehirn weitergegeben, das sie identifiziert und bewertet. Das menschliche Ohr kann Lautstärken von 10–140 Dezibel wahrnehmen. Sehr hohe Lautstärken sind gefährlich, weil sie – über längere Zeit – Hörschäden hervorrufen, indem die Haarzellen in der Schnecke des Ohrs zerstört werden. Ein Risikofaktor beispielsweise ist anhaltend laute Musik über Kopfhörer.
Für die Beurteilung von Lebensmitteln kann das Hören insofern wichtig sein, da es zu Geräuschentwicklung beim Abbeißen und Kauen eines Produkts kommt. So wurde gezeigt, dass mit zunehmender Lautstärke des Geräuschs, das beim Abbeißen von Chips entsteht, diese als knuspriger wahrgenommen werden.
Bei der Beurteilung von Lebensmitteln durch den Gehörsinn spielt die Erwartungshaltung eine große Rolle. Die Frische von Salat, Kartoffel- oder Apfelchips und Keksen wird beispielsweise mit einem knackenden, krossen Geräusch assoziiert. Steigt die Feuchtigkeit im Produkt (z. B. bei einer offenen Packung Chips), verliert sich diese Eigenschaft allmählich.

15.3.2.3 Geruchssinn

Ob frisch gebackenes Brot, reife Frucht oder blumiges Parfum: Der Duft eines Lebensmittels weckt im Gehirn Assoziationen, Erwartungen und Emotionen.
Die Umwelt wird nicht nur mittels des Sehens, Tastens, Hörens und Schmeckens, sondern auch zu einem großen Teil über das Riechen wahrgenommen, denn die Nase spürt kleine Moleküle auf, die für die restlichen Sinne verborgen bleiben.
Der Geruchssinn funktioniert durch die Wahrnehmung von Duftstoffen, die sich an Riechzellen binden. Diese Sinneszellen befinden sich im oberen Bereich der Nasenhöhle, in der Riechschleimhaut, auch Geruchsepithel genannt. Die Riechhärchen dieser Zellen ragen in die Nasenschleimhaut und binden die Duft-

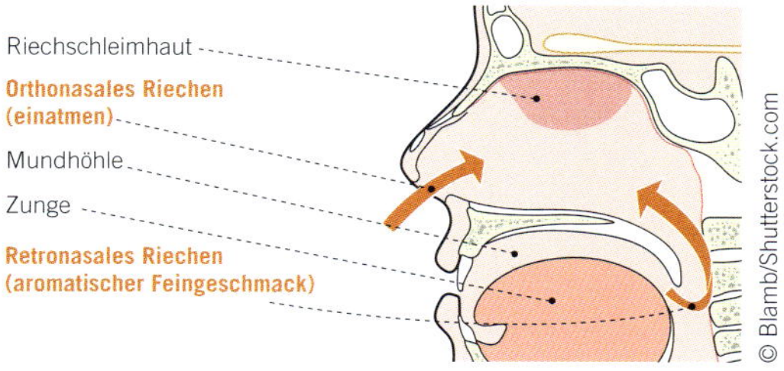

Geruchswahrnehmung über die Nase als (ortho-) nasal bzw. über den Mundraum als retronasal.

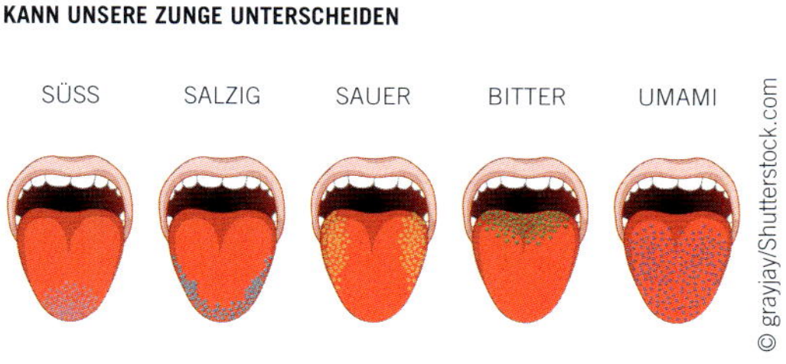

Die Geschmackspapillen auf der Zunge sind nicht gleichmäßig verteilt.

moleküle an sich. Das Geruchsepithel ist also die spezielle Schleimhaut, die die Riechzellen enthält und für die Verarbeitung von Gerüchen verantwortlich ist.
Damit ein Molekül als Geruch wahrgenommen werden kann, muss es flüchtig sein. Gelangen Aromastoffe direkt von außen in die Nase, spricht man von „(ortho)nasaler“ Wahrnehmung. Wenn sie über den Gaumen aufs Geruchsepithel kommen, nennt man den Geruchseindruck „retronasal“.

- **Nasales Riechen**
  „Normales Riechen“, Duftstoffe werden über die Nase aufgenommen.
- **Retronasales Riechen**
  Beim Verzehr von Lebensmitteln werden Duftstoffe über den Mundraum zur Nasenhöhle gebracht und verursachen einen Dufteindruck. Auch beim Verkosten von Säften, Destillaten oder Wein spielt dieses retronasale Riechen natürlich eine große Rolle und ist wesentlich für die „Länge“ des Abgangs.

15.3.2.4 Geschmackssinn

Gutes Essen und ein feiner Tropfen – für viele Genussmenschen ist diese Kombination Inbegriff von Lebensqualität, so muss es einfach „schmecken“. Ein Mensch besitzt im Mund- und Rachenraum mehrere Tausend Geschmacksknospen. Beim Essen und Trinken werden über die Geschmacksrezeptoren chemische Reize wahrgenommen und vom Hirn verarbeitet – es entsteht eine Wahrnehmung der Nahrung.

Die Anzahl der Grundgeschmacksrichtungen ist immer in Diskussion. Diskutiert werden zusätzlich die Richtungen metallisch, fettig, elektrisch oder kokumi (japanisch für „vollmundig“). Zurzeit liegt der Konsens bei fünf.

Die Grundgeschmacksrichtungen sind:

- süß
- salzig
- sauer
- bitter
- umami

Für den Geschmackssinn in der Mundhöhle sorgen Geschmackspapillen auf der Zunge. Passend zu den Grundgeschmacksrichtungen haben wir mehrere Arten von Papillen, die auf vier Zentren verteilt sind. Der Geschmack „süß“ wird vornehmlich von der Zungenspitze wahrgenommen, „salzig“ und „sauer“ von den Zungenrändern und „bitter“ vom hinteren Teil der Zunge, wobei die Geschmacksknospen für „bitter“ 10.000-mal empfindlicher sind als jene für „süß“.

Die Geschmacksknospen der Papillen enthalten 30–80 Rezeptorzellen, die „Geschmack“ in elektrische Impulse umwandeln und diese an die Enden von Nervenfasern im Zungenkörper weiterleiten. Mit zunehmendem Alter regenerieren die Geschmacksknospen langsamer und verringern damit die Fähigkeit zur Geschmackswahrnehmung.

15.3.3 Voraussetzungen

Um eine Verkostung planmäßig ablaufen lassen zu können, müssen mehrere Voraussetzungen erfüllt sein. Erst das Zusammenspiel der Faktoren: Raum – Mensch – Probe, ermöglicht eine objektive Verkostung.

15.3.3.1 Idealer Verkoster

Die Qualität und Genauigkeit von Verkostungen hängen stark von den Fähigkeiten und der Einstellung der Prüfer ab. Die Leistungsfähigkeit eines Verkosters hängt maßgeblich von Motivation und Konzentration ab. Unkonzentrierte Prüfer können nicht alle Sinneseindrücke wahrnehmen oder verarbeiten. Bei Verkostungen mit größeren Probenzahlen sind daher Erholungspausen unerlässlich. Regelmäßige Schulungen und Trainings können die Konzentrationsfähigkeit und Ausdauer der Verkoster verbessern.

Eine weitere wesentliche Voraussetzung für die Tätigkeit als Prüfer ist die wiederholbare Fähigkeit, erhaltene Proben zu bewerten und mit geeignetem Vokabular zu beschreiben. Vielen fällt es anfangs schwer, Geruchs- oder Geschmackseindrücke präzise in Worte zu fassen. Vage Begriffe wie „schlecht" oder „schmeckt nicht" sind ungeeignet. Gute Sensoriker entwickeln durch Übung und Erfahrung ein passendes Vokabular für jedes Produkt. Sie lernen, subtile Nuancen zu erkennen und diese mit spezifischen, standardisierten Begriffen zu beschreiben.

Entgegen der landläufigen Meinung bedarf es keines „Supergaumens", um erfolgreich zu verkosten und zu beurteilen. Die Fähigkeit, Produkte sensorisch zu erfassen, zu beschreiben und anschließend zu beurteilen, setzt beim Verkoster Konzentrationsfähigkeit sowie die erlernte Fähigkeit oder eine natürliche Begabung zum unterscheidenden Riechen und Schmecken voraus. Wichtig sind auch Objektivität und die Fähigkeit, persönliche Präferenzen von der professionellen Beurteilung zu trennen.

Darüber hinaus spielen Faktoren wie Gesundheit, Ernährungsgewohnheiten, Stresslevel und sogar die Tagesform eine Rolle für die Leistungsfähigkeit eines Verkosters. Ein guter Verkoster sollte sich dieser Einflüsse bewusst sein und sie bei seiner Arbeit berücksichtigen. Regelmäßige Kalibrierungen und Vergleichstests innerhalb des Verkostungsteams helfen, eine konstante und zuverlässige Beurteilung zu gewährleisten.

15.3.3.2 Idealer Verkostungsraum

Der Verkostungsraum ist ein zentraler Bereich, in dem wir direkt mit den Kunden am Hof in Kontakt stehen. Dieser Raum hat einen erheblichen Einfluss auf die Wahrnehmung der Kunden und kann somit entscheidend zum Verkaufserfolg beitragen. Unabhängig davon, ob der Raum traditionell oder modern gestaltet ist, muss er zum Stil des Betriebs passen und vor allem authentisch wirken. Die Gestaltung des Verkostungsraums sollte – ähnlich wie der Wein – alle Sinne ansprechen und spiegelt den persönlichen Stil wider. Er soll eine harmonische Umgebung bieten und den Kunden ein angenehmes und authentisches Erlebnis bietet. Noch mehr Wert auf die ideale Einrichtung einer Räumlichkeit zu Zwecken der Sensorik legt man in speziellen Sensorikräumen. In ihnen sind spezielle Verkostungen leichter möglich.

Für den Sehsinn sind weiße Flächen wichtig, um die Farbe des Getränks richtig beurteilen zu können. Tageslicht ist ideal, und die Farben sowie die Dekoration im Raum sollten zum Gesamtdesign passen. Der Geruchssinn wird durch einen neutralen Raumgeruch angesprochen. Ein

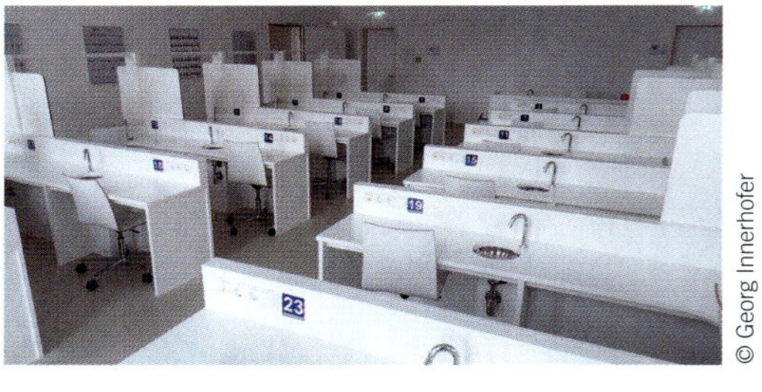

© Georg Innerhofer

Idealer Verkostungsraum, ausreichend groß, hell und mit Spuckbecken ausgerüstet.

neutraler Geruch ist wichtig, da man im Wein oft Dinge schmeckt, die man riecht. Auch der Geschmackssinn ist eng mit dem Geruchssinn verbunden, da Aromen im Wein durch den Geruch verstärkt wahrgenommen werden. Für den Gehörsinn sollte der Raum so gestaltet sein, dass kein störendes Hallen oder Nebengeräusche vorhanden sind. Schließlich spielt der Tastsinn eine Rolle, indem der Raum Wärme ausstrahlt und über eine bequeme Einrichtung verfügt. Eine angenehme Temperatur und gute Belüftung sind dabei wichtig, um den Komfort der Verkoster zu gewährleisten und die sensorische Wahrnehmung nicht zu beeinträchtigen. Hinsichtlich der Einrichtung sollte der Raum flexibel gestaltet sein, um verschiedene Gruppengrößen aufnehmen zu können. Modularität in der Einrichtung kann dabei helfen, den Raum je nach Bedarf anzupassen.

15.3.3.3 Ideales Glas

Die Wahl des richtigen Glases spielt beim Verkosten von Getränken eine entscheidende Rolle. Das ideale Kostglas sollte farblos, klar und dünnwandig sein sowie sich nach oben verjüngen, um Duftstoffe gezielt zur Nase zu leiten. Form und Volumen des Glases bestimmen die Geruchsqualität und -intensität des Getränks.

Glasaufbau

Ein hochwertiges Kostglas optimiert die Aromaentfaltung. Der obere Bereich des Glases, oft als „Kamin" bezeichnet, spielt eine wichtige Rolle, da er die Aromen zur Nase leitet und konzentriert. Schlanke und längliche Glasformen sind ideal für leichtere, fruchtige Getränke, da sie den Duft verstärken. Runde und voluminöse Gläser hingegen fördern die Freisetzung reifer Aromen und helfen, das Bukett intensiver Getränke wahrzunehmen.
Die Form des Glases beeinflusst auch, wie der Probenschluck auf die Zunge trifft, was wiederum die Wahrnehmung spezifischer Aromen, Tannine und Mineralität beeinflusst. Mundgeblasene und handgefertigte Gläser gelten als Spitzenklasse. Sie zeichnen sich durch ihre dünnen Wände, elegante Form und angenehme Haptik aus, sind jedoch relativ teuer. Glücklicherweise bieten auch hochwertige industriell gefertigte Gläser heutzutage eine ausgezeichnete Qualität zu erschwinglicheren Preisen.

Das Erscheinungsbild vom Glas prägen …

- Glasform: Tulpenförmige Gläser konzentrieren die Aromen der Getränke. Derzeit zeigen sie sich in runder oder in eckiger Kelchform; schalenförmige Gläser sind aktuell wenig in Verwendung.
- Wandstärke: Aktuell bringen dünnwandige Gläser mit präziser Abrisskante die feinen Aromen der Getränke erst recht zur Geltung. Leichte Kostgläser vermitteln einen hochwertigen Eindruck beim Anfassen. Dickere Gläser wie jene aus geschliffenem Bleikristall sind derzeit nicht modern.
- Stiel: Gläser mit Stiel sind Voraussetzung für einen optimalen Genuss. Sie lassen sich

Nicht alle Gläser sind gut zum Verkosten geeignet.

leicht schwenken und vermeiden einen unerwünschten Temperaturanstieg durch die Handwärme.

- Farbe: Ein durchsichtiges, farbloses Glas ist Voraussetzung für die Beurteilung von Farbe und Klarheit.

Glasformen

In Österreich, wo die Glaskultur besonders ausgeprägt ist, hat der Tiroler Glasmacher Claus Josef Riedel Pionierarbeit in der Glaserzeugung geleistet. Heutzutage werden Glasformen von mehreren Firmen speziell an verschiedene Getränke angepasst, um deren volles Aroma zu entfalten, was zu einer großen Vielfalt an Glasformen geführt hat.

- Schaumwein
  Der klassische Kelch, die gängigste Form für Sektgläser, betont besonders die Frucht und Frische von Schaumweinen. Diese Form lässt das faszinierende Spiel der aufsteigenden Kohlensäurebläschen deutlich sichtbar werden. Ein speziell eingeschliffener Mousseux-Punkt (frz. la mousse = Schaum) am Glasboden fördert ein gleichmäßiges Aufsteigen der Schaumperlen von einer zentralen Stelle aus.
- Obstwein (Weißwein)
  Ein tulpenförmiges Glas, das sich nach oben leicht verjüngt, ist ideal für fruchtige, leicht- bis mittelkräftige, trockene Weißweine. Diese Form verstärkt die Aromen von leichten und fruchtigen Obstweinen gleich wie bei Weinen aus Trauben. Wenn nur ein hochwertiges Universalglas verwendet werden soll, eignet sich diese Form am besten für alle leichten Fruchtweine.
- Liköre
  Sie zeichnen sich durch ein intensives Bukett aus. Um dieses Aromenprofil optimal zur Geltung zu bringen, empfehlen sich Gläser, die sich nach oben stark verjüngen. Die Auswahl reicht von kleinen Tulpengläsern über Universalgläser bis hin zu speziellen Kelchen in umgekehrter Birnenform.
- Edelbrand
  Für Fruchtdestillate haben sich kleine, kelchförmige Gläser bewährt, die in der Mitte verjüngt und nach oben hin leicht geöffnet sind. Diese Form konzentriert die Fruchtaromen, während sie den Alkoholeindruck mildert. Holzfassgereifte Brände wie Kognak oder Whisky vertragen offenere, größere Glasformen.
- Fruchtsaft und Nektar
  Die Entwicklung spezifischer Gläser für Fruchtsäfte und Nektare steht noch am Anfang. Oft werden diese Getränke in einfachen 0,25-Liter-Gläsern ohne Stiel serviert. Für Verkostungen und Bewertungen kommen jedoch zunehmend Gläser zum Einsatz, die denen für Obstwein ähneln.

15.3.3.4 Ideale Kosttemperatur

Die Trinktemperatur hat erheblichen Einfluss auf unsere Sinneswahrnehmung, da sich Geruchs- und Geschmacksmerkmale in Abhängigkeit von der Temperatur unterschiedlich entfalten. Die Einhaltung dieser Temperaturen trägt dazu bei, dass sensorische Eigenschaften optimal zur Geltung kommen. Sowohl positive als auch negative Geruchs- und Geschmacksmerkmale entfalten sich in Abhängigkeit von der Temperatur besser oder schlechter. Die ideale Kosttemperatur ist entscheidend, um die Aromen optimal zur Geltung zu bringen und ein angenehmes Geschmackserlebnis zu gewährleisten.
Generell sollten Produkte wie Obstschaumwein, Obstweine oder Cider bei kühlen Kosttemperaturen zwischen 6 und 10 °C verkostet werden, um die Frische und die fruchtigen Noten zu betonen. Für Fruchtsäfte, Liköre und Essige empfiehlt sich eine Temperatur von etwa 10–15 °C, da dies hilft, den Zucker, die Säure und die komplexen Aromen besser wahrzunehmen. Bei Edelbränden liegt die optimale Kosttemperatur in der Regel um 20 °C, um die feinen Aromen und Nuancen vollständig entfalten zu können. Marmeladen und Fruchtaufstriche profitieren von Zimmertemperatur, da dies die Konsistenz verbessert und den Geschmack intensiviert.

Bei zu kalten Proben können sich Aromakomponenten nicht richtig entfalten, sie erscheinen eher flach und dezent. Bei zu hohen Temperaturen zeigen viele Produkte ein geändertes Geschmacksbild. Obstwein wirkt flach und fad, Edelbrände stechend und scharf.

Allgemein gilt:

- Bei tiefen Temperaturen wird die Säure und die Bitterkeit verstärkt, die Süße wird verdeckt.
- Bei hohen Temperaturen wird die Säure verdeckt, Bitterkeit tritt hervor und die Süße wirkt plump. Der Alkohol tritt stärker hervor und wirkt evtl. brandig.

15.3.3.5 Ideale Kostreihenfolge

Die richtige Reihenfolge beim Verkosten von Getränken und Lebensmitteln ist entscheidend, um die Aromen optimal wahrzunehmen und eine fundierte Beurteilung abzugeben. Generell sollte man mit den leichtesten und frischesten Produkten beginnen und sich dann zu den intensiveren und komplexeren Geschmäcken vorarbeiten.

Generelle Empfehlung zur Reihenfolge

- Leicht vor schwer
- Trocken vor süß
- Säurereich vor säurearm
- Jung vor alt

15.3.3.6 Ideale Probenaufbereitung

Die Probenaufbereitung ist ein wesentlicher Bestandteil der sensorischen Analyse. Der erste Schritt, die Probenentnahme bei noch nicht abgefüllten Produkten, ist entscheidend, um eine repräsentative Probe zu erhalten. Diese sollte sorgfältig durchgeführt werden, wobei saubere Behälter verwendet werden müssen. Bei bereits gefüllten Proben stellt dies in der Regel kein Problem dar.
Produkte wie Fruchtsaft oder Obstwein können in der Regel ohne besondere Aufbereitung verkostet werden. Allerdings ist dies nicht für alle Produkte der Fall. Essig beispielsweise muss vor der Verkostung verdünnt werden, während trübe Säfte oder fruchtmarkhaltige Nektare vor dem Einschenken gut aufgeschüttelt werden sollten. Sirup sollte gemäß der Verdünnungsanleitung zubereitet werden, um die richtige Konsistenz und den Geschmack zu gewährleisten. Um sowohl in Farbe als auch im Geruch keine Unterschiede zwischen den Proben entstehen zu lassen, sollte die gereichte Probenmenge stets gleich groß sein. Es ist entscheidend, dass die Aufbereitung aller Vergleichsproben innerhalb einer Serie einheitlich erfolgt, um die Validität der Ergebnisse zu sichern. Darüber hinaus sollte darauf geachtet werden, dass die Verkostungsbedingungen – wie Temperatur und Glasform – ebenfalls konstant gehalten werden, um eine möglichst objektive Beschreibung oder Bewertung zu gewährleisten.

15.3.3.7 „Blind" verkosten

Beim Blindverkosten wird nicht mit verbundenen Augen verkostet, sondern die Verkoster wissen nicht, wessen Produkt sie probieren. Ziel dieser Methode ist es, zu verhindern, dass Tester durch Etiketten oder den Namen eines renommierten Herstellers in ihrem Urteil beeinflusst werden. Je nach Aufgabenstellung können Informationen über die Obst- oder Produktart, das Alter, den Alkoholgehalt oder ähnliche Merkmale durchaus erwünscht und üblich sein. Diese Angaben helfen den Prüfern,

Anonymisiert und codiert gelangen die Proben zum Bewerter.

ihre Geschmackszellen intensiv und unvoreingenommen zu aktivieren.
Es ist wichtig, dass die Identität des Herstellers oder der Probe den Verkostern unbekannt bleibt. Verkostungen in einer lockeren, lustigen Runde sollten vermieden werden, da Ablenkungen die Konzentration beeinträchtigen können. Nur durch fokussiertes und ernsthaftes Verkosten kann ein reproduzierbares und objektives Urteil über die Qualität des Produkts entstehen. Diese Vorgehensweise fördert eine ehrliche und differenzierte Wahrnehmung der Aromen und Geschmäcke, was für eine fundierte Bewertung unerlässlich ist.

15.3.4 COS-Prinzip

Die meisten Verkostungen folgen einem ähnlichen Schema, auch wenn die Rahmenbedingungen und Fragestellungen variieren können. Das Ziel der angewandten Sensorik ist es, die qualitätsbestimmenden Faktoren wie Aussehen, Geruch und Geschmack möglichst unvoreingenommen und reproduzierbar wahrzunehmen, zu beschreiben und Produkte in verschiedene Qualitätsstufen einzuordnen.

COS-Prinzip:
- C steht für Color (Farbe)
- O steht für Odor (Geruch)
- S steht für Sapor (Geschmack)

Die längsten Erfahrungen mit Blindverkostungen stammen aus der Weinwelt. Von dort hat sich der Trend zu unvoreingenommenen Verkostungen auf nahezu alle Getränke und mittlerweile auch auf viele Lebensmittel ausgeweitet. Die Vorgehensweise, die beim Weinverkosten angewendet wird, lässt sich mit wenigen Anpassungen auf fast jedes Lebensmittel übertragen. Wein spricht nicht nur den Geschmackssinn an, sondern auch das Auge und den Geruchssinn. Daher nutzen Weinliebhaber gern das sogenannte COS-Prinzip, das für Sehen, Riechen und Schmecken steht. Diese Reihenfolge hilft dabei, die verschiedenen Aspekte des Weins zu erfassen und ein fundiertes Urteil zu fällen.

15.3.4.1 Sehen (Color)

Jede Blindverkostung beginnt mit der optischen Begutachtung des Lebensmittels oder Getränks. Diese sorgfältige Betrachtung erfolgt in zwei Schritten und setzt ein sauberes Probengefäß voraus.
Im ersten Schritt wird die Farbe des Produkts bewertet. Idealerweise hält man bei einem Getränk das Glas vor einen weißen Hintergrund. Die Farbe kann bereits Hinweise auf die Art des Obstweins oder Fruchtsafts geben. Sehr helle Obstweine deuten oft auf eine frische, fruchtige Note hin, während dunklere Farbtöne auf Oxidationsnoten, Reife oder einen intensiveren Geschmack schließen lassen. Bei Fruchtsäften kann die Farbintensität ebenfalls Rückschlüsse auf den Fruchtgehalt und die verwendeten Sorten zulassen.
Im zweiten Schritt wird das Produkt im Glas geschwenkt, um zu beobachten, wie es an den Glaswänden abläuft. Die Tropfen, die dabei entstehen, erinnern an Kirchenfenster – daher ihr Name. Je langsamer der Saft oder Wein herunterläuft und je ausgeprägter die „Fenster“ sind, desto höher ist in der Regel der Alkohol- oder Extraktgehalt des Produkts. Bei dickflüssigen Tropfen spricht man im Fachjargon von „Tränen“, die jedoch keinen direkten Einfluss auf die Qualität des Getränks haben. Der Fachmann nennt dies auch Viskosität, also die Zähflüssigkeit des Produkts, was wichtige Informationen über dessen Struktur und Fülle liefert.

15.3.4.2 Riechen (Odor)

Ebenfalls noch vor dem ersten Schluck und im zweiten Schritt wird bei einer Blindverkostung an der Probe gerochen. Dazu wird das Glas leicht geschwenkt, um die Aromen freizusetzen. Bereits beim Riechen lassen sich zahlreiche Fruchtaromen des Getränks wahrnehmen. Zu intensives Riechen kann jedoch die Anlagerung von Duftmolekülen an den Riechhärchen verringern und somit die Intensität des Duftes mindern. Wenn man zu oft hineinriecht, kann es zu einem Gewöhnungseffekt kommen, wodurch die Wahrnehmung ebenfalls abnimmt.

Schon in diesem Moment beginnt man, das Getränk zu charakterisieren:

- Welche Gerüche nehmen Sie als Erstes wahr?
- Mit welchen anderen Aromen lassen sich diese vergleichen?
- Welche Duftnoten bleiben besonders intensiv und lange in der Nase?
- Wie erleben Sie die Harmonie der Aromen?

Hilfe bei der Wortfindung bieten Beschreibungen typischer Produkte dieser Art oder

KRITERIUM	
Aussehen	
Farbe	helles strohgelb, leichte Kohlensäure
Klarheit	spiegelnd klar
Geruch	
Richtung	reifer Apfel, schalig, leichte Zitrusnote
Intensität	sehr intensiv
Typizität	typisch ausgeprägt
Frische	
Geschmack	
Richtung	würziger Apfel
Intensität	kräftig, intensiv
Typizität	typisch
Frische/Alter	wirkt sehr jung und frisch
Fülle, Körper	mittlerer Körper
Alkohol, Süße	angenehme Süße
Abgang	
Länge	gute Länge
Harmonie	feines Zucker/Säure/Verhältnis, ausgewogen

Allein beim Einfügen von nur einem Begriff zum jeweiligen Kriterium erhält man eine ausreichende Beschreibung.

auch das Aromarad. Inzwischen gibt es eine Vielzahl solcher Hilfsmittel nicht nur für Wein, sondern auch für andere Getränke wie Obstwein, Whisky oder sogar für Lebensmittel wie Schokolade und Brot. Je nach Aufbau des Aromarads beginnt man mit einer groben Charakterisierung der Eindrücke, die dann weiter präzisiert werden können.
Die Interpretation der Gerüche (und des Geschmacks) ist subjektiv. Wenn ein Verkoster einen Geruch mit „Banane" beschreibt und ein anderer mit „exotisch", gibt es kein Richtig oder Falsch – es handelt sich lediglich um unterschiedliche Wahrnehmungen und Interpretationen.

15.3.4.3 Schmecken (Sapor)

Nach dem Riechen folgt der erste Kostschluck, wobei die geschmackliche Einordnung oft die schwierigste Aufgabe während der Blindverkostung darstellt.
Dazu wird ein Schluck der Probe in den Mund genommen und bleibt dort eine Weile (also nicht sofort schlucken!). Viele Verkoster saugen dabei zusätzlich Luft ein, was sich wie Schlürfen anhört. Der Zweck dieser Technik ist es, das Getränk zu erwärmen und es mit Sauerstoff reagieren zu lassen, wodurch noch mehr Aromen freigesetzt werden.

Der im Mund entstehende Eindruck von der Probe ist vielseitig. Einerseits unterscheiden wir mit den Sinneszellen im Mund vor allem die Geschmacksrichtungen süß, sauer, salzig und bitter. Gleichzeitig wird die Konsistenz des Getränks mit der Zunge beurteilt: Fühlt sie sich dickflüssig, vollmundig und ölig an oder eher wässrig, dünnflüssig und leicht?
Durch die Kau- und Schluckbewegungen befördert man inzwischen frei werdende Aromen unabsichtlich durch die Mund-Nasen-Verbindung (oronasale Verbindung) von der Mundhöhle in die Nasenhöhle. Die Aromen gelangen so zum Geruchsepithel in der Nase und werden dort registriert. Da wir dabei nicht bewusst riechen (orthonasal), „verwechseln"

wir diesen Eindruck oft mit dem Schmecken. Bei der Erfassung von Düften, die aus dem Mundraum kommen, spricht man von der retronasalen Wahrnehmung, dem Rückgeruch. Vielfach finden sich die gleichen Aromen wie beim ersten Riechen wieder, während durch die Temperaturänderung im Mund zusätzlich andere Geschmacksnoten in Erscheinung treten können.

15.3.4.4 Abgang und Harmonie

In diesem Schritt geht es um den abschließenden Eindruck und wie anhaltend die Aromen sind. Der berühmte Abgang (auch als Finish oder Finale bezeichnet) spielt nun eine entscheidende Rolle.
Hier gilt es, in den Sekunden nach dem Ausspucken oder Schlucken der Probe noch achtsam zu bleiben. Entscheidend ist, wie lange noch der Geschmack auf den Geschmackszellen im Mund bleibt und wie lange noch Aromen über den Rückgeruch in der Nase wahrnehmbar sind.
Verschwinden alle Aromen sofort, spricht man von einem kurzen Abgang. Klingen die Aromen langsam aus, handelt es sich um einen mittleren Abgang. Bei einem langen Abgang bleiben die Eindrücke der Probe selbst nach dem Schlucken oder Ausspucken noch länger wahrnehmbar.

Erst jetzt kann man über die Harmonie sprechen. Nur wenn das Zusammenspiel von Geruch, Geschmack und Abgang gelungen ist, spricht man von einem „harmonischen" Erlebnis. Wenn während der Verkostung eine Komponente zu stark oder zu schwach ausgeprägt ist, fehlt es an dieser Harmonie. Die Balance zwischen den verschiedenen Aromen und deren Nachhall ist entscheidend für die Gesamtbewertung.
Interessanterweise lässt sich die Länge des Abgangs auch feststellen, wenn man die Probe nicht schluckt, sondern ausspuckt. Besonders beim Verkosten alkoholhältiger Proben ist es wichtig, sie nicht zu schlucken, um eine Beeinflussung durch den Alkohol zu vermeiden. Spuckbecher sind daher bei Verkostungen mit einer hohen Anzahl an Proben unverzichtbar geworden. Erfahrene Verkoster probieren oft in kurzer Zeit viele verschiedene Produkte und bleiben dabei durch konsequentes Ausspucken unter einem Blutalkoholgehalt von 0,1 ‰.

Weißbrot oder Wasser wird bei Verkostungen gereicht, um zwischen mehreren Proben den Gaumen bzw. die Wahrnehmung zu neutralisieren. Intensive Gebäcksorten wie zum Beispiel Nussbrot eignet sich dafür ebenso wenig wie Kaffee.

15.3.5 Beschreiben

Die Fähigkeit, Aromen zu „erriechen" und Geschmacksnoten zu „erschmecken", ist für alle Verkoster von Bedeutung, insbesondere jedoch für Prüfer. Für sie ist es entscheidend, diese Empfindungen mit präzisen und nachvollziehbaren Begriffen zu beschreiben und in Kategorien einzuordnen. Weniger erfahrenen Prüfern kann es manchmal passieren, dass sie einen Geruch zwar wahrnehmen, ihn jedoch nicht benennen oder zuordnen können, obwohl sie ihn bereits kennen.

Erfahrene Sensoriker hingegen üben regelmäßig, um in solchen Situationen sicher zu agieren. Sie verfügen über ein umfangreiches Vokabular und sind in der Lage, eine treffende Beschreibung für jedes Produkt zu finden. Dazu gehört auch ein spezifisches Vokabular, das auf die jeweilige Produktgruppe abgestimmt ist. Neben allgemeinen Begriffen wie „gut" oder „schlecht" verwenden Sensoriker differenzierte Begriffe, die den einzigartigen Eigenschaften der Produkte gerecht werden. Die richtige Verwendung von Begriffen erfordert jedoch etwas Übung. Es ist hilfreich, eine „Checkliste" zu erstellen, auf der alle Kriterien aufgeführt sind, die für die Beschreibung relevant sind. Diese Liste unterstützt dabei, die verschiedenen Merkmale systematisch zu erfassen.

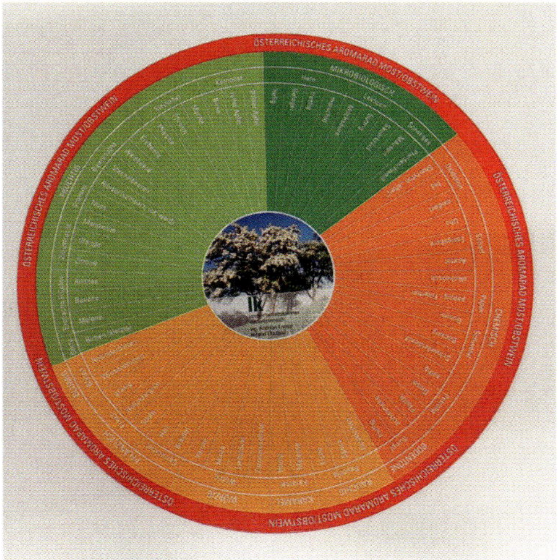

Aromaräder wie hier für Obstwein erleichtern das Beschreiben von Proben.

In der Regel genügt es, für jedes Kriterium ein passendes Wort zu finden, um eine treffende Beschreibung abzugeben. Durch regelmäßiges Üben und die Anwendung dieser Checkliste wird es leichter, auch ohne vorherige Vorbereitung fundierte und differenzierte Beschreibungen von Obstprodukten zu formulieren.

15.3.6 Bewerten

Jede Verkostung hat einen bestimmten Zweck, keine geschieht ohne Grund. Alle Verkostungen folgen einem festgelegten Prinzip und Reglement. Für Konsumenten ist die Fragestellung relativ einfach: Entspricht das Produkt ihren Erwartungen, und wie verhält sich das Preis-Leistungs-Verhältnis? Für Produzenten und Verkoster gestaltet sich die Verkostung jedoch komplexer. Wenn es darum geht, Unterschiede zwischen Produkten zu erkennen, wird hauptsächlich die Unterschiedsprüfung eingesetzt. Bei neuen Rezepturen empfiehlt sich eine Rangordnungsprüfung, während für Bewertungen ein spezifisches Bewertungsschema verwendet wird.

Der Einsatz von Programmen erleichtert die Auswertung von Verkostungsergebnissen.

15.3.6.1 Unterschiedsprüfung

Die Unterschiedsprüfung ermöglicht den Vergleich von Produktionschargen oder verschiedenen Rezepturen. Eine typische Kosterfrage könnte lauten: „Ist diese Rezeptur besser als die andere?", oder: „Ist dieser Edelbrand bei einem Alkoholgehalt von 39 % vol aromatischer als bei 42 %?" Je mehr Verkoster eine Probe beurteilen, desto wahrscheinlicher ist es, ein abgesichertes Ergebnis zu erhalten. Wenn die Prüfer keinen Unterschied zwischen den Proben erkennen, ist das ebenfalls ein Ergebnis: Die Proben sind als gleich einzustufen.

Dreieckstest

Ob Unterschiede im Geschmack zwischen Proben wahrgenommen werden können, lässt sich gut mit Dreieckstests feststellen. Ein Prüfer erhält dabei blind drei Proben, von denen zwei identisch sind. Seine Aufgabe besteht darin, die abweichende Probe zu erkennen. Ergänzend kann auch die Bevorzugung abgefragt werden: „Welche Probe ist besser?" Die Sicherheit der Resultate steigt mit der Anzahl der richtigen Einzelurteile, da Einzelergebnisse möglicherweise auf Zufall beruhen.

Rangordnungsprüfung

Bei Rangordnungsprüfungen erhalten die Prüfer drei bis sechs Proben in zufälliger Reihenfolge präsentiert. Ihre Aufgabe ist es, die Proben nach einem bestimmten Kriterium zu ordnen, beispielsweise nach Zuckergehalt oder

Rangordnungsprüfung

Positionieren Sie die Gläser gemäß Ihrer Einschätzung zwischen unzufriedenstellend/unharmonisch und ausgewogen/harmonisch.

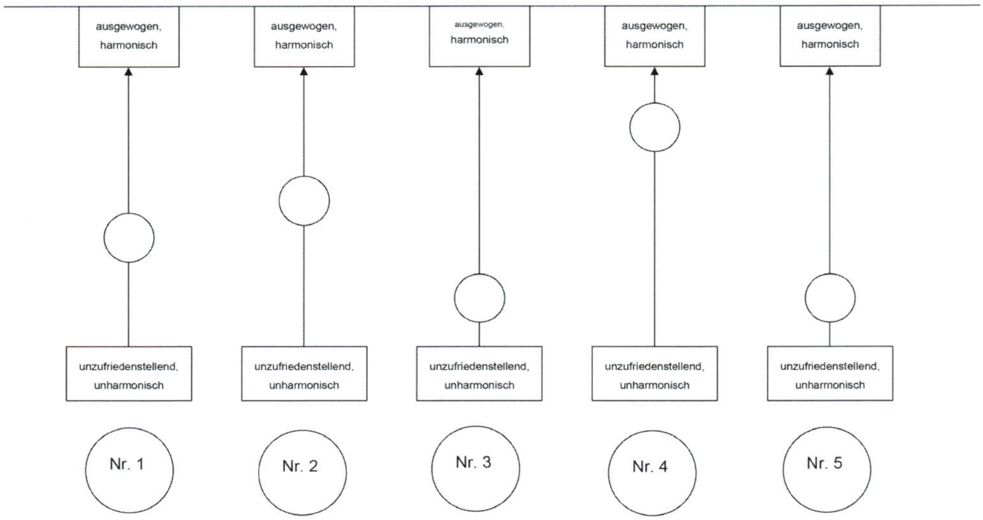

Die Methode erstellt nicht nur eine Rangfolge, sondern zeigt auch die Abstände zueinander.

Gesamteindruck. Diese Methode erlaubt es, nur eine relative Qualitätseinstufung aus den vorhandenen Proben zu ermitteln. Um zusätzlich eine absolute Qualitätseinstufung zu erhalten, kann man ein entsprechendes Blatt verwenden.

Die Prüfer verschieben das Glas entlang einer Linie von einem Ausgangspunkt hin zum Optimum. Erkennen mehrere Verkoster eine Rezeptur als deutlich besser, liegt ein signifikanter Unterschied vor. Zeigen die Ergebnisse hingegen eine eher zufällige Verteilung, besteht kein deutlicher Qualitätsunterschied zwischen den Proben.

15.3.6.2 Bewertende Prüfung

Im Gegensatz zu den vorhergehenden Methoden zielt eine Bewertung darauf ab, ein absolutes Urteil über die Qualität einer Probe abzugeben, um eine Reihung zu ermöglichen. Für ein objektives Urteil sind festgelegte Kriterien wie Fruchtigkeit, Geschmack und Harmonie erforderlich. Diese Kriterien helfen den

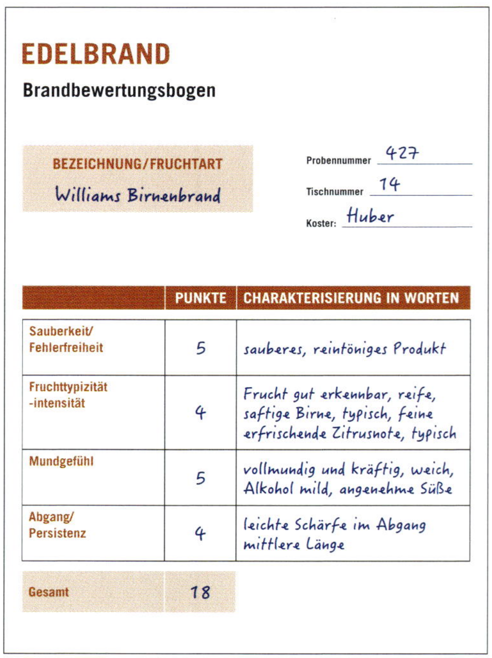

EDELBRAND

Brandbewertungsbogen

BEZEICHNUNG/FRUCHTART: Williams Birnenbrand

Probennummer: 427

Tischnummer: 14

Koster: Huber

	PUNKTE	CHARAKTERISIERUNG IN WORTEN
Sauberkeit/ Fehlerfreiheit	5	sauberes, reintöniges Produkt
Fruchttypizität -intensität	4	Frucht gut erkennbar, reife, saftige Birne, typisch, feine erfrischende Zitrusnote, typisch
Mundgefühl	5	vollmundig und kräftig, weich, Alkohol mild, angenehme Süße
Abgang/ Persistenz	4	leichte Schärfe im Abgang mittlere Länge
Gesamt	18	

Üblicher Bewertungsbogen in Österreich für Edelbrände.

ABSTUFUNGEN IM 20-PUNKTE-SCHEMA		
Punkte	**Qualitätsbeschreibung**	**Allgemeine Eigenschaften**
5	Sehr gut	Deutlich über dem Durchschnitt, ausgezeichnet
4	Gut	Über dem Durchschnitt
3	Zufriedenstellend	Entspricht einer durchschnittlichen Qualität
2	Nicht zufriedenstellend	Unterdurchschnittlich, Fehlton erkennbar
1	Weniger zufriedenstellend	Starker Fehler im Vordergrund
0		Nicht bewertbar

Im 20-Punkte-Schema werden die einzelnen Kriterien (wie am Brandverkostungsbogen ersichtlich) nach diesen Abstufungen bewertet.

Verkostern, ihre subjektiven Empfindungen in den Hintergrund zu drängen und objektiv zu urteilen.
In vielen Verkostungen erfolgt die Punktevergabe nach im Voraus klar definierten Kriterien. Die Prüfer vergeben Punkte basierend darauf, wie gut die Probe die festgelegten Erwartungen erfüllt. Abweichungen vom Idealfall oder Fehler führen zu Punktabzügen. Die Summe der erreichten Punkte ermöglicht es, das Produkt mithilfe einer Punkteskala in eine Qualitätsklasse einzuordnen. Beispiele hierfür sind die Kostschemata der bedeutendsten Spirituosen-Großverkostungen im deutschen Raum, wie der Destillata und der Verkostung der DLG (Deutsche Landwirtschafts-Gesellschaft).

© Georg Innerhofer

Proben kommen anonymisiert und nummeriert zum Bewerter, so ist keinen Rückschluss auf den Hersteller möglich.

Nicht gewichtete Faktoren

Im häufig in Österreich verwendeten 20-Punkte-Schema werden für alle Kriterien jeweils zwischen 1 und 5 Punkte vergeben, ohne Unterschiede in der Gewichtung der einzelnen Kriterien. Eine „0“ wird im 20-Punkte-Schema nicht vergeben. Zur abschließenden Beurteilung werden die Punkte summiert und in Klassen eingeteilt.

Gewichtete Faktoren

Je nach Art der Probe und Auslegung der Verkostung können einzelne Kriterien stärker gewichtet werden als andere. Beim deutschen DLG-Schema gibt es solche Unterschiede. Dabei zählt der Geschmack beispielsweise deutlich mehr als die Farbe. Jedes Prüfmerkmal-Ergebnis wird mit seinem Gewichtungsfaktor multipliziert. Die Summe der gewichteten Bewertungen aller Prüfmerkmale wird durch 20 (Summe der Gewichtungsfaktoren) dividiert. Wird in einem Prüfmerkmal die 0 (Null) vergeben, so erfolgt keine weitere Bewertung der Probe. Das Ergebnis ist die Qualitätszahl. Sie ist für die Einstufung in die Qualitätsklassen ausschlaggebend. Von 4,7–5,0 gibt es den DLG-Preis Gold, von 4,20–4,69 Silber und von 3,70–4,19 Bronze.

15.3.7 VERSTÄNDNISFRAGEN

1. Was ist der Unterschied zwischen „objektiv“ und „subjektiv“ in der Sensorik? Nenne ein Beispiel für jeden Begriff.
2. Welche Sinneseindrücke spielen zentrale Rollen in der Sensorik? Nenne Beispiele.
3. Erkläre die Ursache und Bedeutung der Schlieren im Kostglas, auch als Kirchenfenster bezeichnet.
4. Erläutere die Begriffe oral, (ortho-) nasal und retronasal und gib jeweils ein Beispiel.
5. Zähle die fünf Grundgeschmacksrichtungen auf.
6. Welche Argumente sprechen für die Sinnhaftigkeit einer Blindverkostung?
7. Wo liegt deiner Meinung nach vor allem für Anfänger das Problem beim Beschreiben von Proben und wie kann man dem Abhilfe schaffen?
8. Beschreibe die Voraussetzungen für ein ideales Verkostungsumfeld.
9. Erkläre den Unterschied zwischen einer Unterschiedsprüfung und einer bewertenden Prüfung. Nenne Beispiele.
10. Was steht hinter dem Kostprinzip „COS“ und wie wird es angewendet?

15.4 Lebensmittelsicherheit

Die Lebensmittelsicherheit und der Schutz der Verbrauchergesundheit ist heute ein wesentlicher Punkt bei der Lebensmittelherstellung. Um das Vertrauen der Konsumenten in regionale, naturbelassene und sichere Produkte zu rechtfertigen und um gesundheitliche Risiken zu minimieren, ist eine konsequente Umsetzung von Hygienevorschriften und Qualitätsstandards unerlässlich.

Die Verantwortung über die Sicherheit der Lebensmittel trägt der jeweilige Lebensmittelunternehmer – beginnend von den Rohstoffen über die Verarbeitung und Lagerung bis hin zum Verkauf. Dazu bedienen sich die Betriebsleiter eines Eigenkontrollsystems.
Das System der Unternehmerverantwortung und der Eigenkontrolle bzw. der behördlichen Überprüfung dieser zielt darauf ab, ein Höchstmaß an Lebensmittelsicherheit zu gewährleisten und gleichzeitig die Effizienz der Kontrollen zu steigern.
Die Aufgaben der Behörden liegen einerseits bei der Überprüfung der Betriebe und andererseits bei den Kontrollen von Waren. 2022 wurden von den Lebensmittelaufsichtsbehörden der Bundesländer 36.541 Betriebskontrollen in 30.784 Betrieben durchgeführt. Als gesundheitsschädlich wurden davon lediglich 110 Proben eingestuft, was für die hohe Lebensmittelqualität in Österreich spricht. Die häufigsten Beanstandungsgründe waren Kennzeichnungsmängel und zur Irreführung geeignete Informationen.

Glücklicherweise sind Produkte aus Früchten selbst bei unerwünschten mikrobiologischen Veränderungen nicht so akut gesundheitsgefährdend, wie das bei Fleisch, Fisch, Ei oder Milch der Fall ist. Die Gefahr physikalischer oder chemischer Ursachen besteht aber in gleichem Maß. Daher gilt es, die Auflagen mit der notwendigen Umsicht und den entsprechenden Maßnahmen zu erfüllen.

Hauptrisiken:

- Mikrobielle Kontamination: Bakterien, Viren und Pilze können Lebensmittel verderben und zu Erkrankungen führen.
- Physikalische Verunreinigungen: Fremdkörper wie Steine, Metallteile oder Glas können in Lebensmittel gelangen und Verletzungen verursachen.
- Chemische Verunreinigungen: Pestizide, Reinigungsmittel oder andere Chemikalien können Lebensmittel kontaminieren.

15.4.1 Wesentliche Verordnungen

15.4.1.1 Lebensmittelbasisverordnung

Die Verordnung (EG) Nr. 178/2002, auch bekannt als Lebensmittelbasisverordnung, ist die Grundlage des harmonisierten Lebensmittel- und Futtermittelrechts in der Europäischen Union. Die Verordnung zielt darauf ab, ein hohes Schutzniveau für die Gesundheit der Verbraucher zu gewährleisten und gleichzeitig das reibungslose Funktionieren des Binnenmarktes für Lebensmittel und Futtermittel sicherzustellen.

Hauptziele und Prinzipien

- Schaffung eines umfassenden Sicherheitskonzepts für die gesamte Lebensmittelkette („Farm to Fork"-Strategie)
- Einführung des Prinzips der Risikoanalyse, bestehend aus Risikobewertung, Risikomanagement und Risikokommunikation
- Lebensmittel, die nicht sicher sind, dürfen nicht in Verkehr gebracht werden.
- Lebensmittelunternehmer tragen die Verantwortung für die Sicherheit ihrer Produkte.
- Verpflichtung zur Rückverfolgbarkeit von Produkten entlang der Lieferkette.

15.4.1.2 Lebensmittelhygieneverordnung

Die Verordnung (EG) Nr 852/2004 über Lebensmittelhygiene ist ein zentraler Bestandteil des EU-Hygienepakets und legt grundlegende Hygienevorschriften für alle Lebensmittelunternehmen fest. Die Verordnung bildet die Grundlage für ein einheitliches Hygieneniveau in der EU und legt die Verantwortung für die Lebensmittelsicherheit primär in die Hände der Lebensmittelunternehmer.

Hier ein Auszug der definierten Punkte:

- Gilt für alle Stufen der Lebensmittelkette, einschließlich der Primärproduktion
- Zielt auf ein hohes Maß an Verbraucherschutz im Bereich der Lebensmittelsicherheit ab
- Einführung von Eigenkontrollen nach HACCP-Grundsätzen
- Verpflichtende Dokumentation der HACCP-bezogenen Maßnahmen
- Allgemeine Registrierungspflicht für Lebensmittelbetriebe
- Förderung der Entwicklung von nationalen und gemeinschaftlichen Leitlinien für eine gute Hygienepraxis
- Verpflichtung zur Schulung von Mitarbeitern in Lebensmittelhygiene
- Getrennte Hygienevorschriften für Primärproduktion und andere Betriebsstätten
- Detaillierte Anforderungen an Räumlichkeiten, Ausrüstung, Abfälle, Wasserversorgung, persönliche Hygiene etc.

15.4.2 Leitlinie bäuerliche Obstverarbeitung

Um die Rechtsvorgaben hinsichtlich der Lebensmittelhygiene zusammenzufassen, sie leichter verständlich und umsetzbar zu machen, wurden in den verschiedenen EU-Ländern branchenspezifische Richtlinien für gute Lebensmittelhygienepraxis entwickelt. Diese Dokumente bieten detaillierte Anweisungen zur Durchführung von Eigenkontrollen und zur Einführung und Umsetzung des HACCP-Konzepts. Sie beschreiben standardisierte Hygiene- und Produktionsmethoden, die oft als GHP (Gute Hygienepraxis) oder GMP (Good Manufacturing Practice) bezeichnet werden und darauf abzielen, die erforderlichen Qualitätsstandards zu gewährleisten.
Obwohl die Anwendung dieser Richtlinien nicht verpflichtend ist, wird sie nachdrücklich

empfohlen. Sie dienen als wertvolle Interpretationshilfe, indem sie die Anforderungen der EU-Verordnungen konkretisieren und verständlich machen.

15.4.2.1 Ziel

Die Leitlinie für bäuerliche Obstverarbeitung ...

- dient als Hilfsmittel für die Einrichtung eines betrieblichen Eigenkontrollsystems.
- stellt ein Modell zur Erfüllung der erforderlichen Pflichten dar.

Wichtig ist, dass diese Leitlinien nicht als starre Vorgaben zu verstehen sind, sondern von jedem Betrieb an die eigenen Gegebenheiten angepasst werden sollen. Das unterstreicht die Flexibilität und Anpassungsfähigkeit der Leitlinie, um den individuellen Bedürfnissen und Umständen bäuerlicher Obstverarbeitungsbetriebe gerecht zu werden.

15.4.2.2 Rechtslage

Die Leitlinie für bäuerliche Obstverarbeitung basiert auf verschiedenen EU-Vorschriften in ihrer jeweils gültigen Fassung. Zu den wichtigsten Rechtsquellen gehören die Verordnung (EG) Nr. 852/2004 über Lebensmittelhygiene, die Verordnung (EG) Nr. 2074/2005 zur Festlegung von Durchführungsvorschriften zum EU-Hygienepaket sowie die Guidance-Dokumente vom 16.11.2005 zur Verordnung (EG) Nr. 852/2004 und zur Umsetzung von HACCP. Der Geltungsbereich dieser Leitlinien erstreckt sich auf bäuerliche Obstverarbeitungsbetriebe, die hauptsächlich ihre eigene Rohware verarbeiten, und legt die Verantwortung für die Umsetzung des Hygienerechts in die Hände des Betriebsführers oder einer von ihm beauftragten Person.

15.4.2.3 Betriebsstätten

- **Anforderungen an Betriebsstätten:**
  Die Leitlinie legt detaillierte Anforderungen an Betriebsstätten fest, wobei das Hygienerisiko der erzeugten Produkte und das Arbeitskonzept berücksichtigt werden. Die Verarbeitung soll grundsätzlich in einem eigenen Raum erfolgen, der ausreichend groß und gut ausgestattet ist. Eine klare Trennung zwischen reinen und unreinen Bereichen ist notwendig, um Kreuzkontaminationen zu vermeiden. Dies umfasst die separate Lagerung von Rohstoffen und Fertigwaren sowie eine deutliche Trennung der Verarbeitungsbereiche von der Rohstoffannahme, -verarbeitung und -lagerung. Dabei unterliegt der Bereich der Rohstoffanlieferung weniger strengen Auflagen als der Abfüllbereich.
- **Grundausstattung:**
  Zur Grundausstattung gehören geeignete Handwaschmöglichkeiten, angemessene Belüftung und Beleuchtung sowie ein funktionierendes Abwassersystem. Die Wasserversorgung muss Trinkwasserqualität aufweisen. Toiletten dürfen keinen direkten Zugang zu Verarbeitungsräumen haben.
- **Raumgestaltung:**
  Die Räumlichkeiten müssen so konzipiert sein, dass eine gute Lebensmittelhygiene gewährleistet ist. Böden, Wände, Decken, Fenster und Türen müssen leicht zu reinigen und in einwandfreiem Zustand sein. Besondere Anforderungen gelten für Oberflächen, die mit Lebensmitteln in Berührung kommen.
- **Transport und Ausrüstung:**
  Beim Transport müssen Behälter und Container sauber und so beschaffen sein, dass das Kontaminationsrisiko minimiert wird. Alle Gegenstände, Armaturen und Ausrüstungen, die mit Lebensmitteln in Kontakt kommen, müssen regelmäßig gründlich gereinigt und gegebenenfalls desinfiziert werden.
- **Besondere Bestimmungen:**
  Die Leitlinie berücksichtigt auch traditionelle Materialien wie Holz, solange die hygienische Sicherheit gewährleistet ist. Für Erwärmungs- und Wärmebehandlungsprozesse sind manuelle Temperatur- und Zeitmessungen zulässig. Verpackungen müssen so gelagert und transportiert werden, dass eine Beeinträchtigung des Produkts vermieden wird.

15.4.2.4 Allgemeine Hygiene

- **Reinigung und Desinfektion:**
  Alle Bereiche, einschließlich Räume, Gegenstände, Armaturen und Ausrüstungen, müssen gründlich gereinigt und gegebenenfalls desinfiziert werden. Diese Maßnahmen sollten außerhalb der Produktionszeiten erfolgen. Nach der Anwendung chemischer Reinigungs- oder Desinfektionsmittel ist es wichtig, gründlich mit Trinkwasser nachzuspülen, um Kontaminationen mit Rückständen zu vermeiden. Die verwendeten Reinigungs- und Desinfektionsmittel müssen für die Obstverarbeitung geeignet und auf die jeweiligen Oberflächen abgestimmt sein. Zudem müssen Gebrauchsanweisungen und Sicherheitsdatenblätter vorliegen. Reinigungs- und Desinfektionsmittel sind in einem speziellen Bereich, getrennt von Lebensmitteln, zu lagern, und die Reinigungsgeräte müssen sauber und instandgehalten werden.
- **Vorschriften für Lebensmittel:** Rohstoffe, Zutaten sowie Zwischen- und Enderzeugnisse sind entsprechend zu lagern. Hilfsstoffe und Zusatzstoffe müssen hygienisch einwandfrei sein und dürfen keine Fremdkörper oder Verunreinigungen enthalten.
- **Vorschriften für nicht sichere Stoffe bzw. Abfälle:** Nicht sichere Stoffe sind entsprechend zu kennzeichnen und in verschlossenen Behältern gemäß den Herstellerangaben zu lagern. Lebensmittelabfälle sowie ungenießbare Nebenerzeugnisse müssen so schnell wie möglich, mindestens jedoch am Ende der Produktion, aus den Räumen entfernt werden, in denen mit Lebensmitteln umgegangen wird.
- **Schädlingsbekämpfung:** Es sind geeignete Verfahren zur Bekämpfung von Schädlingen vorzusehen. Zudem müssen Maßnahmen getroffen werden, um das Eindringen von Haus- und Nutztieren in Räume zu verhindern, in denen Lebensmittel zubereitet oder gelagert werden. Fenster, die ins Freie geöffnet werden können, sollten mit leicht zu reinigenden Insektengittern versehen sein. Offene Fenster müssen während des Herstellungsprozesses geschlossen bleiben, um Kontaminationen zu vermeiden. Böden mit Abfluss sollten mit einem Geruchsverschluss und einem Gitter ausgestattet sein, während Türen so konstruiert sein müssen, dass sie dicht schließen.

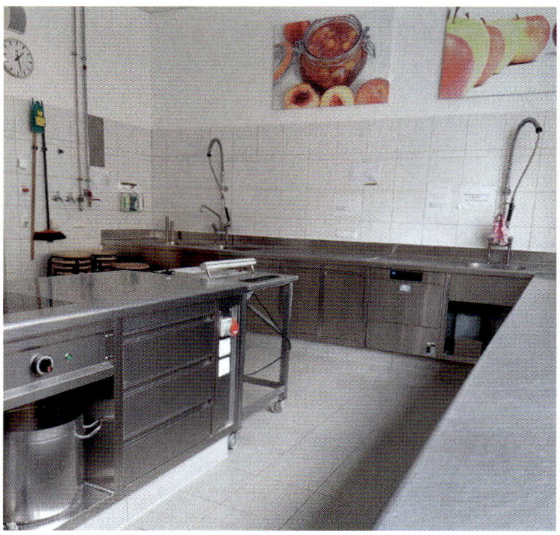

Entsprechend eingerichteter Verarbeitungsraum zur Verarbeitung bzw. Herstellung von Lebensmitteln.

Pheromonfalle zur Flugkontrolle oder zum Massenfang von Lebensmittelmotten.

- **Schulung:** Mitarbeiter in obstverarbeitenden Betrieben müssen regelmäßig über ihre Tätigkeiten und die Lebensmittelhygiene geschult werden; der Nachweis dieser Schulung sollte nicht älter als drei Jahre sein. Auch die für die Anwendung der Leitlinie und der Eigenkontrolle verantwortlichen Personen sind angemessen zu schulen.

15.4.2.5 Gute Herstellungspraxis

- **Hygienisches Arbeiten:** Die Leitlinie betont die Wichtigkeit von Sauberkeit und Hygiene in Betriebsstätten und beim Personal. Mitarbeiter müssen saubere Arbeitskleidung tragen und auf persönliche Hygiene achten. Schmuck an Armen und Händen sowie Ohrclips sind verboten. Hände müssen regelmäßig gereinigt werden, insbesondere vor Arbeitsbeginn, nach Pausen und WC-Besuchen. In Verarbeitungsräumen ist Essen, Trinken und Rauchen untersagt. Fingernägel müssen sauber und kurz geschnitten sein.
- **Personalschulung:** Personen müssen entsprechend ihres Tätigkeitsbereichs geschult werden, um hygienische Anforderungen zu erfüllen. Die „Leitlinie zur Sicherung der gesundheitlichen Anforderungen an Personen beim Umgang mit Lebensmitteln" ist einzuhalten und zu dokumentieren. Der Umgang mit Lebensmitteln ist für Personen verboten, die an übertragbaren Krankheiten leiden, infizierte Wunden haben oder an Durchfall leiden. Betroffene müssen dies unverzüglich melden. Hautverletzungen müssen durch wasserfeste Verbände oder Einmalhandschuhe abgedeckt werden. Betriebsfremde Personen dürfen Produktionsräume nur mit Zustimmung betreten.
- **Herstellungsabläufe/Produktblätter:** Kritische Bereiche der Produktionsabläufe, insbesondere Erhitzungsschritte, müssen durch Aufzeichnungen dokumentiert und überprüft werden. Der Betriebsleiter muss sicherstellen, dass die Produkte keine Gesundheitsgefährdung darstellen. Um die Einhaltung der Vorgaben zu dokumentieren, können Produktblätter für jede Charge ausgefüllt und abgezeichnet werden.

15.4.2.6 Eigenkontrolle

Die Herstellung sicherer Lebensmittel und der Schutz der Verbrauchergesundheit stehen im Mittelpunkt aller modernen Lebensmittelsicherheitskonzepte. Um diese Ziele effektiv zu erreichen, wird ein innovativer Ansatz verfolgt, der die Hauptverantwortung für die Qualitätssicherung in die Hände der Hersteller legt. Diese Verlagerung der Verantwortung ist notwendig, da eine lückenlose Überwachung durch staatliche Stellen in der Praxis nicht realisierbar wäre.
In diesem System überwacht der Hersteller selbst den gesamten Produktionsprozess von der Rohstoffannahme bis zum Verkauf. Die Behörden konzentrieren sich dabei auf die Überprüfung dieser Eigenkontrollen. Auf diese Art unterziehen sich 100 % aller Betriebe jährlich einer Kontrolle, der Eigenkontrolle, und einige davon erhalten von Lebensmittelinspektoren Kontrollbesuche.

Auch Obstverarbeiter, die als Lebensmittelunternehmer tätig sind, tragen die Eigenverantwortung für die Einhaltung gesetzlicher Vorschriften und sind verpflichtet, nach den Prinzipien der Guten Herstellungs- und Hygienepraxis (GHP) zu arbeiten.
Diese Praxis umfasst mehrere wesentliche Elemente:

- Sorgfältige Wareneingangskontrolle zur Überprüfung der Qualität und Sicherheit der Rohstoffe
- Regelmäßige Anlagenkontrolle zur Sicherstellung der einwandfreien Funktion und Sauberkeit der Verarbeitungsanlagen
- Kontinuierliche Personalschulung, um hygienisches und sicheres Arbeiten zu gewährleisten
- Ermittlung und Beherrschung von Gefahren bei Obstverarbeitungsprodukten, einschließlich potenzieller Gesundheitsgefährdungen durch erkrankte Mitarbeiter, Fremdstoffe oder Fremdkörper im Produkt

Um die Einhaltung dieser Praktiken nachvollziehbar zu machen, ist eine angemessene Dokumentation und Führung von Aufzeichnungen erforderlich. Diese sollten an die jeweilige Betriebsgröße angepasst sein und in erster Linie dazu dienen, die Eigenkontrolle zu unterstützen und die Lebensmittelsicherheit zu gewährleisten.

Verpflichtend zu dokumentieren sind:

- Betriebs- und Produktionsdaten
- Trinkwasserbefunde bei eigener Wasserversorgung
- Unterschriebene Produktblätter mit kritischen Kontrollpunkten
- Fehlerprotokolle bei Abweichungen
- Schulungsnachweise
- Rückverfolgbarkeit

Empfohlen werden zusätzlich laufende Aufzeichnungen zur Eigenkontrolle, Laborergebnisse und Produktbeschreibungen. Produktuntersuchungen dienen dem Nachweis der Wirksamkeit der Eigenkontrollen und des betrieblichen Hygienekonzepts, wobei das hygienische Risiko der Produkte zu berücksichtigen ist. Durch Aufzeichnungen müssen die einzelnen Zutaten auf jeder Stufe der Lebensmittelkette nachvollziehbar sein. Dadurch lässt sich beispielsweise die Ursache einer Verunreinigung rasch aufklären. Diese Eigenkontrollmaßnahmen zielen darauf ab, eine hygienische Produktion sicherzustellen und potenzielle Gesundheitsgefahren zu minimieren.

15.4.2.7 Personenhygiene

Diese Leitlinie richtet sich an Personen, die im Lebensmittelbereich tätig sind, und basiert auf den Anforderungen der Verordnung (EG) Nr. 852/2004. Sie legt fest, dass Personen mit übertragbaren Krankheiten, infizierten Wunden oder bestimmten Krankheitserregern nicht mit Lebensmitteln umgehen oder entsprechende Bereiche betreten dürfen, wenn ein Kontaminationsrisiko besteht. Mitarbeiter müssen jährlich über diese Vorschriften belehrt werden, und die Belehrung muss dokumentiert werden.
Arbeitnehmer sind verpflichtet, mögliche Tätigkeitshindernisse unverzüglich zu melden. Arbeitgeber müssen bei Verdacht auf ein Tätigkeitshindernis die Situation prüfen und geeignete Maßnahmen ergreifen, um eine Weiterverbreitung von Krankheitserregern zu verhindern. Dies kann Tätigkeitsänderungen, besondere Schutzmaßnahmen oder vorübergehende Arbeitseinstellung umfassen. Bei Durchfall oder Erbrechen sind spezielle Hygienemaßnahmen für mindestens 48 Stunden nach Ende der Symptome erforderlich.

15.4.3 HACCP-Konzept

Die Funktion des HACCP-Konzepts liegt in der vorbeugenden Vermeidung und Beseitigung dieser Gefahren in der gesamten Herstellungskette von Lebensmitteln. Wie das Konzept speziell für jeden Betrieb auszusehen hat und welchen Umfang es annimmt, hängt von der Größe des Betriebs, von der Produktart sowie dem Stand der Technik vor Ort ab.

KONTROLLE VON CCP5: PLATTENAPPARAT				
Datum	**Uhrzeit**	**Tank-Nr.**	**Temperatur**	**Unterschrift Kontrollperson**
18.09.2024	9.30	14	82,5	Max Muster
18.09.2024	10.00	14	82,0	Max Muster

Beispielhaftes Prüfprotokoll bei der Heißfüllung von Saft.

CCP-KRITISCHER KONTROLLPUNKT	RISIKO/GEFAHR	PRÄVENTIVE MASSNAHME	KRITISCHE KONTROLL-PARAMETER	KRITISCHE GRENZWERTE
5. Wärmeaustauscher Pasteurisation	Überleben schädlicher MOs	Korrekte Funktion der Anlage	Temperatur	Mind. 78 °C
6. Reinigungsmittel Rückstandskontrolle	Laugenreste	Überwachung der korrekten Funktion der Flaschenreinigungsanlage	Laugenreste	Kein Flüssigkeitsrest in der Flasche
7. Optische Flaschenkontrolle	Gefährliche Fremdkörper		Glasscherben	keine Glasscherben
	Mündungs-Beschädigung	Korrekte Funktion des Abschraubers	Beschädigte Mündungen	keine beschädigten Mündungen

Auszug aus einem möglichen HACCP Schema bei der Fruchtsaftherstellung.

Für viele größere Betriebe ist das Erstellen eines HACCP-Konzepts als Bereich im Qualitätsmanagement vorgeschrieben bzw. vorgegeben. Im Geltungsbereich der Leitlinie bäuerliche Obstverarbeitung ist es als ein Teil dieser zu sehen. Dabei ist das Ausweisen und Dokumentieren von kritischen Kontrollpunkten als Teil der Dokumentation vorgesehen.

Die Idee einer gesicherten Nahrungsqualität entstand in den 1960er-Jahren in den USA, als die NASA ihre Astronauten mit garantiert sicherer Nahrung versorgen wollte. Im Jahr 1985 wurde der US-amerikanischen Lebensmittelindustrie nahegelegt, generell ein derartiges Präventivkonzept umzusetzen.

- Hazard = Gefährdung, Gefahr für die Gesundheit
- Analysis = Analyse, Untersuchung der Gefährdung
- Critical = kritisch, entscheidend für die Beherrschung
- Control = Lenkung, Überwachung der Bedingungen
- Point = Punktstelle im Verfahren

Die zwei Grundpfeiler des HACCP-Systems sind die
Risikoanalyse (HA = Hazard Analysis): Ermittlung der Punkte im Produktionsprozess, an denen
Risikokontrolle notwendig erscheint (CCP = Critical Control Points).

Abgeleitet aus diesen zwei Teilen kann man fünf Grundsätze für ein funktionierendes HACCP-Konzept definieren:

1. Erstellen eines Fließschemas mit anschließender Gefahrenanalyse für den Produktions- und Arbeitsablauf
2. Identifizierung der Punkte in diesen Prozessen, an denen diese Gefahren auftreten können
3. Entscheidung, welcher dieser Punkte die für die Lebensmittelsicherheit kritischen Punkte sind
4. Festlegung und Durchführung wirksamer Sicherungsmaßnahmen und deren Überwachen für diese kritischen Punkte
5. Überprüfung der Gefahrenanalyse, der kritischen Punkte und der Sicherungsmaßnahmen bzw. deren Überwachung in regelmäßigen Abständen und Aufzeichnungen darüber

ZIELWERTE	ÜBERWACHUNG	ÜBERWACHUNGS-INTERVALL	KORREKTURMASSNAHME
82 °C	Kontrollperson Temperatur im Füllgut überprüfen mit geeichtem Thermometer	Halbstündlich; Erhitzer abzeichnen	Füller stoppen! Nochmale Pasteurisation; Produktion seit letzter Kontrolle sperren!
Keine	Flascheninspektor	Laufend; stündlich 5 Flaschen	Flaschen aussortieren! Band und Füller stoppen!
Keine	Kontrollperson	Laufend	Flaschen aussortieren!
Keine	Kontrollperson	Laufend	Flaschen aussortieren!

Im HACCP-System werden gezielt die „kritischen Punkte" im Produktionsprozess identifiziert, an denen potenzielle Gefahren auftreten können. Durch gezielte Überwachung und Steuerung dieser Punkte während der Herstellung können Risiken eliminiert oder auf ein akzeptables Niveau reduziert werden. Dabei ist es wichtig, präventive Maßnahmen, Kontrollmechanismen und Überwachungsstrategien in den betrieblichen Ablauf zu integrieren und regelmäßig zu evaluieren.
Für die Umsetzung werden spezifische Warn-, Richt- und Grenzwerte definiert, die auf gesetzlichen Vorgaben, Richtlinien oder wissenschaftlichen Erkenntnissen basieren. Ebenso müssen geeignete Kontrollverfahren und deren Häufigkeit festgelegt werden. Bei Abweichungen sind geschulte Mitarbeiter dafür verantwortlich, mit vordefinierten Methoden Korrekturen vorzunehmen und diese zu dokumentieren.

Ein effektives HACCP-Konzept muss folgende Kernfragen beantworten:

- Was wird wann überwacht?
- Wie erfolgt wo die Überwachung?
- Welche Grenzwerte sind einzuhalten?
- Wer ist für die Überwachung zuständig?
- Welche Maßnahmen sind bei Abweichungen zu ergreifen?

Die Einführung eines HACCP-Konzepts erfordert anfänglich einen erhöhten Arbeitsaufwand und möglicherweise ein Umdenken im Betrieb. Langfristig bietet es jedoch ein deutlich höheres Maß an Sicherheit in der Lebensmittelproduktion. HACCP ist als dynamischer Prozess zu verstehen, der kontinuierlich an neue Entwicklungen und Erkenntnisse angepasst werden muss und nicht mit einer einmaligen Analyse abgeschlossen ist.

15.4.4 Lebensmittelkontrolle

Die amtliche Lebensmittelüberwachung kontrolliert die Betriebe nach einem risikobasierten Ansatz. Das bedeutet: Der Schwerpunkt der Überwachung liegt dort, wo tatsächlich Risiken auftreten. Dafür werden die Lebensmittelunternehmen abhängig von ihrer Größe, der Art ihrer Produkte, ihren Vermarktungsstrategien, ihren bisherigen Überwachungsergebnissen und der Funktionsfähigkeit ihrer Eigenkontrollsysteme eingestuft. Zusätzlich gibt es Schwerpunktaktionen zu bestimmten Warengruppen. Manche Betriebe werden daher häufiger kontrolliert als andere.

15.4.4.1 Staatliche Kontrollorgane

Lebensmittelinspektion
Das Bundesministerium für Soziales, Gesundheit, Pflege und Konsumentenschutz (BMSGPK) ist in Österreich für die Kontrolle von Lebensmitteln und deren Herstellung verantwortlich. Die praktische Durchführung erfolgt durch Lebensmittelinspektoren der Bundesländer, wobei größere Städte eigene Abteilungen dafür haben.

Lebensmittelinspektoren kontrollieren ein breites Spektrum von Betrieben, von kleinen Marmeladenherstellern bis hin zu großen Lebensmittelfabriken. Ihr Aufgabenbereich umfasst die Überprüfung verschiedenster Lebensmittel, Produkte, Spielwaren und Kosmetika.

Der Aufgabenbereich umfasst die Beurteilung folgender Bereiche:

- Hygiene und Sauberkeit
- Warenkontrolle
- Dokumentation und Eigenkontrolle
- Kennzeichnung und Zusammensetzung
- Probenentnahme und Untersuchung
- Einhaltung gesetzlicher Vorschriften

Die Aufgaben werden durch Vor-Ort-Kontrollen, Dokumentenkontrollen und Entnahmen von Warenproben, die in einer Untersuchungsanstalt beurteilt werden, wahrgenommen.

Kellereiinspektion
Die Kellereiinspektion untersteht dem Bundesministerium für Land- und Forstwirtschaft, Regionen und Wasserwirtschaft (BML) als nachgeordnete Dienststelle. Sie ist für die Kontrolle der Einhaltung weingesetzlicher Bestimmungen zuständig.
Kellereiinspektoren konzentrieren sich ausschließlich auf den Wein- und Obstweinsektor mit all seinen verschiedenen Getränkearten. Sie verfügen über spezifisches Fachwissen in Bereichen wie Weinherstellung, Weingesetze, önologische Praktiken und Kennzeichnung.

Die Hauptaufgaben der Bundeskellereiinspektion umfassen:

- Durchführung von Betriebskontrollen
- Verkostungen und Probenentnahmen
- Überprüfung von Aufzeichnungen
- Kontrolle der Weinbezeichnungen
- Beratende Tätigkeit
- Datenaufbereitung
- Kontrolle der Verkehrsfähigkeit
- Überwachung der Einhaltung weingesetzlicher Bestimmungen

Die Inspektionsgruppen der Kellereiinspektion und Lebensmittelkontrolle verfügen über umfassende Befugnisse zur Durchführung ihrer Aufgaben. Sie sind berechtigt, Betriebsgelände und -räumlichkeiten zu betreten, Auskünfte einzuholen und Proben zu entnehmen. Diese Kontrollen erfolgen in der Regel unangemeldet während der Betriebszeiten, wobei die Inspektoren angehalten sind, Störungen des Geschäftsablaufs zu minimieren.

Bei geplanten Neu- oder Umbauten sowie vor der Einführung neuartiger Lebensmittel oder Getränke wird Betrieben empfohlen, frühzeitig Kontakt mit dem zuständigen Kontrollorgan aufzunehmen, idealerweise vor Projektbeginn. Die Kellereiinspektion nimmt neben ihrer Kontrollfunktion auch beratende und informierende Aufgaben wahr. Im Gegensatz dazu beschränken sich Lebensmittelinspektoren im laufenden Betrieb auf ihre Kontrollfunktion und bieten keine Beratungsleistungen an. Diese strikte Trennung zwischen Kontrolle und Beratung bei Lebensmittelinspektoren dient der Wahrung der Objektivität und Vermeidung von Interessenkonflikten.

15.4.4.2 Private Kontrollorgane

Neben den behördlichen Kontrollen spielen auch private Kontrollorgane eine wichtige Rolle in der Qualitätssicherung der Lebensmittelherstellung. Die Einhaltung verschiedener zusätzlicher Qualitätsstandards wird von speziell ausgebildeten Kontrolleuren, sogenannten

Auditoren, oder Mitarbeitern anerkannter Kontrollstellen überprüft. Diese vielfältigen privaten Kontrollen ergänzen das System der amtlichen Überprüfungen und tragen dazu bei, die Qualität und Sicherheit von Lebensmitteln auf verschiedenen Ebenen zu gewährleisten. Zahlreiche Unternehmen sind über die gesetzlichen Auflagen hinausgehend freiwillig nach rechtlichen oder privatwirtschaftlichen Standards und Normen zertifiziert. Dazu kommen unternehmensinterne Richtlinien, zum Beispiel zu Nachhaltigkeit oder Tierschutz. Diese zusätzlichen Zertifizierungen reichen über die geforderten Standards der Lebensmittelsicherheit hinaus. Ihre Einhaltung wird vor allem von Lieferanten (Industriebetriebe) der Lebensmittelketten eingefordert werden.

Zu den wichtigsten gehören:

- IFS Food (International Featured Standard): Dies ist ein international anerkannter Standard für Lebensmittelsicherheit und Qualität, der von vielen Einzelhändlern gefordert wird.
- ISO 9001: Internationaler Standard für Qualitätssicherungssysteme
- ISO 22000: Ein internationaler Standard für Lebensmittelsicherheits-Managementsysteme
- FSSC 22000 (Food Safety System Certification): Eine Kombination aus ISO 22000 und zusätzlichen branchenspezifischen Anforderungen
- BRC (British Retail Consortium) Standards

Viele große Einzelhandelsketten haben darüber hinaus ihre eigenen Qualitätsstandards entwickelt und lassen deren Einhaltung durch Audits bei ihren Lieferanten kontrollieren. Für spezielle Zertifizierungen, wie beispielsweise halal, koscher oder verschiedene Nachhaltigkeitssiegel, kommen ebenfalls spezialisierte Auditoren zum Einsatz. Im Bereich der biologischen Produktion sind es wiederum eigene Kontrollstellen, die nicht nur die Einhaltung der allgemeinen Bio-Richtlinien überprüfen, sondern auch die spezifischen Vorgaben bestimmter Verbände wie Bio Austria, Demeter oder anderen Gruppierungen kontrollieren.

15.4.5 VERSTÄNDNISFRAGEN

1. Was ist der Hauptzweck von Lebensmittelhygienegesetzen?
2. Welche Rolle spielt die Eigenverantwortung von Lebensmittelherstellern in modernen Hygienekonzepten?
3. Wofür steht die Abkürzung GHP und was beinhaltet sie?
4. Warum ist eine spezielle Leitlinie für die bäuerliche Obstverarbeitung sinnvoll?
5. Welche Rolle spielt die Dokumentation bei der Lebensmittelhygiene?
6. Was bedeutet die Abkürzung HACCP und wofür wird dieses System verwendet?
7. Was versteht man unter einem „kritischen Kontrollpunkt“ im HACCP-System?
8. Nenne mindestens drei Aspekte, die bei einer Betriebskontrolle durch einen Lebensmittelinspektor überprüft werden.
9. Wofür ist die Kellereiinspektion zuständig und welchem Ministerium ist sie unterstellt?
10. Warum werden Kontrollen durch Lebensmittel- und Kellereiinspektoren in der Regel unangemeldet durchgeführt?

Bio-Apfelsaft
100% Direktsaft ohne Zusätze
Mindestens haltbar bis: 30.12.2019
1 Liter
Bio
Alfred Kölbel
Güterweg Lucka 2
A-2840 Grimmenstein
Tel.: 02644/8257
Österreichische Landwirtschaft AT-BIO-902
Durch Erhitzen haltbar gemacht.
Bitte Flasche nach Gebrauch ausspülen.
Nach dem Öffnen gekühlt lagern
und alsbald aufbrauchen.

Trends und Entwicklungen

Die Obstverarbeitung stellt an sich eine sehr traditionsbewusste Sparte der Lebensmittelherstellung dar. Vor allem handwerklich arbeitende Betriebe – also im nicht industriellen Bereich – produzierten lange Zeit ähnliche oder immer gleiche Produkte. Tendenziell Lebensmittel, die man mit einfacher Technologie aus einheimischen Früchten herstellen kann.
Hier fand in den letzten Jahren ein Paradigmenwechsel statt. Heute dienen Früchte nicht nur als Basis traditioneller Produkte, sondern verleihen auch neuartigen Erzeugnissen eine besondere Note. Dieser Wandel wird von verschiedenen globalen Trends vorangetrieben: Globalisierung, Digitalisierung, Innovation, Rationalisierung, Ökologisierung, Spezialisierung und Ernährungsumstellung prägen die sich verändernde Lebensmittellandschaft.
Die Betriebsführer der Obst verarbeitenden Betriebe haben diese Entwicklungen aufgegriffen und bieten nun eine breite Palette von Produkten an – von traditionellen Erzeugnissen bis hin zu trendigen Innovationen, alle in höchster Qualität. Das zeigt, wie sich die Branche von einer rein traditionsbewussten zu einer innovativen und vielseitigen Sparte der Lebensmittelherstellung entwickelt hat.

16.1 Kalorienreduktion

Viele Konsumenten suchen teils aus gestiegenem Gesundheitsbewusstsein heraus oder medizinisch bedingt nach alternativen Lebensmitteln. Gesundheitsbewusste Verbraucher, Diabetiker und Personen, die Diäten verfolgen, suchen gezielt nach Produkten mit weniger Kalorien. Auch für Obstverarbeiter kann es sinnvoll sein, kalorienreduzierte Lebensmittel anzubieten, um die gestiegene Nachfrage nach gesünderen Ernährungsoptionen abzudecken. Das Angebot kalorienarmer Alternativen erweitert den Kundenstamm und stärkt die Wettbewerbsfähigkeit, da viele große Hersteller bereits solche Produkte anbieten. Zudem unterstützt es den Trend zu nachhaltigem Konsum und ermöglicht eine Differenzierung durch innovative Rezepte. Damit können Direktvermarkter ihr Portfolio zukunftssicher gestalten und sich auf dem Markt besser positionieren.

16.1.1 Weniger Zucker

Die Zuckerreduktion in Obstprodukten ist ein Trend, der auf wachsendes Gesundheitsbewusstsein und veränderte Verbrauchererwartungen zurückzuführen ist. Immer mehr Konsumenten achten auf ihren Zuckerkonsum, um Übergewicht, Diabetes und andere ernährungsbedingte Krankheiten zu vermeiden. Gleichzeitig steigt die Nachfrage nach natürlicheren, weniger verarbeiteten Lebensmitteln.
Diese Entwicklung stellt Hersteller vor die Herausforderung, Rezepturen anzupassen, ohne Geschmack, Haltbarkeit oder Qualität zu beeinträchtigen. Zucker beeinflusst nicht nur die Süße, sondern auch die Textur der Produkte.
Um diese Herausforderungen zu bewältigen, experimentieren Hersteller mit verschiedenen Alternativen zum herkömmlichen Zucker. Natürliche Zuckeraustauschstoffe wie Sorbit, Xylit oder Erythrit werden eingesetzt, um die Süße bei reduziertem Kaloriengehalt zu erhalten. Auch Fruchtsüßen wie Traubensaft-

konzentrat oder Apfeldicksaft finden Verwendung, da sie neben der Süße auch Ballaststoffe und Nährstoffe liefern.
Süßstoffe wie Saccharin und seine Salze (E 954), Cyclamat (E 952) und Acesulfam (E 950), aber auch Auszüge der Steviapflanze haben keinen Brennwert, dafür aber eine deutlich höhere Süßkraft als Zucker. Ihr Zusatz erfolgt daher nur in sehr kleinen Mengen, weshalb sie weder Einfluss auf die Konsistenz noch auf die Haltbarkeit haben. In vorhandenen Rezepten kann man den Zucker daher nicht einfach durch Süßstoffe ersetzen. Rechtliche Aspekte spielen ebenfalls eine wichtige Rolle. In der EU gelten strenge Vorschriften für Nährwertangaben wie „zuckerreduziert" oder „ohne Zuckerzusatz". Produkte müssen mindestens 30 % weniger Zucker enthalten als vergleichbare Erzeugnisse, um als „zuckerreduziert" zu gelten.
Die effektive Kommunikation mit Verbrauchern ist entscheidend. Hersteller müssen die Vorteile zuckerreduzierter Produkte vermitteln und realistische Erwartungen an Geschmack und Textur setzen. Viele Konsumenten akzeptieren leichte Geschmacksveränderungen zugunsten gesünderer Produkte.

© Georg Innerhofer

Stevia (die Blätter der Pflanze enthalten die süßen Stoffe) oder Erythrit gelten als kalorienfreie Alternative zu Zucker, haben aber nicht nur Vorteile.

16.1.2 Weniger Alkohol

Die Reduzierung des Alkoholgehalts gewinnt aktuell auch in der Obstverarbeitung an Bedeutung, da Verbraucher verstärkt nach gesünderen Alternativen suchen. Viele Menschen möchten ihren Alkoholkonsum reduzieren, ohne auf den gewohnten Genuss zu verzichten. Eine Herausforderung bei der Alkoholreduzierung besteht darin, dass Alkohol nicht nur zum Geschmack beiträgt, sondern auch konservierende Eigenschaften besitzt. Die Verringerung des Alkoholgehalts verändert das Geschmacksprofil, was Hersteller dazu zwingt, alternative Aromatisierungsmethoden zu entwickeln, beispielsweise durch den Einsatz natürlicher Aromen oder Fruchtpürees.

Aus rechtlicher Sicht müssen Hersteller sicherstellen, dass ihre Produkte den geltenden Vorschriften entsprechen. Für bestimmte Produkte sind Mindestalkoholgehalte vorgeschrieben. Aktuell finden Anpassungen für alkoholreduzierte Getränke statt. Es bleibt abzuwarten, ob sich diese Produkte durchsetzen oder ob der Markt sich in Richtung alkoholfreier Ersatzprodukte entwickelt. In der EU muss ein als „alkoholfrei" gekennzeichnetes Produkt weniger als 0,5 % vol Alkohol enthalten.
Erste Versuche, Cocktails mit alkoholfreiem „Gin" oder „Rum" herzustellen, zeigen, dass interessante Alternativprodukte gemischt werden können. Ein vollwertiger Ersatz für die ursprünglichen hochprozentigen Zutaten scheint derzeit jedoch noch nicht möglich zu sein. Ähnliche Erkenntnisse gibt es für alkoholfreien Obstwein. Technisch ist es zwar möglich, den Alkohol aus dem Wein zu entfernen, sensorisch sind die Ergebnisse jedoch noch nicht zufriedenstellend.

Abschließend stellt sich die Frage, warum Alkohol auf technisch und energetisch aufwendige und teure Weise reduziert oder ganz entfernt werden sollte, wenn es bereits eine große Auswahl an alkoholfreien Alternativgetränken gibt.

16.2 Produktion

16.2.1 Biologische Produkte

Die Umstellung auf biologische Obstverarbeitung ist für viele Kleinbetriebe ein wichtiger Schritt zur Nachhaltigkeit. Oft beginnt dieser Prozess mit dem Wunsch, natürlichere Produkte herzustellen oder auf die steigende Nachfrage nach Bioprodukten zu reagieren.
In einem ersten Schritt beim Wunsch einer Umstellung ist eine Kontaktaufnahme mit einer Kontrollstelle, bei der dann die weitere Vorgehensweise geklärt wird.

Für Obstverarbeiter bedeutet die Umstellung zunächst, sich mit den Richtlinien für biologische Verarbeitung vertraut zu machen. Diese beinhalten den Verzicht auf künstliche Zusatzstoffe, Aromen und Farbstoffe. Stattdessen setzen Bioverarbeiter auf natürliche Zutaten und schonende Verarbeitungsmethoden.
Für die Herstellung von Biolebensmitteln gelten strenge Vorgaben, die sicherstellen, dass die Produkte höchsten ökologischen Standards entsprechen. Mindestens 95 % der landwirtschaftlichen Zutaten müssen aus zertifiziertem ökologischem Anbau stammen. Die verbleibenden maximal 5 % dürfen nur aus einer speziellen Liste konventioneller Zutaten ausgewählt werden, die in der EU-Öko-Verordnung festgelegt ist. Diese Zutaten müssen natürlichen Ursprungs sein und dürfen keine künstlichen Farb- oder Aromastoffe enthalten.
Ein weiterer zentraler Punkt in der biologischen Herstellungsweise ist das Verbot des Einsatzes gentechnisch veränderter Organismen (GVO). In der Bioproduktion ist es nicht erlaubt, GVO oder Produkte, die Gentechnik verwenden, einzusetzen. Verarbeiter müssen daher für alle Zutaten, die potenziell GVO-Risiken bergen könnten, ein sogenanntes GVO-Freiheits-Zertifikat vorlegen. Dieses Dokument bestätigt, dass die verwendeten Zutaten ohne den Einsatz von Gentechnik hergestellt wurden.
Darüber hinaus sind die Hersteller verpflichtet, Aufzeichnungen hinsichtlich des Warenflusses, der verwendeten Rezepturen, des Chargenprotokolls, der Lieferanten (inklusive deren Bio-Zertifikate) und somit ein insgesamt lückenloses Rückverfolgbarkeitssystem im Betrieb zu führen. Das bedeutet, dass die Betriebsführer genau dokumentieren müssen, woher jede Zutat stammt und wie sie verarbeitet wurde. Diese Dokumentation beinhaltet Erzeuger der Zutaten, Übernahme bis hin zur Verarbeitung und dem Verkauf des Endprodukts.
Über die Kontrollstellen erfolgt eine jährliche Kontrolle im Betrieb. Die Prüfer kontrollieren alle angeführten Punkte im Detail und vergeben alljährlich das Bio-Zertifikat, das den Verkauf der Bioprodukte ermöglicht.

16.2.2 Vegane Produkte

Veganismus allgemein ist eine Lebensweise, die alle Formen der Ausbeutung und Grausamkeit an Tieren für Nahrung, Kleidung oder andere Zwecke ablehnt. In der Ernährung bedeutet dies den Verzicht auf alle tierischen Produkte. Umgelegt auf die Obstverarbeitung ergeben sich durch den Verzicht auf Hilfsstoffe tierischen Ursprungs einige mitunter spannende Herausforderungen.
Der Trend zu veganen Produkten hat in den letzten Jahren zu einer deutlichen Erweiterung des Angebots an pflanzlichen Alternativen geführt, was die Produktentwicklung erleichtert. Gleichzeitig erfordert es oft Innovationen in Rezepturen und Verarbeitungstechniken.
Einer der Knackpunkte in der Umstellung ist der Ersatz von gelatine- oder kaseinhaltigen Produkten. Sie sind klassische Bestandteile vieler Schönungsmittel zur Klärung bzw. zur

© google.at

Es gibt mittlerweile viele Logos, die vegane Lebensmittel kennzeichnen.

Korrektur von Gerbstoffen in der Obstwein- und Fruchtsaftherstellung. Als gleich funktionelle Alternative haben sich inzwischen Mittel auf Basis von Erbsen oder Kartoffeln erwiesen. Derzeit geschieht viel Entwicklungsarbeit in diesem Bereich. Die Markteinführung weiterer Schönungs- bzw. Behandlungsmittel erscheint nur als eine Frage der Zeit.
Bei anderen Zusätzen, wie beispielsweise der Hefen, spielen diese Überlegungen keine Rolle, da sie von Natur aus vegan sind. Hefen sind Einzeller und werden nicht als Tier klassifiziert. Ähnliches gilt für Enzyme, die biotechnologisch hergestellt werden und nicht mehr aus tierischen Quellen stammen.

Die Kennzeichnung „vegan" auf Produkten ist gesetzlich nicht geschützt. Hersteller können den Begriff frei verwenden, solange das Produkt tatsächlich vegan ist. Für mehr Verbrauchersicherheit gibt es jedoch freiwillige Zertifizierungen wie das V-Label oder die Vegan-Blume. Für die Verwendung dieser Logos müssen Hersteller einen Antrag stellen, die Einhaltung der Kriterien nachweisen und in der Regel eine Gebühr dafür bezahlen.
Die Kontrolle der veganen Eigenschaft außerhalb der Verwendung eines Logos obliegt primär den Herstellern selbst im Rahmen ihrer Sorgfaltspflicht. Lebensmittelüberwachungsbehörden können stichprobenartig überprüfen, ob die Angaben korrekt sind. Bei zertifizierten Produkten führen die Zertifizierungsorganisationen zusätzliche Kontrollen durch.

16.2.3 Regionale Produkte

In den letzten Jahren hat sich ein bemerkenswerter Trend im Konsumverhalten entwickelt: „Regional ist das neue Bio." Dieser Slogan spiegelt die wachsende Präferenz der Verbraucher für Lebensmittel aus ihrer unmittelbaren Umgebung wider. Eine wichtige Triebfeder für diese Entwicklung spielten sicher die Zeiten der beschränkten Einfuhr von Spezialitäten aus anderen Ländern, die den Konsumenten verstärkt zu einheimischer Ware greifen ließ.

Die Nachfrage der Konsumenten nach regionalen Lebensmitteln basiert dabei auf mehreren Faktoren:

- Produkte sind frisch.
- Transportwege sind kurz.
- Stärken die regionale Wirtschaft.
- Nachvollziehbarkeit der Herkunft ist gegeben.
- Ökologischer Fußabdruck wird reduziert, damit ein
- Beitrag zur Nachhaltigkeit.

Allerdings ist der Begriff „regional" nicht eindeutig definiert und kann je nach Situation unterschiedlich interpretiert werden. Vor allem die Logistik der regionalen Verteilung kann aufwendig und kompliziert sein, besonders in bergigen Regionen. Dies stellt sowohl Produzenten als auch Konsumenten vor neue Herausforderungen. Der Begriff „regional" muss daher klar kommuniziert werden, Gütesiegel und Markenprogramme erhöhen die Glaubwürdigkeit der Programme.

16.2.3.1 Genussregionen Österreich

Die Genussregionen bieten ein Beispiel für die Verknüpfung von regionaler Identität und kulinarischer Tradition. Jede Genussregion ist bekannt für bestimmte regionale Produkte oder Spezialitäten, was die Vielfalt der österreichischen Kulinarik hervorhebt. Durch die Betonung regionaler Produkte unterstützen Genussregionen Landwirte und Produzenten bei der Direktvermarktung ihrer Erzeugnisse. Die Genussregionen setzen dabei auf kontrollierte Herkunft und Transparenz. Vom Ländle Apfel angefangen über Stanzer Zwetschke, Bramberger Apfelsaft, Lavanttaler Apfelwein, Hausruck Birn-Apfel-Most,

AMA GENUSS REGION

Dieses Etikett zeichnet die besondere Spezialität einer Region aus.

© www.Genussregionen.at

Pielachtaler Dirndl, Oststeirischer Apfel bis hin bis zur Leithaberger Edelkirsche und vielen anderen finden sich in fast allen Bundesländern Genussregionen im Zusammenhang mit Obst und dessen Verarbeitung.

16.2.3.2 Geschützte geografische Angaben

Das EU-weite Siegel „g.g.A." dokumentiert die Verbindung landwirtschaftlicher Produkte mit dem Herstellungsgebiet. Mindestens einer der Herstellungsschritte – Erzeugung, Verarbeitung oder Zubereitung – muss dort erfolgen. Ein bekanntes g.g.A.-Produkt aus Österreich ist beispielsweise Steirisches Kürbiskernöl und die Produkte daraus.

© Georg Innerhofer

Die „geschützte geografische Angabe" zeichnet Produkte aus, die eine besondere Verbindung zu einem Gebiet haben.

16.2.3.3 Geschützte Ursprungsbezeichnung

Die Bezeichnung „g.U." ist die höchste Stufe des EU-Herkunftsschutzes und bedeutet, dass Erzeugung, Verarbeitung und Herstellung in einem genau definierten geografischen Gebiet nach einem anerkannten und festgelegten Verfahren erfolgen müssen.

GESCHÜTZTE URSPRUNGSBEZEICHNUNG

www.verbrauchergesundheit.gv.at

Das Logo „Geschützte Ursprungsbezeichnung" ist mit dem Erfüllen vieler Auflagen verbunden.

In Österreich tragen zum Beispiel die Pöllauer Hirschbirne sowie die Wachauer Marille und die daraus hergestellten Produkte das Siegel „g.U.".

16.2.3.4 Slow Food

Slow Food legt großen Wert auf regionale Lebensmittel und Traditionen. Mit der Philosophie des „guten, sauberen und fairen" Essens steht Slow Food ganz klar im Einklang mit der regionalen Produktion.

Durch die Unterstützung regionaler Erzeuger trägt Slow Food dazu bei, traditionelle Anbaumethoden und lokale Sorten zu erhalten. Dies fördert die biologische Vielfalt und kulinarische Traditionen. Slow Food sieht in der Regionalität einen Schlüssel zu nachhaltiger Ernährung und Landwirtschaft.

16.3 Lohnverarbeitung

Der Bereich der Lohnverarbeitung im Obstverarbeitungssektor präsentiert sich aus zwei Perspektiven.

- Einerseits beauftragen Landwirte Lohnunternehmer mit der (weiteren) Verarbeitung ihrer Produkte, da sie selbst nicht über die erforderlichen Genehmigungen, Ressourcen oder Fachkenntnisse verfügen. Dadurch können die Auftraggeber ihre Produktpalette erweitern, ohne wesentliche persönliche oder betriebliche Veränderungen vornehmen und ohne ein Produktionsrisiko übernehmen zu müssen.
- Andererseits gibt es Unternehmen, die sich stark auf die Verarbeitung bestimmter Produkte spezialisiert haben und diese Expertise als Dienstleistung anbieten. Diese Betriebe nutzen ihre Kenntnisse und Technologien, um qualitativ hochwertige Produkte zu erzeugen, die den Anforderungen ihrer Kunden entsprechen.

Viele landwirtschaftliche Betriebe lassen ihre Obstverarbeitungsprodukte im Lohnverfahren bei speziell eingerichteten Betrieben produzieren. Das bedeutet, dass ein externer Dienstleister die Verarbeitung übernimmt, während der landwirtschaftliche Betrieb nur die Ausgangsfrüchte liefert. Die Gründe dafür liegen vor allem in der technischen Ausstattung und den speziellen Geräten, die in solchen Verarbeitungsbetrieben vorhanden sind. Für kleinere Betriebe wäre die Anschaffung dieser Geräte nicht rentabel oder sogar unmöglich.

Ein weiterer Vorteil sind die hygienischen Produktionsbedingungen in den Lohnbetrieben. Diese erfüllen alle gesetzlichen Auflagen und zeichnen den gesamten Produktionsprozess genau auf. Das sorgt nicht nur für eine höhere Lebensmittelsicherheit, sondern auch für eine lückenlose Rückverfolgbarkeit der Produkte. Aus kostentechnischer Sicht entstehen für den landwirtschaftlichen Betrieb nur produktionsbezogene Kosten, da keine Fixkosten für Personal, Wartung oder Maschinen anfallen. Besonders verbreitet ist die Verarbeitung auf Lohnbasis bei der Herstellung von Limonade, Fruchtnektar, Fruchtsaft, Cider und Essig, aber auch bei Produkten wie Sirup und Marmelade steigt die Zahl der Lohnverarbeiter. Bei Fruchtschaumweinen ist die Produktion ausschließlich gewerblichen Sektherstellern vorbehalten, weshalb die Kellereien gezwungen waren, diese Aufgabe an einen Lohnunternehmer auszulagern.
Immer häufiger bieten Lohnanbieter ihre Dienste für das Flaschenfüllen von Weinen und Obstweinen an, indem sie ihre Geräte auf Anhängern montiert direkt zu den Betrieben bringen. Dadurch entfällt die Notwendigkeit, im Betrieb eine eigene Füllanlage anzuschaffen, was neben den Kosten insbesondere auch Platz spart.

In den letzten Jahren haben sich zahlreiche Betriebsleiter leistungsstarke Waschmaschinen für eine zuverlässige Flaschenreinigung auf Lohnbasis angeschafft. Diese Maschinen sind nicht nur funktionell und energiesparend, sondern auch effektiv darin, selbstklebende Etiketten gründlich zu entfernen.

16.4 Digitalisierung und Vermarktung

16.4.1 Verkaufsautomat

Das Aufstellen eines Verkaufsautomaten bietet landwirtschaftlichen Betrieben durchaus interessante Chancen auf ein zusätzliches Einkommen. Diese moderne Form der Direktvermarktung ermöglicht es, an einem geeigneten Standort Produkte rund um die Uhr anzubieten, bestehenden Kunden ein zusätzliches Angebot zu liefern und eventuell neue Kundengruppen zu erschließen.
Es erfordert zwar eine anfängliche Investition, einen solchen Automaten aufzustellen, kann sich aber langfristig rentieren. Moderne Verkaufsautomaten sind robust, wetterfest und mit Kühlfunktionen ausgestattet, was die Haltbarkeit der Produkte gewährleistet. Die laufende Beschickung bedeutet zwar einen regelmäßigen Arbeitsaufwand, ermöglicht aber auch

Verkaufsautomaten sind eine relativ neue Art der Vermarktung (landwirtschaftlicher Produkte).

eine flexible Anpassung des Angebots an saisonale Verfügbarkeiten und Kundenwünsche.

Die Wahl des Standorts ist ein entscheidender Faktor für den Erfolg. Idealerweise sollte der Automat an einem gut frequentierten Ort stehen, der leicht zugänglich ist und ausreichend Parkplätze bietet. Mögliche Standorte könnten neben dem eigenen Hof auch Kooperationen mit lokalen Geschäften, Tankstellen oder öffentlichen Einrichtungen sein. Die Verfügbarkeit von Parkplätzen erhöht die Attraktivität des Angebots, insbesondere für Kunden, die größere Mengen einkaufen möchten.
Bei der Auswahl von Lebensmitteln für einen Verkaufsautomaten ist es wichtig, auf Haltbarkeit und Frische zu achten. Produkte sollten eine lange Haltbarkeit haben und gut verpackt sein, um ihre Frische zu bewahren. Die Verpackung sollte stabil sein und gut in die Automatenfächer passen. Regionale und saisonale Produkte können ebenfalls eine attraktive Option sein. Schließlich sollte die Preisgestaltung so gewählt werden, dass sie eine angemessene Gewinnspanne ermöglicht.
Eine vielfältige Auswahl, die verschiedene Ernährungsbedürfnisse abdeckt, ist entscheidend. Als Betreiber soll man die Nachfrage ständig beobachten und das Sortiment regelmäßig anpassen.

Achtung bei alkoholhaltigen Getränken – in manchen Regionen Österreichs ist deren Verkauf im Automaten durch das Jugendschutzgesetz verboten.

Die Möglichkeit zur bargeldlosen Bezahlung ist in der heutigen Zeit ein wichtiger Aspekt. Moderne Automaten bieten in der Regel verschiedene Zahlungsoptionen wie EC- und Kreditkarten oder sogar kontaktloses Bezahlen an. Dies erhöht die Benutzerfreundlichkeit und kann zu höheren Umsätzen führen, da Kunden nicht durch fehlendes Bargeld eingeschränkt werden.

16.4.2 Nutzung digitaler Technologien

Die Digitalisierung hat die Art und Weise, wie Obstverarbeiter ihre Produkte vermarkten und vertreiben, grundlegend verändert. Für viele kleine Betriebe eröffnet sie neue Möglichkeiten, um ihre Reichweite zu erhöhen und direkt mit Kunden zu interagieren.
Kleinbetriebe können heute über verschiedene Online-Plattformen ihre Produkte direkt an Verbraucher verkaufen. E-Commerce-Websites, soziale Medien und spezialisierte Marktplätze ermöglichen es ihnen, ihre Produkte einem breiteren Publikum anzubieten. Dies ist besonders wichtig für Nischenprodukte, die möglicherweise nicht in großen Supermärkten erhältlich sind.
Social Media spielt eine entscheidende Rolle bei der Vermarktung von Obstprodukten. Plattformen wie Instagram und Facebook ermöglichen es Betrieben, ihre Geschichten zu erzählen, Einblicke in die Produktion zu geben und mit Kunden in Kontakt zu treten. Visuelle Inhalte, wie Fotos von frischen Produkten oder der Verarbeitung, können das Interesse der Verbraucher wecken und die Kundenbindung stärken.

16.4.3 Online Shop

Ein eigener Online-Shop bietet Landwirten in Österreich zahlreiche Chancen, ihre Produkte direkt an die Verbraucher zu bringen und neue Absatzmärkte zu erschließen. Durch den Verzicht auf Zwischenhändler können höhere Margen erzielt werden und eine engere Beziehung zu den Kunden aufgebaut werden. Zudem ermöglicht ein Online-Shop eine unkomplizierte Erweiterung des Absatzgebiets über regionale Grenzen hinaus. Die Flexibilität eines Online-Shops ist ein weiterer Vorteil: Unabhängig von Öffnungszeiten können Kunden rund um die Uhr einkaufen und sich über das umfangreiche Sortiment informieren.

Allerdings ist die Einrichtung eines erfolgreichen Online-Shops mit einigen Herausforderungen verbunden. Neben der Auswahl der

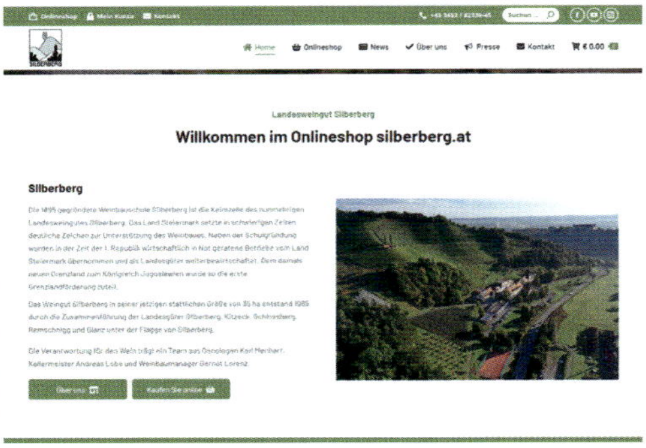

Der Onlinehandel stellt für manche Betriebe eine wichtige Einnahmequelle dar.

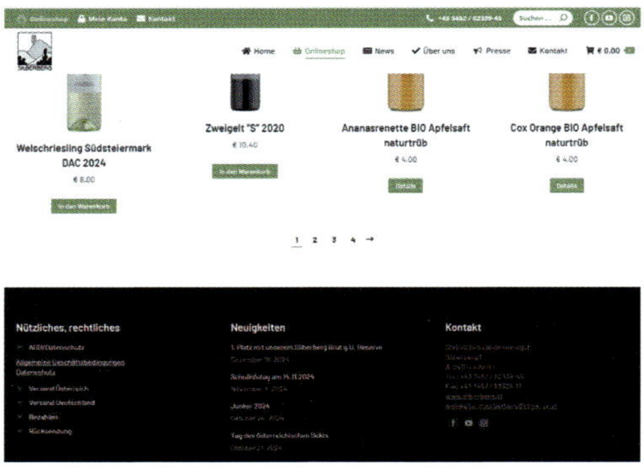

Onlineshops müssen so manche Information enthalten.

passenden Produkte und der Gestaltung eines ansprechenden Webauftritts müssen auch logistische Aspekte wie Verpackung und Versand sowie die Abwicklung von Zahlungen sorgfältig geplant werden. Besonders wichtig ist die Einhaltung der strengen Lebensmittelgesetze in Österreich. Dazu gehören Kennzeichnungspflichten für Inhaltsstoffe, Aspekte des Jugendschutzes, Allergene und Herkunft sowie der Schutz personenbezogener Daten.

Um einen erfolgreichen Online-Shop zu betreiben, sollten Landwirte folgende Punkte berücksichtigen:

- Produktpalette: Welche Produkte eignen sich für den Online-Verkauf? Frische Produkte erfordern eine schnelle Lieferung, während haltbare Waren einfacher zu versenden sind.
- Logistik: Wie wird die Bestellung verpackt und versendet? Welche Versandkosten sind angemessen?
- Zahlungsabwicklung: Welche Zahlungsmethoden werden angeboten? Welche Sicherheitsstandards müssen eingehalten werden?
- Marketing: Wie wird der Online-Shop beworben? Social Media, Suchmaschinenoptimierung und E-Mail-Marketing sind wichtige Instrumente.
- Rechtliche Rahmenbedingungen: Einhaltung der Lebensmittelgesetze, Datenschutzbestimmungen, Impressumspflicht, AGB und Widerrufsrecht.
- Professionelle Gestaltung: Ein ansprechendes Design und eine übersichtliche Struktur sind entscheidend für den Erfolg eines Online-Shops.
- Mobile Optimierung: Der Shop sollte responsive – also für Smartphones, Tablets und ähnliche Mobilgeräte optimiert sein.
- Kundenservice: Schnelle und kompetente Antworten auf Kundenanfragen sind wichtig.

16.4.4 Transparenz und Rückverfolgbarkeit

Verbraucher legen zunehmend Wert auf Transparenz. Digitale Technologien ermöglichen es Betrieben, Informationen über die Herkunft ihrer Produkte bereitzustellen. QR-Codes auf Etiketten können Kunden zu detaillierten Informationen über den Anbau, die Verarbeitung und die Inhaltsstoffe führen. Dies schafft Vertrauen und fördert die Kaufentscheidung.
Durch digitale Tools können Betriebe wertvolle Daten über das Kaufverhalten ihrer Kunden sammeln. Diese Informationen helfen dabei, Marketingstrategien zu optimieren und gezielt auf die Bedürfnisse der Verbraucher einzugehen. Beispielsweise können spezielle Angebote oder saisonale Produkte besser beworben werden.
Die Digitalisierung erleichtert auch die Vernetzung mit anderen kleinen Produzenten.

Online-Plattformen und Foren bieten Möglichkeiten zum Austausch von Erfahrungen, Rezepturen und Vermarktungsstrategien. Kooperationen können entstehen, um gemeinsame Produkte zu entwickeln oder Marketingaktionen durchzuführen.
Trotz der vielen Vorteile bringt die Digitalisierung auch Herausforderungen mit sich. Kleinbetriebe müssen oft in Technologie investieren und sich mit neuen Tools vertraut machen. Auch der Umgang mit Online-Bewertungen und Kundenfeedback erfordert Aufmerksamkeit und Engagement.

16.5 Nachhaltigere Verpackungssysteme

Die Einführung eines Einwegpfandsystems stellt einen bedeutenden Schritt in Richtung Nachhaltigkeit dar, insbesondere im Bereich der Getränkeverpackungen. Für Obstverarbeiter ergeben sich dadurch neue Herausforderungen, aber auch Chancen, um innovativere und umweltfreundlichere Verpackungslösungen zu entwickeln.

Kartonflaschen mit einem Beutel im Inneren, ähnlich einem Bag-in-Box, als mögliche, leichtere Alternative zur Glasflasche.

Die Ausweitung des bestehenden Mehrwegsystems ist ein vielversprechender Ansatz. Dieses wird bisher vor allem für Saft und Obstwein genutzt, könnte jedoch auch auf andere Produkte wie Konfitüren, Cider und Edelbrände angewendet werden. Die Einführung standardisierter Glasverpackungen, die von verschiedenen Herstellern gemeinsam genutzt und wiederverwendet werden können, wäre hierbei ein notwendiger Schritt.
So lange allerdings neue Glasverpackungen günstiger in der Anschaffung sind als die Reinigung der verwendeten, erscheinen derartige Überlegungen als rein theoretisch. Ergänzend ist anzufügen, dass mit der Verwendung gebrauchter Gebinde auch immer ein hygienisches Restrisiko bzw. eines der Unversehrtheit und Belastbarkeit der Gläser mit einkalkuliert werden muss.
Parallel zur Ausweitung von Mehrwegsystemen wird der Einsatz alternativer Materialien immer wichtiger. Derzeit sind biologisch abbaubare, zur Heißfüllung geeignete Kunststoffe und Pflanzenfaserverpackungen in der Entwicklung. Doch reicht ihre Hitzebeständigkeit und Langzeitstabilität noch nicht an die herkömmlicher Kunststoffverpackungen heran.
Der Erfolg dieser Entwicklung zu Alternativen in der Verpackung bzw. zur Erhöhung der Mehrwegquote hängt letztlich von der Akzeptanz der Verbraucher und der praktischen Umsetzbarkeit für die Produzenten ab. Durch gezielte Informationskampagnen könnte das Bewusstsein für die Vorteile von Mehrwegsystemen und korrektes Recycling gestärkt werden, was die Akzeptanz nachhaltiger Verpackungen in der Bevölkerung erhöhen könnte.

16.6 Verwertung von Nebenprodukten

In der Sparte Obstverarbeitung gewinnt die Verwertung von Nebenprodukten zunehmend an Bedeutung. Sie bietet sowohl ökologische als auch wirtschaftliche Vorteile, besonders für Kleinbetriebe.

Eine interessante Möglichkeit ist die Ölherstellung aus den Kernen von Steinobst. Kerne von Weintrauben, Kirschen, Pflaumen oder Marillen lassen sich zu hochwertigen Ölen pressen. Diese sind sowohl als Speiseöl als auch in der Kosmetik einsetzbar. Zermahlene Kerne lassen sich eventuell als Peelings in Duschgelen oder Seifen verwenden. Sie stellen eine wertvolle Nutzung von Teilen dar, die sonst oft als Abfall betrachtet werden.
Auch die Herstellung von Tees aus geschmacksintensiven Reststoffen eröffnet neue Möglichkeiten. Getrocknete Fruchtschalen können so zu aromatischen Tees verarbeitet werden. Dies ist eine kreative Art, Nebenprodukte in hochwertige Genussmittel umzuwandeln.

Neben bekannten Verarbeitungswegen und den hier genannten gibt es sicher noch weitere Möglichkeiten. So braucht es vor allem Kreativität, um aus ursprünglich verworfenen Stoffen neuartige Produkte zu schaffen.

© Ölmühle Hartlieb/Das Kunztfoto

Traubenkernöl gilt als sehr hochwertiges Öl und wird aus Kernen hergestellt, die früher Abfall darstellten.

16.7 VERSTÄNDNISFRAGEN

1. Welche Möglichkeiten hat man, um den Zuckereinsatz in der Obstverarbeitung zu verringern?
2. Welche Grundsätze muss man bei der biologischen Produktion beachten?
3. Was muss ich tun, wenn ich meine Produktpalette auf dem Etikett mit dem allseits bekannten Label als vegan ausweisen möchte?
4. Welche Argumente sprechen für den Ankauf regionaler Lebensmittel?
5. Welche Argumente sprechen dafür, die Fruchtsaftherstellung von einem Lohnverarbeiter machen zu lassen, was spricht dagegen?
6. Jemand in deinem Bekanntenkreis möchte einen Verkaufsautomaten aufstellen. Was soll bei der Produktpalette beachtet werden?
7. Unter welchen Voraussetzungen kann der Einsatz von Social Media absatzfördernd sein?
8. Welche Vor- und welche Nachteile hat die Einführung eines Mehrwegsystems für einen Fruchtsafthersteller mit einem mittelgroßen Betrieb?
9. Wie kann man den eigenen Betrieb transparent hinsichtlich der Produktion machen?
10. Wie kann man die Verpackung von Lebensmitteln nachhaltiger gestalten?